国 家 自 然 科 学 基 金 资 助
江 苏 大 学 研 究 生 教 材 建 设 专 项 基 金 资 助

FENLI KEXUE YU JISHU

分离科学与技术

主　编　潘建明

副主编　范杰平　高鑫　陆杰　陈厉

江苏大学出版社
JIANGSU UNIVERSITY PRESS

镇江

图书在版编目(CIP)数据

分离科学与技术 / 潘建明主编. -- 镇江：江苏大学出版社，2023.8
ISBN 978-7-5684-2034-1

Ⅰ. ①分… Ⅱ. ①潘… Ⅲ. ①分离－化工过程 Ⅳ. ①TQ028

中国国家版本馆 CIP 数据核字(2023)第 176524 号

分离科学与技术

Fenli Kexue yu Jishu

主　　编/潘建明
责任编辑/王　晶　许莹莹
出版发行/江苏大学出版社
地　　址/江苏省镇江市京口区学府路 301 号(邮编：212013)
电　　话/0511-84446464(传真)
网　　址/http：//press.ujs.edu.cn
排　　版/镇江市江东印刷有限责任公司
印　　刷/江苏凤凰数码印务有限公司
开　　本/787 mm×1 092 mm　1/16
印　　张/24.5
字　　数/569 千字
版　　次/2023 年 8 月第 1 版
印　　次/2023 年 8 月第 1 次印刷
书　　号/ISBN 978-7-5684-2034-1
定　　价/78.00 元

如有印装质量问题请与本社营销部联系(电话：0511-84440882)

前　言

分离科学与技术作为化学工程学科的核心部分,在石油化工、食品医药、材料冶金、环境治理等领域广泛应用,涉及化工基础原理、分离材料与设备、分离工艺与方法等多方面知识,是化学工业中能耗、投资、成本最集中的环节,也是提升产品品质、创制高端化学品和新材料的重要支撑。随着现代科学技术与工业生产的高速发展,人们对分离过程中的产品纯度、装置设备、能量消耗、废水排放等技术指标都有了更高的要求。因此,本书结合教学实践与科研进展,从溶剂萃取、结晶与沉淀、吸附、色谱、膜、蒸馏与精馏、电化学、分子印迹识别等传统分离方法的新发展及新型绿色低碳分离方法出发,深入介绍分离技术的基础理论、实际应用及前沿发展,同时通过"大师风采"等栏目体现思政元素教育,旨在启迪化工专业研究生多思考、重实践。

本书由潘建明主编,共分为9章。第1章由江苏大学潘建明、孟敏佳编写,第2章由江苏大学陈厉、吴静波编写,第3章由上海工程技术大学陆杰编写,第4章由广东工业大学林晓清编写,第5章由河北大学唐保坤编写,第6章由上海工程技术大学袁海宽编写,第7章由天津大学高鑫编写,第8章由江苏大学李浩、吴静波编写,第9章由南昌大学范杰平、谢春芳编写。

本书得到国家自然科学基金(22078132、22108103、U22A20413、22278192)以及江苏大学研究生教材建设专项基金的资助。限于作者的水平与能力,书中难免存在疏漏或不足之处,敬请读者批评指正。

编　者
2023 年 6 月

目　录

第 1 章

绪　论

1.1　分离科学研究的对象和任务

分离科学是研究物质分离、富集和提取的一门学科。从本质上讲,它是研究被分离组分在空间移动和再分布的过程中的宏观和微观变化规律的一门学科。分离过程是指将某一体系混合物通过物理、化学等手段分离成两个或两个以上组成彼此不同产物的过程。分离过程中伴随着分离与混合(或定向移动与扩散)、浓集与稀释及某些情况下分子构象的变化与其自然存在形态,以及可逆或不可逆的过程。分离技术不仅和我们的日常生活密切相关,而且是石油化工、有机合成、医药卫生、环境保护、食品安全、生命科学研究乃至空间探索等领域中的重要工具。分离技术对化工行业的长远发展有着重要影响,该项技术主要应用于混合物质的分离,相较于传统化工分离技术,开发新型高效、低成本、低污染的分离技术,最大限度保留物质的有效成分和固有特性,是我们研究的重点。如何合理应用低能耗化工分离技术来提高分离技术水平,是目前需要重点考虑的问题。

1.2　分离过程的基础理论

分离过程必然伴随着一种或几种组分的定向移动,以达到分离和浓集的目的,所以分离过程是一个组分在空间的再分配过程。这就存在两个问题:一是哪些组分能够在空间被浓集,哪些组分不能够被浓集;二是组分能够在空间被浓集到什么程度。分离过程中的热力学研究就是为了判断这一过程的方向,确定它的限度以及如何运用热力学知识促使某个或某些组分向人们期望的方向移动,以解决最大限度地分离和浓集等有关理论及计算问题。在分离过程中,分离热力学的一些基本概念会涉及相间分配平衡,在不同驱动力作用下的相平衡、分配平衡、气-液平衡热力学及溶液模型等方面的理论,以及如何将热力学第一和第二定律应用到密闭或开放的体系中,如何运用化学势概念来解决问题等。

化学势是分离过程中各个组分分离的驱动力,尽管绝大多数的分离是在外加场存在下实现的,但这些外加场都可以换算成化学势并使其成为总化学势的一部分。平衡是描述分离过程应用最多的概念,其中相平衡原理被用来描述单组分、双组分、三组分相图以及如何将这些相图应用于简单组分的分离。分配平衡主要涉及气-固平衡、液-固平衡和气-液平衡3种,常用吸附等温线对其过程进行描述和表征。这3种平衡不涉及化学反应,因此被称为第一类化学平衡。而涉及利用化学反应进行分离的被称为第二类化学平衡,这类平衡在分离过程中亦经常遇到。

1.3　分离过程的分子学基础

在利用热力学方法及有关参数来确定分离的最佳条件时,会遇到分离系统中的一些参数,如温度、压力、组成等不确定的情况。这样,就有必要对确定分配系数大小的基础——分子间相互作用力进行深入的了解,以便确定最佳分离条件。在许多情况下,分子间的相互作用力又与分子结构、环境条件等因素有关,因此需要从分子结构的观点阐明溶质在两相间的分配规律,并根据分子间的相互作用力得出溶解度参数及扩散的溶解度参数的概念、计算方法。平衡分离的分子学基础着重从分子间相互作用力的分类、性质、计算入手,对这些作用力与分子结构间的关系以及分子结构与分离性质之间的关系进行讨论。

1.4　分离方法的科学分类

1.4.1　场-流分类法

分离的实质是溶质在空间的迁移和再分布。Giddings提出,根据化学势和流两个因素对分离进行分类是最科学的分类方法。关于分离方法曾有过多种分类,研究者通过比较各类分离方法的相似点及不同点,探索出各种分离方法之间的内在联系并发现分离科学中普遍存在的规律,从而将多年来分散在各个学科和技术领域中的,表面上看来似乎毫无关联的各类分离方法,通过化学势和流两个因素联系起来进行讨论和比较,为创立更系统的分离方法和分离科学奠定了基础。为了了解各种分离方法的内在联系和描述这种内在联系的数学表达式,研究者需深刻理解在外加场存在下的无流(静态)分离法(电泳和沉降)、稳态流中的二相分离法(萃取和有关方法)、流的辅助分离作用即平行流分离法(淘析、超滤、区带熔融和有关方法),以及垂直流分离法(场级分流、色谱和有关方法)。

1.4.2　过程分类法

1.4.2.1　平衡分离

借助分离媒介(如热能、溶剂和吸附剂)使均相混合物系统变成两相系统,再以混合物中各组分在处于相平衡的两相中分配比不同为依据实现组分分离,称为平衡分离。根据两相的状态,平衡分离过程可分为:① 气液传质过程,如蒸馏、吸收等;② 液液传质过程,如萃取;③ 气固传质过程,如吸附、色层分离、参数泵分离等;④ 液固传质过程,如浸取、吸附、离子交换、色层分离、参数泵分离等。平衡时组分在两相中的浓度关系可以用相平衡比(或分配系数)K_i 表示:

$$K_i = \frac{y_i}{x_i} \tag{1.1}$$

式中,y_i 和 x_i 分别表示组分 i 在两相中的浓度。

对于 x 和 y 相的命名,按习惯把吸收、蒸馏中的气相称为 y 相,把萃取中的萃取液称为 y 相。一般相平衡比取决于两相的特性以及物系的温度和压力。i 和 j 两个组分的相平衡比 K_i 和 K_j 之比称为分离因子 α_{ij}。

$$K_j = \frac{y_j}{x_j} \tag{1.2}$$

$$\alpha_{ij} = \frac{k_i}{k_j} \tag{1.3}$$

在某些传质分离过程中,分离因子往往又有专门名称。例如:在蒸馏中称为相对挥发度;在萃取中称为选择性系数。一般将数值大的相平衡比作分子,故 α_{ij} 大于 1。只要两组分的相平衡比不相等(即 $\alpha_{ij} \neq 1$),便可采用平衡分离过程加以分离,α_{ij} 越大,两组分就越容易分离。大多数系统的相平衡比和分离因子都不大,一次接触平衡所能达到的分离效果很有限,需要采取多级逆流操作来提升分离效果。为适应各种不同的系统以及操作条件和分离要求,要相应地使用多种不同类型的传质设备。

1.4.2.2　速率差分离

在某种推动力(浓度差、压力差、温度差、电位差等)的作用下,有时在选择性透过膜的配合下,利用各组分扩散速度的差异就能实现组分的分离,称为速率差分离。这类过程所处理的原料和产品通常属于同一相态,仅有组成上的差别。速率差分离方法可分为:① 膜分离,如超过滤、反渗透、渗析和电渗析等;② 场分离,如电泳、热扩散、超速离心分离等。膜分离与场分离的区别是前者用膜分隔两股流体,后者则是不分流的。不同类型的速率差分离过程分别应用不同的设备,并采用不同的方法进行设计计算和操作控制。

1.4.2.3　反应分离

利用外加能量或化学试剂使混合物中某些特定组分发生化学、生物反应实现组分分离的过程称为反应分离。该过程通常可以对指定物质进行充分的分离。反应又分为多种类型:化学反应,如水体中重金属沉淀反应、离子交换反应;电化学反应,如电沉积;生物反应,如酶催化。

1.5　分离方法的选用原则

在选用分离方法时,需考虑产品的精细化程度与产品的产值:对于精细化程度高、产值高的产品,不需考虑分离成本,可选用部分高效分离方法;对于一些产值相对较低而产量很大的产品,则需要考虑分离成本,应选用分离步骤较少或相对简便的分离方法。尽量避免含有固体的物流在生产过程中出现,应尽可能预先除尽物流中的固体,因为它们在输送中能量的消耗相对较大,而且相当容易造成管道堵塞。在分离多种不同物质混合的物料时,应按以下原则确定分离顺序:为避免工艺过程受到影响,应尽量先分离易导致危害与副反应的物质,以及需要高压方可分离的物质。首先被分离出来的是最容易分离的组分,而最后分离出来的是最难分离的组分。选择分离方法的主要原则是考虑经济上的合理性与技术上的可靠性。例如,精馏与萃取均为分离液体混合物的方法,在技术成熟程度方面,精馏在萃取之上,能够采取精馏分离的物料,应尽可能避免采用萃取;若混合物组分的沸点差异较大,利用蒸馏即可简单地进行分离,就无须采用精馏,如此操作费用与分离成本都相对较低。分离方法的选用是一项技术性相当强的工作,只有清楚了解被分离物料的化学、物理性质,以及分离的要求,才能做出最佳选择。

化工领域广泛的应用、环境保护的需要都说明了化工分离过程在国计民生中所处的地位及广阔的前景,现代社会离不开分离技术,分离技术发展于现代社会。

参考文献

[1]　耿信笃,张养军.现代分离科学理论框架的研究[J].西北大学学报(自然科学版),2002,32(5):433-437.

[2]　杨铁金.分析样品预处理及分离技术[M].北京:化学工业出版社,2018.

[3]　刘震.现代分离科学[M].北京:化学工业出版社,2017.

第 2 章

溶剂萃取分离

溶剂萃取分离技术在金属分离提纯、核燃料处理、无机化工原料的生产、有机和石油化工生产、生化制药、废水处理与分析检测等众多国防、科技、民生领域发挥着不可替代的作用。据统计,已有研究者对元素周期表中 94 种元素的萃取性能进行了研究,尤其是对金属元素的提取、分离已实现了萃取技术的工业化应用。当今世界百年未有之大变局加速演进,国际环境错综复杂,世界经济陷入低迷期,全球产业链供应链面临重塑,不稳定性、不确定性明显增加。加深化学与化工类研究生对溶剂萃取分离技术在高价值战略金属分离、生物有机医药高活性原料提取、无机化工原料提纯等领域应用的认识与理解,将有利于他们更快更好地适应以科技创新为主战场的国际战略博弈,在围绕科技制高点的竞争中有能力把握住新一轮科技革命和产业变革的机遇,乘势而上,大展宏图。

2.1 原理概述

溶剂萃取分离是依据物质在互不相溶(或微溶)的溶剂中溶解度或分配系数的不同,使溶质从一种溶剂转移到另一种溶剂中的方法。图 2.1 所示为萃取与反萃实验示意图。经过反复多次萃取,能够提取出高纯度的物质。溶剂萃取工艺一般由萃取、洗涤、反萃与有机相再生组成,有机相从水相中提取溶质的过程称为萃取,水相去除负载有机相中的其他溶质或者机械夹带的杂质的过程称为洗涤,水相解析有机相中溶质的过程称为反萃。图 2.2 所示为由萃取、洗涤、反萃与有机相再生组成的溶剂萃取工艺流程示意图。萃取分离过程以其分离效率高、生产能力大、能耗低、便于快速连续和安全操作等一系列优点获得了十分广泛的应用。

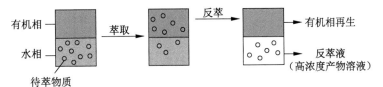

图 2.1 萃取与反萃实验示意图

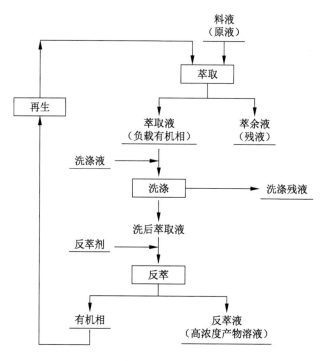

图 2.2　溶剂萃取工艺流程示意图

2.1.1　溶剂萃取平衡与基本参数

溶剂萃取平衡通常包括三个基本过程,首先水相中的被萃取物与有机相中的萃取剂在两相界面处生成萃合物,然后萃合物因疏水分配作用逐渐扩散进入有机相,最后萃合物在有机相中通过聚合、解离或其他反应,逐渐达到在两相中的动态分配平衡。当被萃取物在单位时间内从水相进入有机相的量与从有机相进入水相的量相等时,在该条件下萃取体系即达到动态平衡。若萃取条件发生变化,则原来的萃取平衡被打破,萃取体系达到新的动态平衡。

能斯特于 1891 年提出的分配定律是萃取理论的主要依据。在一定温度下,当某一溶质在互不相溶的两种溶剂中达到分配平衡时,该溶质在两相中的浓度之比为一常数,这一常数称为萃取分配平衡常数,简称分配系数 K_D。若溶质 A 在水相和有机相中的平衡浓度分别为 $[A]_a$ 和 $[A]_o$,则该萃取体系的分配系数 K_D 可由下式计算:

$$K_D = \frac{[A]_o}{[A]_a} \qquad (2.1)$$

分配定律只适用于接近理想溶液的体系,即被萃取溶质与溶剂不发生化学反应,溶质仅通过物理分配的方式存在于两相中。对于很多简单的萃取体系,溶质在两相中均以一种相同的形态存在,若溶质在两相中的浓度都很低,则分配比与分配系数相等。当溶质浓度较高时,溶质间的相互作用使得溶质的活度明显低于其平衡浓度,因此此时的 K_D 明显偏离常数。

分配比 D 是一个比分配系数 K_D 更有实用价值的参数。当溶质在某一相或两相中发生离解、缔合、配位或离子聚集现象时,溶质在同一相中可能存在多种形态,但其在某相中的总浓度是可以测定的。因为同一物质的不同形态在两相中的分配系数通常不相同,所以通常用分配比 D 来表示某溶质在两相间的分配状况,即分配比表示某种物质在有机相中各形态的总浓度与其在水相中各形态的总浓度的比值。D 值越大,则被萃取溶质在有机相中的浓度越高。

$$D = \frac{\sum_i [A]_o}{\sum_i [A]_a} \tag{2.2}$$

萃取率 E 表示在一定条件下被萃取溶质进入有机相的量,即

$$E = \frac{C_o V_o}{C_o V_o + C_a V_a} \times 100\% \tag{2.3}$$

式中,C_o 与 C_a 分别为溶质在有机相和水相中的浓度;V_o 和 V_a 分别为有机相和水相的体积,通常将 V_o 与 V_a 之比称为相比 R。因此,可以推导出萃取率与分配比之间的关系:

$$E = \frac{D}{D + 1/R} \times 100\% \tag{2.4}$$

当相比为 1 时,萃取率与分配比的关系为

$$E = \frac{D}{D + 1} \times 100\% \tag{2.5}$$

当水相中同时存在两种以上的溶质时,如果它们在给定的两相中的分配比不相同,经过萃取操作之后,它们在两相中的相对含量就会发生变化。通常用分离系数 β 表示两种溶质相互分离的程度,分配比大的溶质 A 相对于分配比小的溶质 B 的分离系数 $\beta_{A,B}$ 为

$$\beta_{A,B} = \frac{D_A}{D_B} = \frac{\sum_i [A]_o / \sum_i [A]_a}{\sum_i [B]_o / \sum_i [B]_a} \tag{2.6}$$

如果溶质 A 与溶质 B 在两相中的分配比分别为 D_A 和 D_B,当 D_A 越大、D_B 越小时,进入有机相的溶质 A 就越多,留在水相中的溶质 B 就越多;当 D_A 和 D_B 的值相差一定数值时,A 和 B 就能完全分离。分离系数越大,两种溶质就越容易分离。对于单一形态溶质,因为 $D = K_D$,于是有

$$\beta_{A,B} = \frac{K_D^A}{K_D^B} \tag{2.7}$$

目前,溶剂萃取已广泛应用于原子能工业、冶金工业(湿法冶金)、石油工业、化学工业、医药工业、食品工业、环境保护等领域。液—液萃取可分为物理萃取和化学萃取,前者不涉及化学反应,在石油化学工业中应用广泛,后者涉及化学反应,主要用于金属的提取和分离,特别是有色重金属、贵金属和稀土金属的湿法冶炼。

2.1.2 溶剂萃取体系分类

溶剂萃取体系可按萃取剂结构分为溶剂化萃取、阳离子萃取、阴离子萃取和螯合萃

取,也可按萃取反应类型分为物理萃取、化学萃取等。徐光宪院士等在兼顾萃取剂与萃合物性质的原则下,按萃取机理将溶剂萃取体系分为简单分子萃取、中性(溶剂化)配合萃取、酸性配合萃取、螯合萃取、离子缔合萃取、协同萃取等,下面按该分类方法分述。

（1）简单分子萃取

简单分子萃取体系指本身为中性分子的被萃取物在水相和有机相中都以简单分子的形式存在,仅仅通过物理分配作用从水相转移到有机相的体系。这类体系通常不需要添加萃取剂,溶剂本身就是萃取剂。简单分子萃取体系一般广泛应用于水溶性有机物的萃取,在无机物萃取中也有一些应用。例如,碘单质在水和四氯化碳两相之间的分配;汞单质在水与己烷两相之间的分配等。

（2）中性(溶剂化)配合萃取

中性(溶剂化)配合萃取体系是指被萃取物与萃取剂形成中性配合物后被萃取到有机相的体系。在中性配合萃取体系中,被萃取物在水相中以中性分子形式存在,萃取剂也是含有合适的配位基团的中性分子。以磷酸三丁酯(TBP)-煤油体系从硝酸溶液中萃取硝酸铀酰为例,金属铀离子在水溶液中被萃取的形式是中性的 $UO_2(NO_3)_2$,萃取剂分子TBP 是中性分子,生成的萃合物 $UO_2(NO_3)_2 \cdot 2TBP$ 也是中性分子。中性萃取剂一般可根据所含杂元素或配位元素分为中性含磷萃取剂、中性含氧萃取剂、中性含硫萃取剂、中性含氮萃取剂等。中性配合萃取体系一般可用于强酸和金属离子的萃取分离。

（3）酸性配合萃取

酸性配合萃取剂通常为有机弱酸,以 HA 表示其结构,如有机磷(膦)酸类、有机羧酸类等。在萃取过程中,被萃取物以阳离子或阳离子基团的形式被萃取,萃取剂的共轭碱与阳离子配位,同时释放出氢离子,发生阳离子交换反应,如:

$$M_{(a)}^{n+} + nHA_{(o)} \rightleftharpoons MA_{n(o)} + nH_{(a)}^{+}$$

这类萃取剂在非极性溶剂中由于氢键的作用通常以二聚体形态存在,以 $(HA)_2$ 表示,其以二聚体形态与金属阳离子发生交换反应,如:

$$M_{(a)}^{n+} + n(HA)_{2(o)} \rightleftharpoons M(HA_2)_{n(o)} + nH_{(a)}^{+}$$

（4）螯合萃取

螯合萃取剂通常为能与金属离子生成内配盐的螯合剂,如 β-二酮类、8-羟基喹啉类、肟类、羟胺衍生物等。在萃取金属离子时,这类萃取剂含有两种官能团,即配位官能团与酸性官能团。金属离子既可与配位官能团形成配位键,生成疏水螯合物进入有机相;又可与酸性官能团发生阳离子交换,形成离子键,置换出氢离子。此类萃取剂与酸性配合萃取剂相比,生成的萃合物螯环更加稳定,能够达到完全萃取,分离系数也较高,但反萃困难,且萃取剂一般在有机溶剂中溶解度不高,价格较昂贵。

（5）离子缔合萃取

离子缔合萃取一般指金属离子以配阴离子的形式存在于水溶液中,与阳离子萃取剂相互缔合;或金属阳离子与中性有机配位体形成螯合阳离子后与水相中较大的阴离子缔合,最终以疏水离子缔合体的形式进入有机相的萃取过程。离子缔合萃取体系较多,且定量分析较困难。离子缔合萃取的代表性萃取剂为胺类萃取剂、冠醚类萃取剂。

（6）协同萃取

在多元混合萃取体系中，若混合萃取剂对被萃组分的萃取量显著超过其中每一种单一萃取剂在相同萃取条件下对被萃组分的萃取量之和，则认为该萃取体系具有协同萃取效应。反之，若混合萃取剂对被萃组分的萃取量显著低于其中每一种单一萃取剂在相同萃取条件下对被萃组分的萃取量之和，则认为该萃取体系具有反协同效应；若两者相等，则认为该萃取体系无协同效应。徐光宪院士等将产生协同萃取效应的原理大体上归纳为加合原理、取代原理和溶剂化原理 3 种。

2.2　萃取剂的选择与分类

萃取剂是实现萃取过程的关键因素，针对特定的萃取对象研发新萃取剂，首先需要对萃取剂的结构与性能之间的关系进行深入的研究。马荣骏曾指出，萃取剂的构效关系主要指其配位原子或基团的反应性、结构空间响应和溶解度效应三个方面。李洲等也曾提出首先应选择确定适用于被萃物的萃取剂类型（如中性、酸性或碱性），然后根据需求对萃取剂的非功能基的结构进行调试（如调节链长、异构化），并对功能基进行"嫁接"或"修饰"。

由戴猷元等编著的《耦合技术与萃取过程强化》一书对工业用萃取剂的必备条件进行了详细的讨论。通常萃取剂需含有一个萃取功能基团，如羟基、羰基、磷酰基、磷酸（酯）基、膦酸（酯）基、氨基、亚氨基、硫醚基、磺酸基、肟基、羧基等。图 2.3 所示为萃取剂中常见的萃取功能基团结构示意图。这些基团含 O，N，P，S 等拥有孤对电子的配位原子，是电子给予体，能与被萃物进行配位形成萃合物，从而溶解进入有机相，实现溶剂萃取。同时，萃取剂还需含有相当长的烃链或芳环，以确保其具有一定的憎水性，难溶于水相，从而减少其在长期使用中溶解于水相的损失。但需要注意的是，若萃取剂碳链过长，分子量过大，则其流动性、黏度与萃取容量会相应降低。此外，萃取剂需要有高萃取容量及高选择性。萃取容量越高，代表该萃取体系对被萃物的萃取能力越强；选择性高，代表萃取剂在萃取被萃组分的同时能不萃取或尽可能地少萃取其他干扰组分，从而使萃取体系就具有较好的分离纯化效果。另外，萃取剂还需具有传质速率较快、理化性能稳定、不乳化或低乳化趋势、安全环保、廉价易得、易于回收使用等特点。

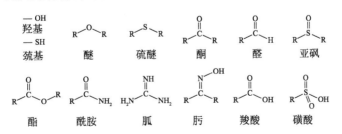

图 2.3　萃取剂中常见的萃取功能基团结构示意图

萃取剂按其功能基团与萃取机制分为中性磷氧类萃取剂、中性含氧萃取剂（包括醇类、醚类、酮类、醛类或酯类等）、中性含硫萃取剂、酸性有机磷类萃取剂、有机羧酸类萃取剂、有机磺酸类萃取剂、胺类萃取剂、螯合萃取剂等。图 2.4 所示为其中几种代表性萃取剂的种类与结构示意图。

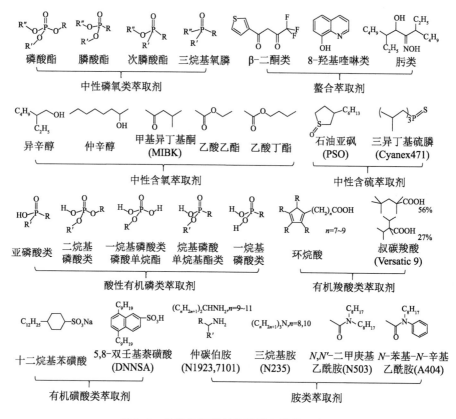

图 2.4　代表性萃取剂的种类与结构示意图

（1）中性磷氧类萃取剂

在中性磷氧类萃取剂的萃取过程中,被萃物与萃取剂均为中性分子,二者通过相互作用结合成为中性配合物进入有机相中。其起萃取作用的官能团是磷酰基,磷酰基上的氧原子与金属离子或氢离子配位,或形成氢键。一般对金属离子的萃取是通过中性配合,而对其他中性有机酸分子的萃取是通过生成氢键形成中性配合物。中性磷氧类萃取剂按结构可分为磷酸酯、膦酸酯、次膦酸酯、三烷基氧膦等,以磷酸三丁酯（TBP）、甲基膦酸二甲庚酯（P350）、三辛基氧膦（TOPO）为代表。TBP 在核燃料前、后处理及稀土、有色金属元素分离中应用广泛,也可用作添加剂。P350 性能优于 TBP,主要用于稀土元素分离、锑（Ⅲ）-锡（Ⅳ）分离,并用作添加剂。TOPO 则作为协萃剂、添加剂与分析试剂在强酸介质中萃取铀或其他天然放射性同位素,还可以实现金、铂、钯、铱等贵金属与有机酸的萃取分离。

（2）中性含氧/硫萃取剂

中性含氧萃取剂包括醇类、醚类、醛类、酮类、酯类等,配体氧原子的电子密度和分子的偶极矩是决定这类萃取剂萃取能力的主要因素。它们可以与水分子发生氢键缔合作用,在水中有一定的溶解度。醇、醚、酮和酯在浓的强酸中能生成盐,生成的盐离子不仅可与无机酸根结合,还可以与金属配阴离子结合,使其能萃取许多物质。这类萃取剂能萃取金属的主要原因是它们可与金属生成配合物进入有机相。中性含硫萃取剂主要有石油亚砜和石油硫醚,它们均为石油工业副产品,价廉易得,是很有应用前景的工业用萃取剂,可用于铀、钍和稀土的萃取,铂与钯、铀与钍、铌与钽、锆与铪的分离,以及从硝酸与硫酸介质中萃取分离银与铜、铂与钯等。

(3) 螯合萃取剂

螯合萃取剂指的是分子中含有两个或两个以上配位基团并能与金属离子结合,形成油溶性较大的螯合物的萃取剂。螯合萃取是溶剂萃取中极为重要的一种类型,在有色金属铜等的提取中有成功应用,目前主要应用羟肟类和羟基喹啉类萃取铜。羟肟类萃取剂一般同时含有羟基和肟基,由于肟基中含有不能自由旋转的 C=N 双键,故存在顺、反式异构体。在萃取金属时它通过羟基的氧原子及肟基的氮原子与金属离子螯合实现萃取,一般只有反式异构体才能有效萃取,顺式结构中两个羟基在同一侧会生成分子内氢键而影响萃取,因此在羟肟类萃取剂中,顺式与反式异构体的含量比一般为 1:7。在酸性溶液中萃取铜离子时,羟肟类萃取剂只有反式异构体才有活性,但在碱性介质中,顺式异构体也可萃取铜、钴、镍等金属离子,因此羟肟类萃取剂在碱性溶液中的萃取容量更大。其顺、反式异构体结构示意如图 2.5 所示。

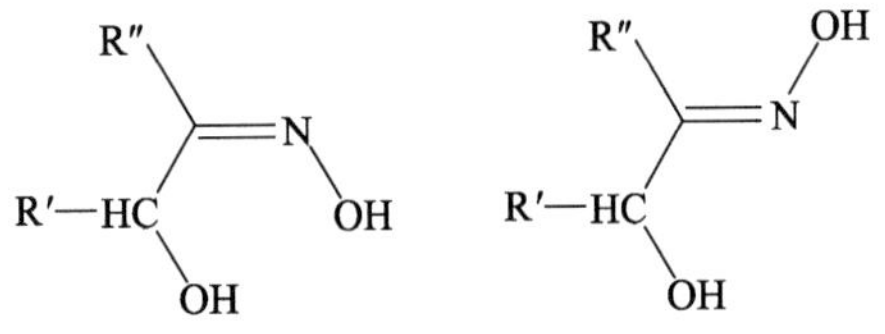

(a) 顺式异构体　　　(b) 反式异构体

图 2.5　羟肟类萃取剂顺、反式异构体结构示意图

螯合萃取剂的萃取速率往往较慢,试剂价格一般较贵。新型螯合萃取剂克服了稳定性差、反萃取困难、油溶性小、萃取速率慢及价格昂贵等缺点,使螯合萃取在湿法冶金、制药工业及化工领域中获得日益广泛的应用。其中乙酰丙酮(HAA)、噻吩甲酰三氟丙酮(TTA 或 HTTA)在萃取铀(VI)、钍的研究中均显示了较好的萃取性能。

(4) 酸性有机磷类萃取剂

酸性有机磷类萃取剂以二(2-乙基己基)磷酸(P204)为代表,在核燃料前处理、同位素分离、稀土有色金属元素分离等湿法冶金工业中都有广泛应用。这类萃取剂在低酸度下以(—P(=O)(—OH)—)为反应基团,通过 H^+ 的解离与金属阳离子交换实现金属离子萃取,萃取反应过程的实质为阳离子交换,它们的解离常数 pK_a 是决定萃取能力的主要因素,其反应过程可由下式表达:

$$RE^{3+}_{(a)} + 3(HA)_{2(o)} \xrightarrow{K_{ex}} RE(HA_2)_{3(o)} + 3H^+_{(a)}$$

P204 在非极性有机溶剂中以二聚体形式存在,表示为$(HA)_{2(o)}$,其萃取平衡常数 K_{ex} 可由下式算出:

$$K_{ex}=\frac{[RE(HA_2)_3][H^+]^3}{[RE^{3+}][(HA)_2]^3}=D\frac{[H^+]^3}{[(HA)_2]^3} \tag{2.8}$$

$$D=K_{ex}\frac{[(HA)_2]^3}{[H^+]^3} \tag{2.9}$$

$$\lg D=\lg K_{ex}+3\lg[(HA)_2]+3pH \tag{2.10}$$

(5) 有机羧酸类/磺酸类萃取剂

有机羧酸类萃取剂属于弱酸性萃取剂,分子中均含有羧基(—COOH),其萃取过程与磷酸类萃取剂类似,即羧酸根解离的 H^+ 与金属阳离子交换成盐。该过程也涉及羧酸根阴离子与金属阳离子的配合反应。该类萃取剂以环烷酸和叔碳羧酸等为代表。

有机磺酸类萃取剂分子中均含有磺酸基(—SO$_3$H),是一种强酸性萃取剂,其 K_a 值大于 1。但它是一种强表面活性剂,很容易引起乳化,因此磺酸类萃取剂很少单独用作萃取剂,而是偶尔用作改性剂,或用作调节有机相性质的添加剂。同时—SO$_3$H 有 3 个氧,是一个强亲水基,因此,该类萃取剂有较强的水溶性,结构中需要有足够大的烷烃基团以增强其疏水性。该类萃取剂以十二烷基磺酸、十二烷基苯磺酸以及 6,7 -二壬基- 2 -萘磺酸等为代表。

(6) 胺类萃取剂

胺类萃取剂是强碱性萃取剂,生成盐后具有强电解质的性质,具有很强的亲水性。典型的胺类萃取剂有仲碳伯胺 N1923、三烷基胺 N235、氯化甲基三烷基铵 N263。其他与胺相似的以 N 原子为电子供体的有机化合物,如胍类,也可作为萃取剂。胍类萃取剂的碱性强于胺类,在 pH<11.5 的水溶液中能获得一个 H^+,形成胍阳离子,可从碱性氰化液中萃取金氰配阴离子;而其与 pH>13 的水溶液接触时恢复为中性,金氰配阴离子重新进入水相。

胺类萃取剂的萃取机理按伯胺、仲胺、叔胺、季胺分为离子缔合与阴离子交换两种。离子缔合:烷基胺阳离子和酸根之间发生离子对缔合反应或是形成胺酸氢键,伯胺、仲胺和叔胺萃取以此机理为主。阴离子交换:待萃金属离子首先生成配阴离子,季铵盐以酸根阴离子与其发生阴离子交换反应。

2.3　溶剂萃取分离代表性应用

溶剂萃取分离技术的应用对象可分为无机物和有机物两大类。溶剂萃取分离技术在发展早期大多用于提取分离产量小、战略价值高的稀有金属元素。如早在 1842 年,Peligot 就用二乙醚萃取硝酸铀酰 $UO_2(NO_3)_2$。特别是在 20 世纪 40 年代以后,磷酸三丁酯(TBP)作为核燃料萃取剂被用于从矿石中提取核燃料铀和钍以及从辐照后的铀元件中提取原子弹燃料钚。在这些金属离子的提取过程中,溶剂萃取法显示出明显的优越性。溶剂萃取在有机物处理方面的应用主要包括抗生素、有机酸、维生素、激素等发酵产物的提取。随着工业技术的日益发展与人们环境意识的提高,有效处理各种含有重金属、有机物、放射性物质等的污染人类生存环境的工业废水显得尤其重要。国内外许多学者都曾就无机金属离子的溶剂萃取分离技术与应用编写并出版了专著。以下将分别从无机金属离子萃取分离、有机化合物萃取分离以及乏燃料物质回收分离 3 个方面对溶剂萃取技术的主要应用进行介绍。

2.3.1　无机金属离子的萃取分离

水相金属离子与有机相萃取剂结合会生成金属有机萃合物,其溶解于有机相中。由于不同金属离子与萃取剂的结合能力不同,因此萃取剂萃取不同金属的顺序也不同,经过反复多次萃取后,可实现金属离子的分离。目前,溶剂萃取分离技术已被推广到稀土元素及钴、镍、铜、锌、镉、锆、铪、铌、钽、金、银、铂系等稀有金属、贵金属或其他有色金属的生产中。

由于贵金属特殊的原子结构、具有变价和形成各种络合物的特点,因此溶剂萃取法十分适合从大量贱金属中提取、富集、分离各种贵金属。下面将从稀土的萃取分离,铜、钴、镍的萃取分离,钒、铬的萃取分离,铂族的萃取分离等方面展开论述。

2.3.1.1　稀土的溶剂萃取分离

元素周期表中第三副族原子序数为 57～71 的镧系元素镧(La)、铈(Ce)、镨(Pr)、钕(Nd)、钷(Pm)、钐(Sm)、铕(Eu)、钆(Gd)、铽(Tb)、镝(Dy)、钬(Ho)、铒(Er)、铥(Tm)、镱(Yb)、镥(Lu),以及钇(Y,原子序数 39)和钪(Sc,原子序数 21),共 17 种元素,统称为稀土元素。

17 种稀土元素中,Sc 与其余 16 种元素在自然矿物中的共生关系并不密切且性质差别较大;而 Pm 是铀矿中天然核裂变的产物。根据剩余 15 种稀土元素物理化学性质的差异,可以将其分为轻、重稀土元素两组。La,Ce,Pr,Nd,Sm,Eu 为轻稀土元素(或铈组稀土元素),Gd,Tb,Dy,Ho,Er,Tm,Yb,Lu 及 Y 为重稀土元素(或钇组稀土元素)。按萃取分离的分组规律还可将这 15 种稀土元素分为轻、中、重三组,La,Ce,Pr,Nd 为轻稀土元素,Sm,Eu ,Gd,Tb,Dy 为中稀土元素,Ho,Er,Tm,Yb,Lu 及 Y 为重稀土元素。Y 的离子半径在重稀土元素离子半径范围内,化学性质与重稀土相似,在自然界中与重稀土共存,其典型代表有我国南方的离子型矿。

美国地质调查报告数据显示,2015 年全球拥有稀土资源的国家为数不多,其中稀土储量(以 REO 计)达千万吨级的国家只有中国和巴西,达百万吨级的国家有澳大利亚、印度和美国,具体数据列于表 2.1 中。虽然 2015 年中国稀土资源只占世界总量的一半不到,但稀土矿山产量却占世界总产量的近 85%。中国稀土行业的快速发展不仅满足了国内经济社会发展的需要,而且为全球稀土供应作出了重要贡献。中国生产的稀土永磁材料、发光材料、储氢材料、抛光材料等均占世界产量的 70% 以上。中国的稀土材料、器件、节能灯、微特电机、镍氢电池等终端产品,满足了世界各国特别是发达国家高新技术产业的发展需求。

表 2.1　2015 年世界稀土资源分布与年开采量统计

国家	资源储量		年产量	
	总量/t	百分比/%	矿山产量/t	百分比/%
中国	55 000 000	43.60	105 000	84.68
巴西	22 000 000	17.44	0	0
澳大利亚	3 200 000	2.54	10 000	8.06
印度	3 100 000	2.46	NA	NA
美国	1 800 000	1.43	4 100	3.31
马来西亚	30 000	0.02	200	0.16
其他国家	41 000 000	32.51	NA	NA

注:NA 表示数据无法获得。

中国的稀土资源主要有以下特点:

① 资源赋存分布"北轻南重"。轻稀土矿主要分布在内蒙古包头等北方地区和四川凉山,离子型中重稀土矿主要分布在江西赣州、福建龙岩等南方地区。

② 资源类型较多。中国稀土元素种类较全,稀土矿物种类丰富,包括氟碳铈矿、独居石矿、离子型矿、磷钇矿、褐钇铌矿等。其中,离子型中重稀土矿在世界上占有重要地位。

③ 轻稀土矿伴生的放射性元素对环境影响大。轻稀土矿大多可规模化工业性开采,但钍等放射性元素的处理难度较大,在开采和冶炼分离过程中需重视其对人类健康和生态环境的影响。

④ 离子型中重稀土矿赋存条件差。离子型稀土矿中的稀土元素呈离子态吸附于土壤之中,分布散、丰度低,规模化工业性开采难度大。

改革开放以来,中国稀土工业迅速发展,稀土开采、冶炼和应用技术研发取得较大进步,形成了完整的工业体系,市场环境逐步完善,科技水平进一步提高,产业规模不断扩大,基本满足了国民经济和社会发展的需要。但稀土工业在快速发展的同时,也产生了不少问题,主要表现在:

① 资源过度开发。经过半个多世纪的超强度开采,中国稀土资源保有储量及保障年限不断下降,主要矿区资源加速衰减,原有矿山资源大多枯竭。包头稀土矿主要矿区资源仅剩 1/3,南方离子型稀土矿储采比已由 20 年前的 50 降至目前的 15。南方离子型稀土矿大多位于偏远山区,山高林密,矿区分散,矿点众多,监管成本高、难度大,非法开采使资源遭到了严重破坏。采富弃贫、采易弃难现象严重,资源回收率较低,南方离子型稀土资源开采回收率不到 50%,包头稀土矿采选利用率仅为 10%。

② 生态环境破坏严重。我国稀土开采、选冶、分离生产工艺和技术水平不高,地表植

被遭到破坏,造成水土流失和土壤污染、酸化,使得农作物减产甚至绝收。离子型中重稀土矿过去采用落后的堆浸、池浸工艺,每生产 1 t 稀土氧化物产生约 2 000 t 尾砂。目前,虽已采用较为先进的原地浸矿工艺,但仍不可避免地产生大量的氨氮、重金属等污染物,破坏植被,严重污染地表水、地下水和农田。轻稀土矿多为多金属共伴生矿,在冶炼、分离过程中会产生大量有毒有害气体、高浓度氨氮废水、放射性废渣等污染物。一些地方因稀土过度开采而引发山体滑坡、河道堵塞、突发性环境污染事件,甚至重大事故灾难,给公众的生命健康和生态环境带来严重威胁。而生态环境的恢复与治理,也成为稀土产区的沉重负担。

③ 产业结构不合理。首先,稀土冶炼分离产能严重过剩。其次,稀土材料及器件研发滞后,在稀土新材料开发和终端应用技术方面与国际先进水平差距明显,拥有知识产权和新型稀土材料及器件生产加工技术较少,低端产品过剩,高端产品匮乏。稀土行业作为一个小行业,产业集中度低,企业众多,但缺少具有核心竞争力的大型企业,行业自律性差,存在一定程度的恶性竞争。

④ 价格严重背离价值。在较长的一段时期内,稀土价格没有真实反映其价值,稀土产品价格低迷,使得资源的稀缺性没有得到合理体现,生态环境损失没有得到合理补偿。2010 年下半年以来,虽然稀土产品价格逐步回归,但涨幅远低于黄金、铜、铁矿石等原材料产品。2000 年至 2010 年,稀土价格上涨 2.5 倍,而黄金、铜、铁矿石价格同期分别上涨 4.4,4.1,4.8 倍。

镧系元素随着原子序数的增加,核电荷相应增加,电子依次填入 4f 内层,而外层保持不变。因为 4f 电子的径向分布不可能完全屏蔽核电荷对外层电子的引力,核电荷增加时,其对外层电子的引力也增大,导致镧系元素原子和正三价阳离子半径随之减小,这就是“镧系收缩”现象。

“镧系收缩”现象使得铈以后的稀土离子半径接近钇,构成性质极相似的钇组元素,它们彼此在自然界共生,物理与化学性质十分相似,多数相邻稀土的离子半径非常相近,在水溶液中都呈稳定的三价态。稀土离子与水的亲和力大,因受水合物的保护,其化学性质非常相似,分离提纯极为困难。同时,稀土精矿分解后所得到的混合稀土化合物中伴生的杂质元素较多(如铀、钍、铌、钽、钛、锆、铁、钙、硅、氟、磷等),因此,在分离稀土元素的工艺流程中,不但要考虑这十几种化学性质极其相近的稀土元素的分离,还必须考虑稀土元素同伴生的杂质元素的分离,工艺比较复杂,实现较为困难。

尽管如此,相邻稀土元素彼此之间又有一些差别,这由它们的原子和离子的电子结构及半径大小所决定。利用稀土离子半径的微小差别,亦即碱度的微小差别,可以对镧系离子进行分离,这就是镧系离子相互分离的基础。稀土离子生成配合物的稳定性多随离子半径的减小(即碱度减弱)而增强。

1927 年,伊姆勒报道利用乙醚从浓硝酸溶液中萃取 Ce(Ⅳ)。1937 年,费歇尔(诺贝尔化学奖获得者)等报道开拓性研究工作即稀土在氯化物溶液和非水溶剂(醇、醚、酮)相间的分配行为。1949 年,沃夫用 TBP 从 HNO_3 溶液中萃取分离 Ce(Ⅳ)与 Re(Ⅲ)。1953 年,美国阿贡国家实验室的 Peppard 首次报道了 TBP 萃取 Re(Ⅲ)的机理。1957 年,Peppard 等指出二烷基磷酸 P204 作为从复杂混合物中分离单个稀土元素的萃取剂的可能性。其研究结果表明,P204 作为稀土金属萃取剂,所萃取生成的不同稀土配合物的稳定性存在较大差异,任何相邻稀土元素间的分离系数约为 2.5(HCl 体系),比之前 TBP-HNO$_3$ 体系的分离系数 1.5(最大 1.9)高出许多。他们于 1958 年提出了萃取的机理:阳离子交换,如下式所示[其中 HDGP 代表萃取剂二烷基磷酸 P204:$(RO)_2P(=O)(OH)$]:

$$RE^{3+}_{(a)}+3(HDGP)_{2(o)}\rightleftharpoons RE[H(DGP)_2]_{3(o)}+3H^+_{(a)}$$

这一研究结果为稀土的溶剂萃取与分离奠定了重要基础。中国科学院长春应用化学研究所自 19 世纪 50 年代初开始研究稀土分离化学与工艺,取得了包括首次分离出 16 个单一稀土元素和率先开拓中国第一代稀土工业萃取流程等国内稀土研究的成就。

19 世纪 60 年代中期,中国率先完成了用 P204 从内蒙古包头氟碳铈矿中萃取分离 Ce(Ⅳ),Th(Ⅳ)与 Re(Ⅲ)的串级模拟试验。结果发现,用矿物酸难以洗脱负载在 P204 中的钍,虽然 P204 是一种高效的稀土分离萃取剂,但由于负载的萃取剂难以反萃,限制了其在重稀土分离中的应用。

Peppard 等随后利用放射性示踪技术,用$(R'O)(R)P(=O)(OH)$的甲苯溶液研究了从离子强度恒定的水溶性矿物酸中萃取 Pm(Ⅲ),Cm(Ⅲ)和 Cf(Ⅲ),考察水相氢离子浓度、萃取剂浓度和取代烷烃的性质对萃取性能的影响。20 世纪 70 年代初,中国科学院上海有机化学研究所成功地在工业规模上合成了 2-乙基己基膦酸单 2-乙基己基酯(P507),为中国 P507 萃取分离稀土技术的发展奠定了物质基础。随后中国的稀土分离学者们开始从事 P507 萃取稀土元素化学与分离工艺的研究,并基于 P507 开发出第二代稀土萃取分离工艺,在该工艺下 P507 萃取稀土的平均分离系数高于 P204。表 2.2 所示为 P507-HCl 体系中相邻稀土元素间的分离系数(β)。

表 2.2　P507-HCl 体系中相邻稀土元素间的分离系数

稀土元素	Ce/La	Pr/Ce	Nd/Pr	Sm/Nd	Eu/Sm	Gd/Eu	Tb/Gd
β	8.0～10.0	1.8～2.2	1.8～2.0	6.0～8.0	1.8～2.2	1.4～1.6	5.0～6.0
稀土元素	Dy/Tb	Ho/Dy	Er/Ho	Er/Y	Tm/Er	Yb/Tm	Lu/Yb
β	3.0～3.5	1.8～2.5	2.0～3.0	1.4～1.6	3.0～4.0	3.0～4.0	1.6～1.8

李德谦等基于阳离子交换萃取机理,为平衡水相酸度,减少其萃后 pH 的降低量,率先提出 P507 萃取剂皂化概念,以 NH_4^+ 取代 P507 中部分酸性 H^+,最终确定 P507 的皂化度为 36%时,P507 工艺在分离选择性、萃取容量、相分离等方面达到最优。他们率先用氨化 P507 分组、分离稀土元素,开拓了具有我国自主知识产权的 P507 单一稀土分离流程,这一工艺流程自 20 世纪 80 年代以来已广泛应用于我国稀土工业。图 2.6 所示为 P507-煤油-HCl 体系连续萃取分离重稀土的工艺流程。皂化原理如下:

$$NH_3 \cdot H_2O_{(a)}+H_2A_{2(o)}\rightleftharpoons HA_2 \cdot NH_{4(o)}+H_2O_{(a)}$$

$$RE^{3+}_{(a)} + 3HA_2 \cdot NH_{4(o)} \Longleftrightarrow RE(HA_2)_{3(o)} + 3NH^+_{4(a)}$$

皂化技术作为控制水相酸度的有效手段，是 P507 工艺应用中的重要一环。该技术同时也造成废水氨氮污染。皂化过程中，释放到水相中的 NH^+_4，Na^+ 或 Ca^{2+} 等离子还会导致土壤盐碱化等问题。因此，发展非皂化技术也是这些年来研究的热点。

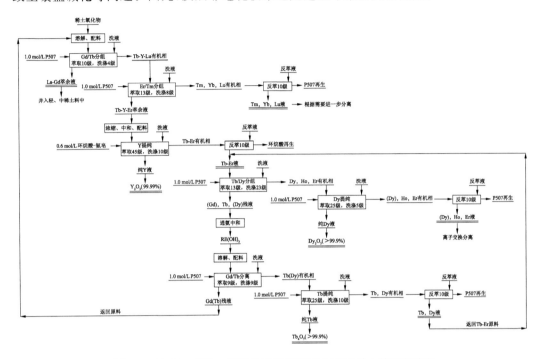

图 2.6　P507－煤油－HCl 体系连续萃取分离重稀土的工艺流程

2.3.1.2　铜、钴、镍的溶剂萃取分离

铜、钴、镍作为重要的有色金属，为国防工业、医用材料、航天能源等各方面提供了重要的原材料，在中国的国民经济与国防建设中发挥着重要作用。湿法冶金工艺是目前提取分离铜、钴、镍的不二之选。其中，氨浸法浸出工艺能够有效减少铁离子等杂质的干扰，适用范围广泛，工艺流程相对较短，几乎无环境污染且投资较低。因此，铜、钴、镍的分离提纯大多以提高氨浸法的分离效果为前提，选择高效溶剂萃取分离体系。

目前，从氨介质中分离铜的萃取剂主要有酮肟类，如 LIX84，LIX84I 等；醛肟类，如 PT5050，LIX860 等；β-二酮类，如 LIX54 等。由于在氨性溶液中铜与镍常常伴生，因此它们的氨配离子理化性质十分接近。上述萃取剂在萃取铜的同时，也将镍萃入有机相中。目前普遍采用酮肟或醛肟类萃取剂将氨性溶液中的铜与镍共同萃入有机相中，然后采用不同浓度的硫酸溶液将镍与铜进行选择性反萃分离。但该工艺目前还存在螯合萃取能力过强，萃取、反萃级数过多，生产成本高等问题。

钴与镍相邻，同为第四周期第Ⅷ族元素，仅外层 d 电子数不同，这种性质上的差异是两者萃取分离的根本依据。溶剂萃取法是钴、镍分离的重要方法之一，其分离效果好，金属收率高，对料液适应性强，过程易于自动控制。随着新萃取剂、萃取体系的开发和萃取理论的逐步完善,溶剂萃取法在钴镍湿法冶金中的应用越来越广泛。

由晶体场配位理论可知,溶液中 Ni(Ⅱ)为 6 配位时较稳定,而 Co(Ⅱ)为 4 或 6 配位时稳定性接近,可以同时存在,在一定条件下还可以相互转换。目前,广泛采用酸性有机磷(膦)类萃取剂、脂肪酸、胺类、螯合萃取剂分离钴、镍,其中应用最广泛的主要有 P204、P507 和 Cyanex272。自 20 世纪 80 年代开始,P507 开始应用于钴、镍分离。P507 对钴、镍的分离系数比 P204 对钴、镍的分离系数高了数个数量级,适用于镍钴比的变化范围较大的各种硫酸、盐酸介质溶液。李亮曾指出,P507 对各种金属的萃取能力由大到小的顺序为 Fe^{3+},Zn^{2+},Cu^{2+}(与 Mn^{2+},Ca^{2+} 近似一致),Co^{2+},Mg^{2+},Ni^{2+}。通常 P507 有机相先与浓氨水进行皂化反应,形成皂化有机相,再与金属离子进行阳离子交换,以中和阳离子交换反应释放出的等量酸,使水相酸度能够维持在获得较高萃取率的水平。其萃取机理如下:

$$HR_{(o)} + NH_4OH_{(a)} \Longrightarrow RNH_4 \cdot H_2O_{(o)}$$

$$n RNH_4 \cdot H_2O_{(o)} + M^{n+}_{(a)} \Longrightarrow MR_{n(o)} + n NH_4^+{}_{(a)} + n H_2O_{(a)}$$

镍的萃合物始终要保持八面体构型,而萃取剂与镍形成 6 配位的难度增大,所以镍的分配比下降。但是,钴萃合物可以转变为四面体构型,减少了萃取剂酸性减弱和空间位阻增大对分配比的影响。镍的分配比减小,而钴的分配比基本不变,钴、镍分离效果越来越好。所以用具有较弱萃取结合强度、较大空间位阻的萃取剂可以较好地实现钴、镍分离。

从 P204,P507 到 Cyanex272,酸性逐渐减弱,空间位阻逐渐增大。Cyanex272 是美国氰特公司于 20 世纪 80 年代后期研发的一款新型有机膦酸类萃取剂,用于钴、镍分离。它对钴、镍的分离系数比相同条件下 P507 对钴、镍的分离系数高出了一个数量级,而且对 Ca^{2+} 没有萃取性,反萃取可在低浓度硫酸中进行,适用于分离高镍低钴的硫酸盐溶液。1995 年 Cyanex272 首次用于工业生产,1997 年以后西方国家几乎全部采用 Cyanex272 进行钴、镍的分离生产。

用螯合萃取剂萃取钴、镍时,易出现钴中毒现象,因为形成的 Co^{2+} 螯合物很容易被氧化成 Co^{3+} 螯合物。Co^{3+} 螯合物非常稳定,难以被酸直接反萃取,需要在还原条件下反萃取。但由于反萃取需要大量还原剂,而且 Co^{3+} 对萃取剂有一定的分解作用,所以该方法没有得到大规模应用。

2.3.1.3 钒、铬的溶剂萃取分离

钒与铬作为第四周期过渡族元素,性质相似且通常共生于钒钛磁铁矿中,因此二者的分离也具有一定难度。中国的钒钛磁铁矿主要分布在四川攀西地区,资源特点是矿石中伴生铬含量较高,属高铬型钒钛磁铁矿。溶液萃取法作为目前在钒、铬分离中被研究最多的方法,发展出了中性络合、离子缔合、酸性络合、螯合、三液相等多种萃取分离体系。溶液中钒、铬分离的关键是发现二者在溶液中的差异,进而选择合适的分离方法。钒原子的价电子结构为 $3d^3 4s^2$,5 个价电子都可以成键,能生成 +2,+3,+4,+5 价氧化态的化合物。其中,V(Ⅱ)和 V(Ⅲ)在水溶液中以简单的水合物配位体 $[V(H_2O)_6]^{2+}$ 和 $[V(H_2O)_6]^{3+}$ 的形式存在,但它们不稳定,容易被空气氧化为 V(Ⅳ)。V(Ⅳ)和 V(Ⅴ)在水溶液中的行为比较复杂,尤其是 V(Ⅴ)。钒的 +4 价和 +5 价是溶剂萃取时被研究最多

的价态。

目前，V(Ⅳ) 的萃取最常用酸性萃取剂如 P204，在硫酸或盐酸体系中进行。核工业北京化工冶金研究院最早开发了石煤酸浸液提钒的 P204－TBP 混合萃取工艺流程（见图 2.7）。石煤酸浸液中的杂质 Fe^{3+}，Fe^{2+}，Al^{3+}，Mg^{2+}，Na^+，K^+ 等对 P204 萃取钒的影响研究表明，Fe^{2+} 对 V(Ⅳ) 的萃取效果影响不明显，Fe^{3+} 的浓度大于 5 g/L 后将严重影响 V(Ⅳ) 的萃取；Al^{3+} 和 Mg^{2+} 的浓度小于 10 g/L 时，其共萃取现象不明显，对 V(Ⅳ) 的萃取影响较小；Na^+ 和 K^+ 的存在不影响 V(Ⅳ) 的萃取。

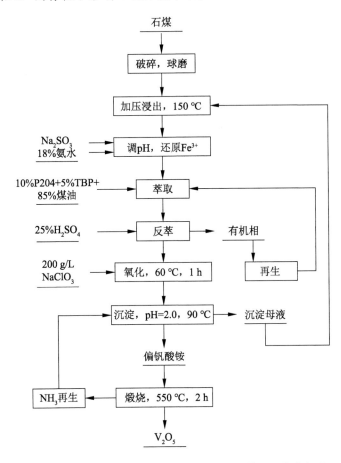

图 2.7　石煤酸浸液提钒的 P204－TBP 混合萃取工艺流程图

此外，还有文献报道使用碱性萃取剂如仲碳伯胺 N1923 从硫酸介质中萃取 V(Ⅳ)，使用螯合萃取剂 LIX 63 在硫酸介质中共萃钒、钼，实现钒、钼与铝、钴、镍、铁的分离，以及使用中性磷氧类萃取剂 Cyanex 923，TOPO 和 TBP 等从盐酸介质中萃取 V(Ⅳ)。对于 V(Ⅴ) 的萃取分离，关于碱性萃取剂如伯胺（N1923，LK － N21，Primene JMT，Primene 81R）、叔胺［N235，Alamine 336（也称 TOA）］、季铵盐（N263，Aliquat 336）萃取 VO_2^+ 以及中性磷氧类萃取剂如 TBP，Cyanex 923 等的研究较多，而有关酸性萃取剂以及螯合萃取剂的研究较少。

铬的化合价通常为 +3，+6 价。碱性萃取剂是六价铬 CrO_4^{2-} 的常用萃取剂，例如伯胺 N1923、叔胺 TOA、季铵盐 Aliquat 336 等。其中，Aliquat 336 从硫酸介质及碱性碳酸盐体系中萃取六价铬的萃取反应式如下所示，其中 R_4N^+ 代表 Aliquat 336。

$$HCrO_{4(a)}^- + R_4N_{(o)}^+ \longrightarrow R_4NHCrO_{4(o)}$$

$$CrO_{4(a)}^{2-} + (R_4N)_2CO_{3(o)} \longrightarrow (R_4N)_2CrO_{4(o)} + CO_{3(a)}^{2-}$$

中性萃取剂对六价铬的萃取以中性磷氧萃取为主，并以 TBP 居多。用 TBP 从含铬废水中萃取六价铬，其中性萃合物分子式为 $HCrO_3Cl \cdot 2TBP$ 和 $HCrO_3Cl \cdot 3TBP$，铬的萃取率随水相酸度增加而提高。萃取反应为吸热反应，盐析剂的加入可以显著提高其萃取能力。

对于三价铬的萃取，酸性磷萃取剂则是应用最为广泛的萃取剂，其中以 P204 的研究与应用报道最多；碱性萃取剂如伯胺 N1923、叔胺 TOA、季铵盐 Aliquat 336 等萃取三价铬也有大量文献报道。N1923 在硫酸介质中对三价铬的萃取反应式如下所示，其中 RNH_2 代表 N1923。

$$RNH_{2(o)} + H_2SO_{4(a)} \longrightarrow RNH_{3(o)}^+ + HSO_{4(a)}^-$$

$$3RNH_3HSO_{4(o)} + Cr(SO_4)_{3(a)}^{3-} \longrightarrow 3RNH_3^+ \cdot Cr(SO_4)_{3(o)}^{3-} + 3H_{(a)}^+ + 3SO_{4(a)}^{2-}$$

2.3.1.4　铂族等贵金属的溶剂萃取分离

由于金(Au)与铂族金属(铂 Pt、钯 Pd、铑 Rh、铱 Ir、钌 Ru、锇 Os)的最外层 s 电子和次外层 1～10 个 d 电子均可以参与成键，离子半径小，电荷多，有适宜的空轨道可接受无机或有机基团和配体所给予的孤对电子对。因此，其溶剂萃取应用前景十分广阔。

在进行溶剂萃取分离时，金与铂族金属一般以氯络酸的形式($HAuCl_4$，H_2PtCl_6，H_2PdCl_4，H_3RhCl_6，H_2IrCl_6，H_2RuCl_6，H_2OsCl_6)存在于盐酸介质中。其中，$AuCl_4^-$ 只带一个电荷，较易被含氧萃取剂萃取；$PtCl_6^{2-}$，$PdCl_6^{2-}$，$IrCl_6^{2-}$，$RuCl_6^{2-}$，$OsCl_6^{2-}$ 等二价络阴离子也可被一些萃取剂萃取；Ir(Ⅳ)与 Ru(Ⅳ)在溶液中易被还原成 Ir(Ⅲ)和 Ru(Ⅲ)，因此，$IrCl_6^{3-}$，$RuCl_6^{3-}$ 和 $RhCl_6^{3-}$ 等三价络阴离子，负电荷多，且易发生水合作用生成惰性水合物，如 $[RhCl_{6-x}(H_2O)_x]^{x-3}$，很难被一般常见的萃取剂有效萃取。杨宗荣曾指出铂、钯、铑在盐酸介质中时，钯以 $PdCl_4^{2-}$ 的形式稳定存在，呈平面正方形结构；铂以 $PtCl_6^{2-}$ 的形式存在，呈八面体结构；铑则以 $RhCl_6^{3-}$ 的形式稳定存在，呈八面体结构。因此，钯最容易被萃取，铂次之，铑最难。铂、钯、铑的溶剂萃取分离首先从分离钯开始，然后分离铂，最后分离铑。

Pd 的高效萃取剂一般含有二烃基硫醚结构(R′—S—R)和羟肟结构 $[(R)(R')-C=N-OH]$。在优化的萃取条件下，萃取剂可优先定量地从 Pt 和 Rh 中萃取分离出 Pd，常见的萃取剂有 S201、二异辛基硫醚、N530 等。硫醚结构非常容易与 $PdCl_4^{2-}$ 发生配位，形成中性萃合物分子。一般采用氨水作为 Pd 的反萃液。反萃液中的 $Pd(NH_3)_4Cl_2$ 是钯精炼过程中常见的络合物，通过精炼可以很方便地得到纯钯。形成中性萃合物分子和反萃的反应式分别如下：

$$PdCl_{4(a)}^{2-} + 2R'SR_{(o)} \Longleftrightarrow (PdCl_2 \cdot 2R'SR)_{(o)} + 2Cl_{(a)}^-$$

$$(PdCl_2 \cdot 2R'SR)_{(o)} + 4NH_3 \cdot H_2O_{(a)} \Longleftrightarrow Pd(NH_3)_4Cl_{2(a)} + 4H_2O_{(a)} + 2R'SR_{(o)}$$

Pt 的萃取剂很多,一般有中性磷氧类如 TBP、胺类如 N235 等。其中,叔胺萃取剂对 Pt 的萃取按如下反应式进行,其反萃取较困难,一般需要用较高浓度的酸或碱溶液,进一步回收 Pt 金属较难,操作环境恶劣,试剂消耗较多。

$$PtCl_{6(a)}^{2-} + 2R_3NHCl_{(o)} \Longleftrightarrow (R_3NH)_2PtCl_{6(o)} + 2Cl_{(a)}^-$$

余建民等曾提出 $RhCl_6^{3-}$ 水化作用强,很难被萃取,国际上流行的全萃取流程均先萃取金、钯,然后萃取铂、铱,最后利用化学沉淀法或离子交换法精炼铑。铑中最难分离的贵金属杂质元素是铱。铑的溶剂萃取策略一般是将溶液中的 Rh(Ⅲ) 转变为水合阳离子,然后利用阳离子萃取剂进行萃取分离。具体来说,先将含 Rh 的溶液经碱沉淀生成 $Rh(OH)_3$,再通过适量酸溶解,转化为水合阳离子 $[Rh(H_2O)_6]^{3+}$,而该过程中铱仍保持 $IrCl_6^{3-}$ 的形式,这时采用酸性萃取剂可选择性萃取 Rh,这类萃取剂有 P204、P538 等。由此可见,该萃取分离过程中最关键的步骤在于保持铱的稳定配阴离子状态。

李华昌等曾从含氧、含硫、含磷、含氮萃取剂以及协萃体系五个方面综述溶剂萃取分离铂族金属的最新研究进展。他们指出,铂族金属的萃取分离仍存在选择性差和反萃困难等问题,能实际应用的体系和流程还较少,尚需结合量子化学等理论从结构与性能的构效关系角度来研究和开发具有高选择性并易于反萃的新萃取体系。

2.3.2 有机化合物萃取分离

在现有的文献报道中,通过溶剂萃取进行分离的有机化合物一般可分为抗生素类、维生素类、小分子醇或酸类等。李洲等曾总结过制药工业中溶剂萃取技术的机制与应用发展方向。他们指出,溶剂萃取在制药工业中的应用主要分为生物发酵产品的纯化与非抗生素产品或中间体的提取分离。其中,生物发酵产品的初级代谢产物主要是醇和羧酸,次级代谢产物主要是抗生素和维生素,如青霉素、红霉素、林可霉素等;非抗生素产品或中间体如磺胺甲唑、新诺明、氢化可的松、咖啡因等。表 2.3 所示为部分抗生素和维生素萃取时所采用的萃取剂。

以青霉素的萃取为例,青霉素的工业化生产一般采用生物发酵法,在生产完成之后,还要进行分离提纯,以确保抗菌类药物的纯度符合国家要求。作为一种重要的酸性 β-内酰胺类抗生素,青霉素是一元羧酸,其在水中的解离常数 pK_a 一般为 2.75。因此,水溶液的 pH 值会改变其存在形式。当 pH 值小于 2.75 时,其分子态占比较大;当 pH 值大于 2.75 时,其解离态占比较大,并且随着 pH 值的增大,离子态比例会继续增加。青霉素一般依据中性配合萃取、离子缔合萃取或协同萃取机理进行萃取分离,可选择的萃取剂种类有酯类、中性磷氧类、醇类、亚砜类以及胺类。图 2.8 所示为《液-液萃取过程设计》一书中建议的青霉素萃取流程。

表 2.3 部分抗生素和维生素萃取时所采用的萃取剂

萃取产物	萃取剂
新生霉素	醋酸戊酯(AmAc),醇
土霉素	正丁醇
青霉素 G	醋酸丁酯
多烯抗生素	正丁醇
四环素	正丁醇,甲基异丁基酮
胡萝卜素	石油醚
林可霉素	正丁醇
红霉素	醋酸丁酯
氢化可的松	醋酸丁酯,醋酸异丁酯

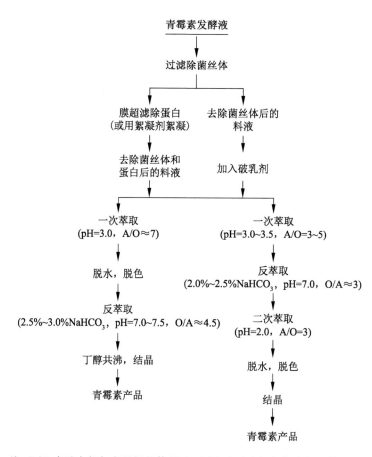

注:A/O 表示水相与有机相的体积比;O/A 表示有机相与水相的体积比。

图 2.8 青霉素萃取流程图

红霉素是弱碱性大环内酯类抗生素的代表,从发酵液中分离提纯红霉素的技术近年来受到学者们的广泛关注。红霉素分离提纯具有目标产物浓度低（红霉素质量分数为0.4％～0.8％）、红霉素不稳定、杂质浓度相对较高、产品质量和安全要求高的特点，所用萃取剂以醋酸丁酯为主，工艺路线有溶剂反复萃取法、薄膜浓缩法、溶剂萃取结合中间盐沉淀法等，机制一般为中性配合萃取或协同萃取。其中，醋酸丁酯萃取红霉素属于溶剂化萃取机制，异辛醇－煤油萃取红霉素属于中性配合萃取机制，异辛醇－二甲苯萃取红霉素属于中性配合萃取机制与协同萃取机制。溶剂萃取结合中间盐沉淀法的原理是，红霉素分子中脱氧二甲氨基己糖可与草酸、乳酸、硫氰酸盐等生成相应的红霉素复盐，红霉素复盐作为中间体以晶体的形式从溶剂中析出，然后再转为红霉素碱产品。

有机酸是一类重要的有机化合物，羧酸及其取代物、羟基羧酸等又是有机酸的重要组成部分。由于生物发酵液中有机酸的浓度一般较低，并伴有杂酸，因此需要进行提取分离和浓缩，目前溶剂萃取法是一种可行的、有效的提取分离方法。以衣康酸的溶剂萃取为例，一般依据中性配合、离子缔合、阴离子交换与协同萃取机理进行萃取。其中，中性配合萃取剂以 TBP 最为常见，TRPO 与 TOPO 也是对衣康酸萃取能力较强的中性磷氧类萃取剂，其萃取反应式如下，其中 HA 代表有机酸分子，$R_3P{=}O$ 代表中性磷氧类萃取剂。

$$n\mathrm{HA}_{(a)} + m\mathrm{R_3P{=}O}_{(o)} \rightleftharpoons (\mathrm{HA})_n(\mathrm{R_3P{=}O})_{m(o)}$$

此外，还有胺类与季铵盐萃取剂的应用。伯、仲、叔胺对衣康酸的萃取通过烷基胺阳离子与酸根之间的离子对缔合反应进行，或生成胺－酸氢键，其反应式如下，其中 $R_x\mathrm{NH}_{3-x}$ 代表伯、仲、叔胺类萃取剂。

$$n\mathrm{HA}_{(a)} + m\mathrm{R}_x\mathrm{NH}_{3-x(o)} \rightleftharpoons (\mathrm{HA})_n(\mathrm{R}_x\mathrm{NH}_{3-x})_{m(o)}$$

由于伯胺碱性最强，仲胺次之，叔胺碱性最弱，因此三者对衣康酸的萃取能力也依次减弱。但由于伯胺水溶性较强，并具有较大的界面张力，容易在萃取过程中发生乳化，而仲胺会在蒸馏循环再生过程中生成酰胺，因此，相对来说叔胺是较为适合的胺类萃取剂。

季铵盐的萃取机理如下所示，当萃取剂碱性足够强时，它就可以束缚住一个质子生成胺阳离子，并进一步与一个酸根阴离子结合以保持电中性。

$$\mathrm{R}_x\mathrm{NH}_{3-x(o)} + \mathrm{H}^+_{(a)} \rightleftharpoons \mathrm{R}_x\mathrm{NH}^+_{4-x(o)}$$

$$\mathrm{R}_x\mathrm{NH}^+_{4-x(o)} + \mathrm{A}^-_{(a)} \rightleftharpoons \mathrm{R}_x\mathrm{NH}^+_{4-x}\mathrm{A}^-_{(o)}$$

2.3.3　乏燃料物质回收分离

为应对全球不断增长的能源需求并减少碳排放，开发清洁且可持续利用的能源具有极其重要的意义。相比于太阳能、风能、水能和地热能等再生能源，核能是目前唯一达到工业应用要求且可大规模替代化石燃料的能源。目前，核能也是我国能源领域重要的发展方向之一。我国核电站运行过程中产生的含有铀、钚以及裂变产物的乏燃料已近 7 000 t，预计 2025 年总量将达到 14 000 t。乏燃料的后处理技术分为干法与湿法两类。其中，干法后处理采用熔盐或液态金属为介质，装置规模小，耐辐照性强，临界安全性高，但分离性能较差，且操作温度高，材料耐用性以及操作可靠性的问题尚待解决。湿法工艺以溶剂萃取法、离子交换法和沉淀法等为代表。以 TBP 为萃取剂的 PUREX（plutonium and uranium recovery by extraction 或者 plutonium uranium reduction extraction)萃取流程于 1956 年在美国 Hanford 后处理厂投入运行,至今已逾 60 年,其各基本操作单元如图 2.9 所示。作为主流技术,PUREX 流程可回收乏燃料中约 99.5% 的铀和钚,且核能利用技术先进的国家已建成商业运行的后处理厂,但通过该流程后长寿命次锕系元素以及镎等得不到有效的分离回收,可回收乏燃料的放射毒性仅下降一个量级。

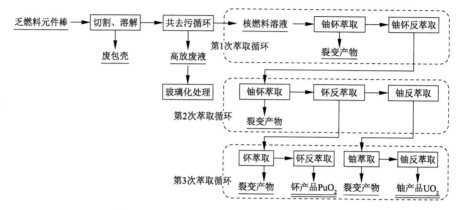

图 2.9　PUREX 流程各基本操作单元示意图

刘海军等曾综述过国内外乏燃料后处理技术的研究现状,他指出,标准 PUREX 流程只能分离出乏燃料中的铀和钚,高放废液经玻璃化处理之后仍含有次锕系元素和裂变产物,其衰变周期仍然很长。因此,很多学者研究了基于 PUREX 流程的湿法后处理改进工艺。美国能源部核能办公室开发了 UREX(uranium extraction)流程,采用 TBP/nDD 萃取分离铀以及裂变产物,用 AHA 作为洗涤络合剂来防止钚和镎的萃取,减少流程中 TBP 对纯钚的分离,从而降低核扩散的风险。日本核燃料企业通过使钚充分氧化,进一步实现镎的氧化,从而在循环中将铀、钚和镎同时萃取,最后通过硝酸羟胺还原镎和钚。此外,还有多种改进工艺,如改进型 PUREX 流程(IMPUREX)、COEX 流程、NEXT 流程、PARC 流程等。

依据"三步走"的战略方针,我国要求对乏燃料采取闭式循环的后处理方式。经过数十年的基础研究,我国于 1986 年启动中试立项工作。目前我国已开展了无盐 PUREX 二循环流程(APOR)和高放废液的分离研究等。中国原子能科学研究院围绕无盐两循环流程开展了十多种无盐还原剂以及络合剂的还原反应热力学和动力学行为研究,并取得重要进展;在铀、钚分离中采用硝酸羟胺及其衍生物进行还原,使镎随钚进入后续纯化循环。我国开发的高放废液分离流程(TRPO)具备相应自主知识产权,已进行了热试验,效果良好,被认为是世界上现有流程中最具有前景的两个流程之一。

2.4　新型溶剂萃取技术的发展

在溶剂萃取过程中,溶剂的选择是食品、药品、化妆品、农化、化工和生物工艺过程技术的核心。在过去的二十年中,离子液体、低共熔溶剂、超临界流体等作为潜在的绿色溶剂成为研究热点,特别是在食品、香料和药用植物加工领域。Choi 和 Plechkova 等曾综述了近年来有关新型绿色溶剂的研究进展。

2.4.1　离子液体萃取

离子液体(ionic liquids,ILs)指一类熔点低于 100 ℃ 的有机熔融盐,通常由不对称的有机阳离子和阴离子组成,其性质可通过调节阴、阳离子的结构与组成而改变。由于其是在室温或室温附近温度下呈液态的、由自由离子组成的物质,因此称其为室温离子液体。它们具有独特的物理化学性质,与常规有机溶剂明显不同,例如,它们具有极低的蒸气压、高热稳定性和高电导率,电化学窗口宽,极性可调。由于具有这些性质,它们在许多化学过程(如溶剂萃取、酶反应、化学合成等)中取代了常规的有机溶剂。图 2.10 所示为离子液体常见阳离子与阴离子的结构示意图。

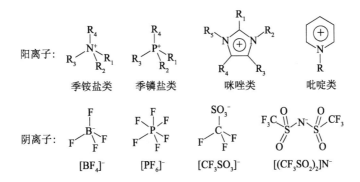

图 2.10　离子液体常见阳离子与阴离子的结构示意图

2.4.1.1　离子液体的基本性质

(1)熔点

熔点是物质从晶相到液相的转变温度,是盐类的一个重要物理特征,也是判别一种盐类是否能够形成离子液体的重要标志。对于熔点,研究比较多的离子液体的有机阳离子主要有三类:咪唑类、吡啶类和季铵盐类。从已知的熔点数据中可得到以下结论:在离子液体中,有机阳离子和阴离子的大小、组成、对称性以及烷基取代基的链长、数量与对称性对离子液体的熔点高低起决定性作用。

(2)密度

组成离子液体的阴离子和阳离子的结构都对密度有较大影响。在阴离子相同的条件下,离子液体的密度随烷基取代基碳原子数的增加而减小。研究发现,温度对离子液体的密度虽有一定影响,但不像黏度那样明显。

(3)黏度

离子液体形成氢键的能力和离子液体间范德华作用力的大小决定了其黏度大小。大多数离子液体的黏度要比传统有机溶剂的黏度高 1~3 个数量级。离子液体中阴、阳离子的种类、不同的组合方式等均对黏度有较大影响。

此外,离子液体中存在的痕量水被认为可能是导致黏度偏高的原因。一直以来,离子液体的高黏度都是阻碍其走向工业应用的因素之一,高黏度将导致离子液体易黏附在反应器器壁上,造成后处理困难;黏度还影响反应体系的扩散,影响传质速率和反应速率。因此,在合成和分离领域中,合成低黏度的离子液体是人们研究的目标。

(4)热稳定性

与传统有机溶剂不同,大多数离子液体在温度升高到某一值时会发生分解,分解温度即为离子液体液程的上限温度(熔点即为液程的下限温度)。离子液体的热稳定性分别受杂原子—碳原子间作用力和杂原子—氢键之间作用力的影响,因此其热稳定性与阳离子和阴离子的结构和性质密切相关。

(5)电化学窗口

电化学窗口是指离子液体开始发生氧化反应和开始发生还原反应的电位差值。离子液体具有较宽的电化学窗口和良好的导电性。大部分离子液体的电化学窗口为 4 V 左右,而水的电化学窗口在碱性条件下为 0.4 V,在酸性条件下为 1.3 V。离子液体的电化学窗口的大小主要取决于阴、阳离子自身的电化学稳定性,阴离子对阳离子的电化学还原或阳离子对阴离子的电化学氧化对其也有一定的影响。

(6)溶解性

离子液体的溶解性与其阳离子和阴离子的特性相关。改变阳离子的烷基可以调整离子液体的溶解性。离子液体的溶解度在利用离子液体进行萃取分离的研究中是重要的影响因素。若其在水中的溶解度较大,则在进行萃取的过程中,既会带来离子液体的流失又会污染水相,不利于离子液体萃取体系的循环利用。因此,只有具有较大疏水性的离子液体,才适于进行萃取分离的研究。

(7)蒸气压

离子液体内部存在相当大的库仑作用力,即使在较高的温度和真空度下也会保持相当低的蒸气压力,不易挥发。正是由于离子液体的不挥发性,离子液体的液-液萃取过程才成为一个绿色过程。

2.4.1.2 离子液体的合成方法

离子液体的合成方法主要有一步合成法和两步合成法,其中两步合成法应用更广泛。

一步合成法是指亲核试剂叔胺(包括咪唑、吡啶和吡咯)与卤代烃或酯类物质(如羧酸酯、硫酸酯或磷酸酯)发生亲核加成反应,或利用叔胺的碱性与酸发生中和反应而一步生成目标离子液体的方法。其优点是操作简便、经济,没有副产物,产品易纯化。

两步合成法:第一步,叔胺和卤代烃反应生成季铵的卤化物;第二步,将卤素离子转换为目标离子液体的阴离子。将卤素离子转换为目标离子液体的阴离子的方法有很多,如络合反应、离子交换反应、复分解反应和电解法等。两步合成法的优点是普适性好、收率高;缺点是阴离子交换反应产生等摩尔的无机盐副产物,尽管形成的无机盐副产物不溶于目标产物离子液体且易除去,但仍不可避免地有少量(1%~5%)存在于离子液体中,采用常规的纯化手段难以将其完全除去。

虽然采用常规加热法就可以完成离子液体的合成,但是烷基化反应往往需加热搅拌几小时到几十小时,同时需要大量的有机溶剂作为反应介质或用于洗涤纯化,产物收率偏低,这样不仅浪费资源、污染环境,而且增加了离子液体的生产成本,限制了离子液体的大规模生产和应用。

2.4.1.3　离子液体在溶剂萃取中的发展

最早的有关离子液体的报道见于 1914 年,离子液体的发现者 Paul Walden 通过乙胺和浓硝酸的中和反应,合成出离子液体硝酸乙基胺([EtNH$_3$][NO$_3$]),它的熔点为 13～14 ℃。

离子液体的发展共经历以下三个阶段:

① 氯铝酸盐离子液体。1948 年美国专利报道的三氯化铝和卤化乙基吡啶离子液体主要用于电镀领域。这类离子液体价格相对便宜,但它们在空气中很不稳定,遇水也极易分解变质,因此应用范围有限。在 20 世纪 60 年代,美国空军研究实验室有关研究人员对上述专利描述的氯铝酸烷基吡啶离子液体进行了一系列的物理化学性质测定,标志着系统研究离子液体的开始。

② 二烷基咪唑类离子液体。1992 年,Wilkes 等合成出在空气和水中稳定的离子液体 1-乙基-3-甲基咪唑四氟硼酸盐[Emim]BF$_4$,引起人们对离子液体的广泛关注。而后,二烷基咪唑四氟硼酸类、六氟磷酸类、三氟甲基磺酸类、酒石酸类、醋酸类的离子液体相继被合成出来。这类离子液体的出现,使得离子液体的研究进入突飞猛进的发展时期,在这一时期,离子液体作为绿色溶剂,在催化、电化学、萃取分离、材料合成等领域都得到了广泛应用。其中,Rogers 等 1998 年首次将离子液体用于苯及其衍生物的萃取分离,开创了离子液体在萃取分离领域应用的先河。其后,1999 年美国橡树岭国家实验室 Dai 等将冠醚/咪唑离子液体体系用于萃取 Sr(Ⅱ),为将离子液体应用于工业核裂变废物处理奠定了基础。

③ 任务专一性离子液体。利用离子液体的可设计性,可根据某一应用要求在合成中引入特定的官能团,以设计并合成具有特定功能的离子液体。这类离子液体被用于润滑剂、磁性材料、发光材料等各类材料的制备合成,形成新兴交叉研究领域。其中,美国 Cytec 公司生产合成的 Cyphos ILs 系列成为被广泛研究的萃取金属的离子液体。

目前,离子液体已经广泛应用于化合物的液-液萃取溶剂中。Hirayama 等报道了用烷基甲基咪唑三氟甲基磺酸盐和噻吩甲酰三氟丙酮来萃取稀土镧离子和二价金属离子铜、锰、钴。Wei 等首次报道了不使用硫醇和胺类将金纳米粒子与纳米棒由水相转移进离子液体相[Bmim][PF$_6$]的方法。

2.4.2　低共熔溶剂萃取

由于离子液体的蒸气压可忽略不计(<1 Pa),因此在 20 世纪早期被发现后,离子液体就成为一种替代传统有机溶剂的新型绿色溶剂,但具有潜在毒性、合成成本高、原子利用

率低、再生困难和可降解性差等缺点,在一定程度上阻碍了其在工业中的应用。低共熔溶剂(deep eutectic solvent,DES)的理化性质与离子液体类似,并且相较于离子液体,具有更"绿色"的优势,如可生物降解、可回收、蒸气压极低、生产成本低和毒性小,这些优点使其成为离子液体的有力替代产品。低共熔溶剂的制备相对更加简单,只需加热或机械搅拌即可一步完成,合成过程中原子利用率 100%,在有机合成、金属萃取、电化学、催化、药物溶解、生物转化等方面均有广泛应用。

DES 指一定摩尔比的氢键受体(hydrogen bond acceptor,HBA)和氢键供体(hydrogen bond donor,HBD)通过氢键缔合组成的混合物,通过电荷离域的作用降低熔点,其熔点比原材料的熔点低得多。关于 DES 的首次文献报道见于 2003 年,Abbott 等以 1:2 的摩尔比合成了氯化胆碱与尿素混合物。目前已经报道的 DES 可大致分为 4 种,分别是季铵盐与金属盐(MCl_n,M = Zn,Sn,Fe,Al,Ga)、季铵盐与含水金属盐($MCl_n \cdot mH_2O$,M = Cr,Co,Cu,Ni,Fe)、季铵盐与 HBD(R—Z,Z = —$CONH_2$,—COOH,—OH)、金属氯化物与 HBD(R—Z,Z = —$CONH_2$,—COOH,—OH),其中以第三类季铵盐与 HBD(如酰胺、羧酸或醇)等的研究报道最多。图 2.11 所示为氯化胆碱与醇组成的低共熔溶剂的氢键供体与受体之间的相互作用。

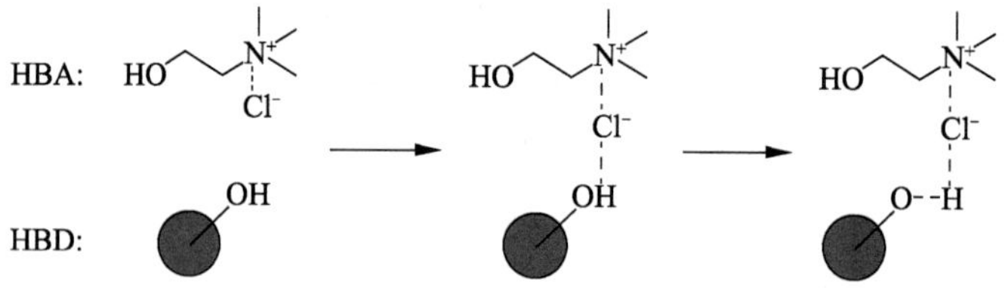

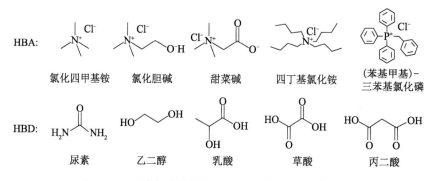

图 2.11　氯化胆碱与醇组成的低共熔溶剂的氢键供体与受体之间的相互作用示意图

图 2.12 所示为组成低共熔溶剂的常见氢键受体与供体结构示意图。氯化胆碱作为最常用的氢键受体,有大量的相关研究。在早期的相关研究中,由于大部分 DES 亲水且内部氢键存在增溶作用,可与水混溶,所以关于 DES 在萃取分离水相物质如金属离子等方面的研究不多,且由于其与水互溶,难以循环使用。2016 年,Tereshatov 等首次报道了 4 种以四庚基氯化铵或薄荷醇为 HBA,以羧酸为 HBD 的疏水性 DES,用于从盐酸介质中萃取铟。随后,各种疏水性 DES 用于萃取分离金属离子的文献被大量报道,使其成为研究热点。

HBA:　氯化四甲基铵　氯化胆碱　甜菜碱　四丁基氯化铵　(苯基甲基)-三苯基氯化磷

HBD:　尿素　乙二醇　乳酸　草酸　丙二酸

图 2.12　组成低共熔溶剂的常见氢键受体与供体结构

此外,DES 在对有机物的溶剂萃取方面也表现出突出的优势。Lyu 等以 1∶10 的摩尔比合成了氯化胆碱—乳酸 DES,用于提取木质素。Yang 等从生物资源中借助超声 DES 提取化合物,回收率高达 100%。Panic 等通过超声/微波辅助技术以氯化胆碱—柠檬酸 DES 提取花青素,萃取时间仅十分钟。总体来说,疏水性 DES 是一种具有广阔应用前景的环境友好型萃取剂。

2.4.3 超临界流体萃取

随着现代社会对减少能源消耗、减少有毒残留物、提高副产物利用率以及提升最终产品质量与安全性等的要求越来越高,高压作为一种技术手段影响了多种萃取分离体系与技术的诞生和发展。超临界流体(supercritical fluids,SCFs)由于黏度低、密度大,有良好的流动、传质、传热和溶解性能,在新型萃取分离技术领域中占据重要位置,被广泛用于天然产物萃取、聚合反应、超微粉和纤维的生产、催化过程和色谱分离等领域。在图 2.13 所示的相图中可以更清楚地看到,当物质超过临界温度和临界压力时,气体和液体的性质会趋于类似,最后会形成一个均匀相,两相分界线消失,此时该物质即为超临界流体。

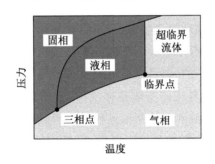

图 2.13 物质压力-温度相图

1822 年,法国医生 Cagniard 在进行实验时发现了超临界流体的特性。他在炮管内加入不同温度的流体,再放入燧石小球,密封炮管后,球在炮管中滚动时会产生声音的不连续变化,但当温度超过临界温度时,声音的不连续变化消失,流体中液体和气体的密度变得相同,两相之间没有相界限,形成超临界流体相。这种特殊的相态无法用我们熟知的物质三态(即固态、液态、气态)来解释。超临界流体也可能发生在自然界中,例如由于水压和火山喷发温度过高,超临界水在一些水下火山中形成。

表 2.4 所列为气体、超临界流体、液体的物性特征数值。由于超临界流体处于超临界状态,同时具有类似气体的黏度和扩散率,以及类似液体的密度和溶剂化性能,对温度和压力的改变十分敏感,因此其具有十分独特的物理性质。超临界流体溶解性强,密度接近液体的密度,且比气体的密度大数百倍。由于物质的溶解度与溶剂的密度成正比,因此超临界流体具有与液体溶剂相近的溶解能力。同时,超临界流体扩散性能好,因为其黏度接近于气体的黏度,较液体的黏度小 2 个数量级。超临界流体的扩散系数介于气体和液体之间,为液体扩散系数的 10~100 倍。超临界流体具有气体易于扩散和运动的特性,传质

速率远远高于液体。此外,超临界流体易于控制,在临界点附近,压力和温度的微小变化都可以引起流体密度很大的变化,从而使溶解度发生较大的改变,这一性质对萃取和反萃取至关重要。

表 2.4 气体、超临界流体、液体的物性特征

流体状态	存在条件	密度/$(g \cdot mL^{-1})$	黏度/$(g \cdot cm^{-1} \cdot s^{-1})$	扩散系数/$(cm^{-2} \cdot s^{-1})$
气体	常压,常温	$(0.6 \sim 2.0) \times 10^{-3}$	$(1 \sim 3) \times 10^{-4}$	$0.1 \sim 0.4$
超临界流体	P_c(临界压力) T_c(临界温度)	$0.2 \sim 0.5$ $0.4 \sim 0.9$	$(1 \sim 3) \times 10^{-4}$ $(3 \sim 9) \times 10^{-4}$	0.7×10^{-3} 0.2×10^{-3}
液体	常压,常温	$0.6 \sim 1.6$	$(0.2 \sim 3.0) \times 10^{-2}$	$(0.2 \sim 2.0) \times 10^{-5}$

超临界流体萃取(supercritical fluid extraction,SFE)简称超临界萃取,是一种以超临界流体为萃取剂,把一种成分(萃取物)从混合物(基质)中分离出来的技术。超临界流体萃取分离的原理是超临界流体对脂肪酸、植物碱、醚类、酮类、甘油酯等具有特殊的溶解作用,利用超临界流体的溶解能力与其密度的关系,即利用压力和温度对超临界流体溶解能力的影响来萃取以上物质。在超临界状态下,超临界流体与待分离的物质接触,可有选择性地把极性大小、沸点高低和分子量大小不同的成分依次萃取出来。当然,在各压力范围所得到的萃取物不可能是单一的,但可以通过控制条件得到成分比例最佳的混合物,然后借助减压、升温的方法使超临界流体变成普通气体,被萃取物质则完全或基本析出,从而达到分离提纯的目的,所以超临界流体萃取过程是由萃取和分离组合而成的。

涉及超临界流体的萃取分离过程是环保的、可持续的,并具有一定的成本效益,为获得萃取分离新产品提供了可能性。其主要优点在于只需要简单地膨胀分离和干燥产品,气体可以被回收、循环利用,不需要净化步骤。在工业过程中使用超临界流体进行萃取分离,操作过程能耗低,环境效益好,显示出它们替代对环境更具破坏性的常规有机溶剂的潜力,因此超临界流体有时被称为"未来的绿色溶剂"。目前,超临界流体已经应用于制药、食品和纺织工业中,并发展到商业规模。随着研究的深入,超临界流体技术的应用领域不断扩展,在反应介质、材料合成与颗粒制造、传质萃取、环境治理、高压灭菌、射流切割等方面均有广泛应用。

超临界二氧化碳(supercritical carbon dioxide,SCCO₂)和超临界水(supercritical water,SCW)作为最常用的超临界流体,其健康和安全性尤其明显。它们不致癌、无毒、不致突变,不易燃且热力学稳定。此外,通过简单地改变操作压力和/或温度,可以调节超临界流体的热物理性质(如扩散率、黏度、密度或介电常数)。超临界流体具有出色的传热性能,被认为是环境友好型传热流体。

2.4.3.1 超临界二氧化碳萃取

二氧化碳在温度高于临界温度($T_c = 31.26$ ℃),压力高于临界压力($P_c = 7.39$ MPa)的状态下,性质会发生变化,此时其密度接近液体,黏度接近气体,扩散系数为液体的

100 倍,因而具有惊人的溶解能力。超临界二氧化碳可溶解多种物质,应用前景广阔。超临界二氧化碳成为被研究得最多的流体之一,主要原因在于其临界温度接近室温,可以实现对许多热敏性物质的萃取;临界压力处于中等水平,操作相对安全、易实现;化学性质稳定,具有抗氧化能力,无色、无味、无毒,不易燃、不易爆、无腐蚀性,安全性高;同时超临界二氧化碳萃取速度快、效率高,通过控制压力与温度改变其密度与溶解能力,可选择性地萃取不同组分,操作参数易控制,有利于保证提取产物的纯度与稳定性;从萃取到分离可一步实现,超临界二氧化碳与被萃取物分离后,只需重新压缩即可实现再生利用,能耗低。

一般情况下,超临界二氧化碳的密度越大,其溶解能力就越强。在恒温操作条件下,提高压力,其对溶质的溶解度会随之提高;在恒压操作条件下,升高温度,其对溶质的溶解度随之减小。在高压条件下,反应料液与超临界二氧化碳接触,料液中的易萃组分(即溶质)溶于超临界二氧化碳中,即发生萃取;降低压力后,超临界二氧化碳变成普通 CO_2 气体,而溶质则完全或基本析出,从而达到分离提纯的目的。若有效成分(溶质)不止一种,则采取逐级降压方法,可使多种溶质分步析出。

超临界二氧化碳萃取技术在食品工业中的应用较为成熟,其最早的应用就是从咖啡豆中脱除咖啡因。在此之前,脱除咖啡因通常采用有机溶剂萃取工艺,流程复杂且生产效率低,易产生有害物质。而超临界二氧化碳对咖啡因的选择性较高,溶解性能优异,且价格便宜,对环境更为友好,咖啡因的脱除残留率从传统有机溶剂萃取的 2% 降低到 0.02%。超临界二氧化碳的其他分离提纯应用包括提取植物油脂,分离香料中的精油成分,提取生物碱、天然色素、醌类、黄酮类等化合物。以下列举一些超临界二氧化碳的典型应用。

精油是从香料植物或泌香动物中提取出的挥发性含香物质的总称,一般可分为萜烯类、酯类、醇类等。精油常通过水蒸气蒸馏法、冷压榨法、脂吸法或溶剂萃取法等进行提炼萃取。众多研究表明,超临界二氧化碳萃取精油的效率高于传统水蒸气蒸馏法或传统溶剂萃取法。例如,曾朝懿等曾分别对水蒸气蒸馏法、超声辅助水蒸气蒸馏法、微波辅助水蒸气蒸馏法以及超临界二氧化碳萃取法萃取木姜子花中的挥发性精油的效率进行了比较。结果表明,超临界二氧化碳在萃取温度与压力分别为 50 ℃ 和 15 MPa,分离温度与压力分别为 40 ℃ 和 7 MPa,以及流量为 15 L/h 的条件下,提取率达到 400 mg/g,而其他三种方法的提取率仅分别达到 32,40,37 mg/g。张师辉等则比较了超声辅助乙酸乙酯萃取、水蒸气蒸馏法以及超临界二氧化碳萃取三种方法所提取的温莪术油中的化学成分对气相色谱一四极杆飞行时间串联质谱分析结果的影响。结果表明,超临界二氧化碳在萃取温度与压力分别为 50 ℃,28 MPa 的条件下,经 2 h 循环萃取得到 73 种挥发性成分,而其他两种方法则仅得到 72 种挥发性成分。

超临界二氧化碳在中草药中重要的有效成分生物碱的提取方面应用也较为成熟。作为一类含氮的碱性有机化合物,生物碱大多有复杂的环状结构,氮元素多包含在环内,有显著的生物活性。因其极性偏大,所以在使用超临界二氧化碳萃取技术时,通常需要增加压力或者使用夹带剂来增强流体的溶解度。有学者采用超临界二氧化碳从蒙药荜茇中萃取胡椒碱，在最佳萃取操作条件下，使用夹带剂甲醇获得胡椒碱产物，萃取率为 2.92%。

2.4.3.2 超临界水萃取

化学工业中挥发性和有害有机溶剂的大量使用使得环境污染日益严重，因此化学家们将研究的重点放在了绿色替代溶剂上。所谓"绿色"溶剂，即溶剂在使用过程中对环境的影响小。在这个意义上，水可以被认为是一种潜在的绿色溶剂，因为它对人体健康和环境无害；此外，它是最安全、最便宜的溶剂。水是少数几种能够通过改变温度来调节性质的绿色溶剂之一，近年来使用水作为绿色萃取溶剂的研究显著增多。

超临界水又称超加热水、高压热水或热液态水，是指在一定的压力下，将水加热到 100 ℃以上、临界温度 374.15 ℃以下的高温，水仍然保持为液体状态。常温常压下水的极性较强，而在亚临界状态下，随着温度的升高，超临界水分子间的氢键被打开或减弱，这样就可以通过控制超临界水的温度和压力，使水的极性在较大范围内变化，流体微观结构的氢键、离子水合、离子缔合、簇状结构等发生了变化，因此超临界水的物理、化学特性与常温常压下的水有较大差别，从而实现天然产物中有效成分从水溶性成分到脂溶性成分的连续提取，并可实现选择性提取。

超临界水萃取体系或加压热水萃取体系作为"绿色"萃取体系，通常具有较低的介电常数 ε，这意味着可以通过改变水的温度来调节其极化率。在常温常压下，纯水的 ε 约为 79 F/m，而在 1.5 MPa 的压力下将温度升高至 200 ℃（保持液态所必需的温度），其 ε 显著降低至约 35 F/m，也就是说水在该状态下的 ε 与甲醇在常温常压下的 ε 相似，该状态下的水是极化率/极性较低的溶剂。也就是说，从常温常压状态到该状态水的性质由强极性渐变为非极性，可将溶质按极性由高到低顺序萃取出来。在温度和压力都较高的条件下，水的极性降低，可以萃取非极性化合物；在温度和压力都较低的条件下，水的极性提高，可以萃取极性化合物。同时，在温度和压力都较高的条件下，水的表面张力与黏度均降低，有利于水更好地润湿以及渗透，并改善被萃取物的扩散和传质动力学。

作为一种新发展起来的新型萃取分离技术，超临界水萃取最早应用于土壤等环境样品中有机污染物的去除。1998 年 Basile 等进行了超临界水萃取迷迭香中含氧化合物的研究，并与传统的萃取技术进行了比较。结果表明，含氧化合物的产量高于利用水蒸气蒸馏法所得的产量，能耗也较低，证实了超临界水萃取技术的确是一种可行的方法。由于技术优势明显，该技术很快作为从天然产物中萃取有效成分的新方法而得以迅速发展。

自 2015 年以来，使用超临界水萃取分离的目标物包括生物材料、药用植物、藻类和草药，以藻类生物质为原料生产的生物燃料和生物产品，以及生物活性化合物如酚类化合物。以酚类化合物的提取为例，使用超临界水萃取酚类化合物需要 80~140 ℃的萃取温度以及 1~30 min 的萃取时间。在需要测量抗氧化能力或酚类化合物总含量的研究中，萃取温度提高到 150 ℃以上，萃取时间也更长。以萜类化合物的提取为例，超临界水对萜类化合物的萃取需要 180~200 ℃的萃取温度和 27~120 min 的萃取时间，而多糖的萃取则可在较宽的操作温度范围（110~185 ℃）和时间范围（5~92 min）内实现。此外，在超过

200 ℃的温度下,超临界水还可用于生物燃料生产所需的生物化学化合物的萃取提纯以及环境样品的萃取提纯。国内有关超临界水萃取的报道还比较少,相关报道主要包括利用超临界水萃取技术开展环境样品测定,测定固体废弃物、土壤、沉积物和大气颗粒物中的有机污染物,以及利用超临界水萃取中草药(天然药物)的有效成分等。

超临界流体成功解决了高纯度物质的分离提纯问题,同时为医疗、纳米技术等领域提供了一种新的思路和工具,但是目前这一技术只适用于实验室研究以及有特殊需要的物质分离提纯,还未能实现大规模、普遍适用。随着人们对超临界流体的基础萃取分离数据、工艺流程优化、装置设备改进等方面的研究不断深入和完善,对超临界流体萃取涉及的化学反应、传质与传热过程的认识尚不够透彻的问题逐渐显现。且超临界流体萃取需在高温或高压下进行,设备一次性投资较大,其工业化规模应用受到限制。

2.4.4　双水相萃取

对于生物制品如蛋白、酶、核酸、多肽等的提取,传统的有机相与水相间的萃取过程通常不再适用。原因如下:一是这些生物制品易在有机溶剂中失去活性;二是大部分蛋白质均有较高的亲水能力,无法溶于传统有机溶剂中。因此,双水相萃取作为一种新型萃取体系,在生物制品的提取过程中发挥了重要作用。双水相萃取最早由瑞典隆德大学的Albertsson 于 20 世纪 50 年代后期发现,Albertsson 应用双水相萃取成功地分离了叶绿素。自 20 世纪 80 年代开始,我国出现了该项技术的相关研究与应用。由于双水相萃取技术条件温和,易放大,简单环保,可连续操作,目前已成功应用于生物工程、药物分析与金属分离等方面。

双水相萃取体系中实现萃取的两相均为水相,也就是说它是由两种互不相溶的水相组成的液-液萃取体系。而这两种互不相溶的水相的形成是基于聚合物的"不相溶性",即将两种含有水溶性聚合物的水溶液混合,当其中的聚合物浓度达到一临界数值时,聚合物之间的分子空间阻碍作用使两种聚合物无法相互渗透,形成两种互不相溶的水相。此外,将一种聚合物与一种亲液盐或两种盐(一种是离散盐,另一种通常是高价的无机亲液盐)混合,在适当的浓度或特定的温度下,聚合物与盐之间同样由于分子空间阻碍作用无法相互渗透,形成了双水相系统。当被萃物进入双水相体系后,由于表面性质、电荷作用以及各种化学键如憎水键、氢键、离子键等的作用和溶液环境的影响,被萃物分子在两相中的浓度分布不同,从而实现各成分在两相间的选择性分配萃取。

双水相体系一般由非离子型聚合物、高分子电解质、低分子量化合物、无机盐等组成。常见的能够形成双水相体系的聚合物如聚乙二醇、聚丙二醇、甲基聚乙二醇、聚乙烯醇、聚乙烯吡咯烷酮、葡聚糖、聚丙基葡聚糖、甲基纤维素、乙基羟乙基纤维素等,而无机盐通常有硫酸钾、硫酸铵、草酸钠等。表 2.5 列出了多种不同类型的双水相体系。

表 2.5　不同类型的双水相体系

类　　型	形成上相的聚合物	形成下相的聚合物
非离子型聚合物－非离子型聚合物	聚乙二醇	葡聚糖
		聚乙烯醇
	聚丙二醇	聚乙二醇
		聚乙烯吡咯烷酮
高分子电解质－非离子型聚合物	羧甲基纤维素钠	聚乙二醇
高分子电解质－高分子电解质	葡聚糖硫酸钠	羧甲基纤维素钠
聚合物－低分子量化合物	葡聚糖	丙醇
聚合物－无机盐	聚乙二醇	磷酸钾
		硫酸铵

双水相萃取优点明显,如操作条件温和,在常温常压下进行;两相的界面张力小,一般在 10^{-4} N/cm 量级;相比随操作条件而变化,易于连续操作;处理量大,适合工业应用。同时,由于两相的溶剂都是水,上相和下相的含水量高达 70%~90%,不存在有机溶剂残留问题。但经过几十年的应用,其缺点也日益明显,如成相聚合物的成本较高,且高聚物回收困难;水溶性高聚物大多黏度较大,不易定量控制;存在易乳化的现象,相分离时间较长;萃取过程的影响因素较复杂,机理有待进一步研究;等等。以下介绍近年来发展的双水相萃取体系。

2.4.4.1　离子液体双水相萃取

离子液体作为一种环境友好的反应介质,具有熔点低、蒸气压小、电化学窗口大、酸性可调及良好的溶解度、黏度和表面张力等特点。作为一种高效而温和的新型绿色分离体系,离子液体双水相体系结合了离子液体和双水相萃取的优点,萃取过程中在保持生物物质的活性及构象等方面有明显的技术优势,具有回收率高、实验条件温和简单、不易挥发、不易发生乳化现象等优点,是一种绿色无污染且较为理想的萃取体系。它是由亲水性离子液体与无机盐、高聚物、多糖,或与另一种离子液体等溶质形成的双水相。其中,离子液体-无机盐双水相由于黏度低、易成相等优点,应用最为广泛。离子液体双水相萃取不但同时具备离子液体萃取和双水相萃取的优点,而且可通过调节离子液体的极性,实现对不同极性物质的高效萃取,并且离子液体的用量极少。

国内外学者均曾报道过利用离子液体双水相对金属离子等进行萃取取得了较好的分离效果。2003 年,Gutowski 等首次提出离子液体双水相的概念,他们发现亲水性离子液体[Bmim]Cl 与水合 K_3PO_4 可形成双水相体系,并证明了其在分离萃取方面有较好的应用前景。中国科学院过程工程研究所张锁江院士等发现亲水性离子液体[Bmim]Cl 与糖类分子也可形成双水相体系。随后大量离子液体双水相体系被发现与报道。Onghena 等构建了离子液体 $[P_{4,4,4,14}][Cl]$ 与 NaCl 形成的双水相,结果表明只需少量 $[P_{4,4,4,14}][Cl]$ 即可实现对钴（Ⅱ）和镍（Ⅱ）的全部提取。Depuydt 等则利用离子液体[P$_{444}$COOH][Cl]与 NaCl 形成的离子液体双水相,对水溶液中的稀土元素 Sc^{3+}进行了萃取分离,系统地研究了萃取时间、金属离子负载量、pH 等条件参数对萃取的影响。国内学者在离子液体双水相萃取金属离子方面也做了不少研究,邓凡政等在离子液体双水相中加入萃取剂萃取金属离子,获得了较高的萃取率。

目前,离子液体双水相在萃取分离金属离子、抗生素、食用色素,分离提纯蛋白质以及富集其他大分子生物活性物质等方面均有较优秀的研究文献,因此,离子液体双水相体系在生物工业分析、药物分析与金属分离方面具有广阔的应用前景。但目前研究均处于实验室研究阶段,对萃取分配机制的研究还不够深入,如目标物在离子液体双水相中的分配机理、溶质分配模型的建立、更加廉价和温和的离子液体双水相体系的发现、与其他分析技术的结合、体系的高效回收与利用等,都有待进一步研究和解决。

2.4.4.2　双水相气浮溶剂浮选

（1）溶剂浮选技术

溶剂浮选技术由南非学者 Sebba 于 1962 年首次提出。溶剂浮选技术又被称为气泡吸附分离技术,简称浮选,主要以气泡为载体,使溶液中的固体、胶体等特定目标物吸附在气泡上的"气液"界面,从而使目标物与母液分离。浮选根据颗粒表面的性质来分离颗粒,广泛应用于贵金属的回收、废水处理等方面。20 世纪 90 年代初期,浮选主要应用于纸业领域,用于分离墨水,以及在废纸回收过程中去除木浆中的污染物。现阶段浮选主要应用于有机物、金属、食品、药品和地矿样品的分析中。

溶剂浮选技术作为一种非泡沫气浮分离技术,它的特点是在水相上方加一薄层不溶于水的有机相,来收集因气浮作用不断从水相中带出的吸附在气泡表面的具有表面活性的待气浮分离组分。气泡的大小、数量和分布（时间、空间）直接影响气泡对颗粒的吸附效率,从而影响浮选速率和回收率,而且影响浮选的选择性。在溶剂浮选体系中,气泡的吸附作用是决定分离效率的关键,其过程表观活化能可作为衡量溶剂气浮过程分离效率的特征参数,表观活化能越小,待分离物质的表面活性越高,气泡的吸附量和体系的分离效率也越高。有研究者分析了两相界面气泡层的受力作用,认为气泡在界面处受到浮力、水相与有机相的界面张力（γ_x）及气泡与有机相的界面张力（γ_o）的共同作用。当合力为 0 时,气泡可稳定在界面上,即当 $\gamma_x < \gamma_o$ 时,两相界面水相一侧会出现一个稳定的气泡层。此时,动能较大的气泡便能冲过相界面进入有机相,其携带的待分离物被有机相捕收,气泡破裂,而动能不足以穿过相界面的气泡则反弹回水相,同时又与不断上升的气泡相碰,如此循环往复,在相界面水相一侧便形成一个动态的不断上升又不断得到补充的相对稳定的气泡层。气泡层既对上升气泡起挡板作用,又对回落的气泡起阻挡和保护作用,一方面使得气泡在浮选柱内停留时间大大延长,另一方面因气泡变密而增大了气泡与待分离物质的接触面积,从而提高了气泡的捕收量和运载量。

① 溶剂浮选的分类

从操作过程来看,溶剂浮选可分为通气浮选和振荡浮选两种。通气浮选是将一层有机溶剂加在待浮选的试液表面,此溶剂除了能很好地溶解被捕集成分外,还应具有挥发性低、与水不混溶、密度比水小等特性。当某种惰性气体通过试液,借助微细气体分散器发泡,形成扩展的气-液界面时,待测元素与捕集剂形成的疏水的中性螯合物或离子缔合物吸附于气-液界面,随气泡上升,并溶入有机相形成真溶液,而后可用光谱分析法或其他方法测定有机相中被捕集的成分。振荡浮选与普通萃取操作相同,十分方便。在一定条件下,待测元素与某些物质形成既疏水又疏有机相的结构复杂的离子缔合物沉淀,浮选时,在两相界面形成第三相,或者黏附在容器壁上,它有一定组成,溶入极性有机溶剂后即可进行光度测定。

② 溶剂浮选的优点

与有机溶剂萃取相比,溶剂浮选的突出优点有以下几点:第一,溶剂浮选由于不涉及萃取的分配比问题,所以比溶剂萃取分离量大,选择性好,灵敏度高,分离效果好,可测定 $ng \cdot mL^{-1}$ 级的痕量组分,回收率在 90% 以上。第二,活性物质被上升气泡带入与水不混溶的上层有机溶剂层,不会使水相与有机相混合,从而使得该分离过程可能比溶剂萃取具有更好的选择性。第三,溶剂萃取过程中由于搅拌或摇晃,两相混合易形成乳浊液(特别是在萃取表面活性剂时),溶剂浮选仅是水相中的小部分与有机相接触,几乎没有乳浊液出现。这两种方法的主要差别是:溶剂萃取中控制萃取程度的热力学参数在两相达到平衡状态时得到;溶剂浮选中平衡不是建立在整个体相中的,在气体流速保持足够小时,水相-有机相的两相界面保持静止时,平衡仅仅建立在两相界面上,因此溶剂浮选过程不受平衡常数的限制。

在溶剂浮选中,由于溶剂在水相的非平衡溶解,有机溶剂在水相的溶解损失较溶剂萃取小。试液表面层的有机溶剂有消泡作用,可使浮选加速,对泡沫层不稳定的情况尤为适用。溶剂浮选技术富集倍数大,应用范围广,既可用于海水、河水、湖水、自来水和工业污水以及环境分析试样痕量组分的分离和测定,也可用于高纯金属中微量杂质的富集和分析,试样浓度为 $ng \cdot mL^{-1}$ 级时更能发挥作用,这使该技术在痕量分析方面有很大的潜力。此外,溶剂浮选设备简单,操作方便,能快速处理大量试样溶液,样品量一般为 0.5~2 L,流程可实现连续化和自动化,这更是溶剂萃取望尘莫及的。

(2)双水相气浮溶剂浮选

双水相气浮溶剂浮选简称双水相浮选(aqueous two-phase flotation,ATPF),是将双水相体系技术与溶剂浮选结合在一起的一种复合型分离富集技术,也是一种高分离效率、高富集倍数、应用广泛、绿色环保的浮选新体系。

ATPF 的概念在 2009 年首先由 Bi 等在纯化生物分子时提出。经过不断演变,Valsaraj 建立了相对完整的浮选模型,如图 2.14 所示。该模型利用目标物在浮选体系中的三种转移途径使目标物在两相之间运动:一是目标物吸附或随捕集剂共同吸附到气泡上,并随气泡转移至上相;二是依靠两相界面进行物质转移,主要是依靠浓度差进行扩散;三是目标物通过气泡表面的液膜利用夹带作用进行物质转移,其中部分目标物又随小液滴返回至水相。

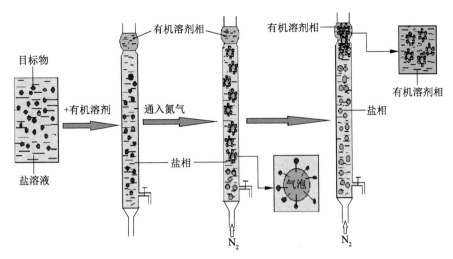

图 2.14 小分子有机溶剂双水相气浮溶剂浮选过程示意图

双水相浮选的影响参数很多,主要包括:成相种类、离子强度(分相盐的种类及浓度)、体系 pH、捕集剂种类及用量、浮选流速、浮选时间和气泡大小。此外,气泡分散剂、体系温度、操作所用气体类型、浮选柱的形状以及实验避光与否等次要因素也或多或少会对浮选产生影响。

① 成相种类

成相物质主要通过两个方面对浮选结果产生影响:一方面,成相物质对目标物的溶解度会影响浮选结果,成相物质对目标物要具有较高的溶解度,使得目标物更容易溶于其中;另一方面,成相物质的张力会对浮选产生影响。吸附目标物在上升过程中要克服界面张力,从而越过盐相与上相的界面进入上相。若两相界面间的张力较大,则气泡很难穿过界面。气泡要想穿过界面就需要足够大的动力,这会减小单位体积内气体所产生的气—液界面,从而减少对目标物的吸附,使得浮选效率降低。通常水-醇体系间的界面张力比较小,气泡很容易穿过,不会出现类似气泡受阻、乳化和夹带等现象;而水-矿物油体系间的界面张力比较大,这样会导致一部分气泡在界面上形成大气泡沿柱壁上升,另一部分则返回水相。

② 离子强度

离子强度是溶液中离子浓度的量度,是溶液中所有离子浓度的函数。分相盐的种类和浓度对于 ATPF 的影响主要有两个方面:一是会影响双水相的形成,需要根据成相聚合物选择合适的分相盐,从而构造双水相体系;二是使得目标物在母液中的溶解度发生变化,从而影响最终的分离效率。

③ 体系 pH

体系 pH 对 ATPF 的影响主要体现在两个方面:一方面,体系成相依赖无机盐的水合作用,而体系 pH 的改变会影响无机盐的水合作用,尤其是体系 pH 太小时,无机盐离子会质子化,水合能力迅速降低,使得体系不能分相;另一方面,体系 pH 还会通过影响目标物的表面电位使有机离子与目标物间的静电吸附和络合吸附发生改变,最终影响目标物的富集效率。

④ 捕集剂种类及用量

捕集剂对 ATPF 的影响主要体现在两个方面：一方面是捕集剂种类的影响，若捕集剂不能与目标物发生反应，会导致浮选实验的终止以及目标物富集的失败；另一方面是捕集剂用量的影响，一般而言随着捕集剂用量的增加，浮选率要么上升至一定值后趋于平缓，要么先上升后下降。这是因为当捕集剂含量过高时可能会发生二次吸附，目标物或是络合物的极性端会改变方向，使得有效浮选性能下降，浮选效率降低。此外，捕集剂用量过大，浮选柱顶端可能出现大量泡沫，致使浮选效率降低，还会产生二次污染。若捕集剂用量不够，则不能实现对目标物的完全分离。

⑤ 浮选流速

浮选流速也是影响浮选效率的一项重要因素。在一定范围内提高流速可增加单位时间内的气泡数量，进而增大目标物与气泡的接触面积，提高浮选效率。但是流速过大会导致上相与目标物的接触时间变短，目标物还没来得及进入上相就已经出现混乱现象。此外，流速过大还会导致泡沫的动力学稳定性变差，造成下相的剧烈扰动，甚至导致一些已经吸附在气泡表面的目标物发生脱落，最终影响目标物的分离效率。

⑥ 浮选时间

在一定程度上，浮选时间越长，浮选效率应该就越高。但是，实际操作时，随着浮选时间的延长，浮选效率提高至一定值后会保持不变或者稍微下降，这是因为上相溶液对目标物的接纳能力有限，并且长时间的气泡扰动会使上相中的目标物脱落至下相。

⑦ 气泡大小

气泡作为浮选过程中的物质转移载体，直接影响物质的分离效率。气泡体积的大小直接影响气—液界面的大小，进而影响吸附的目标物的量。气泡的大小由两方面因素决定：一是气体分散装置的选用，比如使用不同孔径的布气板可产生体积大小不同的气泡；二是浮选溶液的性质，比如加入一定量的气泡分散剂或调节溶液的离子强度等都可调节气泡的大小。但是，并不是气泡越小就越有助于浮选，气泡在浮选过程中要穿过两相的界面，需要克服该界面的界面张力，若气泡太小，则浮力无法克服界面张力，气泡需要与其他气泡结合变大才能进入上相。所以，实验过程中需要将气泡大小控制在合适范围。

 大师风采

中国稀土化学之父——徐光宪院士

徐光宪（1920 年 11 月 7 日—2015 年 4 月 28 日），浙江上虞人（今绍兴市上虞区），物理化学家、无机化学家、教育家，2008 年度"国家最高科学技术奖"获得者，被誉为"中国稀土化学之父""稀土界的袁隆平"。徐光宪院士长期从事物理化学和无机化学的教学和研究，研究内容涉及量子化学、化学键理论、配位化学、萃取化学、核燃料化学和稀土科学等领域。

1957 年 9 月,徐光宪任北京大学技术物理系副主任兼核燃料化学教研室主任。在北大任校燃料化学教研室主任期间,他运用在络合物平衡和萃取化学基础研究中得到的成果和积累的经验,对稀土萃取分离工艺做出了突破性的改进。镨钕分离是稀土元素分离中的难点,当时又是一项急需完成的军工任务。他通过选择萃取剂和络合剂,配成季铵盐——DTPA"推拉体系",使镨钕分离系数从一般萃取体系的 1.4～1.5 提高到 4 以上,并设计出一种回流串级萃取新工艺,在国际上首次实现了在工业生产中用"推拉体系"高效率萃取分离稀土。基于对稀土化学键、配位化学和物质结构等基本理论的深刻认识,他随后陆续提出了可广泛应用于稀土串级萃取分离流程优化工艺的设计原则和方法、极值公式、分馏萃取三出口工艺的设计原则和方法,建立了串级萃取动态过程的数学模型与计算程序、回流启动模式等。这些原则和方法运用于实际生产后,大大简化了工艺参数设计的过程,减少了化工试验的消耗,特别是能适应原料和设备不同的工厂,因而能普遍使用。

他和李标国、严纯华等共同研究成功的"稀土萃取分离工艺的一步放大"技术,是在深入研究和揭示串级萃取过程基本规律的基础上,以计算机模拟代替传统的串级萃取小型试验,实现了不经过小试、扩试,一步放大到工业生产规模,大大缩短了新工艺从设计到投入生产的周期,使中国稀土分离技术达到国际先进水平。1980 年 12 月,徐光宪当选为中国科学院院士,中国科学院学部委员;1986 年 2 月,任国家自然科学基金委员会化学学部主任;1991 年,被选为亚洲化学联合会主席。2015 年,徐光宪院士逝世,享年 95 岁。

中国湿法冶金学科奠基人——陈家镛院士

陈家镛(1922 年 2 月 17 日—2019 年 8 月 26 日),出生于四川省金堂县,湿法冶金学家、化学工程学家,中国科学院院士,中国科学院学部委员,中国科学院过程工程研究所研究员、博士生导师。陈家镛院士主要从事冶金反应动力学、化学反应工程、化工和矿物分离、生化工程、粉末材料等领域的研究。

陈家镛于 20 世纪 50 年代在美国麻省理工学院及伊利诺伊大学做博士后研究,并在杜邦公司的研究所任研究工程师,在气溶胶过滤及聚酯连续聚合反应工程等方面做了重要研究。1956 年回国后,在中国科学院化工冶金研究所(现中国科学院过程工程研究所)期间,在用湿法冶金方法处理中国难选金属矿,制备新型复合涂层粉末,多相反应工程,以及金属、抗生素及酶的分离原理、技术及方法等方面,长期进行具有创新性的科研及开发工作,研究出高效萃取分离钒与铬、铼与钼等的新过程等。

中国科学院评论陈家镛"是中国湿法冶金学科奠基人、化工学科开拓者之一。他为中国湿法冶金学科的建立和工程技术的发展奠定了基础"。《中国科学报》评:"作为著名化工专家,他辛勤耕耘,为推动我国化学工程学科建设和发展作出了积极贡献;作为我国湿法冶金的开拓者之一,他坚持不懈,使我国的湿法冶金在很多方面已达世界先进水平;作为我国首批博士生导师之一,他循循善诱、诲人不倦;作为连续五届的全国政协委员,他积极参政议政,为我国的科技发展建言献策。"

2019 年,陈家镛院士在北京逝世,享年 98 岁。为纪念陈家镛先生,传承其科技报国和治学育人的精神,由中国科学院过程工程研究所发起,在湖南理工学院设立"陈家镛院士奖学金",旨在奖励和资助湖南化工、冶金专业品学兼优和家庭经济困难但自强不息的在学研究生,鼓励他们奋发图强、为国家和社会建功立业。

中国萃取剂化学之父——袁承业院士

袁承业(1924 年 8 月 14 日—2018 年 1 月 9 日),浙江上虞人(今绍兴市上虞区),有机化学家,中国科学院院士,中国科学院上海有机化学研究所研究员、博士生导师。袁承业院士长期从事萃取剂化学和有机磷化学的研究,研究方向包括具生物活性有机小分子的设计、合成及构效关系研究,氨基膦酸及磷肽的不对称合成,酶催化反应等。

袁承业在 1956 年调到中国科学院上海有机化学研究所工作后,于 1958 年建立并领导了核燃料萃取剂研究组,解了中国国防工业的燃眉之急。他结合中国有色金属的综合利用需求,成功研制出分离稀土及钴镍的多种萃取剂。他与合作者在大量实验数据的基础上进行萃取剂的结构与性能研究,之后又利用量子化学、分子动力学、模式识别、因子分析及相关分析进行模拟计算,从而将萃取剂化学的研究提高到一个新水平。1997 年,袁承业当选为中国科学院院士;2001 年获得何梁何利基金科学与技术进步奖;2015 年获得中国化学会磷化学与磷化工终身成就奖;2018 年 1 月 9 日在上海逝世,享年 94 岁。

袁承业院士一生获得了众多奖励与荣誉,包括全国科学大会奖(1978 年),国家自然科学二等奖(1982 年),国家科技进步二等奖(1985 年),国家科技进步三等奖(1987 年),三次国家发明三等奖(1983 年、1988 年、1990 年),1986 年"在金川资源综合利用科技中取得重要成果"荣誉证书等。

中国科学院上海有机化学研究所曾发表评论:"袁承业先生长期从事萃取剂化学和有机磷化学研究,是中国萃取剂化学研究的奠基人之一。他立足基础、着眼应用,在国家需要和科学自主之间找到最佳结合点。他开拓创新、攻坚克难,在科学研究中取得了累累硕果。他严谨治学、诲人不倦,育人有成,他积极开展国际合作与交流,长期在国际学术团体任职,为中国化学在国际上影响力的提升作出了重要的贡献。"中国科学院评论其"一生爱党爱国、唯实求真、淡泊名利,为中国有机化学发展、'两弹一星'研制和国民经济建设作出了重大贡献"。

贵金属冶金专家——陈景院士

陈景,1935 年 3 月 9 日出生于云南省大理市,贵金属冶金专家,中国工程院院士,云南大学特聘教授,长期从事铂族金属冶金新技术开发应用及相关物理化学研究。

陈景院士于 20 世纪 60 年代完成了国家急需的硝酸工业废铂催化网再生工艺和工业试验;20 世纪 80 年代初在中国金川资源综合利用项目中,负责"从二次铜镍合金提取贵金属新工艺"课题,发明的分离贵金属新方法成功应用于生产,解决了铑铱分离及提纯的技术难题。他研究提出的处理云南金宝山低品位铂钯矿全湿法新工艺,使中国第二大铂族金属资源有了可开发利用的创新技术。

陈景院士用沉淀吸附法治理云南阳宗海湖泊砷污染,成功解决了大体量地表水砷污染治理的国际性技术难题。他归纳提出了铂族金属氧化还原反应、沉淀反应、亲核取代反应、溶剂萃取等方面的基本规律。2001 年,陈景院士成功研究出浮选精矿直接进行氧压酸浸的全湿法新工艺,并完成了扩大实验,获得了中国专利和南非专利授权。

陈景院士曾说过:"要敢于去做过去没做过的事,这样才能有所突破,有所发展。"云南大学曾评价其"是中国铂族金属冶金的主要开拓者之一,为中国的铂族金属冶金事业作出了卓越贡献"。中国工程院评:"陈景院士以勇于担当的事业心和开拓进取的拼搏精神,长期坚持奋战在教学、科研一线,解决了许多关键技术难题,取得了骄人的成绩,并且在高原湖泊阳宗海的砷污染治理中作出了突出的贡献。"

放射化学家——柴之芳院士

柴之芳,1942 年 9 月出生于上海,放射化学家,中国科学院院士,中国科学院高能物理研究所研究员、博士生导师。他于 1964 年从复旦大学物理系毕业后进入中国原子能研究所工作;1980 年至 1982 年获得洪堡基金资助,在德国科隆大学访学交流;2007 年当选为中国科学院院士。

柴之芳院士长期从事放射化学和核分析方法研究,设计了多种元素的先进放射化学分离流程,并被多家国外实验室采用。他倡导并建立了可研究元素化学种态的中子活化方法,发现了一些与生物灭绝事件有关的异常铱的化学种态;将这一方法应用于生物环境样品,实现了细胞、亚细胞及分子水平的微量元素研究,对一些生物必需元素和有毒元素的生物环境效应给出了科学解释。此外,柴之芳院士还从事核能化学和放射医学研究,组织了国家自然科学基金委重大研究计划和多项重大基金项目。

柴之芳院士认为,科研活动应当以科学为基础,以目标为导向,需要创新性和想象力,需要先进的仪器和方法,以获得重大原创性成果。柴之芳建议教育部建立放射化学专业基础研究和人才培养基地,既要满足国家对放射化学的需求,又要避免盲目发展。

柴之芳院士曾获全国科学大会奖、国家自然科学二等奖、国家科技进步二等奖等国家级和部委级奖 9 项。2005 年获国际放射分析化学和核化学领域的最高奖——George von Hevesy 奖,是发展中国家的首位获奖人。2014 年入选"汤森路透高被引科学家",近年多次获"爱思唯尔高被引科学家"称号。

参考文献

［1］李洲,秦炜. 液-液萃取［M］.北京：化学工业出版社,2012.

［2］徐光宪,王文清,吴瑾光,等. 萃取化学原理［M］.上海：上海科学技术出版社,1984.

［3］马荣骏. 溶剂萃取在湿法冶金中的应用［M］.北京：冶金工业出版社,1979.

［4］戴猷元,秦炜,张瑾. 耦合技术与萃取过程强化［M］.北京：化学工业出版社,2009.

［5］关根达也,长谷川佑子. 溶剂萃取化学［M］.滕藤,廖史书,李洲,等译. 北京：原子能出版社,1981.

［6］池汝安,田君. 风化壳淋积型稀土矿化工冶金［M］.北京：科学出版社,2006.

［7］黄桂文. 我国稀土萃取分离技术的现状及发展趋势［J］.江西冶金,2003,23(6)：62－68.

［8］Peppard D F,Mason G W,Maier J L,et al. Studies of the solvent extraction behavior of the transition elements. I. Order and degree of fractionation of the trivalent rare earths［J］.Journal of Physical Chemistry,1953,57(3):294－301.

［9］Peppard D F,Mason G W,Maier J L,et al. Fractional extraction of the lanthanides as their di-alkyl orthophosphates［J］.Journal of Inorganic and Nuclear Chemistry,1957,4(5－6):334－343.

［10］Peppard D F,Mason G W,Andrejas C M. Variation of pK_a of (X)(Y)PO(OH) with X and Y in 75 and 95 percent ethanol［J］.Journal of Inorganic and Nuclear Chemistry,1965,27(3):697－709.

［11］李德谦,张杰,徐敏. 2-乙基己基膦酸单(2-乙基己基)酯(HEH[EHP])萃取稀土元素机理的研究：I. 稀土元素(Ⅲ)在 HNO_3－H_2O－HEH[EHP]体系中的分配及温度和溶剂效应［J］.应用化学,1985,2(2):17－23.

［12］Peppard D F,Mason G W,Giffin G. Extraction of selected trivalent lanthanide and actinide cations by bis(hexoxy-ethyl) phosphoric acid［J］.Journal of Inorganic and Nuclear Chemistry,1965,27(7):1683－1691.

［13］马恩新,严小敏,王三益,等. 2-乙基己基膦酸单(2-乙基己基)酯萃取镧系元素的化学［J］.中国科学,1981(5):565－573.

［14］袁承业,叶伟贞,马恒励,等. 酸性磷(膦)酸酯的合成及其化学结构与萃取钕、钐、镱和钇的性能研究［J］.中国科学(B辑),1982(3):193－203.

［15］袁承业,胡水生. 一元烷基磷(膦)酸酯萃取稀土的结构与性能的相关分析［J］.中国科学(B辑),1987(1)：27－34.

［16］徐光宪. 稀土［M］.2版.北京：冶金工业出版社,1995.

［17］李洲. 液-液萃取过程设计［M］.北京：化学工业出版社,2019.

［18］李亮. 钴镍的溶剂萃取分离工艺研究综述［J］.湖南有色金属,2015,31(6)：51－54.

［19］张启修,张贵清,唐瑞仁.萃取冶金原理与实践［M］.长沙：中南大学出版社,2014.

［20］李望,张一敏,刘涛,等.杂质离子对萃取法从石煤酸浸液中分离纯化钒的影响［J］.有色金属(冶炼部分),2013(5)：27－30.

［21］杨宗荣.铂钯铑分离提纯方法览要［J］.贵金属,1987,8(3)：45－51.

［22］余建民,贺小塘.溶剂萃取分离铑的研究进展［J］.矿冶,1997,6(4)：58－61.

［23］李华昌,周春山,符斌.铂族金属溶剂萃取分离新进展［J］.稀有金属,2001,25(4)：297－301.

［24］艾伯特·梅兰.工业溶剂手册［M］.孔德琨,陈志武,徐辉远,译.北京：冶金工业出版社,1984.

［25］李洲,李以圭,费维扬,等.液－液萃取过程和设备(修订本)［M］.北京：原子能出版社,1993.

［26］李洲,廖史书,雷文.制药工业中溶剂萃取技术的机制和应用发展方向［J］.中国医药工业杂志,1996,27(2)：89－94.

［27］朱屯,李洲,等.溶剂萃取［M］.北京：化学工业出版社,2007.

［28］刘海军,陈晓丽.国内外乏燃料后处理技术研究现状［J］.节能技术,2021,39(4)：358－362.

［29］Choi Y H,Verpoorte R. Green solvents for the extraction of bioactive compounds from natural products using ionic lqiuds and deep eutectic solvents［J］. Current Opinion in Food Science,2019,26：87－93.

［30］Plechkova N,Seddon K R. Applications of ionic liquids in the chemical industry［J］. Chemical Society Reviews,2008,37：123－150.

［31］Li X X,Row K H. Development of deep eutectic solvents applied in extraction and separation［J］. Journal of Separation Science,2016,39(18)：3505－3520.

［32］Tereshatov E E,Boltoeva M Y,Folden C. First evidence of metal transfer into hydrophobic deep eutectic and low-transition-temperature mixtures：indium extraction from hydrochloric and oxalic acids［J］. Green Chemistry,2016,18(17)：4616－4622.

［33］Lyu G J,Li T F,Ji X X,et al. Characterization of lignin extracted from willow by deep eutectic solvent treatments［J］. Polymers,2018,10(8)：869.

［34］Yang L L,Li L,Hu H,et al. Natural deep eutectic solvents for simultaneous extraction of multi-bioactive components from jinqi jiangtang preparations［J］. Pharmaceutics,2019,11(1)：18.

［35］Panić M,Gunjević V,Cravotto G,et al. Enabling technologies for the extraction of grape-pomace anthocyanins using natural deep eutectic solvents in up-to-half-litre batches extraction of grape-pomace anthocyanins using NADES［J］. Food Chemistry,2019,300：125185.

［36］曾朝懿,曾志龙,周金成,等. 不同方法提取木姜子花蕾挥发油成分的比较研究［J］. 中国调味品,2021,46(3)：157－161.

［37］张师辉,刘丹,周亚奎,等. 不同提取方法下温莪术油成分的 GC－Q/TOF－MS 分析［J］. 中南药学,2020,18(11)：1879－1887.

［38］Gutowski K E,Broker G A,Willauer H D,et al. Controlling the aqueous miscibility of ionic liquids：aqueous biphasic systems of water-miscible ionic liquids and water-structuring salts for recycle,metathesis and separations［J］. Journal of the American Chemical Society,2003,125(22)：6632－6633.

［39］夏寒松,余江,胡雪生,等.离子液体相行为（Ⅱ）：双水相的成相规律［J］.化工学报, 2006,57(9)：2149－2151.

［40］Onghena B,Opsomer T,Binnemans K. Separation of cobalt and nickel using a thermomorphic ionic-liquid-based aqueous biphasic system ［J］. Chemical Communications,2015,51(88)：15932－15935.

［41］Depuydt D,Dehaen W,Binnemans K. Solvent extraction of scandium（Ⅲ）by an aqueous biphasic system with a nonfluorinated functionalized ionic liquid［J］. Industrial & Engineering Chemistry Research,2015,54(36)：8988－8996.

［42］邓凡政,傅东祈,朱陈银. 离子液体双水相萃取分光光度法测定铜［J］.冶金分析, 2008,28(6)：29－32.

［43］Sebba F. Concentration by ion flotation［J］. Nature,1959,184(4692):1062－1063.

［44］Bi P Y,Li D Q,Dong H R. A novel technique for the separation and concentration of penicillin G from fermentation broth：Aqueous two-phase flotation［J］. Separation and Purification Technology,2009,69(2)：205－209.

［45］Valsaraj K T,Thibodeaux L J. Studies in batch and continuous solvent sublation. Ⅱ. continuous countercurrent solvent sublation of neutral and lonic species from aqueous solutions［J］. Separation Science and Technology,1991,26(1)：367－380.

第 3 章

结晶与沉淀

85％以上的化工产品都是以固体状态出现的,结晶与沉淀因具有分离选择性良好、设备结构简单、投资成本低、操作方便、能耗低等特点,已被广泛地应用于医药、农药、染料等的生产中,也已成为控制产品特定物理形态的手段。然而,迄今为止,结晶与沉淀的相关理论研究还不够深入,在实践中特别是在精准控制上,过程难以预测,过程的控制在某些方面还是一个艺术化的科学问题。石油化工、精细化工、生化、医药等行业飞速发展,对工业结晶与沉淀新技术提出了迫切要求,结晶与沉淀技术与现代分析技术、自动化控制技术、新型分离技术等的融合与集成已成必然趋势,该领域进入快速发展的新阶段也指日可待。

3.1 结 晶

3.1.1 晶体

广义上结晶通常是指物质以固体状态从熔融体、溶液、气相等中析出的过程,是一种在化工、医药和材料工业等流程工业中广泛应用的分离与精制单元操作。与其他分离单元操作相比,结晶具有较好的分离选择性,能从杂质含量较多的混合物中分离出目标物质,对诸如热敏性物质、共沸物系、同分异构体混合物等难分离体系的分离也常有效,且能耗低、操作简便、相对安全。

晶体的外观漂亮,且包装、运输、贮存和使用都很方便,因而大多数化工产品都是以晶体形态出现的,例如,85％以上的药物都是晶体产品。事实上,结晶操作不但是医药工业、农药化工、食品加工、石油化工、无机盐生产、化肥工业等传统流程工业的基本工序,而且已经推广应用于新兴的材料工业、生物化工、能量贮存等领域,是控制产品晶型、晶习、粒度与粒度分布等理化性质的常用工具。

那么,什么是晶体呢？如图 3.1 所示,晶体是内部结构中的质点(分子、原子、离子)呈规则排列的固态物体,而无定形则缺乏晶体结构或规则的质点排列。

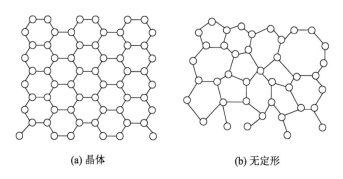

(a) 晶体   (b) 无定形

图 3.1　固体内部的质点排列

　　按作用力与结构粒子的类型,通常可将晶体分为金属晶体、原子晶体、离子晶体和分子晶体,它们均具有自范性、各向异性、均匀性、对称性、最小内能等基本性质。构成晶体的质点在晶体所占的空间中按一定的几何规律排列为三维空间点阵,也称为空间晶体格子。晶体的理化等性质即受其点阵结构的影响。根据键形成的物理起源、键力的性质、电子的分布等可将晶体的不同键合方式分为金属键、氢键、范德华键、共价键、离子键等5 种。具有不同键型的晶体在理化等性质上亦会存在较大差别。其中,离子键、共价键的结合能最大,范德华键(分子键)的结合能最小。

　　描述晶体微观结构的基本单位称为晶胞,单个晶体由晶胞堆积而成,如图 3.2 所示,每个晶胞具有相同的边长和夹角,假设晶胞体积为 V,分子量为 M,晶胞中分子数为 Z,则晶体的密度 ρ_c 为

$$\rho_c = \frac{MZ}{N_A V} \tag{3.1}$$

式中:N_A 为阿伏伽德罗常量。

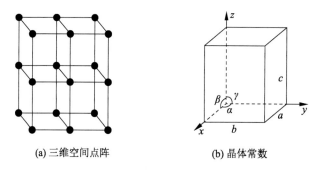

(a) 三维空间点阵   (b) 晶体常数

图 3.2　晶体的几何结构

　　晶体结构的微观对称要素的集合称为空间群。空间群是点对称操作和平移对称操作的对称要素全部可能的组合。其中,点对称操作组成的操作群称为点群,是在中心点不动的情况下,通过反映、旋转反伸、旋转等对称操作而获得的,表示了晶体外形上的宏观对称性。晶体的宏观对称性是基于晶体的理想外形,从空间点阵的角度总结出来的,但它并没有考虑晶体内部实际存在的微观结构,即外形上虽属于同一个点群,但实际内部结构也可

能存在差异。基于此,人们以点群为基础,从微观结构的角度进一步研究了晶体的微观对称性,进而提出了空间群。晶体的空间群是在上述对称操作的基础上加入螺旋轴、平移操作而使所有的点都可以动,表示了晶体结构内部的质点的对称关系。奥古斯特·布拉维(Auguste Bravais)在忽略晶胞的具体内容的基础上单纯从点阵的平移周期性出发,推导出了 14 种点阵,即布拉维格子。布拉维格子按照晶胞的形状分为单斜、三斜、三方、六方、立方、四方、正交等七大晶系,如图 3.3 所示。

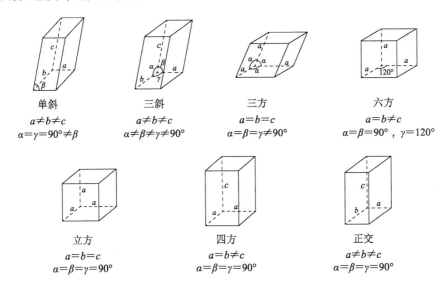

图 3.3 布拉维晶系

七大晶系中的每个晶系都有一个能反映其对称性特征的晶胞,每个晶胞的端点安放一个点阵,即共有 7 种简单晶胞对应于 7 种点阵。但事实上除了简单晶胞外,还存在另外 7 种点阵,可分为底心晶胞、面心晶胞和体心晶胞。若将晶胞的框架的顶角移到原晶胞的体心位置(晶胞内外原子的位置保持在原位不动),移位后的框架围拢的新晶胞中所有原子的位置与原晶胞中所有原子的位置一一对应地相同,则这种晶胞为体心晶胞,否则就不是体心晶胞。若将晶胞框架的顶角平移到原晶胞的任一面心位置,得到的新晶胞与原晶胞无差别,则这种晶胞为面心晶胞。若将晶胞框架的顶角移至原晶胞的某一对面的中心,所得的新晶胞与原晶胞无差别,则这种晶胞为底心晶胞,即晶胞中的半数原子是另半数原子作"底心平移"的产物,该晶胞是结构基元的 2 倍体。14 种点阵分别用 P 表示简单格子、C 表示底心格子、I 表示体心格子、F 表示面心格子,三方晶系的菱形原胞用 R 表示。七大晶系的晶胞如表 3.1 所示。

表 3.1 七大晶系的晶胞

晶系	晶胞
三斜	三斜
单斜	简单单斜、底心单斜

续表

晶系	晶胞
三方(三角)	三方
正交(斜方)	简单正交、底心正交、体心正交、面心正交
四方(正方)	简单四方、体心四方
六方(六角)	六方
立方(等轴)	简单立方、体心立方、面心立方

叶夫格拉夫·斯捷潘诺维奇·费奥多罗夫于 1890 年在其著作《等轴晶系图形的对称性》中证明了所有晶体结构的微观对称操作组合只有 230 种,即 230 个空间群。晶体结构的对称性不会超出此 230 个空间群的范围,同一点群的各种晶体可以有若干个空间群。

3.1.2　晶体产品质量

结晶产品一般需要从纯度、分子尺度、颗粒尺度、粉体尺度等方面来规范其质量指标。

3.1.2.1　纯度

对于常规产品来说,纯度是其首要指标,用以表明目标产物和杂质的种类与含量。产品的化学纯度即为目标产物的含量,常用色谱、红外光谱、元素分析等来确定。而对于手性产品来说,其化学纯度主要用光学纯度来表达。产品的光学纯度又称旋光纯度,是指产品比旋光度与纯品比旋光度的百分比。需要注意的是,光学活性物质的旋光度与其浓度、测试温度、光波波长等因素密切相关。在一定条件下,光学活性物质的旋光度为一常数。常用比旋光度$[\alpha]$表示单位浓度和单位长度下的旋光度,比旋光度是光学活性物质的特征物理常数。除了可用旋光仪测定比旋光度以反映手性产品纯度外,还可用对映体过量(enantiomeric excess,ee)来反映手性产品的纯度,对映体过量由酶催化法、手性色谱(手性柱)法、手性核磁共振波谱法等测定。

此外,相同的物质分子在结晶过程中析出的固体可能存在非目标晶型,此时,该非目标晶型即为晶型杂质。结晶产品特别是活性物质固体产品,需要考察其晶型纯度,即某种化学物质晶体中目标晶型的含量,通常以质量百分比来表示。

结晶产品在其分子尺度上的指标一般包括分子在固体中的排列方式以及构象等。多晶型是指一种物质能以两种或两种以上不同的晶体结构存在的现象,也就是组装为固体的产品分子在其不同的晶体结构中具有不同的排列方式和/或不同的构象。对于有机小分子,多晶型现象十分普遍,据统计,超过一半的活性药物分子存在多晶型现象。

对于质点在晶体中的不同排列方式,最经典的案例就是相同的碳原子(质点)按照不同的排列方式组合为不同晶型的晶体。如图 3.4 所示,金刚石属立方晶系,面心立方格子,空间群为 Fd3m,晶胞参数中 a 约为 0.356 nm,晶胞中原子数 Z 为 8,每个碳原子周围都有 4 个碳原子,并以共价键结合,组成无限的三维骨架,是典型的原子晶体。碳原子除分布在角顶和面心外,还交替分布在四个小立方体的体中心。由于金刚石中的 C—C 键很强,所有的价电子都参与了共价键的形成,没有自由电子,所以金刚石不导电。金刚石晶习常为菱形十二面体或八面体,而四面体晶习较为少见。金刚石是自然界中天然存在的最坚硬的物质,绝对硬度在 2 500~10 000 kg/mm^2 之间,熔点约 3 550 ℃,密度约 3.5 g/cm^3。和金刚石一样,石墨也是由碳原子组合的晶体。但在石墨中,碳原子间首先构成正六边形的平面片状结构,同层每个碳原子与另外 3 个碳原子相连,层与层之间则依靠范德华力相结合,形成石墨晶体。在同一平面中,C—C 键长为 0.142 nm,相邻层的间距是 0.335 4 nm。平面中的 C—C 共价键的碳原子结合力达到 120 kcal/mol,而层与层之间的结合力要小得多,只有 20 kcal/mol。由于石墨层与层之间的相对位置有两种不同排列方式,故石墨晶体有三方晶系和六方晶系两种。六方晶系石墨中,六角网状平面呈 ABAB 重叠,即第一层的位置与第三层相对应,第二层的位置与第四层相对应。而在三方晶系石墨中,六角网状平面呈 ABCABC 重叠,即第一层的位置与第四层相对应。六方晶系石墨的晶胞常数为 $a =$ 0.246 1 nm,$c =$ 0.670 8 nm;三方晶系石墨的晶胞常数为 $a =$ 0.246 1 nm,$c =$ 1.006 2 nm,两者只是 c 轴的长短不一。各种人造石墨基本上都是六方晶系石墨,这是由于人造石墨一般是在高温下制备,呈 ABCABC 结构的石墨加热到 3 000 ℃ 都可转化为 ABAB 结构,若进一步升高温度和压力,则转变为金刚石。康斯坦丁·诺沃肖洛夫与安德烈·盖姆用微机械剥离法成功地从石墨中分离出石墨烯 C60(又称足球烯或富勒烯),它具有 32 个面及 60 个顶点,其中 20 个面为正六边形,12 个面为正五边形,在常温下 C60 分子之间靠弱的相互作用堆积成面心立方的晶体,晶胞常数 $a =$ 1.420 nm。

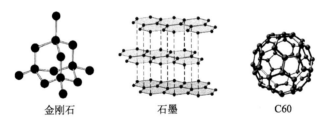

金刚石　　　　　石墨　　　　　C60

图 3.4　碳原子在金刚石、石墨与 C60 中的不同排列

　　显然,同一物质的不同晶型可属于同一晶系,也可不属于同一晶系,即使属于同一晶系,也可能属于不同的空间群。此外,质点在组合为晶体时,不仅可能存在不同的排列方式(排列多晶型),还可能由于分子间作用而导致晶格中质点的构象发生改变,此时的多晶型常称为构象多晶型。相同质点构成的不同晶型常具有不同的稳定性、溶解度、熔点、密度、吸湿性、颜色、溶出速率、生物利用度等,故医药工业对活性药物成分的多晶型现象特别关注。

3.1.2.2　晶习

　　结晶产品的颗粒尺度指标一般包括晶习(工业界常称为“晶癖”)、粒度与粒度分布等。其中,晶习指的是晶体的外观形态如针状、棱柱状、片状、棒状、块状等(见图 3.5)。晶习通常也会影响产品的密度、包装、流动性、结块性、稳定性、溶出速率等。对于小分子药物而言,即使其晶体结构相同,但如果晶习不同,晶体表面的各向异性和暴露于溶剂的晶面数量就不同,进而导致溶解速率存在差异。改变晶习是常用的提高药物溶解度和生物利用度的一个思路。

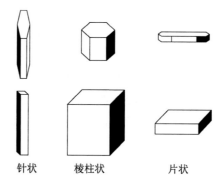

针状　　　棱柱状　　　片状

图 3.5　晶习

不同晶习的形成在根本上是源于各个晶面的生长速度不同。受晶体生长环境(如流体力学、杂质、媒晶剂、温度和浓度分布等)的影响,某些晶面优先生长而其他晶面的生长受到抑制,不同方向具有不同的生长速率,导致产生不同的外观形状。同一物质的晶体可有属于不同晶型的相同晶习,也可有属于相同晶型的不同晶习。一般通过电子或光学显微镜来观察晶习,并通过粉末 X 射线衍射(PXRD)等检测进一步确定晶型。

3.1.2.3　粒度及其分布

晶体颗粒的大小称为粒度,常用符号 L 表示。任选两个特定的晶面,以 L 代表这两个晶面之间的距离,于是晶体的体积 V_c 及总面积 A_c 可以写为

$$V_c = k_v L^3 \tag{3.2}$$

$$A_c = k_a L^2 \tag{3.3}$$

式中:k_v 与 k_a 分别为体积形状因子及面积形状因子,它们取决于 L 的选择和晶体的形状,即晶习。

颗粒的直径叫作粒径。理论上只有球体才有直径,其他形状如片形、棒形、多棱形、多角形等不规则形状的粒子则没有真实的直径。事实上,绝大多数结晶产品的形状并非球形,因此难以直接用粒径这个值来表示其大小,而直径又是描述一个几何体大小的最简单、直观、容易量化的一个量,于是常采用等效粒径的概念。当一个不规则形状的非球形颗粒的某一物理特性与同质球形颗粒相同或相近时,我们就用该球形颗粒的直径来代表这个实际颗粒的直径,即等效粒径。根据不同的测量与表达方法,等效粒径可分为等效体积直径、等效沉速直径、等效电阻直径、等效投影面积直径等,其中较为常用的等效体积直径是指与所测颗粒具有相同体积的同质球形颗粒的直径,目前常用的激光法所测的粒径一般就是指等效体积直径。

晶体产品中不同尺寸颗粒粒度的集合称为粒度分布(crystal size distribution,CSD),一般用样品中不同粒径颗粒分别占样品总量的百分数(质量、体积、数量等频率)来表示。

粒度分布可用累积分布或区间分布来表示,如图 3.6 所示,累积分布表示大于或小于某粒径颗粒的频率(质量、体积、数量等)的百分含量;而区间分布表示一系列粒径区间(粒级)中颗粒的频率(质量、体积、数量等)的百分含量,即累积分布的微分形式。

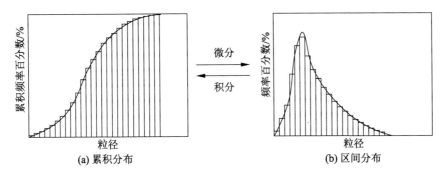

图 3.6　粒度的累积分布与区间分布

此外,还可用粒数密度来表示单位体积晶浆中单位粒度上的晶体个数。假设单位体积晶浆中在 ΔL 粒度范围(从 L_1 至 L_2)内的晶体个数为 ΔN,则晶体的粒数密度 n 可表达为

$$n = \frac{\mathrm{d}N}{\mathrm{d}L} = \lim_{\Delta L \to 0} \frac{\Delta N}{\Delta L} \tag{3.4}$$

式中,晶体个数用 ♯ 代表,若晶浆体积的单位为 L、粒度的单位为 μm,则 n 的单位为 ♯/($\mu m \cdot$ L 晶浆)。同理,式(3.4)的积分即在 L_1 至 L_2 的粒度范围内的晶体个数 ΔN 为

$$\Delta N = \int_{L_1}^{L_2} n \, \mathrm{d}L \tag{3.5}$$

由式(3.4)与式(3.5)可知,N 与 n 均为 L 的函数(见图 3.7)。若 $L_1 \to 0$、$L_2 \to \infty$,此时的 ΔN 即为单位体积晶浆中晶体的总数 N_T。若将频率从粒数换为质量,则式(3.5)计算得到的为质量密度及单位体积晶浆中晶体的总质量,也就是晶浆的悬浮密度 M_T。

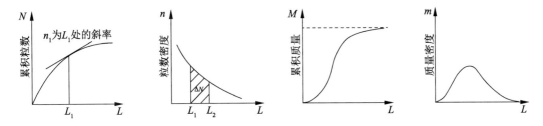

图 3.7　累积粒数、粒数密度、累积质量及质量密度与 L 的关系

常用平均粒度来表示颗粒的平均大小,用符号 $D_{[a,b]}$ 表示,其中 b 指按什么平均,取值从 0 至 3;a 指按什么被平均,取值从 1 至 4;b 小于 a。这里的 a 或 b 的数值中,0 指颗粒个数、1 代表长度、2 指表面积(直径的 2 次方)、3 指体积(直径的 3 次方)、4 表示四次矩(直径的 4 次方)。以此类推,$D_{[1,0]}$ 即为线性平均粒径,是将样品中全部颗粒的直径相加,然后除以颗粒的总数,也称为个数长度平均粒径。将每一颗粒的面积累加后除以颗粒数量,得到的平均粒径 $D_{[2,0]}$ 叫作面积平均粒径。将所有颗粒的体积累加后除以颗粒数量,得到的平

均径 $D_{[3,0]}$ 叫作体积平均粒径。如果某直径的某个颗粒的质量（重量）正好等于所有颗粒的质量（重量）的平均值，那么此直径为质量（重量）平均粒径。表面积体积平均粒径 $D_{[3,2]}$（当量比表面直径、Sauter 平均直径）是指颗粒体积被颗粒表面积平均，就是每表面积上按体积的平均直径，具有此粒径的颗粒的比表面积等于所有颗粒比表面积的平均值，常被简称为面积平均粒径。质量距体积平均粒径 $D_{[4,3]}$ 也常被简称为体积平均粒径，是将每一个粒径区间的两端粒径值进行平均，再与这个区间对应的粒度分布百分数相乘，再将乘积累加所得的值。对于激光粒度仪来说，越近似圆球形的颗粒，测量的结果就越准确，激光粒度仪测得的粒度分布如图 3.8 所示。那么，$D_{[3,2]}$ 和 $D_{[4,3]}$ 的值越接近，说明样品颗粒的形状越规则，粒度分布就越集中。它们的差值越大，粒度分布越宽。最好同时参考 $D_{[3,2]}$，$D_{[4,3]}$ 及 D_{50} 等数值来评价产品的粒度大小与分布，其中 $D_{[4,3]}$ 能更好地反映颗粒的平均质量。

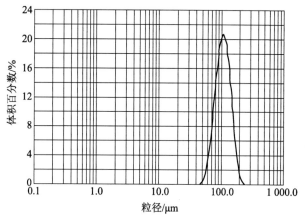

图 3.8 激光粒度仪测得的粒度分布图

此外，还常用中位径（median diameter）来描述粉末样品的颗粒大小与分布，中位径即把样品颗粒群的频率（体积、质量或数量）二等分的粒径。以数量为基准的中位径用 D_{50} 表示，以质量（体积）为基准的中位径用 D_{50}' 表示。同理，D_{10}，D_{90} 分别表示一个样品累积分布达到 10% 和 90% 时所对应的粒径，也常用来表示样品粗晶或细晶的情况。最频粒径（modal diameter）是指在频率分布曲线上，纵坐标最大值所对应的粒径，即在颗粒群中体积、质量或数量比例最大所对应的颗粒粒径。如图 3.9 所示，若样品粒度呈正态分布，则平均值、中位值和最频值相同，若样品粒度呈非正态分布或出现多峰，则这 3 个值可能不同。

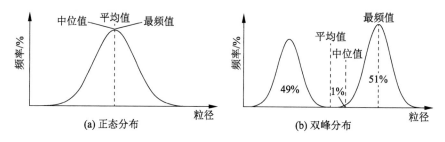

图 3.9 粒度正态分布与双峰分布的各种粒径

图 3.9 中粒度实际分布与正态分布的偏差可用统计量变异系数（coefficient of variation，C. V.）来描述，其计算式如下：

$$C. V. = \frac{100(D_{84} - D_{16})}{2D_{50}} \tag{3.6}$$

式中，D_{84}，D_{16} 分别表示一个样品累积分布达到 84% 和 16% 时所对应的粒径，常用筛下累积质量百分数为 84% 和 16% 的筛孔尺寸来表示。对于某一结晶产品，中位径在某种程度上表示该产品的平均粒度，C. V. 表示粒度分布范围的宽与窄，其值越高，表示粒度分布范围越宽，即颗粒大小越不均一。对于原料药，2020 年版《中国药典》第四部收录了粒度和粒径分布测定法，见通则 0982。

3.1.2.4　溶解性

溶解性是指物质在溶剂中溶解能力的大小。产品的溶解度（即饱和浓度 C^*）为在一定的温度和压力下，固体产品在一定量的溶剂中所能溶解的最大量。大多数固体物质的溶解度随温度的升高而增大，称为正溶解度；若物质的溶解度随温度的升高而减小，则称为倒溶解度。溶解度的测定方法有等温法和变温法、结晶法和溶解法各两类。溶液浓度可通过折射率测定法、电导率测定法、黏度法、密度法、化学分析法、分光光度法、干燥残渣测定法（即称重法）等获得。

与亲脂性、pK_a、稳定性、生物利用度等性质一样，溶解性亦为药物最重要的性质之一，常是决定药物生物利用度的关键因素。一般来说，溶解度小的药物生物利用度差，可通过改变药物分子的基本结构特征改变其亲脂性、分子量、分子形状、官能团的电离能力（pK_a）、晶格能等，进而提高其溶解性。

这里需要指出的是，在检测结晶产品溶解度时，产品的原固体形态对于其溶解速率的影响很大。众所周知，溶质分子排序混乱的无定形固体一般具有较高的溶解速率和溶解度。也就是说，同一溶质分子的不同晶型往往具有不同的溶解特性。此外，当结晶产品的粒径充分小（$<1~\mu m$）时，产品的溶解度不仅是溶剂、温度、杂质等的函数，而且是粒径的函数。由凯尔文（Kelvin）公式可推导出：

$$\ln \frac{C_1^*}{C_2^*} = \frac{2\gamma_{SL}M}{\nu RT\rho_c}\left(\frac{1}{r_1} - \frac{1}{r_2}\right) \tag{3.7}$$

式中，C_1^*，C_2^* 分别表示半径为 r_1 和 r_2 的球形颗粒的溶解度；γ_{SL} 为固体颗粒与溶液间的界面能；ρ_c 为晶体密度；M 为溶质的摩尔质量；ν 为每摩尔电解质电离出的离子的摩尔数（对于非电解质，其值为 1）；R 为气体常数；T 为绝对温度。显然，由该式可以看出，在粒径大小不均一的粒子群中，小粒径颗粒的溶解度比大粒径颗粒的大。

3.1.2.5　密度

结晶产品的密度指标一般有真密度 ρ_c（true density）、散装密度 ρ_B（bulk density，BD）、振实密度 ρ_T（tapped density，TD）等。其中，真密度又称骨架密度、真实密度，是假定晶粒间无空隙，单位体积结晶产品所具有的质量。一般所指的密度就是真密度。散装密度又称松密度、堆密度，指待测样品在不受振动的情况下，样品的质量与其充填体积（包括样品之间的空隙)的比值。振实密度又称紧密度,是指在一定条件下将带有刻度的量筒中的粉末样品振动压实后,所测得的粉末样品单位体积的质量。振实密度越大,说明待测样品的流动性越好,成型性能越好。对于多晶型结晶产品来说,不同晶型一般具有不同的密度。2020 年版《中国药典》第四部收录了固体密度、堆密度和振实密度的测定法,见通则0992,0993。

3.1.2.6 流动性

结晶产品的流动性一般用一定量的样品流经指定孔径的标准漏斗所需要的时间来表示,所需时间越短,临界流通孔径越小,说明样品的流动性越好。结晶产品的流动性常用豪斯纳比(Hausner ratio)、卡尔指数(Carr's index)、休止角等来表达。流动性主要与颗粒间的相互作用有关,颗粒间的相互作用包括范德华力、毛细管引力、静电力等。影响流动性的因素包括表面电荷状态、密度、晶习、粒度大小与分布、内聚力的大小、压缩度的大小、空气湿度等。一般地,球形粒子流动性好,立方形粒子流动性良好,不规则形状的粒子流动性一般,片状或针状粒子流动性差。此外,粒径大小、表面光滑度与流动性呈正相关关系,粒径较大、表面光滑的粒子流动性较好。需要指出的是,对于药物活性成分粉体来说,虽然表面粗糙、形状不规则粒子的流动性较差,但往往其成型性能较好。

3.1.2.7 比表面积

比表面积定义为单位质量样品(g)所具有的总面积(m^2)。结晶产品的比表面积和孔隙率有时也是产品质量的重要指标,对结晶产品的成型性、溶解性等都有重要的影响。比表面积的测定方法有气体吸附法、气体透过法等。影响比表面积的主要因素包括粒度、晶习、微观表面形态等。2020 年版《中国药典》第四部收录了比表面积测定法,见通则 0991。

3.1.2.8 吸湿性

吸湿性是结晶产品的一个主要指标。通常把在一定温度及湿度条件下,结晶产品从气态环境中吸收水分的能力或程度称为吸湿性。不溶于水的物质的吸湿性通常与结构中亲水基团的多寡和基团极性的强弱有关。盐类等溶于水的物质的吸湿性在很大程度上与其在水中的溶解度有关,溶解度越大,吸湿性越大。这类物质有一个吸湿点,吸湿点以该物质饱和溶液上空气的相对湿度来表示。在某一温度下,当环境相对湿度高于物质的吸湿点时,该物质吸湿;当环境相对湿度低于物质的吸湿点时,该物质不吸湿,且会被干燥。结晶度越低,表面能越高的物质,吸湿性越强。在相同的结晶度下,固体产品的大小对吸湿性也有影响。总体来说,颗粒小的物质比表面积大、表面能高、表面吸附能力强,其吸湿性也强。固体产品中的杂质也能影响其吸湿性,例如,NaCl 中微量的 $CaCl_2$ 就可以使其吸湿性大为提高。除了与产品本身相关的内因(晶体结构、化学组成、杂质、晶习、粒度)外,环境(湿度、温度、压强等)对产品吸湿性的影响也很大。2020 年版《中国药典》第四部收录了药物引湿性试验指导原则,见通则 9103。

3.1.2.9 稳定性

稳定性一般指产品保持其物理、化学、生物学和微生物学性质的能力。对于结晶产品,特别是活性物质固体产品,稳定性是一个非常重要的指标。稳定性试验即考察产品的性质在不同环境条件(光照、湿度、温度等)下随时间变化的规律,为其生产、包装、贮存、运输条件和有效期的确定提供科学依据。固体药物产品的稳定性试验一般采用《中国药典》中的稳定性试验指导原则,包括三个部分:影响因素试验、加速试验和长期试验。稳定性试验的样品应是一定规模生产的,即至少是中试规模的放大试验产品,其合成工艺路线、方法、步骤、处方等应与大规模生产一致。

3.1.2.10　水分含量与溶剂残留

水分含量与溶剂残留是衡量结晶产品质量的一项重要指标。结晶产品水分含量的测定目前主要采用快速水分测定仪、卡尔·费休滴定等。2020 年版《中国药典》第四部收录了干燥失重测定法,见通则 0831。此外,有机溶剂残留量的检测也是结晶产品特别是原料药的通用检测项目。这是因为,药品有机溶剂残留量过大会给患者的生命健康带来危害,对药品的理化性质如味道、颜色、结晶度、晶型、溶解度、溶出度等也有一定的影响。人用药品注册技术要求国际协调会(ICH)定期颁布残留溶剂研究指导原则,以保证产品安全、有效及质量可控。ICH 规定项下第一至第四类溶剂分别为:第一类,避免使用的溶剂;第二类,限制使用的溶剂,因其可能引起神经中毒或畸变等不可逆毒性,或怀疑具有其他严重的但可逆的毒性;第三类,具有低毒性的溶剂,以一般量存在时对人体无害、无遗传毒性;第四类,尚无适当毒性数据的溶剂,但需要生产单位提供其在产品中存在的正当理由。2021 年 11 月生效的 ICH 共识指南《杂质:残留溶剂的指导原则 Q3C(R8)》中列举了部分溶剂的残留限度。

常规有机溶剂残留量的检测方法有气相色谱法、毛细管电泳法、高效液相色谱法、干燥失重法、热重分析法等,不同的方法各有其优缺点。随着色谱技术特别是气相色谱技术的发展,气相色谱法已成为通用和经典的溶剂残留量的分析方法。气相色谱法定量计算时,按照中国药典既可采用内标法,亦可采用外标法,美国药典和英国药典一般采用外标法。

综上,一般要从纯度、晶型、晶习、粒度分布、溶解性等多方面的指标来综合判断结晶产品的质量。

3.1.3　固—液平衡与过饱和度

结晶与沉淀是固体从熔融体、气体或溶液中析出的过程,此类过程包括固—液或固—气平衡的三个基本步骤:① 在气相或液相中的溶质达到过饱和状态。② 经过时间长短不一的诱导期后,溶质在体系中形成稳定的晶核,即成核步骤。③ 晶核成长为宏观晶体,即生长步骤。无论是成核步骤还是生长步骤,均需要有一个推动力,这个推动力即为过饱和度,常用浓度差或温度差表示。

3.1.3.1　过饱和

固—液平衡是指固相在液相中溶解所能达到的极限,通常可以用溶解度来表征这种极限。在工业结晶领域,固—液平衡数据是极为重要的基础数据,固—液平衡研究是结晶过程研究的基础。对于水合物或溶剂化物的溶解度，一般采用每份（或 100 份）质量的溶剂中溶解多少份质量的无水（或无溶剂）物质来表示。对于那些具有几种水合物的溶质，如一律按无水物来表示溶解度，就不致引起混乱。

当溶液中溶质的浓度高于该溶质在相同条件下的溶解度时，该溶液称为过饱和溶液，也就是说，过饱和溶液含有超过饱和量的溶质。在现实中，当溶液过饱和后，溶质往往并不会立即析出，这使得获得不同过饱和程度（过饱和度）的过饱和溶液成为可能。通常，过饱和度用同一温度下的过饱和溶液与饱和溶液间的浓度差，或相同组成下的固-液平衡温度与实际温度之间的差值（过冷度）来表示。与浓度相关的表示方法有浓度推动力（ΔC）、相对过饱和度（σ）、过饱和度比（S）等，其定义分别为

$$\Delta C = C - C^* \tag{3.8}$$
$$\sigma = \Delta C / C^* = S - 1 \tag{3.9}$$
$$S = C / C^* \tag{3.10}$$

式中，C 和 C^* 分别为溶液的浓度及同温度下溶质的溶解度。此外，不同过饱和度的表示法的数值对所使用的浓度单位非常敏感，浓度推动力 ΔC 的数值随浓度单位的不同而有很大变化，这是显而易见的。虽然 S 和 σ 是无因次的比值及相对值，但使用不同浓度单位时其绝对值不同，对于高溶解度的水合物，其变化会更大些。当过饱和度比为 S 时，结晶的热力学推动力 $\Delta \mu$ 为

$$\Delta \mu = RT \ln S = RT \ln(1+\sigma) \tag{3.11}$$

类似地，过冷度也可用绝对过冷度（ΔT）、相对过冷度（η）、过冷系数（ζ）等来表示，其定义分别为

$$\Delta T = T^* - T \tag{3.12}$$
$$\eta = \Delta T / T^* \tag{3.13}$$
$$\zeta = T^* / T \tag{3.14}$$

式中，T^* 和 T 分别为固-液平衡时的温度及溶液实际温度。

要使溶质从溶液中结晶出来，首先要使溶液达到过饱和状态。过饱和溶液可以通过加入盐溶液或抗溶剂、调节 pH、反应、蒸发、冷却等多种途径制备。此外，溶液的过饱和度是结晶的重要推动力，是影响成核及生长速率大小最关键的参数。

3.1.3.2 介稳区宽度

溶液状态与成核和晶体生长的关系可用图 3.10 表示，其中，AB 为溶解度曲线；CD，$C'D'$ 等一系列近乎平行的线簇为不同降温速率下获得的超溶解度曲线，它们与溶解度曲线大致平行；AB 下方为稳定区，即不饱和区，若此区域内有固体存在，则固体会溶解；超溶解度曲线与溶解度曲线之间的区域称为介稳区；超溶解度曲线上方为不稳定区，在此区域的过饱和溶液会大量成核，产品往往很细小。介稳区可划分为第 I 介稳区和第 II 介稳区，假设在 $C'D'$ 与 AB 之间，溶液不会自发成核，如加入晶种，晶种生长但不诱导二次成核，这个区域称为第 I 介稳区。在 $C'D'$ 上方的介稳区为第 II 介稳区，即 $C'D'$ 与 CD 之间的区域，在此区域溶液也不会自发成核，但晶种生长后会诱发二次成核。当然，在 CD 以上区

域,由于过饱和度较大,溶液易自发大量成核,故 CD 以上区域为不稳定区。对于多数要求产品晶体颗粒大而完整的工业结晶过程,其操作大多在介稳区进行以避免自发成核,且主要在第 Ⅰ 介稳区内使用晶种,以降低二次成核速率。

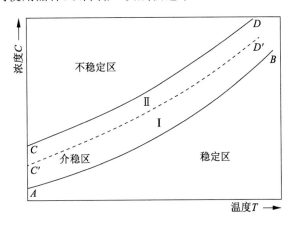

图 3.10 溶解度曲线、超溶解度曲线与介稳区

对于工业结晶而言,确定不同操作条件下的超溶解度曲线、介稳区宽度以及实际过饱和度是十分必要的。所谓介稳区宽度,即溶解度曲线与超溶解度曲线之间的距离。当温度为横坐标、浓度为纵坐标时,溶解度曲线与超溶解度曲线之间的水平距离代表最大过冷度 ΔT_{max},溶解度曲线与超溶解度曲线之间的垂直距离代表最大过饱和度 ΔC_{max},ΔT_{max} 与 ΔC_{max} 之间的关系为

$$\Delta C_{max} = \left(\frac{\mathrm{d}C^*}{\mathrm{d}T}\right)\Delta T_{max} \qquad (3.15)$$

式中,$\mathrm{d}C^*/\mathrm{d}T$ 是溶解度与温度关系曲线的斜率。此外,不同结晶体系及操作条件的介稳区宽度 ΔC_{max} 或 ΔT_{max} 不同,蒸发、降温等速率较慢时的介稳区宽度要比蒸发、降温等速率较快时的介稳区宽度窄。

介稳区宽度是结晶操作的界限以及适宜过饱和度选择的依据。实验测定时,某个特定物质的某一种固体形态往往只有一条确切的溶解度曲线,但超溶解度曲线是一系列线簇,其位置受杂质、结晶器结构与器壁性质、有无晶种及晶种的大小与多寡、有无搅拌及搅拌强度、pH 变化速率、抗溶剂种类及滴加速率、反应液浓度与滴加速率、降温速率、蒸发速率等诸多因素的影响,因此实验测定的条件需与实际结晶工况相符,否则所得数据无实际应用价值。

3.1.4 成核

过冷或过饱和是结晶发生的前提条件,晶核则为晶体生长必不可少的核心。晶核可由溶质的分子、原子、离子等粒子(运动单元)组成。运动单元不断聚集成小的聚集体(aggregates)或继续生长为大的簇(clusters),即

$$A_1 + A_1 \rightarrow A_2$$

$$A_2 + A_1 \rightarrow A_3 \text{（聚集体）}$$

$$\cdots\cdots$$

$$A_{m-1} + A_1 \rightarrow A_m \text{（簇）}$$

此处 A_1 为单一的运动单元。m 为单元数,当其还较小时,聚集体或簇尚不能被看作一个有明确相界面的新相粒子,只有当 m 增大至某个临界值时,簇才可被称为晶胚,当晶胚继续长大,m 增大至某一临界值(小分子溶质的 m 约为几百,大分子溶质的 m 约为几十)时,晶胚已能与溶液建立热力学平衡而稳定存在及生长,这种长大了的晶胚即为晶核。晶体的生成可简单描述为:运动单元 $\rightleftharpoons$ 聚集体 $\rightleftharpoons$ 簇 $\rightleftharpoons$ 晶胚 $\rightleftharpoons$ 晶核 $\rightleftharpoons$ 晶体。其中,能在过饱和溶液中不再被溶解而成为稳定晶核的临界粒度 L_{crit} 为

$$L_{crit} = \frac{4V_m \overline{E_s}}{\nu RT \ln S} \tag{3.16}$$

式中,$\overline{E_s}$ 为各晶面单位面积表面能的加权平均,与晶体粒度无关;V_m 为晶体的摩尔体积。在过饱和溶液中,只有大于此临界粒度的粒子才能生存并生长,而小于此粒度的粒子将溶解。

迄今,基于严格程度与否学者们对成核过程的定义还没完全统一。一般地,将成核分为初级成核(primary nucleation)和二次成核(secondary nucleation)两大类。如图 3.11 所示,在无被结晶物质的晶体存在的条件下自发产生晶核的过程称为初级成核,二次成核则是指有被结晶物质的晶体存在的条件下的成核。初级成核又分为初级均相成核(homogeneous nucleation)与初级非均相成核(heterogeneous nucleation)两种。结晶体系在不含外来粒子的情况下自发地产生晶核的过程叫作初级均相成核,在外来粒子(如外来固态杂质粒子或大气中的尘埃等)的诱导下的成核过程称为初级非均相成核。在工业结晶操作中,初级均相成核较为少见,初级非均相成核和二次成核较多见。

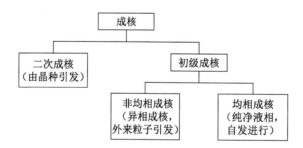

图 3.11 成核过程的分类

3.1.4.1 初级均相成核

针对初级成核的经典成核理论(CNT)认为,球形晶核的形成是体积自由能降低和界面(自由)能增加相互竞争的一个过程,体系总的自由能变化,即溶质的固体颗粒与溶液中的溶质间全部过剩自由能 ΔG,它是表面过剩自由能 ΔG_S(即颗粒表面与颗粒主体之间的过剩自由能)和体积过剩自由能 ΔG_V〔即颗粒半径($r \rightarrow \infty$)与溶液中溶质之间的过剩自由能〕之和。ΔG_S 是正值,其值大小与 r^2 成正比。在过饱和溶液中,ΔG_V 是负值,与 r^3 成正

比。即有：

$$\Delta G = \Delta G_S + \Delta G_V = 4\pi r^2 \gamma_{SL} + \frac{4}{3}\pi r^3 \Delta G_V \tag{3.17}$$

式中，ΔG_V 是每单位体积改变的自由能变化。由于式(3.17)中右边两项符号相反且随 r 而变，因此晶核生成自由能 ΔG 经历一个最大值，且该最大值对应于临界晶核的半径 r_c。对于球型簇，r_c 值由式(3.17)取极值获得($\mathrm{d}\Delta G/\mathrm{d}r=0$)：

$$r_c = \frac{-2\gamma_{SL}}{\Delta G_V} \tag{3.18}$$

只有体系总的自由能变化超过某一能量势垒 ΔG_{crit} 时，临界晶核才能稳定存在，才会发生成核：

$$\Delta G_{crit} = \frac{16\pi \gamma_{SL}^3}{3(\Delta G_V)^2} = \frac{4\pi \gamma_{SL} r_c^2}{3} \tag{3.19}$$

在过饱和溶液中，新产生晶核能否生存取决于它的尺寸，临界值 r_c 代表能稳定存在的最小晶核的半径。均相成核速率 B^0 是指单位体积晶浆或溶液中、单位时间内生成新晶核的数目，初级均相成核速率可表示为

$$B_{hom}^0 = A\exp[-\Delta G_{hom}/(k_B T)] \tag{3.20}$$

式中，A 为指前因子；k_B 为玻尔兹曼(Boltzman)常数，$k_B = 1.3806\times 10^{-23}$ J/K。

吉布斯-汤姆森式可写成：

$$\ln S = \ln \frac{C}{C^*} = \frac{2V\gamma_{SL}}{k_B rT} \tag{3.21}$$

式中，V 为溶质分子体积。由式(3.18)与式(3.21)可推出：

$$r_c = \frac{2\gamma_{SL}V}{k_B T\ln S} \tag{3.22}$$

$$\Delta G_{crit} = \frac{16\pi \gamma_{SL}^3 V^2}{3(k_B T\ln S)^2} \tag{3.23}$$

将式(3.23)代入式(3.20)与式(3.16)得：

$$B_{hom}^0 = A\exp\left[-\frac{16\pi \gamma_{SL}^3 V^2}{3k_B^3 T^3(\ln S)^2}\right] \tag{3.24}$$

$$B_{hom}^0 = Z_c\exp\left[-\frac{16\pi E_S^3 V_m^2 N_A}{3\nu^2(RT)^3(\ln S)^2}\right] \tag{3.25}$$

式中，B^0 为成核速率，$\#/(\mathrm{cm}^3\cdot\mathrm{s})$；$Z_c$ 为频率因子(数量级为 10^{25})；γ_{SL} 为晶核的界面张力，$\mathrm{J/m^2}$；E_S 为球形晶核单位面积表面能，$\mathrm{J/m^2}$；V_m 为晶体的摩尔体积，$\mathrm{cm^3/mol}$；N_A 为阿伏伽德罗常量，$N_A = 6.0222\times 10^{23}\ \mathrm{mol^{-1}}$；$R$ 为气体常数，$R=8.314\ \mathrm{J/(mol\cdot K)}$；$T$ 为绝对温度，K；S 为过饱和比。

同样，对于过冷熔融体中熔融结晶的均相成核，可推导出：

$$r_c = \frac{2\gamma_{SL}T^*}{I\Delta T} \tag{3.26}$$

$$B_{\text{hom}}^{0} = A \exp\left[-\frac{16\pi\gamma_{\text{SL}}^{3}}{3k_{\text{B}}T^{*}I^{2}T_{\text{r}}(\Delta T_{\text{r}})^{2}}\right] \tag{3.27}$$

式中，I 为熔化潜热；ΔT 为过冷度；T_{r} 为对比温度（即 $T_{\text{r}} = T/T^{*}$，$\Delta T_{\text{r}} = \Delta T/T^{*}$）；$A$ 为成核动力学指前因子，表示成核单元与晶核附着的频率，其与熔融体的扩散系数、黏度等有关。

成核诱导期是指从获得过饱和溶液到新相出现之间所经历的时间。由于晶核观察手段的限制，很难及时检测到溶液中首批晶核的出现，因此诱导期常用从溶液达到过饱和状态至可检测到晶核之间的时间来表示，即

$$t_{\text{ind}} = t_{\text{tr}} + t_{\text{n}} + t_{\text{g}} \tag{3.28}$$

式中，t_{ind} 为成核诱导期；t_{tr} 为松弛时间；t_{n} 为溶质分子从适应新的溶液状态开始成核到形成稳定晶核所需要的时间；t_{g} 为晶核成长至可被探测到的粒度所需的时间。由于松弛时间在整个诱导期中所占比例较小，因而 t_{ind} 可表示为

$$t_{\text{ind}} = t_{\text{n}} + t_{\text{g}} \tag{3.29}$$

假设经诱导期 t_{ind} 后，体积为 V 的溶液中有 1 个新晶核，则有

$$B^{0} = 1/(t_{\text{ind}}V) \tag{3.30}$$

成核诱导期是一个十分重要的参数，通过实验测定诱导期，结合经典成核理论，能得到初级成核的一系列参数，可进行成核机理的分析。因此，研究诱导期有助于进一步理解成核过程。

成核诱导期 t_{ind} 与过饱和度比 $S(S>1)$ 之间的关系可近似为

$$\lg t_{\text{ind}} = K_{\text{ind}} - n\lg S \tag{3.31}$$

$$K_{\text{ind}} = \lg\left[\Delta C/(M_{\text{N}}k_{\text{N}}C^{*n})\right] \tag{3.32}$$

式中，K_{ind} 为方程参数；k_{N} 为成核速率常数；M_{N} 为晶核质量；n 为成核过程的级数（成核指数）。

3.1.4.2　初级非均相成核

当结晶体系中存在外来粒子时，这些外来粒子会降低初级成核的能量势垒，诱导晶核的生成，此种初级成核称为初级非均相成核。结晶体系中外来粒子对初级成核的影响用系数 φ 表示。此时的非均相成核速率 B_{het}^{0} 为

$$B_{\text{het}}^{0} = A \exp(-\Delta G_{\text{het}}/k_{\text{B}}T) \tag{3.33}$$

$$\Delta G_{\text{het}} = \varphi \Delta G_{\text{hom}} \tag{3.34}$$

$$\varphi = \frac{1}{4}(2+\cos\theta)(1-\cos\theta)^{2} \tag{3.35}$$

式中，θ 为接触角，如图 3.12 所示，θ 可由实验获得。其与产品晶体 C 与结晶溶液 L 之间的界面能 γ_{CL}、外来粒子固体 S 表面和结晶溶液 L 之间的界面能 γ_{SL}、产品晶体 C 和外来粒子固体 S 表面之间的界面能 γ_{CS} 在水平方向上有如下关系：

$$\gamma_{\text{SL}} = \gamma_{\text{CS}} + \gamma_{\text{CL}}\cos\theta \tag{3.36}$$

$$\cos\theta=\frac{\gamma_{SL}-\gamma_{CS}}{\gamma_{CL}} \tag{3.37}$$

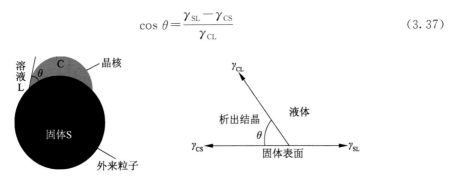

图 3.12　初级非均相成核的接触角与界面能

3.1.4.3　二次成核

二次成核是大多数工业结晶操作的主要成核类型,是决定结晶产品粒度与粒度分布的关键因素之一,因此,工业结晶操作的优化以及结晶器的放大与设计均需要明确二次成核的机理及其主要影响参数。事实上,控制二次成核速率是大多数实际工业结晶过程的操作要点。

二次成核机理迄今尚未很清晰,一般来说,二次成核产生的晶核主要来源于晶体的嫁接,晶体-溶液的相互作用(如流体剪应力将一些附着在晶体表面的粒子扫落而形成新的晶核等),晶体间或晶体与结晶器间的碰撞而产生的碎粒,等等。由于二次成核速率的影响因素众多,机理复杂,因此长久以来常用如下经验方程式关联:

$$B^0=k_N n_p^h G^i M_T^j \tag{3.38}$$

$$B^0=k_N\Delta C^n \tag{3.39}$$

$$B^0=k_N M_T^j n_p^h \Delta C^n \tag{3.40}$$

式中,B^0 为二次成核速率,$\sharp/(m^3\cdot s)$;k_N 为成核速率常数,通常与物系、搅拌桨结构参数和转速、温度等有关;n_p 为搅拌桨转速,s^{-1};G 为晶体的生长速率,$\mu m/s$;M_T 为晶浆的悬浮密度,kg 晶体$/m^3$ 悬浮液;ΔC 为过饱和度;n 是成核过程的级数(成核指数);h,i,j 为模型参数,可由实验数据拟合获得,一般地,其范围为 $0\leqslant h\leqslant 4,0.5\leqslant i\leqslant 3,0.4\leqslant j\leqslant 2$。

需要特别关注的是,在实际工业结晶操作中,初级的非均相和均相成核或二次成核往往同时发生,但在不同的成核条件下或在结晶操作的不同阶段,晶核的主要来源可能不同。

3.1.4.4　成核过程的影响因素

对熔融体或溶液施加 γ 射线、紫外线、X 射线、声波、电磁场、机械冲击、摩擦、搅拌等,常能影响成核过程。其中,搅拌对成核的影响较为复杂,虽然通常可以认为搅拌会促进或强化成核,但有时增大搅拌速率并不总是致使成核速率增大。杂质、成核表面亦对成核过程有不同程度的影响。杂质既可诱导或促进成核,也可抑制成核过程。工业结晶操作中较为重要的二次成核的速率通常会随搅拌强度、过饱和度、悬浮密度等的增大而增大。此外,晶种的表面特性、晶种粒度、给定粒度晶种的数量亦是需要关注的重要因素。

3.1.5　晶体生长

目前对于晶体生长过程的认识尚不够深入全面,亦存在经典与非经典理论之分。在经典生长理论中,溶液中的分子、离子、原子等为生长单元;而在非经典生长理论中,生长单元不仅是溶液中自由的分子、离子或原子,亦可能是前期形成的纳米粒子或前驱体,它们定向聚集或组装并伴随遵循 Ostwald 分步规则(Ostwald's step rule)的固体形态的转变。

一旦粒度大于临界值的稳定的晶核在一过饱和或过冷的体系中形成,它们就在过饱和度的推动下继续生长。过饱和溶液中晶核、晶种、晶体的长大过程统称为晶体生长。迄今为止,有关晶体生长的理论或模型很多,在工业结晶界被普遍引用的有 BCF 螺旋位错生长、二维成核生长、扩散、表面能等学说。

晶体表面的生长速率可由晶面垂直方向上晶面向外移动的速度来表达。一般认为,不同的晶体表面具有不同的生长速率,这与晶体表面能有关,高指数晶面比低指数晶面生长快。然而,根据豪于(Haüy)定律,即在晶体中为保持固定的晶体界面角,晶体生长或溶解中表面的连续位移必须相互平行,如图 3.13a 所示。其实这是晶体生长的理想情况,即晶体几何形状保持不变,这样的晶体称为"不变的结晶体"。三个相等的面 1 生长速率相等;较小的面 2 生长较快;而最小的面 3 生长最快。类似但相反的现象可以在这种形式的晶体于溶剂中溶解时观察到:面 3 的溶解速率比其他面都快,而晶体的突峭外形一旦溶解开始即迅速消失。实际上,晶体在生长过程中不能保持原来的几何形状,具较慢生长速率的晶面存在,而具较快生长速率的晶面消失,这种晶体生长机理亦谓"重叠",如图 3.13b 所示。

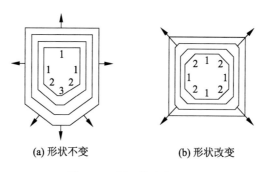

(a) 形状不变　　　　(b) 形状改变

图 3.13　晶面的生长速率

晶体生长的扩散学说认为,晶体生长过程由以下两个步骤组成(见图 3.14):① 待结晶的溶质由溶液主体扩散到晶体表面;② 到达晶体表面的溶质嵌入晶面,晶体长大。第一步扩散的过程以浓度差为推动力,第二步溶质嵌入晶面的过程也可称为表面反应过程。

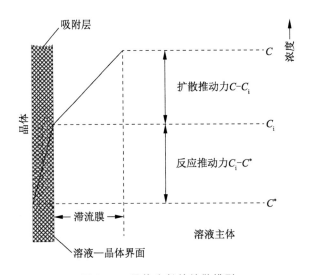

图 3.14　晶体生长的扩散模型

晶体生长速率在扩散步骤和表面反应步骤分别如下：

扩散步骤　$G_M = \dfrac{\mathrm{d}M}{A\,\mathrm{d}t} = k_\delta (C - C_i)$ (3.41)

表面反应步骤　$G_M = \dfrac{\mathrm{d}M}{A\,\mathrm{d}t} = k_R (C_i - C^*)^n$ (3.42)

式中，G_M 为晶体的总体质量生长速率（overall mass growth rate），也叫单位面积沉积速率，$\mathrm{kg/(m^2 \cdot s)}$；$C^*$，$C_i$，$C$ 分别为饱和浓度、界面浓度、溶液主体浓度；A 为晶体的表面积；k_δ 为扩散传质系数；k_R 为表面反应速率系数；n 为反应级数；M 为晶体的质量；t 为时间。

生长单元如溶质分子、原子等迁移到晶面并嵌入晶格需要克服一系列的能垒，生长过程不同，这些能垒不一，生长环境如过饱和度、离子强度和活度、pH 值、杂质等均对这些能垒、迁移速率等有影响，从而影响晶体生长过程。

假定晶体生长发生在晶体外表面，晶体的质量生长速率 G_M 的普遍式为

$$G_M = k_G (C - C^*)^g$$ (3.43)

式中，k_G 为晶体生长总系数（生长速率常数）；g 为生长指数。

晶体的生长速率也常用粒度的变化来表示，即为晶体的线性生长速率（G）。若晶体粒度的特征长度用 L 表示，则 G（或 G_L）可表示为

$$G_L = \frac{\mathrm{d}L}{\mathrm{d}t} = k_L \Delta C^l$$ (3.44)

式中，k_L 为晶体线性生长总系数；l 为生长指数。不论是无机物质还是有机物质的晶体生长，G_L 的值都大致在 $10^{-8} \sim 10^{-6}$ m/s 范围内。

因晶体的质量 M 和表面积 A 之间存在如下关系：

$$M = k_v \rho_c L^3$$ (3.45)

$$A = k_a L^2$$ (3.46)

式中,k_v,k_a 分别为晶体的体积形状因子与面积形状因子;ρ_c 为晶体的密度。

因此,晶体的质量生长速率 G_M 与线性生长速率 G_L 之间有如下关系:

$$G_M = \frac{3k_v}{k_a}\rho_c G_L \tag{3.47}$$

无论是晶体的质量生长速率还是线性生长速率,都主要取决于熔融体的过冷度或溶液的过饱和度,同时还受杂质、外场、搅拌、压力、温度等因素的影响。

针对晶体的生长,目前主要是采用如图 3.14 所示的扩散与表面反应两步法处理,将晶体的生长分为扩散控制生长和表面反应控制生长两种类型。其中,当表面反应较快时,晶体的生长被扩散过程控制;当扩散较快时,晶体的生长被表面反应过程控制;当扩散和表面反应速率相当时,晶体的生长由两者共同控制。应特别关注的是,同一结晶体系在不同操作参数下,晶体生长的控制步骤可能会改变。例如,温度对表面反应速率的影响要比对扩散速率的影响大得多,这使得晶体生长在较高温度下通常被扩散过程所控制,而在较低温度下则通常被表面反应过程所控制。

对于扩散控制生长,晶体的生长速率的经验方程可由下式表示:

$$G = \frac{k_a}{3k_v} K_D \frac{\Delta C}{\rho_{m,c}} \tag{3.48}$$

$$K_D = \frac{D_{AB}}{L}\left[0.81\left(\frac{\varepsilon L^4}{\eta_D^3}\right)^{0.167} Sc^{\frac{1}{3}} + 2\right] \tag{3.49}$$

式中,K_D 为传质系数,m/s;$\rho_{m,c}$ 为晶体的摩尔密度,$kmol/m^3$;ΔC 为过饱和度,$kmol/m^3$;L 为晶体粒度,m;D_{AB} 为分子扩散系数,m^2/s;ε 为平均比功率输入,W/kg;η_D 为液体的动力黏度,Pa·s;Sc 为施密特数。

对于表面反应控制生长,晶体的生长速率为

$$G = 1.8 \times 10^{-2} \times \frac{D_{AB}}{d_m}\left(\frac{\rho_{m,c}}{C^*}\right)^{\frac{2}{3}} \frac{1}{\ln(\rho_{m,c}/C^*)}\left(\frac{\Delta C}{\rho_{m,c}}\right)^2 \tag{3.50}$$

$$d_m = (N_A \rho_{m,c})^{\frac{1}{3}} \tag{3.51}$$

$$D_{AB} = \frac{k_B T}{4\pi\eta d_m} \tag{3.52}$$

$$\Delta C = C - C^* \tag{3.53}$$

式中,C^*,C 分别为溶质的溶解度与浓度,$kmol/m^3$;η 为液体黏度,Pa·s;d_m 为分子直径,m。

至于晶体的生长属于扩散控制生长还是表面反应控制生长,这取决于结晶体系的性质(如比功率输入、溶液的过饱和度等)以及前文所述的温度等物理环境。一般来说,在低比功率输入、高过饱和度条件下,晶体的生长可能为扩散控制生长,生长指数约为 1;在高比功率输入、低过饱和度条件下,晶体的生长则可能为表面反应控制生长,生长指数大于 1。对于大多数难溶物质,其生长指数通常为 2,但有很多例外,如 MgF_2 的生长指数为 5,Ag_2CrO_4 的生长指数为 4,$BaSO_4$ 与 $SrSO_4$ 等的生长指数则为 3。在实际研究中,常用基于式(3.48)的图 3.15 所示的方法来简单评价晶体生长的控制步骤。

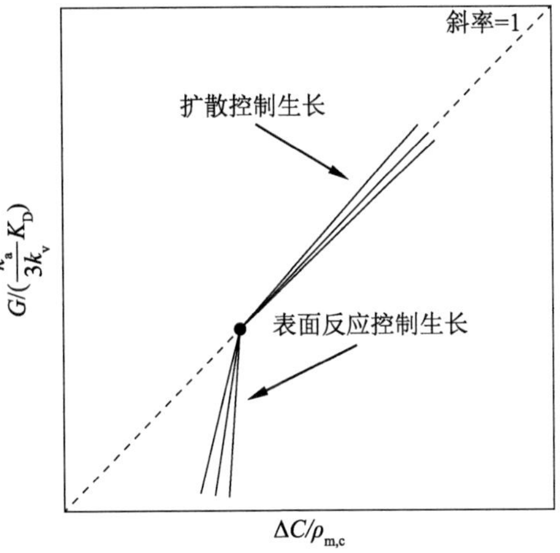

图 3.15　作图法分析晶体生长的控制步骤

由于晶体的生长同时受热力学与动力学的影响,如前文所述,表面能低的晶面的生长速率一般也低。常规的结晶操作参数如添加剂、杂质、搅拌、晶习、pH 值、过饱和度、温度、溶剂、粒度等都能在不同程度上影响晶体的生长过程。

ΔL 定律通常定义为晶体的生长速率与其粒度无关。除了一部分物系外,大多数物系均大体上遵守 ΔL 定律,即

$$\lim_{\Delta t \to 0} \frac{\Delta L}{\Delta t} = \frac{\mathrm{d}L}{\mathrm{d}t} = G \tag{3.54}$$

对于某些物质的晶体生长,不同粒度晶体的生长速率有时是不一样的,即不遵守 ΔL 定律。如果晶体生长是由表面反应控制,通常大晶体比小晶体生长得更快,这可能与大晶体表面的溶液速度比小晶体表面的溶液速度快有关。如果晶体生长是由扩散控制,那么小晶体的生长比大晶体的生长快。对于难溶或不溶物质,不遵循 ΔL 定律的现象更为常见,特别是当晶体的粒度＜1 μm 时,与粒度有关的小晶体生长要比大晶体复杂得多。

Janse 和 de Jong 发现,在同一过饱和度下,相同粒度的同种晶体却以不同的速率生长,这种现象称为生长分散。这可能由于:错位群的活性或位置发生改变,或者是晶体表面上的机械张力改变,或者是晶体—晶体、晶体—结晶器壁间的边界层出现了扰动或紊乱。Khambaty 和 Larson 认为,由微小破裂碎片和集簇形成的晶核包含不同的张力度和无定位性,因而表现为生长分散。超微粒子的结晶过程往往会出现这种现象;对于难溶或不溶物质的沉淀结晶,生长分散同样可能存在。在研究晶体生长速率与其粒度的关系时,应充分考虑各种因素对生长不同阶段的影响,而不是只关注生长速率与粒度的关系式。

3.1.6　二次过程与结晶动力学实验研究

对于一个结晶过程,除了晶体成核及生长这两个基本过程外,通常还伴随老化(熟化、相转变等)、聚结、破裂等二次过程,这些二次过程有时也对结晶与沉淀产品的纯度、粒度

与粒度分布、晶习、晶型等有显著影响,需要予以关注。

3.1.6.1 熟化

对于结晶过程的液－固多相系统,若热力学上吉布斯自由能尚未达到最小,则系统处于不稳定状态。结晶系统吉布斯自由能进一步降低的过程统称为老化。其中,由于多相系统的吉布斯自由能取决于相间表面大小,故不稳定的晶体－母液共存系统总是存在使其相间总表面积减小的趋势,这种相间总表面积减小的二次过程,称为结晶的熟化。显然,熟化是老化的一种方式。

Ostwald 在系统研究颗粒粒度对颗粒在溶剂中的溶解度的影响后发现,小颗粒首先被溶解,然后溶质在大颗粒表面沉积。颗粒的这种粗化过程即为 Ostwald 熟化,其结果为相间总表面积减小,界面能减小。

假设颗粒的摩尔体积为 V_m,颗粒与液相之间的界面能为 γ_{SL},大颗粒的曲率半径为 r_1,小颗粒的曲率半径为 r_2,可推导出 Ostwald 熟化的驱动力 $\Delta\mu_{Ostwald}$ 为

$$\Delta\mu_{Ostwald} = 2\gamma_{SL}V_m\left(\frac{1}{r_2} - \frac{1}{r_1}\right) \tag{3.55}$$

由此式可见,颗粒间的粒度差异越大,Ostwald 熟化的驱动力越大。

粒子半径 $r < 10^{-6}$ m(即 1 μm)时,在较低过饱和度下发生 Ostwald 熟化的推动力可表示为

$$C^*(r) - C^* \approx \frac{2V_{mol}\gamma_{SL}C^*}{\nu RTr} \tag{3.56}$$

式中,V_{mol} 为溶质的摩尔体积,m^3/mol;γ_{SL} 为颗粒与液相间的界面张力,J/m^2;ν 为每摩尔溶质分子电离的离子摩尔数;C^* 为溶质的饱和浓度,mol/m^3;$C^*(r)$ 为半径为 r 的粒子的溶解度。

与溶液主体浓度 $C(mol \cdot m^{-3})$ 相平衡的粒径为

$$r \approx \frac{2\gamma_{SL}V_{mol}C^*}{\nu RT(C-C^*)} \tag{3.57}$$

即所有小于 r 的粒子将溶解,大于 r 的粒子将生长。

Ostwald 熟化进行的速度很大程度上取决于粒子的大小及溶解度。对于由扩散控制的生长,线性生长速度可以近似表示为

$$\frac{dr}{dt} \approx \frac{\gamma_{SL}V_{mol}^2 D_{AB}C^*}{3\nu RTr^2} \tag{3.58}$$

式中,D_{AB} 为分子扩散系数,m^2/s。

Ostwald 熟化的结果是小颗粒溶解,并把它们的质量传递给大颗粒,大颗粒继续长大,这种熟化过程的极限情况是系统最终处于只有均一粒度的粒子出现在液相中的平衡状态。但在很多情况下,Ostwald 熟化速度比较慢,当过饱和度较高时,晶体的生长为扩散控制生长;当过饱和度较低时,晶体的生长可能为表面反应控制生长。所以,熟化的速度要比按式(3.58)计算的值小。尽管如此,Ostwald 熟化效应还是常被用来进一步改善粒度与

粒度分布,或被用来合成各种中空结构,或被用于将片状、树枝状、针状等初级粒子重结晶为更加紧密的晶体。

Tavare 假定:当初级粒子的粒度大于临界粒度 L^* 时,该初级粒子生长;当初级粒子的粒度小于临界粒子 L^* 时,该初级粒子溶解;当初级粒子的粒度等于临界粒度 L^* 时,发生成核过程。

粒度大于 L^* 的初级粒子的生长速率为

$$G=k_G[C-C(r)]^g=k_G[C-C^* \exp(\Gamma_D/L)]^g \tag{3.59}$$

粒度小于 L^* 的初级粒子的溶解速率为

$$D=k_D[C(r)-C]^d=k_D[C^* \exp(\Gamma_D/L)-C]^d \tag{3.60}$$

上两式中:

$$\Gamma_D=\frac{4V_m\gamma_{SL}}{RT} \tag{3.61}$$

$$L^*=\frac{\Gamma_D}{\ln(C/C^*)} \tag{3.62}$$

在临界粒度 L^* 处,成核速率为

$$B^0=k_N(C-C^*)^n \tag{3.63}$$

式中,k_N 为成核速率常数。

3.1.6.2 相转变

尽管熟化对于一些结晶过程来说是一个重要的老化过程,特别是对于产品粒度小于 $1~\mu m$ 的结晶过程,Ostwald 熟化往往是不能忽略的;但是,Ostwald 熟化不是唯一的老化过程,也不总是最重要的过程。另一个经常出现的粒子老化过程是相转变,它是指介稳的初始结晶产品通过相的转变成为最终的稳定相产品。介稳相可能是非晶形沉淀物或最终产品的多晶形态等。相转变可在众多结晶过程中发现,常被用来制备特定晶相。

按照 Ostwald 分步规则,对于一个不稳定系统,其变化结果并不是立即达到新条件下热力学最稳定的状态,而是达到自由能减小最少的临近状态。也就是说,结晶过程中首先析出的不是最稳定固相,而是与其母体在热力学上最接近的介稳相态,如无定形、介稳晶型、溶剂化物或其他受污染物质等。随后它们转变为更稳定的固体相态,例如,可能由一种晶型转变为另一种晶型,由一种水合物转变为另一种水合物,由一种水合物转变为无水物,或由无定形沉淀物转变为晶型产品。当亚稳态向稳态转变的速率远远大于液态向亚稳态转变的速率时,结晶过程中的亚稳态就不容易被发现。

结晶过程中的固-固相转变是十分普遍的现象,其研究亦是工业结晶中十分重要的领域。对于医药产品的结晶,要特别关注其结晶过程中的相转变,因为医药产品的稳定性、溶解性、生物利用度、生理活性、药效、毒性等不仅取决于医药产品的分子组成,而且取决于分子排列及分散状态。对于同一药品,即使分子组成相同,当固体的微观及宏观形态改变时,其稳定性、溶解性、生物利用度、生理活性、药效、毒性等都可能发生显著改变。

3.1.6.3　聚结与破裂

对于有粒子的聚结和破裂存在的结晶过程,由于粒子间的聚结及聚结体的破裂通常比粒子的老化更能显著地影响晶体产品的粒度,因此,自 20 世纪 90 年代以来,有关粒子的聚结和破裂的研究文献远多于有关粒子的老化的研究文献。其中,最具有代表性的研究是 David 等提出的分级模型以及 Tavare 和 Garside 提出的用生死函数表征聚结和破裂对结晶过程的影响的粒数衡算模型。实验研究采用的结晶器类型有 MSMPR 结晶器和半间歇结晶器两种。

分级模型的主要思想为:在搅拌结晶器中,晶体的粒度可分为 N 个级数,两个级数类型分别为 m 和 n 的晶体的聚结可看作一个化学反应,并形成级数为 q 的聚结体,如图 3.16 所示。

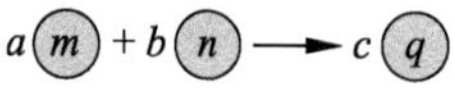

$$a\,\textcircled{m} + b\,\textcircled{n} \longrightarrow c\,\textcircled{q}$$

图 3.16　粒子聚结的分级模型

图中的 a,b,c 为拟聚结反应的化学计量系数。对于该假定的反应过程,有晶体的质量平衡:

$$aL_m^3 + bL_n^3 = cL_q^3 \tag{3.64}$$

式中的 L_m,L_n,L_q 分别为级数为 m,n 和 q 的晶体中的大晶体的粒度。当 $a=b=1$ 时,可计算出 $c=\dfrac{L_m^3+L_n^3}{L_q^3}$,此时,二元碰撞聚结过程如图 3.17 所示。

图 3.17　二元碰撞聚结示意图

对于 N 个粒度级,可能有 $N(N+1)/2$ 个不同的两粒子间的聚结。现定义 (m,n) 代表 m 级的粒子和 n 级的粒子间发生聚结,假定 $n \geqslant m$,用 $l_{m,n}$ 表示发生聚结 (m,n) 的序号,如图 3.18 所示。

(1,1)	(1,2)	(1,3)	(1,n)	(1,N)
$l_{1,1}=1$	$l_{1,2}=2$	$l_{1,3}=3$	$l_{1,n}=n$	$l_{1,N}=N$

$$
\begin{array}{cccc}
(2,2) & (2,3) & (2,n) & (2,N) \\
l_{2,2}=N+1 & l_{2,3}=N+2 & l_{2,n}=N+n-1 & l_{2,N}=2N-1 \\
 & \vdots & \vdots & \vdots \\
 & (m,m) & (m,n) & (m,N) \\
 & l_{m,m} & l_{m,n} & l_{m,N}
\end{array}
$$

$$(N,N)$$
$$l_{N,N}=N(N+1)/2$$

$$l_{m,n}=N(m-1)-\frac{m(m-1)}{2}+n$$

图 3.18　聚结序号

考察某一特定的第 i 级,若第 $l_{m,n}$ 聚结产生的新粒子在这一级内,则 $q=i$;若新的粒子不在这一级内,则 $q\neq i$。同时,当 n 或 m 等于 i 时,意味着在级 C_i 上失去了一个粒子。这些不同的可能性可用一个化学计量系数 υ 表示:

$$\upsilon_{l,i}=\left[\frac{L_m^3+L_n^3}{L_q^3}\right]\delta_{i,q}-(\delta_{i,m}+\delta_{i,n}) \tag{3.65}$$

因为聚结而在第 i 级上生成粒子的生长速率为

$$\Re_{A,i}=\sum_{l=1}^{l_{\max}}\upsilon_{l,i}p(l)r_a(l) \tag{3.66}$$

式中,$l_{\max}=N(N+1)/2$;系数 $p(l)$ 表示聚结不产生大于 N 级的粒子,即

$$\begin{aligned}p(l)=0 \qquad & (L_q>L_N)\\ p(l)=1 \qquad & (L_q\leqslant L_N)\end{aligned} \tag{3.67}$$

第 l 次聚结的速率用本征速率 $r_a(l)$ 表示,它与过饱和度、单位体积内单位时间碰撞次数等有关。两个粒子间的聚结速率

$$r_a\sim P_1P_2 \tag{3.68}$$

式中,P_1,P_2 分别为粒子间的碰撞概率及黏附概率。这两个概率的计算如下:

① 由于粒子间的碰撞概率 P_1 远超过反复碰撞的概率,故可仅考虑二元聚结。不仅如此,两粒子间的碰撞次数也正比于两粒子的浓度、相对速度、碰撞的总的有效表面积。在搅拌结晶器中,n 级与 m 级($n\geqslant m$)粒子的碰撞概率

$$P_1\sim(L_m+L_n)^2n_pDN_mN_n \tag{3.69}$$

式中,n_p 为搅拌速度;D 为搅拌桨直径;N_m,N_n 分别为在 m 级,n 级内的粒子数。

若晶体表面的边界层厚度为 δ,上式应为

$$P_1\sim(L_m+L_n)^2n_pDN_mN_nH(L_m-\delta) \tag{3.70}$$

式中,$H(x)$ 为 Heaviside 阶梯函数,即 $x\geqslant 0$,$H(x)=1$;$x<0$,$H(x)=0$。

② 黏附概率 P_2 的值受聚结产生的粒子在流体中的稳定性、建立晶桥的速度等的影响,即 P_2 正比于两粒子不脱离的概率,反比于建立晶桥所需的时间。若两粒子在晶桥存在之前不会因流体的流动而分开,则两粒子的聚结可能产生,即

$$P_2\sim\left[1-\frac{(L_m+L_n)^2}{\lambda_e^2}\right]H(\lambda_e-L_n-L_m)\frac{f(\rho)G}{L_m} \tag{3.71}$$

式中,λ_e 为拉格朗日微标度;$f(\rho)$ 为两粒子的相对形状函数;G 为方程参数。

将式(3.70)和式(3.71)代入式(3.69),引入参数聚结核 $\vec{K}$,即有

$$r_a=\vec{K}\Delta C^jN_mN_n \tag{3.72}$$

式中,聚结核 $\vec{K}$ 与聚结前粒子的粒度和形状、聚结的物理作用力等有关。

在粒子的破裂机理中,聚结体的结构起着关键作用。由于涡流的垂直分布,小粒子从聚结体中分裂出来,这种形式的破裂经常产生粒度的双峰分布。破裂模型可用上述聚结的分级模型类似处理,但若破裂的速率不是溶液过饱和度的函数,则不能采用拟化学反应

假定。分级模型可模拟与粒度有关的生长及聚结,选择合适的粒度与级数后便能模拟结晶过程。

连续化粒数衡算模型基本原理:用生死函数表达粒子的聚结和破裂对结晶过程的影响。Randolph 和 Larson 等提出的采用体积内坐标的粒数衡算方程为

$$\frac{\partial(Vn)}{\partial t}+\frac{\partial}{\partial_v}\big[(G_Vn)\big]V+\sum_k Q_kn_k=[B-D]V \tag{3.73}$$

式中,$[B-D]V$ 为因聚结、破裂而在体积尺度 V 上的净粒子生成数;$\sum\limits_k Q_kn_k$ 为 k 股输入、输出流股的粒数总和;G_V 为用粒子体积变化表达的生长速率。通过对生函数 B 与死函数 D 定义,即可求解上式并得到成核、生长、聚结、破裂等的速率。

此外,亦可用粒子聚结度来表达粒子聚结的程度。粒子聚结度的表示方法多种多样,如粒数法,所有粒子产品中聚结体的个数;主粒度法,即用粒子产品的主粒度来表示粒子聚结的程度;质量法,即用聚结体与所有粒子的质量比来表达粒子聚结的程度等。

在工业结晶中,经典生长理论认为分子、原子为生长单元,非经典生长理论认为纳米颗粒为生长单元,而 Wachi 与 Jones 将聚结归类为晶体生长,认为聚结是晶体的第二次生长。事实上,初始粒子本身的粒度及其聚结程度通常影响产品的特征,结晶中的成核及晶体生长过程亦受粒子聚结的影响。

迄今,粒子间发生聚结的原因尚不清晰。一般认为,粒子的结构、静电力、流场等对粒子间聚结与否及其过程有影响。紧密接触的粒子最终不一定发生聚结,而拥板状凸体特征的粒子易于黏附而聚结在一起。通常认为,粒子间的聚结会经历以下三个步骤:① 粒子间因流体运动而碰撞;② 相互碰撞的粒子在范德华力、静电力等的驱动下相互黏附;③ 晶桥建立并致聚结体固化。可以想象,粒子间的聚结与其逆过程解聚(破裂)之间也是相互竞争的,只有粒子间的化学键能抵抗流体的剪切力,聚结体才会稳定存在,这就需要体系有一定的过饱和度。

部分体系的结晶过程中会发生粒子间的聚结,而另外一些不会。通常当粒子小于 1 μm 时,粒子之间的碰撞会使其永久黏附。当溶液中粒子的个数密度低于某个值(如 $10^7 \sharp/cm^3$)时,聚结不大会发生。这就意味着若结晶中的晶核主要源于二次成核,则粒子间的聚结倾向低;若晶核主要源于均相成核,则粒子间的聚结倾向高。显然仅凭该论点去预判结晶过程中能否发生粒子间的聚结是不准确的。有研究者发现,$10\sim1\,000$ μm 的粒子间也常发生聚结,只是聚结隐藏于与粒度有关的晶体生长中。

Smoluchowski 在其著作中将悬浮粒子间的聚结分为两种:① 与布朗运动有关的(perikinetic)聚结;② 搅拌釜中的(orthokinetic)正动聚结。此两种聚结在粒子悬浮体系中均可发生,当然,搅拌结晶器中的粒子间聚结主要为正动聚结。在聚结初始阶段,聚结体粒度 L 与时间的函数关系为

$$L^3(t)=A_1+B_1t \qquad (\text{与布朗运动有关的聚结}) \tag{3.74}$$

$$\log L(t)=A_2+B_2t \qquad (\text{正动聚结}) \tag{3.75}$$

以上两关系式中的 A_1,B_1,A_2,B_2 是粒子悬浮体系常数。但聚结体粒度随时间无限长大

显然是不正确的,需要定义某上限值 $L_{\max}$。Tomi 与 Bagster 认为,$L_{\max}$ 与混合强度(常用搅拌速度 n_p 表征)之间的关系为

$$L_{\max} \propto n_p^{-n} \tag{3.76}$$

式中,指数 n 值一般在 0 和 3 之间。

　　一般采用显微镜或电镜观察结晶或沉淀中的粒子间聚结情况,也可通过测定粒子产品的表面积或粒度分布来分析。

3.1.6.4　结晶动力学实验研究

　　确定某一实际工业结晶过程的结晶动力学,建立结晶动力学模型是结晶研究者的重要课题。建立的结晶动力学模型不仅要体现成核与生长特征,而且要简便实用。正如前文所述,一般使用下面几种经验方程式来表示成核速率:

$$B^0 = k_N n_p^h G^i M_T^j$$

$$B^0 = k_N \Delta C^n$$

若能量输入稳定,则为

$$B^0 = k_N G^i M_T^j \tag{3.77}$$

式中,B^0 为成核速率,$\sharp/(m^3 \cdot s)$;k_N 为成核速率常数,与物系、搅拌桨结构和转速、温度等有关;n_p 为搅拌桨转速,s^{-1};G 为线性生长速率,$\mu m/s$;M_T 为晶浆的悬浮密度,kg 晶体/m^3 悬浮液;ΔC 为过饱和度;n 为成核指数;h,i,j 为模型参数,范围一般为:$0 \leqslant h \leqslant 4$,$0.5 \leqslant i \leqslant 3$,$0.4 \leqslant j \leqslant 2$。

　　晶体的生长一般被描述为:溶质首先通过传质过程迁移到晶体界面层,然后通过反应而进入晶格。基于该描述,晶体的生长有表面反应控制生长及扩散控制生长两类,并受晶体生长的物理环境、比功率输入、溶液的过饱和度等的影响。尽管如此,晶体的生长速率一般使用前文所述的经验关联模型:

$$G = \frac{dL}{dt} = k_L \Delta C^l$$

式中,k_L 为晶体线性生长总系数;l 为生长指数。

　　大多数结晶体系的晶体生长符合 ΔL 定律,也有部分结晶体系的晶体生长不符合 ΔL 定律,常表现为与粒度有关或生长分散,尤其在超微或微细粒子的结晶制备过程中,往往会发生这种现象。特别地,对于粒子间的聚结过程对成核和晶体生长的影响,目前基本采用两种处理方法:第一种是认为粒子间的聚结属于晶体的生长,即聚结生长,此时,晶体的生长速率 G 中就包含晶体间的聚结这一部分,晶体的生长有可能不再服从 ΔL 定律,甚至表现为生长分散;第二种是不将聚结视作晶体的生长行为,单纯用生死函数或其他方法来表征聚结对晶体产品粒度和粒度分布(内涵特征亦为成核和生长)的影响。

　　虽然目前开展结晶动力学实验研究的方法各种各样,实验研究装置也多种多样,但基本均以粒数衡算为基础。结晶动力学实验研究方法一般可分为连续稳态法、连续动态法和间歇动态法等几类。其中,连续稳态法实验装置较为复杂,达到稳态所需时间较长,工作量也较大,但相对较为准确。

1971 年,Randolph 与 Larson 等共同提出了结晶动力学实验研究的连续稳态法。此法使用混合悬浮混合产品排除(mixed suspension-mixed product-removal,MSMPR)结晶器(见图 3.19),其内的粒数衡算有

$$粒数累积量＝粒数输入量－粒数输出量＋粒数净生成量 \tag{3.78}$$

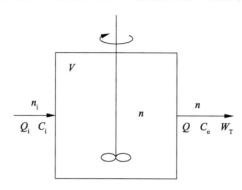

图 3.19　用于结晶动力学实验研究的 MSMPR 结晶器

如图 3.19 所示,已知连续稳态 MSMPR 结晶器的有效体积为 V,进料的体积流量是 Q_i。粒度为 L_1 和 L_2 的粒子的粒数密度分别是 n_1 与 n_2,晶体生长速率分别是 G_1 和 G_2,在 $\Delta L = L_2 - L_1$ 的粒度范围以及时间增量 Δt 内,式(3.78)中结晶器内粒数衡算的累积量为 $V \Delta n \Delta L$,如果进料中的晶种亦有该粒度范围的粒子,那么进到系统的该粒度范围的粒子数为 $Q_i \overline{n_i} \Delta L \Delta t$($\overline{n_i}$ 是进料中 L_1 至 L_2 范围的平均粒数密度)。同理,由排料而离开系统的在相同粒度范围内的粒子是 $Q \overline{n} \Delta L \Delta t$。由于小粒子长大而在 Δt 内进入该粒度范围的粒子数有 $V n_1 G_1 \Delta t$,同时由于原粒子长大而离开该粒度范围的粒子数为 $V n_2 G_2 \Delta t$。因聚结、破碎等过程新生成的该粒度范围的粒子数有 $V B \Delta L \Delta t$,消失的粒子数有 $V D \Delta L \Delta t$ [B 和 D 被分别定义为生函数和死函数,即单位时间间隔内、单位晶浆体积中、单位粒度范围内新生及死亡的粒子数,单位为 $\#/(\mu m \cdot L \cdot s)$]。则式(3.78)可表示为

$$V \Delta n \Delta L = (Q_i \overline{n_i} \Delta L \Delta t + V n_1 G_1 \Delta t) - (Q \overline{n} \Delta L \Delta t + V n_2 G_2 \Delta t) + V(B-D) \Delta L \Delta t \tag{3.79}$$

将上式各项除以 $\Delta L \Delta t$,并取 ΔL 和 $\Delta t \rightarrow 0$ 后整理得到:

$$\frac{\partial n}{\partial t} + \frac{\partial (Gn)}{\partial L} + \frac{Q}{V} n = \frac{Q_i}{V} n_i + (B-D) \tag{3.80}$$

上式是通用的、不以清液体积为基准而以晶浆体积为基准的结晶器的粒数衡算式。此时,粒数密度 n 的单位为 $\#/(长度单位 \cdot 晶浆体积单位)$。若结晶中因聚结、破碎等而新生和消失的粒子个数可忽略,则 $B = D = 0$,式(3.80)变为

$$\frac{\partial n}{\partial t} + \frac{\partial (Gn)}{\partial L} + \frac{Q}{V} n = \frac{Q_i}{V} n_i \tag{3.81}$$

如进料中没有晶种,也就是清液进料($n_i = 0$),式(3.81)继续被化简为

$$\frac{\partial n}{\partial t} + \frac{\partial (Gn)}{\partial L} + \frac{Q}{V} n = 0 \tag{3.82}$$

通常可认为 MSMPR 结晶器内因均匀混合,液相及固相粒子的停留时间 τ 一样,均为 $\tau = V/Q$,式(3.82)可进一步转化为

$$\frac{\partial n}{\partial t} + \frac{\partial (Gn)}{\partial L} + \frac{n}{\tau} = 0 \tag{3.83}$$

此式是无晶种、无聚结、无破裂的 MSMPR 结晶器的动态粒数衡算式。

如 MSMPR 结晶器稳态操作,进、排液流量恒定,晶浆体积恒定,此时结晶器内粒数密度不是时间的函数,即 $\partial n/\partial t = 0$,式(3.83)可简化为

$$\frac{\mathrm{d}(Gn)}{\mathrm{d}L} + \frac{n}{\tau} = 0 \tag{3.84}$$

如晶体生长遵循 ΔL 定律,也就是 G 不是 L 的函数,可有

$$\frac{\mathrm{d}n}{n} = -\frac{1}{G\tau}\mathrm{d}L \tag{3.85}$$

定义粒度为零的晶体的粒数密度 $n^0 = \lim\limits_{L \to 0} n(L, t)$,此为晶核的粒数密度。代入上式并积分:

$$\int_{n^0}^{n} \frac{\mathrm{d}n}{n} = \int_{0}^{L} -\frac{\mathrm{d}L}{G\tau} \tag{3.86}$$

$$\ln n = \ln n^0 - \frac{L}{G\tau} \tag{3.87}$$

$$n = n^0 \exp\left(\frac{-L}{G\tau}\right) \tag{3.88}$$

式(3.87)与式(3.88)即为稳态 MSMPR 结晶器中 n 和 L 之关系的基本公式。

如粒度 $L \to 0$,结晶器内单位体积晶浆中在 t 时刻的晶体总个数 N 为

$$\lim_{L \to 0} \frac{\mathrm{d}N}{\mathrm{d}t} = \lim_{L \to 0}\left(\frac{\mathrm{d}L}{\mathrm{d}t} \cdot \frac{\mathrm{d}N}{\mathrm{d}L}\right) \tag{3.89}$$

上式中,$L \to 0$ 时,成核速率 B^0、生长速率 G、粒度为零时的粒数密度 n^0 分别为

$$\left(\frac{\mathrm{d}N}{\mathrm{d}t}\right)_{L=0} = \left(\frac{\mathrm{d}N^0}{\mathrm{d}t}\right) = B^0 \tag{3.90}$$

$$\frac{\mathrm{d}L}{\mathrm{d}t} = G \tag{3.91}$$

$$\left(\frac{\mathrm{d}N}{\mathrm{d}L}\right)_{L=0} = n^0 \tag{3.92}$$

式(3.90)中的 N^0 表示单位体积晶浆中晶核的个数。式(3.89)即转变为

$$B^0 = Gn^0 \tag{3.93}$$

一般将粒子群的质量或体积分布中在主要分数处的粒度称为主粒度(L_D),它与生长速率和停留时间的关系为

$$L_D = 3G\tau \tag{3.94}$$

依照上述各关系式,当采用 MSMPR 连续稳态结晶过程来研究某物系的结晶动力学时,进料流量 Q、停留时间 τ 恒定后,取样分析晶浆中粒子的粒度分布 $n(L)$,以 $\ln n$ 为横

坐标,以 L 为纵坐标作图,得一直线。该直线的斜率为 $-1/G\tau$,在 $L=0$ 处的截距是 $\ln n^0$,如图 3.20 所示。基于已得到的晶核粒数密度 n^0、晶体生长速率 G,由式(3.93)可计算出成核速率 B^0。进一步在不同过饱和度 ΔC 下操作,将在不同过饱和度下得到的成核速率、生长速率与过饱和度关联,即可获得成核速率常数、成核指数、生长速率常数、生长指数等。也可以通过改变进料速率,即改变停留时间 τ,得到一系列不同停留时间下的 n^0,G 和 B^0。

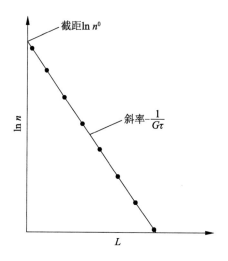

图 3.20　MSMPR 结晶器粒数密度与粒度的关系图

连续稳态法测定结晶动力学操作方便、相关的理论完备、数据处理简单,已广泛应用于物系的结晶动力学研究和结晶器的设计。该法的主要不足为:连续稳态法所需的时间较长,保持结晶过程稳定不易,由作图法获取的成核速率与实际相差很大。

针对连续稳态法的主要缺点,一些研究者提出了连续动态法。该法仍以式(3.80)为基础,假定清液进料、生函数和死函数可忽略、生长速率与粒度无关,则结晶过程中产品的粒度分布有

$$\frac{\partial n}{\partial t}+G\,\frac{\partial n}{\partial L}=-\frac{n}{\tau} \tag{3.95}$$

假定连续动态操作时间无限长,此时的连续非稳态粒数密度 $n(L,t)$ 有

$$n(L,t)=k\exp(-gL)\exp(-\frac{p\tau}{t}) \tag{3.96}$$

式中,k,g,p 均为经验常数。

由式(3.95)和式(3.96)推出:

$$G(t)=\frac{1}{g}\left(\frac{p\tau}{t^2}+\frac{1}{\tau}\right) \tag{3.97}$$

令 $\lim\limits_{t\to\infty} G(t)=G_\infty$,即

$$G_\infty=\frac{1}{g\tau} \tag{3.98}$$

$$g = \frac{1}{G_\infty \tau} \tag{3.99}$$

将式(3.99)代入式(3.97)得

$$G(t) = G_\infty \left[1 + p \left(\frac{\tau}{t} \right)^2 \right] \tag{3.100}$$

$$\lim_{L \to 0} n(L, t) = n^0(t) = k \exp\left(\frac{p\tau}{t} \right) \tag{3.101}$$

此时式(3.93)的形式为

$$B^0(t) = G(t) n^0(t) \tag{3.102}$$

由上述公式可见,如果用实验方法得到连续动态结晶过程中不同时刻晶体的粒度分布、溶液过饱和度及晶浆的悬浮密度,就能得到结晶动力学。

与连续稳态法相比,连续动态法虽有一些优点,但用此法得到的数值仍和实际值有一些偏差,于是又有研究者提出了间歇动态法。间歇动态法忽略晶浆体积随时间的变化、聚结与破裂,并假定晶体的生长遵循 ΔL 定律。基于这些假定,间歇动态结晶过程中的粒数衡算式为

$$\frac{\partial n}{\partial t} + G \frac{\partial n}{\partial L} = 0 \tag{3.103}$$

目前求解式(3.103)的方法主要有经验模型法、矩量变换法、拉普拉斯变换法等,研究者们主要采用后两者进行处理。

在矩量变换法中,首先定义粒数密度对粒度的 j 阶矩为

$$m_j = \int_0^\infty n L^j \mathrm{d}L \tag{3.104}$$

式中,$j = 0, 1, 2, 3, 4, \cdots$。

$j = 0$ 时,m_0 即为晶体总个数;$j = 1$ 时,m_1 即为所有晶体的总长度,后者不常用到。前者有:

$$N_T = m_0 \tag{3.105}$$

同理,晶体总表面积为

$$A_T = k_a m_2 \tag{3.106}$$

悬浮密度 M_T 一般定义为单位体积晶浆中全部粒度范围内晶体质量的总和,可由实验测定或由产品粒数密度的 3 阶矩得到:

$$M_T = \rho_c k_v m_3 \tag{3.107}$$

线性平均粒径 $D_{[1,0]}$(基于粒数的平均粒径)与其方差为

$$D_{[1,0]} = m_1 / m_0 \tag{3.108}$$

$$\sigma_{[1,0]} = \sqrt{(m_2 / m_0) - (m_1 / m_0)^2} \tag{3.109}$$

每表面积上按体积的平均直径 $D_{[3,2]}$(即颗粒体积被颗粒表面积平均,也称为基于颗粒表面积的平均粒径)与其方差为

$$D_{[3,2]} = m_3 / m_2 \tag{3.110}$$

$$\sigma_{[3,2]} = \sqrt{(m_4/m_2) - (m_3/m_2)^2} \tag{3.111}$$

质量距体积平均粒径 $D_{[4,3]}$（质量或体积平均粒径）与其方差为

$$D_{[4,3]} = m_4/m_3 \tag{3.112}$$

$$\sigma_{[4,3]} = \sqrt{(m_5/m_3) - (m_4/m_3)^2} \tag{3.113}$$

若进一步将各阶矩对时间求导数，则有下列各式：

$$\frac{\mathrm{d}m_0}{\mathrm{d}t} = n^0 G = B^0 \tag{3.114}$$

$$\frac{\mathrm{d}m_1}{\mathrm{d}t} = m_0 G = N_\mathrm{T} G \tag{3.115}$$

$$\frac{\mathrm{d}m_2}{\mathrm{d}t} = 2Gm_1 \tag{3.116}$$

$$\frac{\mathrm{d}m_3}{\mathrm{d}t} = 3Gm_2 \tag{3.117}$$

$$\cdots$$

$$\frac{\mathrm{d}m_j}{\mathrm{d}t} = jGm_{j-1} \tag{3.118}$$

在实际工作中，一般用足够短的时间间隔内的平均生长速率与平均成核速率代替该时间段中间时刻的生长速率与成核速率，也就是在不同时间取样，分析固体的粒度分布，即能由矩量变换法获取各时间段中间时刻的 $\overline{G}$ 与 $\overline{B}^0$，并和过饱和度、晶浆悬浮密度等关联，即可得到最终的结晶动力学。

$$\overline{B}^0 = \frac{\Delta m_0}{\Delta t} \tag{3.119}$$

$$\overline{G} = \frac{\Delta m_1}{m_0 \Delta t} = \frac{\Delta m_2}{2m_1 \Delta t} = \cdots = \frac{\Delta m_j}{jm_{j-1} \Delta t} \tag{3.120}$$

与矩量变换法类似，拉普拉斯（Laplace）变换法首先定义了对粒数密度的拉普拉斯变换为

$$\widetilde{n}(s,t) = \int_0^\infty n(L,t) \mathrm{e}^{-sL} \mathrm{d}L \tag{3.121}$$

式中，s 为拉普拉斯变换常数。

对式（3.103）进行拉普拉斯变换可得到：

$$\frac{\mathrm{d}\widetilde{n}(s,t)}{\mathrm{d}t} + G[s\widetilde{n}(s,t) - n(0,t)] = 0 \tag{3.122}$$

$$\frac{\mathrm{d}\widetilde{n}(s,t)}{\mathrm{d}t} + Gs\widetilde{n}(s,t) - B^0 = 0 \tag{3.123}$$

上式中，在较短的时间间隔 Δt 内，n 及 G 可用其在 Δt 上的平均值 $\overline{n}$ 及 $\overline{G}$ 表示。当 Δt 取值足够小，有

$$\overline{G}\,\overline{n}(0,t) = \overline{B}^0 \tag{3.124}$$

$$\frac{\Delta \widetilde{n}(s,t)}{\Delta t} = -\overline{G}s\widetilde{n}(s,t) + \overline{B}^0 \tag{3.125}$$

通过实验取样,分析不同时刻结晶器中的过饱和度、晶浆悬浮密度、晶体粒度分布,并对粒度分布进行拉普拉斯变换,代入式(3.124)和式(3.125),即可得出各时刻的生长速率与成核速率,进一步回归可得到结晶动力学。

与矩量变换法一样,拉普拉斯变换法亦能用于连续动态法及连续稳态法,且其数据处理相对简单,能避免矩量变换法中数据分散性比较大的问题。然而,拉普拉斯变换法也有 s 因子的取舍问题,该因子的选定往往取决于经验,否则计算量很大。

将不同温度下的成核速率常数 k_N 及晶体生长速率常数 k_L 与绝对温度 T 用阿伦尼乌斯方程拟合:

$$\frac{\mathrm{d}\ln k}{\mathrm{d}T} = \frac{E}{RT^2} \tag{3.126}$$

式中,E 为成核或生长的反应活化能。

对上式积分可得:

$$k = A \cdot \exp(-E/RT) \tag{3.127}$$

$$\ln k = \ln A - \frac{E}{RT} \tag{3.128}$$

基于此两式,将 $\ln k$ 对 $\frac{1}{T}$ 作图,可得直线,其斜率为 $-E/R$、截距为 $\ln A$。若已经得到 T_1 下的 k_1 以及 T_2 下的 k_2,则有

$$E = \frac{RT_1T_2}{T_2 - T_1}\ln\frac{k_2}{k_1} \tag{3.129}$$

该式基于 E 在 $T_1 \sim T_2$ 内为常数。

综合上述结晶动力学的各实验研究方法可知,若结晶体系的晶体生长与粒度有关,则采用上述各法所得实验值与实际值将出现较大偏差,此时需要选用恰当的与粒度有关的晶体生长模型。不仅如此,实验小试得到的结晶动力学有时与工业生产大装置中的实际结晶动力学有很大偏差,因此应在中试以上规模的装置中实验测定结晶动力学数据。

3.1.7 结晶方法与设备

结晶方法有很多分类,如连续结晶和间歇结晶,或溶液结晶、熔融结晶、升华结晶、沉淀等。

3.1.7.1 溶液结晶

溶液结晶一般是指采用特定的方法使溶液过饱和,以使溶质从溶液中析出的过程经历过饱和的形成、晶体成核与生长等主要步骤。至于是采用溶析、冷却还是蒸发等方法产生过饱和度,一般按照溶质在溶剂中的溶解特性来确定。

影响溶液结晶产品质量的工艺参数较为复杂,实际操作中常通过调控溶析剂的加入

速率、蒸发速率、降温速率、晶种、搅拌速率、过饱和度等途径对产品晶型、晶习、粒度与粒度分布等进行调控。依照使溶液过饱和的操作方式，又可将溶液结晶分为蒸发结晶、绝热闪蒸结晶、冷却结晶、溶析结晶、等电点结晶等类别。

（1）蒸发结晶

在减压、常压或加压下蒸发移除部分溶剂以致溶液过饱和并析出固体产品，从而实现物质间的分离，达到提纯化学物质和获得化学产品之目的的结晶操作称为蒸发结晶。该操作一般针对溶解度随温度变化不明显甚至具有倒溶解度特性的产品。迄今，应用蒸发结晶进行工业生产的药物包括氨基酸、庆大霉素、青霉素等。

按操作压力分类，蒸发结晶分常压、加压、减压蒸发结晶三种。其中，减压蒸发结晶亦被称为真空蒸发结晶，通过减压甚至真空降低溶液的沸点，便于实施蒸发操作，增大传热温差，强化蒸发过程。对不耐高温或热敏性物质的分离与纯化，减压蒸发结晶具有独特优势。然而，为保证蒸发室内具有一定的真空度，需要配置抽真空的装置，这会增加设备投入、增大能量消耗。且随着溶剂蒸发的进行，溶液黏度与沸点升高，传热传质变差，需要不断提高真空度以维持蒸发的进程。

蒸发结晶操作按蒸汽利用情况分为单效、二效、多效、机械式蒸汽再压缩（mechanical vapor recompression，MVR）蒸发等几种。如在蒸发操作中被移除的二次蒸汽不被再利用，则此蒸发称为单效蒸发。如在蒸发操作中被移除的二次蒸汽用于另一效蒸发，此蒸发称为二效蒸发。同理，若多个蒸发结晶器同时操作，前一级蒸发被移除的二次蒸汽作为后一级蒸发的加热热源，此蒸发称为多效蒸发。显然，多效蒸发的热能利用率更高。在实际应用中，依照料液及二次蒸汽的流向，多效蒸发又有错流、逆流、平流、并流等流程，应依照物料性质、生产要求等确定相应的合理流程。在 MVR 蒸发中，二次蒸汽被压缩机压缩，其热焓、温度、压力等得以升高并继续用于蒸发。显然，此种蒸发充分利用了过程中产生的蒸汽，不仅大大提高了热利用率，降低了能耗，而且降低了运行成本。MVR 蒸发结晶适合热敏性物料，可高度自动化平稳运行。

此外，蒸发结晶既可间歇操作亦可连续操作，其明显的不足是较其他结晶方法能耗大，加热面易结垢、结块，存在沸点升高现象，致使其操作不太稳定。

（2）冷却结晶

对含较多溶质的热溶液进行冷却使其过饱和并析出固体的操作称为冷却结晶。显然，冷却结晶只能应用于溶解度随温度改变有较大变化的物系，如麦芽糖、维生素 C、扑热息痛、牛磺酸、盐酸帕罗西汀等的生产。

在实际操作中，冷却结晶可有直接冷却结晶、间接换热冷却结晶两类。直接冷却结晶将冷却介质（专用冷冻剂、与溶液不互溶的碳氢化合物、冷空气等）直接与溶液接触使其冷却，该法虽然冷却速率快，却易污染溶液。间接换热冷却结晶一般采用夹套并用其中的冷却剂来冷却溶液使其降温，是实验研究和工业生产中应用最为广泛的结晶操作。与蒸发结晶相比，其能耗较低，但存在冷却表面易形成晶垢和晶疤等而降低换热效率、可采用的传热温差小等缺点，因而多用于产量不大以及生产规模虽大但用其他结晶方法不经济的体系。迄今,仍有部分产品的结晶过程采用自然冷却操作,利用大气自然冷却热溶液。此类操作设备构造简单,操作也方便,但产品质量不稳定、生产能力低、所占空间大,已不被用于较大规模的工业生产。

（3）溶析结晶

在溶液中引入某种盐溶液或溶剂以减小溶质在溶液中的溶解度,使溶液过饱和并最终析出固体产品的操作称为盐析或溶析。盐析或溶析结晶加入的盐溶液或溶剂亦被称为沉淀剂、盐析剂、溶析剂、反溶剂、抗溶剂等。此类结晶操作一般在常温下进行,能耗低,可应用于热敏性产品的结晶分离和纯化,如头孢噻肟钠、左旋氨氯地平、硫酸巴龙霉素等。盐析或溶析也是生物大分子物质结晶的主要方法之一,如蛋白质的结晶。在选用盐溶液或溶析剂时,不仅需要其能滞留更多杂质、提高产品的纯度和收率,还应保证其绿色环保。

溶析（盐析）结晶已被广泛用于实验室操作和工业生产,其主要特点包括溶剂选择、溶液制备容易,溶质的回收率较高,可在低温下进行,特别适用于热敏性物质的提取、分离和纯化。如杂质在沉淀剂-原溶剂的混合物中溶解度较大,则其将被滞留在母液中,提取、分离、纯化目标产品将很简便。溶析（盐析）结晶的显著缺点为要配置一套分离溶剂及沉淀剂的回收装置,母液处理量大。

溶析（盐析）结晶是通过引入溶析剂（盐析剂）而使溶液过饱和,显然溶析剂（盐析剂）进入原溶液的速度和方式将明显影响产品的最终固体形态。总体来说,在结晶开始阶段,溶解度变化显著,应慢速流加溶析剂（盐析剂）,以避免溶液产生过高的过饱和度;当系统内粒子较多及其表面积较大时,可适当加快流加速率;在最后阶段,由于待析出的溶质很少,过饱和度也愈来愈小,可进一步加快流加速率,以提高后期的结晶推动力,缩短操作时间。也就是说,溶析剂（盐析剂）进入溶析（盐析）结晶过程有相对最佳的操作时间表。

（4）等电点结晶

当两性电解质所处的溶液的 pH 值改变时,其表面所带电荷亦会改变。通常把两性电解质表面总净电荷为零时的溶液的 pH 值称为其等电点（pI）。在 pI 处,两性电解质表面所带负电荷、正电荷相等,净电荷为零,故其在电场中不受电场力作用向阴极或阳极迁移,因而能用电泳法测得两性电解质的等电点。此外,在 pI 处,两性电解质因分子间不存在静电排斥而具有最小溶解度。基于这些原理,我们把通过调节溶液 pH 值而使溶液过饱和并析出目标物质固体的操作称为等电点结晶,有时也将其归类于反应结晶。等电点结晶已广泛应用于两性药物的提取、分离与精制。

3.1.7.2　熔融结晶

熔融结晶也是常用的分离与纯化产品的一种单元操作。其推动力是熔融体中某组分的过饱和度或过冷度,其过程常包括结晶和发汗两个步骤。首先,加热熔融固相混合物;其次,将冷却得到的混合物熔融体的温度降至目标产品的凝固点,通过持续移除热量以析出足够的目标产品;最后,进行固液分离,以此达到从混合物中分离目标产品的目的。多数情况下,晶体从熔融体中析出时,其表面及内部还含少量杂质,故需将结晶粗品通过发汗操作进一步提纯。发汗操作的原理:缓慢加热含杂质粗品,当温度升高至接近平衡温度处,由于晶块中含杂质较多的局部晶区相对整个晶区而言熔点较低,故该部分晶区将先熔化并从晶块内部渗出,同时也把杂质带出。总体来说,发汗可明显提高产品纯度。

熔融结晶的主要目的一般不是得到粒状产品,而是分离纯化某些混合物质、制备超纯物质,产品纯度可达到 ppm 级,这对电子产品、药物产品等是十分重要和具有吸引力的。很多同分异构体的溶解度、沸点相差较小,精馏或常规溶液结晶往往起不到分离作用,当同分异构体的熔点相差较大时,即可考虑采用熔融结晶方法将混合物分离。在工业生产中,熔融结晶一般针对部分同分异构体或特殊产品进行分离纯化,如异喹啉、甲酚、芴等的分离和精制。

熔融结晶有悬浮结晶、区域熔炼、定向结晶(逐步冻凝)等几种,可连续或间歇、单级或多级操作。在搅拌釜中先将固体混合物熔融,然后使晶粒自熔融体析出并悬浮其中,此种熔融结晶操作叫作悬浮结晶。如按照某一顺序局部加热某待纯化的固体材料,熔融区便从一端逐渐转至另一端,使材料的结晶度或纯度得到进一步提高,此种操作称为区域熔炼,一般应用在高分子材料加工、冶金等领域。

总之,熔融结晶的优点是产品纯度高(可达 99.99 ％以上)、操作条件温和、不需要有机溶剂且污染少、能耗低,其主要缺点为晶体生长慢、操作中要严格保持温度均匀分布,因而对结晶装备有特别的要求,往往需要大量的运行设备。

3.1.7.3　升华结晶

在物质熔点以下,物质不经过液态直接由固态向气态转变的现象叫作升华。反之,一定压力和温度下,物质直接从气态向固态转变的现象,叫作反升华、凝华。升华结晶即把升华之后的气态物质反升华为晶体产品,因此,一个升华结晶过程常常包括升华与反升华这两个过程。

如图 3.21 所示,O 点为某一纯物质的三相平衡点,即在该点所对应的压力及温度下,物质的液、固、气三相共存。物质不同,其三相平衡点往往也不同。有时常把固体的熔点近似为其三相平衡点。如图 3.21 所示,当压力和温度位于三相平衡点左侧,固相物质若有较高蒸气压,则可不经熔融态直接向气态转变,或其蒸气遇冷直接转为固态。显然,并非所有物质均能升华,据统计,一些结构对称的非极性物质可升华及反升华。因为并非所有物质的固体都具升华特性,所以利用升华结晶提纯一般只限于如下物系:目标产品固体蒸气压较高且杂质固体蒸气压较低。在此种情形下,目标产品固体可在低于熔点时有足够高的蒸气压,能不经熔融态直接向气态转变,而杂质固体则不

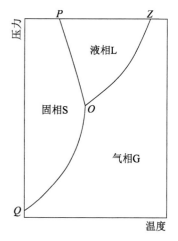

图 3.21　物质的三相平衡图

能,即可分离目标产品与杂质。若目标产品为热敏性物质或其固体的升华温度较高,则需减压操作其升华结晶过程。

通常把升华结晶操作分为分步夹带法、简单夹带法、分步真空法、简单真空法等四种,

以将挥发性产品从混合物中分离出来,如氯化汞、硫、三氧化二砷、苦马豆素、咖啡因、氰尿酰氯、乙基麦芽酚、1,2,3-苯三酚、2-氨基苯酚、邻苯二甲酰亚胺、邻苯二甲酸酐、对苯二甲酸、间苯二酸、苯甲酸、水杨酸、2-萘酚、萘、对苯醌、蒽醌、蒽、苯并蒽酮、樟脑、碘等。

3.1.7.4 沉淀

广义来说,沉淀即为快速结晶过程,因此沉淀的形成与结晶过程一样,也由三步构成:过饱和形成、晶核产生及晶体生长。因沉淀为快速结晶过程,沉淀产品往往粒度较小,初级粒子常聚结为晶簇或经历显著的老化成为最终产品。沉淀一般指反应沉淀,即利用反应制备产品或将易生成沉淀的物质从混合物中分离出来,有时也把盐析沉淀等归于其中。反应沉淀是指把两个或多个流体快速混合反应产生溶解度较小的沉淀物。反应沉淀的反应时间一般较短,通常为十多秒或数十秒不等,产物的过饱和度较高,成核速率较大。一般地,温度、搅拌、反应物浓度及其加入速率和顺序、pH 等均能对最终沉淀物的收率、组成、形态等产生较大影响。盐析沉淀是目前常用的分离生物大分子物质的方法之一。

3.1.7.5 重结晶

为了将固体产品的纯度提高到目标纯度,往往需要重复多次结晶操作,此种操作即重结晶。图 3.22a 表示了某一典型冷却重结晶操作流程。图中目标产物 A 的溶解度较小,而杂质 B 的溶解度较大,AB 表示粗品原料。其流程为:先用少量热溶剂 S_0 将粗品溶解,然后冷却结晶得到产物 X_1,其纯度比原料 AB 要高;若 X_1 的纯度尚未达到要求,便继续重复溶解-结晶操作,即用新鲜溶剂 S_1 将 X_1 再溶解,冷却结晶获产品 X_2,如此反复操作。显然,这样的重结晶方式会损失较多目标产品,目标产品的收率较低。因此可按图 3.22b 所示流程对其进行改进,改进流程的最初的两步和图 3.22a 中一样,只是在后续的重结晶中加入了原始粗品。例如,将第二步结晶得到的产物 X_2 放一边,在母液 L_2 中添加一定量的粗品原料 AB 并加热使其完全溶解,随后冷却结晶获产物 X_3,得到的母液 L_3 另作处理,用新鲜溶剂重结晶 X_3 后获产物 X_4,如此反复操作。可见,图 3.22b 所示流程能重复利用粗品原料。其他新颖高效的重结晶流程可参考有关文献。

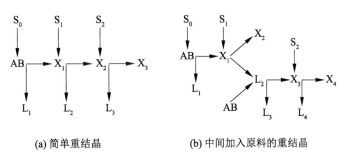

(a) 简单重结晶　　　　　　(b) 中间加入原料的重结晶

图 3.22　简单重结晶与中间加入原料的重结晶

选择合适的溶剂是重结晶操作的关键。一般用于重结晶的溶剂应满足如下要求:① 对目标产物具恰当的溶解度,不宜过小或过大,且结晶条件(主要是温度参数)改变时溶解度能有显著改变;② 对降解产物、色素、有毒有味杂质等具良好的溶解性;③ 沸点低,便于回收回用,低毒或无毒等。

此外,也常采用熔化、冷却、分离等重复操作来分离两种能形成简单固体溶液的物质。图 3.23 为不形成具最低或最高熔点的混合物、不形成低共熔物而是形成简单固体溶液的两组分 A 和 B 的相图。图中 A 的熔点低于 B 的熔点,均一液相区为位于液相线之上的区域,固相区为位于固相线之下的区域,液相线与固相线之间的区域为平衡时的液固相共存区,也是实现相分离的操作区域。针对这种特征的混合物,重结晶操作可为:先升温至某个温度 T_1 将混合物固体溶液熔化,获一液态熔融体,其组成为 L_1;然后将液态熔融体降温至温度 T_2,该温度点位于液相线与固相线之间,熔融体部分固化后依照固—液平衡获组成为 L_2 的熔融体液相和组成为 S_2 的固体;重复操作,把从熔融体中获得的组成为 S_2 的固体升温到 T_3,固体将会熔化,冷却熔融体到温度 T_4,同理获组成为 L_4 的液体和组成为 S_4 的固体;分析固体产品或熔融体的纯度,按照纯度要求重复操作。随着重结晶的进行,固体中 B 组分的含量越来越高,A 组分的含量越来越低,多次重结晶后可分别获得纯度较高的组分 A 和 B。该法也能用于形成固体溶液的多组分体系,但需要较多的重结晶步骤,方可满足分离要求。然而,若两组分形成一具最低或最高熔点的固体溶液,则此种分步重结晶操作不能达到完全分离该两组分的目的。通常,对于能形成一个含有固定比例的低共熔物的二组分混合物,熔融重结晶只能得到一种纯组分及低共熔物。

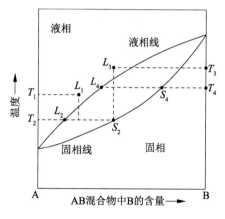

图 3.23　固体溶液相图

一般用分离系数 β 来表示结晶分离的效率。对于较稀溶液或熔融体,分离系数 β 为

$$\beta = \frac{\text{固体内杂质的浓度}}{\text{液体内杂质的浓度}} \quad \text{(在平衡状态)} \tag{3.130}$$

3.1.7.6　常用结晶器

结晶操作的核心装置显然是结晶器,为达到结晶操作目标,必须设计、选择恰当的结晶器并应用优化的操作工艺。工业界推出了各式各样的结晶器,其中部分可通用于不同物系、不同结晶方式,而部分仅适用于某一类结晶操作。按操作方式分,常用的结晶器有连续式及间歇式两类;按结晶方法分,常用的结晶器有冷却式、蒸发式、强制外循环型、Oslo 型、DTB 型等。

（1）冷却式结晶器

作为最古老的冷却式结晶器之一，敞口式结晶槽一般置于大气中自然冷却，常伴随少量的溶剂汽化。该间隙操作常无可控的降温、搅拌、加入晶种等措施，故谈不上对结晶的成核和生长的控制。长时间充分冷却后，结晶槽的底部、内壁或预先在槽中置放的线条、细棒上附有析出的晶体，排出母液后采用人工方式采集产品晶体。此种自然冷却方式获得的产品虽然也有很大的晶粒，但多数为细小的晶粒，且大小不均一，易于聚结成块。敞口式结晶槽造价低、构造也相对简单，但生产效率不高。所以，敞口式结晶槽一般用于对粒度、产品纯度、产量等指标要求不高的情况。若于敞口式结晶槽中添加搅拌系统，让槽内晶浆的密度、温度和溶质浓度等保持一定的均匀性，则可改善产品粒度分布，提高产品纯度和生产能力，缩短操作周期。

通常采用在结晶器内部放置螺旋管或在外部添置夹套的方式，对敞口式结晶槽进行改进。一般地，夹套式冷却会比结晶器内部的螺旋管冷却更好一些，这是由于螺旋管会成为成核面，晶粒在其表面容易结垢，降低传热效率。有时这两种冷却方式会同时应用于体积较大的冷却式结晶器。由大量工程经验可知，设计或采用的冷却表面和结晶器内溶液的温度差一般不高于 10 ℃，这样方可避免在冷却表面附近出现过高的局部过饱和度，导致过量晶核形成。此外，通常要求结晶器的内壁平整光滑，避免壁面上有过多的成核中心或尽可能减少成核中心的数量。如果结晶器内壁产生了晶垢，一般不可用机械方式清除，而应采用溶解或熔融的方式清除。在结晶接触空气易氧化物质、光敏感性物质等时，应采用封闭式冷却结晶器，并在结晶器内充满惰性或还原性气体。

（2）蒸发式结晶器

在操作方法、设备结构、原理等方面，蒸发式结晶器和常规蒸发器相近。然而，对于那些对产品粒度要求较为严格的应用场景，常规的蒸发器常不能符合要求。此时，可先采用蒸发器将溶液浓缩到浓度稍低于饱和浓度的状态，再将其转移至具粒度分级能力的结晶器中操作。

在日常生产中，蒸发式结晶器可于减压或常压条件下操作，如采用减压操作，其突出优点为能降低蒸发所需温度，从而增大传热温差。正如前文所述，可将二次蒸气再利用，形成由多个蒸发结晶器组合的多效蒸发结晶装置。蒸发式结晶器最突出的缺点是加热面上很容易产生晶垢并导致传热效率显著降低，此时就需要采取措施不间断地清除晶垢，否则难以实现结晶器的稳定操作。

（3）强制外循环型结晶器

强制外循环型结晶器（FC 型结晶器）一般由循环管、循环泵、换热器、结晶室等几个部分组成。由轴流式循环泵输送部分晶浆，这部分晶浆被换热器冷却或加热后再次进入结晶室，故此类型的结晶器又被称为晶浆循环型结晶器。

冷却结晶、蒸发结晶等均可使用强制外循环型结晶器，采用间歇或连续操作方式。如强制外循环型结晶器用于冷却结晶，结晶室和真空系统相接，换热器使用冷载热体，采用间歇操作方式时，结晶室体积一般较大。由于强制外循环型结晶器中晶浆循环路程长，匹配的循环泵的叶轮转速和压头较高,因此晶浆循环产生的二次晶核较多。此外,由于结晶室内的晶浆混合不均匀,常产生局部过浓问题。上述两个问题往往导致结晶产品的粒度小、粒度分布不均一。

(4) Oslo 型结晶器

Oslo 型结晶器属于粒度分级型结晶器,也叫 Krystal 结晶器。该结晶器与其他类型结晶器的显著不同在于,结晶室与蒸发室(汽化室)分开,也就是晶体生长的区域与其所需过饱和度的产生区域分开。含细晶的晶浆、澄清区的母液经循环与进料一同被加热后进入蒸发室,溶液在蒸发室中被蒸发并产生过饱和度。过饱和的溶液经中央降液管到达结晶室底部,并向上流动。由于晶体被向上流动的液体带动而流悬,故能进行粒度分级,分级的结果是较大颗粒集中在结晶器下部与从降液管流出的过饱和溶液相遇,可继续生长,最终形成晶体产品从结晶器底部被采出。Oslo 型结晶器虽然生产能力不是很大,但可制备粒度较大且粒度分布较窄的晶体产品。

与真空闪蒸式、蒸发式结晶器相比,Oslo 型冷却式结晶器不需要蒸发室,循环液流量为进料流量的 50~200 倍,料液于循环泵之前进入系统,和循环的晶浆或母液混合后再被换热器冷却,并在溶液中产生过饱和。

(5) DTB 型结晶器

DTB(draft tube-baffle)型结晶器已成为制药、食品、化工等行业工业生产中应用较为广泛的通用结晶器之一。该型结晶器直径可小(约 0.5 mm)也可大(约 10 m),生产强度和效能都很高,且不易结垢,可作为反应法、直接接触冷却法、间接接触冷却法、真空冷却法、蒸发法等结晶操作的结晶器。工业实践证明,DTB 型结晶器可制备粒度为 600~1 200 μm 的晶体。

导流筒(draft tube)一般安装在 DTB 结晶器的中部,其四周设置一圆筒形挡板(baffle),导流筒的下端位于搅拌桨附近,料液被升温或降温或部分浓缩后于导流筒下方进入。由流体力学可知,位于导流筒内侧的悬浮液被螺旋桨推动后,先向上流动再转向沿导流筒和挡板之间的环隙向下流动,大部分悬浮液再次进入导流筒内,如此往复循环。由此可以看出,DTB 结晶器有较好的混合效果。此外,设置的挡板把结晶器分为晶体生长区及晶体沉降区两个区域。其中,结晶器内壁和挡板间的环隙是沉降区,但由于搅拌的缘故,事实上并不存在沉降区,尽管如此,在此处大粒度的晶体从母液中向下沉降,小粒度的细晶随母液向上流动并从沉降区顶部离开。结晶器的上部还设置有气液分离区。结晶器的底部设置有淘洗腿,供晶浆排出。因 DTB 型结晶器在低速搅拌或较低压头下也能良好混合,故 DTB 型结晶器内流速较高,能于较高晶浆密度下操作,晶浆密度可高至 30%~40%(按质量计)。

DTB 型结晶器亦能外循环母液,具体是于沉降区上部添加一母液排出口,适量的母液与需排出的细晶经此排出口排出,被适当处理(如升温等)后循环进入系统。若提高外循环母液量,加快沉降区内母液向上流动速度,便能将更多细晶循环带出,晶体产品的粒度将会增大。若加大进入淘洗腿的母液循环量,产品的粒度范围将会变窄。尽管如此,若

DTB 结晶器装置体积较大,则产品粒度分布依然可能不稳定,设置的淘洗腿等粒度分级装置会引起粒度分布不稳定情况的出现,此时须移除淘洗腿并设计专门的细晶消除装置。

针对不同结晶方式,DTB 型结晶器的操作甚至结构需作出相应改变。例如,针对反应沉淀,不同反应物料宜由 DTB 型结晶器的底部分别进入;针对蒸发结晶,需提高外循环量;针对直接接触冷却结晶,一般冷冻剂由导流筒下侧进入系统。

(6)结晶器的选用

迄今为止,工业生产上应用的结晶器各式各样,它们各具突出优点和明显缺点,在选用结晶器时,需考虑多种因素。结晶器选用的原则有以下几点:首先应考虑待处理体系的理化特性,如溶质在溶剂中的溶解度随温度变化的特征等。若溶质在某溶剂中的溶解度随温度降低而显著减小,则宜选择冷却式或真空式结晶器。若溶质在某溶剂中的溶解度随温度降低变化不明显,则宜选择盐析式或蒸发式结晶器。其次,需要考虑目标产品的晶型、晶习、粒度与粒度分布等要求。若需要粒度大而均匀的目标产品,则往往选用具粒度分级或产品分级排出功能的结晶器。通常,DTB 型等配置搅拌浆的晶浆内循环或晶浆外循环的产品分级排出结晶器,它们的生产能力较大,而母液循环的粒度分级型结晶器的生产能力一般较低。

不仅如此,在选择结晶器时还需考虑维修费、操作费、设备费、占地面积、结垢等因素。总体来说,能连续操作的结晶器往往比间隙操作的结晶器的生产能力大、占地面积小且经济高效,若要求生产能力高于 1 t/d,则可考虑采用连续操作。相较于冷却式结晶器,在同样产量下蒸发式或真空式结晶器占地面积要小得多,尽管后两者常需要较大的顶部空间。

综上所述,结晶器的选择尚无简便明了的规则去遵循,多依据实际情况和经验选用。

3.1.8　结晶过程计算与结晶器设计

3.1.8.1　物料与热量衡算

众所周知,结晶是一个典型的化工单元操作,我们可通过对这个化工单元操作进行物料衡算来得到某一结晶过程中料液的量与浓度、产物的量与浓度间的相互关系以及产品的理论产率等,并结合粒数衡算、热量衡算等进行全过程的计算,设计结晶过程及其所需的结晶器。

一般地,我们常把结晶体系划分为两类。第 I 类,其介稳区较宽,结晶操作往往于高过饱和度下进行,即使操作结束,过饱和状态的母液中仍存在较多的溶质,实际结晶收率一般会显著低于理论收率,故称为低产率结晶系统,如糖的结晶。与第 I 类相反,第 II 类结晶体系的介稳区较窄,结晶操作一般于低过饱和度、高晶浆循环速率下进行,显然其收率要比第 I 类系统高,故称为高产率结晶系统,如各种盐的结晶。对于所有结晶过程,料液中溶质的初始浓度通常已知,但结晶结束时母液中溶质的浓度很大程度上和结晶体系归类于哪一种系统有关。针对第 I 类系统,往往需要采用实验方法去获得结晶结束时母液的浓度。针对第 II 类系统,通常近似认为母液已与其中的晶体处于固-液平衡。特别需要说明的是,当溶质以溶剂化物形式从溶液中析出时,溶剂化物晶体产品中的溶剂已脱离母液,当需要计算结晶过程中的溶剂损失量时,需要把溶剂化物晶体产品中的溶剂计算在内。

假定无晶种添加,在较低过饱和度下对 MSMPR 结晶器稳态操作,则溶质的物料衡算有:

$$Q_i C_i - QC = QM_T \qquad (3.131)$$

式中,Q 是排出晶浆的体积流量;C_i,Q_i 分别是进料的浓度及体积流量;C,M_T 分别是液相中溶质浓度以及单位体积晶浆中的固相质量,即悬浮密度。

图 3.24 为某一蒸发结晶过程,溶质的物料衡算为

$$Fw_1 = mw_2 + (F - W - m)w_3 \qquad (3.132)$$

式中,w_1 是进料溶液中溶质的质量分数;F 是进料总质量;w_2 是产品晶体中溶质的质量分数;m 是产品质量;w_3 是母液中溶质的质量分数;W 是从结晶器中蒸发出的溶剂水的质量。

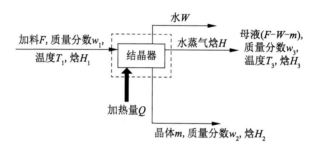

图 3.24 蒸发结晶过程的热量衡算及物料衡算

针对任何结晶过程的热量衡算,通常需要考虑结晶热。其定义为单位溶质晶体在其结晶过程中所释放的潜热。如忽略稀释热,溶质的结晶热常用其溶解热来近似表示。针对图 3.24 描述的某一蒸发结晶过程,其热量衡算有:

$$FH_1 + Q = WH + mH_2 + (F - W - m)H_3 \qquad (3.133)$$

式中,H 是二次蒸汽的焓;H_1 是单位质量进料的焓;H_2 是单位质量晶体产品的焓;H_3 是单位质量母液的焓;Q 是外界供应给结晶器的热量。

下面针对产品收率和杂质进行物料衡算。已知结晶操作中料液总质量是 $F(\mathrm{kg})$、进料中溶质以质量分数计的浓度是 C_F,过滤后收集的母液的质量是 $W_m(\mathrm{kg})$,母液中溶质以质量分数计的浓度是 C_m,湿滤饼的总质量是 $W_c(\mathrm{kg})$,湿滤饼以质量分数计的含溶剂率是 ε,该过程的物料衡算有:

$$F = W_m + W_c \qquad (3.134)$$

$$FC_F = W_m C_m + W_c(1-\varepsilon) + W_c \varepsilon C_m \qquad (3.135)$$

于过滤条件下,单位质量溶剂中能溶解的溶质的质量即溶质的饱和浓度,用 C^* 表示,并定义结晶收率 Y_{yield} 为滤饼中溶质的总质量和结晶原料中溶质的总质量之比,即

$$Y_{\text{yield}} = \frac{W_c(1-\varepsilon) + W_c \varepsilon C_m}{FC_F} = \frac{[1-\varepsilon(1-C_m)](1-C_m/C_F)}{(1-C_m)(1-\varepsilon)} \qquad (3.136)$$

从式(3.136)可知,结晶收率和诸多过程参数相关,如滤饼含溶剂率、母液的浓度、料液的浓度、产品的粒度及其分布、结晶速率的快慢等。一般地,溶质初始浓度越大,母液浓度越小,溶质的结晶收率越大。尽管由上式可以看出,滤饼的含溶剂率越大,溶质的结晶收率越大,但此时产品的纯度也会降低。

类似地,也可针对杂质 i 进行物料衡算,有:

$$FC_{F,i} = W_m C_{m,i} + W_c \varepsilon C_{m,i} \tag{3.137}$$

杂质 i 在母液中的浓度为

$$C_{m,i} = \frac{F}{W_m + W_c \varepsilon} C_{F,i} \tag{3.138}$$

3.1.8.2 结晶器设计

自 20 世纪 40 年代后期,关于结晶器设计的研究开始大量开展。尽管目前取得了一定进展,但诸多突出问题依然存在,主要表现为,结晶器的设计大多依然依靠经验,结晶器设计结果的可靠性依然主要取决于实验数据的质量,出现这些问题的根本原因为结晶过程是一个相当复杂的多相过程。

针对强制循环型结晶器,目前的模型化设计一般包括以下几个步骤:

第一步,依照产品粒度等质量要求,选用合适的结晶器。

第二步,依照溶质在溶剂中的溶解特性、超溶解度特性等选用恰当的操作温度。

第三步,正确完成热量衡算、物料衡算。一般地,稳态操作下溶质的物料衡算也可表示为

$$\frac{1}{2} G A_T \rho_c V = Q_S (C_i - C_o) \tag{3.139}$$

式中,V 是结晶器的晶浆体积(即有效体积);A_T 是单位体积晶浆中悬浮晶体的总表面积;ρ_c 是晶体密度;Q_S 是以溶剂为基准的体积加料速率;C_o 和 C_i 是以溶剂体积为基准的输出、输入液相中溶质的浓度;$\frac{1}{2} G$ 是一侧晶体表面的线性生长速率。由物料衡算可获结晶产品的产量 P_c:

$$P_c = \frac{Q_S(C_i - C_o)}{Q} \tag{3.140}$$

式中,Q 是单位时间由结晶器排出的晶浆及母液的体积;P_c 是结晶器排出的单位体积晶浆(含母液)中晶体的质量,即产品悬浮密度。在产品混合排出情形下,P_c 为结晶器内晶浆的悬浮密度 $M_T(P_c = M_T)$。需要特别关注的是,进行连续结晶器的设计计算时,晶体产量 P_c、晶浆悬浮密度 M_T、晶体的总表面积 A_T、晶体的总粒数 N_T 等都以单位体积晶浆为基准,这样推导出的计算式方可通用于各种复杂构型的结晶器,且和成核-生长动力学实验结果的常用基准保持一样。

第四步,在适当规模的结晶装置中应用工业原料液进行实验,确定成核动力学以及晶体生长动力学,然后依照结晶动力学和产品粒度等要求计算晶体在结晶器内的停留时间。

第五步,根据生产速率、停留时间等操作参数,设计结晶器的有效尺寸。

第六步,进行晶浆循环速率、传热面积等的设计。

第七步,完成泵、雾沫分离器、管路、换热器等的设计与选型。

图 3.25 描述了上述七个步骤间的内在联系。简单来说,在进行一套结晶装置的设计时,首先应收集文献资料、测定必需的物性数据,确定产品粒度等质量要求及其产量。其次应分析并选定结晶方法及其操作模式。最后完成结晶器的选型设计以及操作条件设计(通常须在一定规模装置上进行小试其至中试),以最终完成该结晶装置的模型化设计。

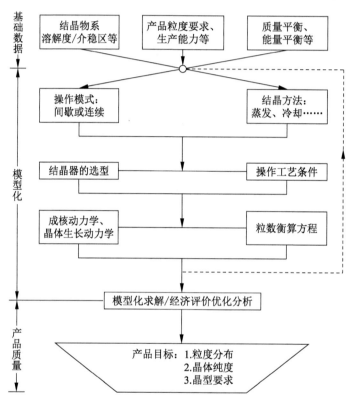

图 3.25　结晶装置的模型化设计

然而,对于那些具分级产品排出功能的构型复杂的结晶器,上述简单的模型化设计也许不可用,因为此状况下 M_T 和 P_c 不相等。物料衡算式需要分段积分,且积分的计算与结果较为复杂。此外,产品的主粒度已不再是 $G\tau$ 的简单倍数,若采用上述模型化设计方法,则必须要有完备的结晶过程动态模型、粒数衡算模型、物料衡算模型等。例如,对于间歇结晶器的设计,因其操作参数是时间函数,特别是在冷却或蒸发程序未明时,难以准确计算每批结晶的操作时间。在某些情况下,如采用最优冷却或蒸发程序(可假定晶体生长速率恒定),结晶器的设计可简化许多。一般来说,间歇结晶器的设计大致包括以下几个步骤:

第一步,实验研究,并依据实验结果确定可采用的晶体生长速率 G。

第二步,确定每批间歇结晶操作的时间, $t_G = (L_D - L_S)/G$。

第三步,按照辅助时间(含出料、进料等时间)、每批间歇结晶操作的时间、目标生产能力等确定每批操作的晶体产量。

第四步,依照每批操作的最大悬浮密度、晶体产量,确定每批间歇操作的晶浆体积。设计间歇冷却结晶器时,此晶浆体积就等于结晶器的有效体积。设计间歇蒸发晶器时,最大悬浮密度的单位使用 kg 晶体/m³ 溶剂,以便于计算结晶器的有效体积、蒸发的溶剂的体积、溶剂总体积等。

3.2　沉　淀

正如前文所述,沉淀通常是指因化学或物理的变化而快速析出固体的过程。在大多数情况下,沉淀专指反应沉淀或反应结晶,为通过化学反应生成不溶或难溶固体的过程,一般是不可逆的。广义来说,人们也把快速的等电点结晶、抗溶剂结晶、盐析等归于沉淀范畴。

3.2.1　沉淀过程简介

3.2.1.1　固-液平衡

部分研究者特别针对不溶及难溶物质沉淀中的固-液平衡,提出了一些现已被广泛应用的便利方法及简单模型。如用 $B_x A_y$ 表示某一难溶电解质,其电离平衡可表示为

$$B_x A_y \Longleftrightarrow x B^{y+} + y A^{x-}$$

针对该类物系,可用平衡时的溶度积 K_c 来代替其溶解度,K_c 表示为

$$K_c = (c_+)^x (c_-)^y = 常数 \tag{3.141}$$

式中,c_-,c_+ 即负离子、正离子的摩尔浓度。

在较多情形下,实际溶液显著偏离理想溶液,此时就需要用活度替换浓度,用活度表示的溶度积 K_a 为

$$K_a = (a_+)^x (a_-)^y = 常数 \tag{3.142}$$

式中,a_-,a_+ 即负离子、正离子的活度。若电解质在溶液中的浓度较小($<10^{-3}$ mol/L),此时近似有 $K_a = K_c = 常数$。在研究非电解质生化产品的结晶过程时,一般不使用溶度积的概念去表达其溶解度,而是使用前文所述的溶解度。

3.2.1.2　沉淀边界

针对沉淀过程中的不溶、难溶或微溶物质,有时用离子积和溶度积来描述其过饱和度比 S:

$$S = K_i / K_a \tag{3.143}$$

式中的离子积 K_i、溶度积 K_a 分别为由式(3.141)计算的不溶、难溶或微溶物质 $B_x A_y$ 在某一溶剂中实际状态和平衡状态的值。显然,若 $S<1$,则表示 $B_x A_y$ 的溶液是不饱和的;若 $S=1$,则表示溶质固体及其溶液处于平衡状态;若 $S>1$,则表示该溶液是过饱和的。

在其他条件不变的情况下,不断调节反应物的浓度,便能测得沉淀开始析出时反应物的最小浓度,此即为该条件下难溶、微溶物质反应沉淀的沉淀边界。显然,沉淀条件改变,

沉淀边界也会随之改变。

　　由于多组分沉淀是一个十分复杂的体系,对其进行沉淀物特征、成核和生长机理、热力学等的系统研究较为繁杂。部分研究者提出用图示的方法[如用沉淀示图(precipitation diagrams)]来描述沉淀操作区间。图 3.26 即为普鲁卡因青霉素在不同温度下的沉淀示图,图中的实线是沉淀边界、虚线是溶解度曲线,沉淀边界与溶解度曲线之间是该反应沉淀的介稳区。一般来说,沉淀生成所需的最小反应物浓度与温度、pH 等操作条件有关。

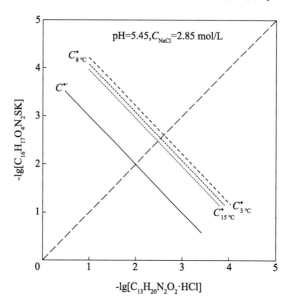

图 3.26　不同温度下普鲁卡因青霉素的沉淀示图

3.2.1.3　沉淀反应动力学

　　按过程机理与进行顺序,一般可把一个反应沉淀过程分为反应与结晶两个最基本步骤。因此,要想研究某一反应沉淀过程,前提条件之一就是要明晰反应过程的动力学特征,也就是先要建立反应动力学模型。

　　迄今,用实验获得的动力学数据建立化学反应动力学模型的方法一般可分为两种:积分法与微分法。此外,还有时间比法、半衰期法等。实验确定反应动力学参数(如反应级数、指前因子、反应活化能、吸附平衡常数等)时,首先由实验方法获得反应过程中反应组分的浓度和时间的变化关系,其次对实验数据进行科学分析,建立可能的反应动力学模型,最后进行甄别筛选和模型验证。实验中反应组分浓度的确定需要简便、迅速、及时,既可以采用直接法,也可以基于反应中体系的理化性质(如衍射性质、折射率、密度、导电常数、旋光度等)间接获取反应组分浓度。

　　由于反应沉淀过程通常速率很快,所涉及的相态和组分较多,尤其是过饱和溶液相当不稳定,且伴随新的固相形成,直接测量反应沉淀中反应组分浓度的变化一般较难,而基于测量体系理化性质变化来获得体系中反应物及产物浓度变化的间接法也存在在线测量精度不高、不够及时,以及离线测量所需周期长等问题,因此陆杰提出了通过实验测定反应沉淀的诱导期,以及采用最优化处理法来获得沉淀反应的动力学参数。

顾名思义,反应动力学模型即为描述化学反应速度(涵盖主反应及副反应)和各反应操作参数(如催化剂、压力、温度、浓度等)间定量关系的数学模型。成功实施某一反应,设计反应器结构型式,设计反应器的尺寸,计算反应器的处理能力,确定恰当的反应条件等均依靠准确的反应动力学模型。假设反应物 A 与反应物 B 可快速反应生成沉淀物 P 与可溶性副产物 Q,该反应方程式为

$$\nu_A A + \nu_B B \Longrightarrow \nu_P P + \nu_Q Q$$

式中,ν_i 即组分 i 的反应计量系数。

由反应工程基础知识可知反应速率方程的通式为

$$r = k_R C_A^a C_B^b - k_{R'} C_P^p C_Q^q \tag{3.144}$$

式中,k_R,$k_{R'}$ 是正、逆反应与温度有关的反应速率常数(绝大多数沉淀反应的 $k_{R'}$ 可认为是 0);C 是组分浓度,上标是各组分的反应级数。

通常依照建立数学模型的方法、模型性质等对数学模型进行分类。依照模型建立方法,数学模型分为:根据反应过程机理建立的"机理模型";通过归纳经验数据建立的"经验模型";介于二者之间的"混合模型"。一般地,反应动力学模型的数学表达式包括幂函数形式、双曲线型、级数型等三种。

幂函数形式的反应动力学模型的数学表达式为

$$r = k_R C_A^a C_B^b \tag{3.145}$$

幂函数形式的反应动力学模型基于质量作用定律而建立,多数均相反应的动力学方程可应用此形式。它既可作为机理性的模型,也可作为较为复杂反应的经验模型。

双曲线型反应动力学模型的数学表达式多为

$$r = \frac{k p_A p_B}{1 + K_A p_A + K_B p_B} \tag{3.146}$$

式中,K 与 k 是方程参数;p 是压强。本质上,此函数形式一般是依照某明确的机理建立的,多针对非均相催化反应。

级数型反应动力学模型的数学表达式一般为

$$r = b_0 + b_1 C_A + b_2 C_B + b_3 C_A^2 + b_4 C_B^2 + b_5 C_A C_B + \cdots \tag{3.147}$$

显然,此形式的反应动力学模型是经验模型。当采用某复杂函数来描述反应的动力学规律时,此式本质上就是该复杂函数之泰勒级数展开的前几项。所取次数越多,对函数的逼近程度就越高。

综上所述,建立反应动力学模型的工作常有以下三部分:第一部分工作是分析待研究反应的过程及其系统,建立合理的实验方案,测定、收集相关实验数据,进而选择或推演新建模型的函数关系。第二部分工作是基于实验数据,通过适当的方法获得函数关系式的方程参数。第三部分工作是鉴别、筛选所得的模型。

3.2.1.4　混合对沉淀的影响

多数情形下,混合会对沉淀过程的产品质量(纯度、过滤特性、粒度与粒度分布、晶习、

晶型等)产生不同程度的影响。因此,在对某个沉淀过程的系统研究中,一般都要考察混合对沉淀过程的影响程度,特别是操作参数(加料点位置、加料方式、流加速率、物料浓度、温度等)及其他物理环境的影响,方能正确指导工业生产。

通过文献调研发现,沉淀过程的步骤及机理十分复杂,人们对该过程控制步骤的认识还远远不够,提出的混合模型均有不足,导致国内外有关混合-沉淀的研究工作依然停留在侧重考察操作条件的影响的阶段。

若沉淀结晶的诱导期长于液相均匀分散至分子尺度所需的时间,则均一的过饱和度可通过混合达成,此时混合对沉淀结晶的影响不大。否则,混合将对沉淀过程及沉淀产品(过滤特性、粒度与粒度分布、晶习、晶型等)产生较大影响,不管是连续的、间歇的还是半间歇的沉淀过程。基于这个原因,为了更准确地描述沉淀结晶过程,并将其更可靠地放大,就需要全面考察混合的影响。

在实际工作中,往往较难描述沉淀过程中的物料混合状态。通常认为,微观混合程度主要由流体的局部状况及物理性质决定,而宏观混合主要为主体流体的掺混及运动,由沉淀器的几何结构、搅拌器的结构与速度等决定。如果沉淀器内的流体微元间无任何物质交换,那么此时的流体就是离析流。当流体微元之间在分子尺度上发生混合时,称这种混合为微观混合。也就是说,混合的两种极端状态,一种是不存在微观混合的完全离析,该流体称作宏观流体,另一种是因达到完全微观混合而不存在离析,该流体称作微观流体。介于两者之间的混合即部分微观混合或部分离析。

对于快速多相反应沉淀,微观混合的影响往往不能忽略。由反应动力学分析可知,化学反应的进行受到流体混合的影响,也就是说流体的不同混合状态会不同程度地影响化学反应,不同的微观混合程度将不同程度地影响化学反应速率。进而,流体混合不同程度地影响不同反应沉淀器的工况,停留时间分布不同,影响程度不同,返混程度越高,微观混合程度的影响也越大。由结晶动力学分析可知,沉淀过程受流体混合状态的影响。若沉淀器内存在局部不均匀的混合,过饱和度将不均一,即存在局部过高的过饱和度,这将直接影响晶体成核与生长等过程,导致沉淀产品质量受影响。对于某一定体积的 B 组分与另一较大体积的 A 组分的混合,通常有下述四个步骤:① 在宏观剪切力作用下,流体 B 以 B 团分散至 A 流体中。② B 团因流体冲刷、磨损、湍流扩散等而变小。③ B 团小至某一尺度后,在涡流作用下被片状拉伸(不同的混合模型和混合机理对该步骤的认识不同)。④ 在分子尺度上 B 于 A 中扩散。也就是说,流体 B 于流体 A 中的混合包括以下两个基本过程:最初的宏观混合,在空间上流体 B 平均浓度一致;其后的微观混合,其源于局部存在的浓度波动。

如本征反应时间短于或等于混合时间,则反应与混合两过程不仅互相作用,还存在某种互相竞争关系。混合时间含有微观混合时间 θ_{micro} 与宏观混合时间 θ_{macro}。对于有挡板的反应釜,液相直径为 T_d,液相高度为 H,如流动位于湍流区,$Re = N_T D^2 \rho / \eta > 10^4$,宏观混合时间 $\theta_{macro,tub}$ 可由下式估算:

$$\theta_{macro,tub} = 7.3 \left(\frac{T_d^2}{\varepsilon} \right)^{1/3} \tag{3.148}$$

如流动位于层流区，$Re<10$，对于螺旋桨直径 $D/T_d>0.9$，$H/T_d=1$ 的搅拌反应釜，宏观混合时间 $\theta_{macro,lam}$ 可由下式估算：

$$\theta_{macro,lam}=860\sqrt{\frac{\eta_D}{\varepsilon}} \tag{3.149}$$

式中，η_D 为液体动力黏度，$Pa \cdot s$；ε 为平均比功率输入，W/kg。

对于离子型化学反应及初级成核，微观混合时间 θ_{micro} 往往发挥重要作用。在此，离析强度 I_s 定义为

$$I_s=\cfrac{1}{1+\cfrac{2 \cdot \theta_{micro} \cdot \sqrt{\dfrac{\varepsilon'}{\eta_D}}}{0.88+\ln Sc}} \tag{3.150}$$

当施密特数 $Sc>10^2$，$I_s<0.01$ 时，上式可近似为

$$\theta_{micro}\approx50\ln Sc\sqrt{\frac{\eta_D}{\varepsilon'}} \tag{3.151}$$

式（3.150）和式（3.151）中的 ε' 是局部比功率输入，其值由搅拌器的直径、湍流的局部脉动速度 u' 估算：

$$\varepsilon'=6.25\frac{(u')^3}{D} \tag{3.152}$$

对于一定几何结构及物理特征的混合体系，$I_s\geqslant10^{-2}$ 时，$\theta_{micro}<\theta_{macro}$，即宏观混合在混合中起主导作用，一般为大釜且比功率输入小的体系。

综上，局部过饱和度分布决定了反应沉淀的成核过程，而前者又受混合程度的影响。对于混合良好的慢速反应，系统由反应控制；对于快速的沉淀反应，系统常常由混合控制。这是由于快速沉淀反应的本征反应时间一般会短于混合时间，此时混合将影响反应速率，导致沉淀器内存在局部过高的过饱和度，极大地缩短了成核诱导期。也就是说，针对快速沉淀反应，很有必要系统考察混合对该反应沉淀过程的影响。

3.2.2　沉淀器

当前，对沉淀过程的研究主要还是聚焦于混合（宏观混合、介观混合、微观混合）对沉淀的影响，所以沉淀器特别是反应沉淀器的开发亦是侧重反应器的开发。迄今出现的反应器除了传统的固定床式、流化床式、搅拌釜式、管式等外，还包括强化过程混合、传质和传热的旋转式、微反应式等新型反应器。

应用最为广泛、最早推出的反应沉淀器为釜式反应器。该反应沉淀器本质上为常规的釜式结晶器。目前，继续开发的焦点为如何改善器内的混合，如输入功率，搅拌桨的尺寸、型式等。归根结底，改善搅拌可改善溶液浓度与温度分布，进而有利于对沉淀过程的调控。此外，搅拌也可被强制循环代替，强制内循环及强制外循环都能改善反应沉淀器内的混合、传质和传热。

管式沉淀器因管式结构器结构简单、操作方便，被众多行业采用，其应用广泛程度也

许仅次于釜式沉淀器。管式沉淀器开发和应用的焦点包括：如何避免粒子沉积、堵塞，如何进一步提高微观混合效果，等等。有些管式沉淀器可被分为几个区域，反应液进料后可先在成核区成核，随后进入生长区，最后进入聚结区，即初级细小粒子在聚结剂等的作用下聚结为较大粒子。增设挡板、改变管的结构、调节加料状况等可对管内流体形态进行调控。

本书特别推介一种振荡流管式沉淀器，它由剑桥大学开发，可用于多相过程连续操作。振荡流管式沉淀器通过中空挡板、管式筒体、振动活塞或膜等使物料在反应器内往复运动，流体的流动状态与力学条件此时已发生了根本改变，且与设置的这些构件有关。器内流体在低振荡强度下不产生旋涡，流体微元随振荡扰动，轴向扩散为主要传质方式。提高振荡强度，旋涡始出现于上下挡板附近，流体间的返混将变多。如继续提高振荡强度，与全混釜类似，旋涡将出现在反应器各处。与其他传统沉淀器或反应器相比，振荡流管式沉淀器的主要特点是适用于反应时间较长的反应，而针对此类反应，传统反应器通常只能进行分批操作，安全性能、运行费用、设备投资等明显不如管式沉淀器。

库埃特（Couette）旋转式沉淀器中的流体于两筒体间形成旋涡，且旋涡在不同区段的形态及大小不同。随着内筒转速加大并超过某一临界值，Couette 流将失稳变为泰勒涡流，即轴对称的环形涡。如继续增大内筒转速，两筒体间流体将由不稳定态变为混乱状态，最后转变为波状涡流。若以相反方向旋转两个筒体，则流体中会出现螺旋涡流或紊流。此流动现象已被大量用于沉淀或反应结晶过程，以获得对粒度分布有特定要求的产品。

超重力机（旋转填充床）是在 Couette 旋转式沉淀器基础上开发出来的，它利用高速旋转填料有效强化填料表面的混合和传质，显著缩小了反应器体积。超重力机运行时，液体射流和旋转填料间的速度差非常大，在强烈撕裂下液体微团非常小，传质与传热面显著增大，相关的传热、传质、反应、结晶等过程便得到了强化。超重力机已由应用于气液反应与分离被迅速推广到应用于纳米粉体的制备。

20 世纪 90 年代，微反应器被研究者们开发并应用，并被认为是未来微型化工的重要发展方向。其基本思想是，为了控制反应速率与反应级数，将主体反应过程分散至数量庞大的微小空间中。时至今日，基于微纳加工的各式各样的微反应器已被开发出来。这些微反应器实现微观混合的途径不外乎以下两类：一是微通道；二是将微孔材料当作分散介质。它们基本都具有混合均匀性、混合尺度、混合比例等可调可控的优点。例如，在膜分散式微反应器中，分散相在高压差推动下通过膜的微孔并在膜的另一侧形成许多微小液滴，这些微小液滴将和同侧的连续相接触、混合、反应。产品的晶习、晶型、粒度与粒度分布可由孔径、加料方式等调节。

显然，微反应器中微尺度流体的流动形态已与宏观尺度不同，常规的宏观尺度上的操作参数影响与流动规律在此可能不适用。因接触表面积增大很多，反应物流体可快速接触，传质和传热速率肯定会明显增加，反应器安全性能也随之提升，其模拟、放大与调控将变得很简便，反应转化率、产品收率等也随之提高。

无论是微反应还是微沉淀，其核心都是流体混合。经过持续努力，撞击流的概念在20 世纪 60 年代被部分研究者提出，在刚开始的应用体系中，气体作为连续相，液体或固体作为分散相。随后,与撞击流相关的研究领域持续扩大,目前的研究已将液体作为连续相。

最初的撞击流思想是,为加快相间的质量与热量传递,使含固体颗粒的气体以同轴高流速相向的方式互相撞击。实验也证明,高速流体互相碰撞后将导致高度湍动。该思想在此后被持续发展与延伸,迄今,各式各样的撞击流装置已被开发出来。这些装置通常包括连续相和分散相的出口管、流体加速进口管等基本部件,在相应的撞击操作中至少有一个连续相流股被用作撞击流股。依照连续相的流动状态,撞击流又分为旋流型与平流型两类,旋流型中连续相的流线为螺旋线,而平流型中连续相的流线和流动轴平行。对于以气相为连续相和以液相为连续相的两种过程,因液体与气体在密度等性质方面有很大差异,撞击流反应器和相关操作也有很大不同。撞击流反应器以撞击方式来分类,可分为不共面旋切、共面旋切、偏心逆向、同轴逆向等几种;以操作方式来分类,可分为双侧进料连续式、单边进料连续式、半间歇式等;以撞击面特征与数目来分类,则可分为撞击面移动型、撞击面固定型、多区型(一般两个撞击面)等。目前,撞击流反应沉淀已被用来制备超细粉末。

3.2.3　沉淀在工业上的应用案例

3.2.3.1　普鲁卡因青霉素的反应沉淀

作为一种抗菌药,普鲁卡因青霉素的工业生产通常采用溶液微粒结晶法,其本质为反应沉淀法,反应式为:

$$C_{16}H_{17}O_4N_2SK + C_{13}H_{20}N_2O_2 \cdot HCl + H_2O \longrightarrow C_{13}H_{20}N_2O_2 \cdot C_{16}H_{18}N_2O_4S \cdot H_2O \downarrow + KCl$$

任何一种药物产品的结晶通常不仅对晶型有要求,而且对晶体的粒度分布有要求,这是由于上述产品指标往往对药物的吸收过程有直接影响。普鲁卡因青霉素在水中的溶解度很小,其剂型多为悬浮液式注射剂,因而对产品粒度的要求十分苛刻;粒度过大,易堵塞针孔,也不易被吸收;粒度过小,易于聚结,也会堵塞针孔。其常见的粒度指标为,主粒度 $5 \sim 10~\mu m$,小于此粒度的粒子占 60% 以上,最大粒度不超过 $30~\mu m$。

通过调研国内外反应沉淀相关研究的文献发现,该类过程研究的基本思路如下:首先需要开展大量的基础实验及机理研究,考察并分析反应沉淀过程现象,不能忽略二次过程对晶体产品指标(粒度和粒度分布、晶习、晶型等)可能产生的影响,并设计科学的动力学研究实验方案,基于恰当的假定,获得合适的动力学模型,为反应沉淀器的设计提供基础数据及动力学方程。其次需要详尽考察操作参数特别是关键操作参数与产品质量的定性、定量关系,从而确定最优操作工艺,指导工业生产。具体到普鲁卡因青霉素的反应沉淀,首先要实验测定其结晶热力学、反应动力学、结晶动力学,分析反应沉淀过程中是否存在初级粒子老化、聚结、破裂等二次过程,以及存在的二次过程对产品粒度的影响程度。其次需研究混合特别是微观混合是否较大地影响产品的粒度指标。最后在综合前两个步骤的研究结果的基础上,优化操作参数,获得最佳操作时间表,并于工业生产装置实现该操作时间表。

作为一种抗生素类药物,普鲁卡因青霉素在生物体内的吸收较为缓慢,药效可持续较长时间,国内外市场对其需求量呈现稳定增长的态势。国内数家有一定普鲁卡因青霉素产能规模的厂家的生产现状为：① 设备老旧、自动化程度低、生产能力低，因手工操作导致产品的质量不稳定、批间差异大。② 产品粒度过大，在注射时特别容易堵塞针头。结晶产品的平均粒度都在 $30\sim40~\mu m$ 以上，与国外某些公司生产的 $5\sim10~\mu m$ 有很大差距，基本不能进入国际市场。③ 生产工艺不合理，未进行优化，产品晶习非常差。

国内外普鲁卡因青霉素反应沉淀主流工艺包括：① 工艺Ⅰ，把盐酸普鲁卡因溶液加入青霉素 G 钾盐的醋酸丁酯提取液，直接反应结晶。② 工艺Ⅱ，分别配制盐酸普鲁卡因水溶液和青霉素 G 钾盐的磷酸盐缓冲液，反应结晶。比较两种工艺后发现，工艺Ⅰ中青霉素 G 钾盐反应液的浓度较低，为 7 万～9 万单位/毫升，导致设备容时生产能力较低。此外，提取液中的醋酸丁酯显著影响结晶产品的晶习，晶体较为细长。工艺Ⅱ虽克服了工艺Ⅰ设备容时生产能力低的不足，但产品晶习不好、粒度大且分布不理想。在上述普鲁卡因青霉素传统结晶工艺中，晶种一般需要单独制备，且制备晶种时，通常要求温度控制在－10 ℃左右，搅拌速度需高达 3 000 r/min。在实际产品生产中，搅拌速度亦高达 1 000 r/min，能耗大、生产成本高。

通过系统分析普鲁卡因青霉素反应沉淀的过程机理，考察各操作参数特别是关键参数对产品晶习和粒度的影响，优化获得普鲁卡因青霉素反应沉淀最佳操作时间表，产品在国际市场上的竞争力日益提高。

（1）晶种

晶种策略是在普鲁卡因青霉素反应沉淀过程中调控晶习与粒度的最有效手段之一。对于多数的结晶过程，晶种可有效地调控产品的晶习、粒度及其分布。当然，加入的晶种在大小及均匀度、形状等方面也需满足要求。适宜的晶种是普鲁卡因青霉素反应沉淀的关键操作参数。通过实验筛选，制备符合要求的晶体产品所需的晶种需满足下述要求：球形或椭圆形；$1\sim2~\mu m$ 的细晶种占 95% 以上；最大晶种的粒度不得大于 $5~\mu m$。在实际生产中，符合要求的晶种可由捕集器从反应沉淀产品中获得。

（2）反应结晶温度

因为要求该反应沉淀产品的粒度小而均一，同时收率也要达到一定要求，故有人开发了"温度循环"操作工艺，也就是温度在反应沉淀过程中按优化的程序改变。经优化的温度控制程序为：① 反应沉淀初始阶段，温度保持在 3～5 ℃，以确保初始产品的粒度满足要求。② 随着反应液的添加，温度缓缓地升高 4 ℃至 7～9 ℃，此阶段的温度控制需特别谨慎，不可升温太快，以免产品的晶习及粒度不满足要求。③ 反应液添加结束后，温度再从 7～9 ℃升高为 11～12 ℃，并恒温足够长的时间，让反应能最大限度地进行。④ 在养晶操作前将温度缓缓地降至 5～7 ℃，最后养晶足够长的时间，以尽可能提高收率。

（3）物料浓度

随着反应物在料液中的浓度升高，产品的产量提高，其粒度也将变小。但过高的反应物初始浓度增大了反应沉淀器内的悬浮密度，不仅对悬浮液的搅拌不利，而且增大了杂质进入产品的趋势。基于这些规律，在满足产量要求的前提下，宜选用恰当的反应物初始浓度。

（4）搅拌速度

当搅拌速度小于某个值时,产品的平均粒度随搅拌速度的增大而增大。基于此,在反应沉淀器内悬浮液混合良好的前提下,搅拌速度应尽可能小。具体到实际生产操作,如条件允许,在反应沉淀的不同阶段,搅拌速度应不同。例如,在压料时,料液没过桨叶后,搅拌速度可选用 300 r/min 左右,以使器内料液温度均匀。当青霉素 G 钾盐水溶液压料结束、开始流加盐酸普鲁卡因水溶液时,搅拌速度可选用 600 r/min 左右,以使混合均匀,并视反应器内晶浆悬浮密度高低调整搅拌速度。在沉淀结晶完成、开始排料时,需降低搅拌速度至某个低位值。如此优化的搅拌速度操作程序可在保证正常进行反应沉淀的同时,使能耗尽可能降低。

（5）流加速率

当浓度一定时,产品的平均粒度随反应物料流加速率的增大而减小,但产品的长宽比增大,不满足质量要求。基于此,流加速率亦需选用恰当值。总体来说,流加速率随反应沉淀进程由慢到快,大致分为三个阶段:① 初始阶段,温度控制在 3~5 ℃,选用较低流加速率。② 中间阶段,流加速率逐渐加快。③ 最后阶段,流加速率增至最大。如此使反应物料的流加速率随反应沉淀进程有所改变,可获得符合要求的产品。

（6）pH 值

实验观察发现,晶体随 pH 值的增大易于横向生长,晶习将呈短粗棒状,而 pH 值过高或过低,反应物、产物均易变性、降解,因而 pH 值应在某一恰当范围内。

（7）消沫剂正丁醇

加入适量正丁醇有利于反应沉淀器内的混合。实验发现,在普鲁卡因青霉素反应沉淀过程中加入适量的正丁醇,不仅反应器内混合好、泡沫少,而且产品晶习好;加入过量的正丁醇,搅拌效果与产品晶习反而变差;加入过少的正丁醇,既起不到消沫作用,产品晶习也差。也就是说,正丁醇的加入量存在一最优值,如表 3.2 所示。

表 3.2　正丁醇与反应原液的体积比对搅拌和产品晶习的影响

体积比	系统搅拌状况	产品晶习
1	无泡沫,液相分层	晶习太差,粒度>28 μm
1/2	无泡沫,液相分层	晶习太差,粗长棒状
1/5	无泡沫,液相不分层	晶习较差,粗长棒状和粗短棒状
1/10	无泡沫,液相不分层	晶习较好,小棒、小粒状居多
1/20	大泡沫,随反应沉淀的进行泡沫增多,液相不分层	晶习较好,小棒、方块、粗短棒状
1/40	有大量泡沫,液相不分层	晶习较好,方块、棒状,但有大块产品

总结上述结果,便能得到最佳反应沉淀工艺。在年产 300 t 的工业装置上实施该工艺,制备的普鲁卡因青霉素产品不仅晶习好、粒度分布小而均匀,而且纯度与收率高,工艺水平和产品质量指标达到国外先进水平。产品质量主要指标如下:

① 粒度:1～5 μm 占 65％ 以上,粒度分布的主峰位于 5～10 μm;平均粒度为 5～10 μm,10 μm 以上及 1 μm 以下的粒子少。

② 晶习:以短棒为主。

③ 收率:≥91％。

④ pH 值:6 g/100 mL(H_2O)的产品溶液的 pH 值为 5.5～7.0。

⑤ 效价:>985 单位/毫克。

⑥ 水分:≤4.0％。

⑦ 抽针试验:0.3 g/L(H_2O)的混悬液用 4.5 号注射针头抽取,顺利通过。

3.2.3.2 碳酸锂的反应沉淀

我国已于 2020 年 9 月明确提出于 2030 年碳达峰、于 2060 年碳中和的"双碳"战略目标。中共中央、国务院于 2021 年 10 月 24 日发布了《关于完整准确全面贯彻新发展理念做好碳达峰碳中和工作的意见》,号召各行各业响应并努力实现"双碳"目标。这要求我们持续减少碳的排放,创新绿色技术,调整能源结构,发展可再生能源、新能源及清洁能源。由于锂离子电池容量大、倍率性能好、清洁无污染、可循环使用,以及锂具有电导率高、化学活性强、密度小、含量丰富等优点,其已成为清洁能源的重要组成部分。

常见锂电池大致分为三类:第一类是正极材料为镍钴锰酸锂、负极材料为石墨烯的三元锂电池,多用于智能可穿戴设备、无人机、智能扫地机器人、储能技术、气动工具、电动车、新能源汽车等行业。第二类是正极材料为磷酸铁锂、负极材料为石墨烯的磷酸铁锂电池,多用于储能电池、新能源汽车等领域。第三类是正极材料为钴酸锂、负极材料为石墨烯的钴酸锂电池,该类型锂电池综合性能突出、容量比高、结构稳定,但成本非常高、安全性较差,多用于 MP3、MP4、手机、笔记本电脑等小型电子设备。作为锂精矿的化学产物,碳酸锂是磷酸铁锂电池正极材料的关键成分,电池级碳酸锂的市场需求量以 16％ 的年增长率增长。但是,我国生产的碳酸锂杂质含量高、粒度大且分布不均,尚未完全达到锂电池正极材料的要求。

目前锂资源主要来自矿石、盐湖卤水等,其中约 66％ 来自盐湖卤水,约 34％ 来自矿石。从盐湖卤水中提取锂的常见方法包括化学沉淀法、吸附法、萃取法、膜分离法等。其中,化学沉淀法一般先选取沉淀剂把 Mg^{2+} 和 Ca^{2+} 等杂质离子从锂盐溶液中去除,其后再从母液中提取锂。化学沉淀法亦有硫酸盐沉淀法、硼锂共沉淀法、铝酸盐沉淀法、碳酸盐沉淀法等多种。铝酸盐沉淀法使卤水中的锂和活性氢氧化铝反应生成锂铝沉淀,高温煅烧该沉淀后,用水浸取煅烧产物以实现铝锂分离。铝酸盐沉淀法的成本与能耗高、工艺复杂、周期长,难以工业应用。碳酸盐沉淀法的原理是让锂盐料液和碳酸钠反应析出碳酸锂沉淀,该法看上去简单,却亦有 Ca^{2+} 和 Mg^{2+} 等杂质离子共同沉淀析出的缺点。吸附法选用具高离子选择性的无机或有机吸附剂分离卤水中的锂离子,通常适用于锂含量较低的卤水。无机吸附剂有铝盐吸附剂、无定型氢氧化物吸附剂、离子筛吸附剂等几种,而有机吸附剂常为高选择性的树脂。萃取法利用适宜的萃取剂将卤水中的锂萃取出来,目前适用的萃取剂有酰胺类化合物、磷酸三丁酯、冠醚肽菁、醇等。膜分离法则常用纳滤膜、多级电渗析膜等将其他杂质离子与锂离子分开。

　　针对碳酸锂的反应沉淀过程,中国科学院青海盐湖研究所王斌开展了系统研究,实验考察的参数有搅拌速率、晶种、添加剂、加料速率、加料方式、反应物浓度、反应温度等,并采用超声与超重力两种强化手段对该反应沉淀过程进行强化。他通过采用在线红外、在线拉曼、聚焦光束反射,首先研究了碳酸锂在水溶液中的溶解特性、超溶解特性及介稳区宽度。实验发现,随着温度的升高,碳酸锂的溶解度降低,也就是说碳酸锂在水中的溶解过程是放热过程。当一定量的 KCl 和 NaCl 存在于水中时,碳酸锂的溶解度将增大,即 KCl 和 NaCl 能对碳酸锂的溶解发挥增溶作用,呈现盐溶效应。实验还发现,碳酸锂在水溶液中的超溶解特性受到多种反应沉淀参数的影响,如反应温度、搅拌速率、加料速率、碳酸钠溶液的浓度等。根据这些实验测定的基础数据及发现的现象可知,在碳酸锂反应沉淀过程中,增大加料速率、反应物浓度,即可获得粒度均匀分布的碳酸锂小颗粒晶体。

　　该研究还发现,常规的反应沉淀器内流体的混合较不均匀,导致获得的产品有粒度不均的问题。该研究采用了超声、超重力两种强化手段对反应沉淀过程进行强化,超声强化即将常规反应沉淀器置于超声波清洗机中,超重力强化即把同等条件的反应料液引入超重力机的流体分布器中,在高离心力场作用下进行反应沉淀。

　　如图 3.27 所示,常规反应沉淀的碳酸锂颗粒大且分布不均,超声和超重力强化反应沉淀的碳酸锂粒度小且分布均匀。此外,常规反应沉淀的碳酸锂的纯度为 94.62%,多为不规则的柱状聚结体;超声强化反应沉淀的碳酸锂的纯度为 95.51%,多为由块状粒子聚结而成的规则球体;超重力强化反应沉淀的碳酸锂的纯度为 98.61%,多为不规则的片状聚结体,碳酸锂在超重力旋转产生的向心力引导下呈片状生长。总体来说,无论是超重力强化还是超声强化,都改变了成核与生长的环境,有助于在一定操作条件下得到粒度与粒度分布更好的产品。

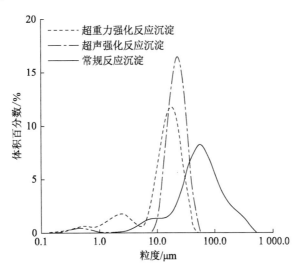

图 3.27　不同方式获得的碳酸锂产品的粒度分布

大师风采

中国工业结晶奠基者——张远谋教授

张远谋教授于 1918 年 10 月 22 日出生于湖南省长沙市,幼年丧父,从小就发奋苦读、成绩优异,于 1939 年进入西南联合大学化工系学习,各科成绩优异,1943 年毕业后留校任助教。1947 年赴美国艾奥瓦州立农工学院研究院留学,获细菌生理学硕士学位。在美学习期间,他勤奋努力,刻苦钻研,深得导师喜爱,导师希望他留下继续攻读博士学位,并提供资助。1949 年新中国成立后,作为一名进步的爱国知识分子,张远谋教授谢绝了导师的挽留,放弃国外优越的生活和科研条件,回到祖国工作,历任天津大学炼焦工艺专业教研室副主任、化工原理教研室副主任、化工系工程研究室主任等职。

作为一名国内知名、在国际学术界很有影响力的化工专家与教育家,张远谋教授积极参加社会活动,于 1952 年加入中国共产党领导的爱国统一战线的组成部分中国民主同盟,历任民盟天津市委员会常委、副主委、主委、名誉主委,民盟中央委员会委员、常委,以及第六届至第七届全国政协委员,是一位优秀的政治活动家。1982 年获"天津市优秀教育工作者"称号,1985 年加入中国共产党,1991 年起享政府特殊津贴,1996 年 4 月因病逝世。

回国工作后,张远谋教授将精力投入教育和科学研究事业中,不仅一直工作在教学第一线,还在化工领域特别是在工业结晶研究方面有很深的造诣,取得了许多杰出成果。自 20 世纪 70 年代张远谋主持天津大学化工系工程研究室工作以来,他先后承担了"六五""七五"等国家重点攻关项目。他始终坚持科学工作者的职责就是努力解决生产中的实际问题和科研上的难点,为企业和社会创造更大财富的理想信念。氮、磷、钾是植物生长所需的主要营养要素,新中国成立后我国有很长一段时间的基本状况是多氮、少磷、缺钾,绝大部分钾肥靠进口,不能适应农业现代化的要求。而青海盐湖是我国当时已探明的最大钾盐资源地,尚未得到充分利用,亟须开发相关技术以利用钾盐资源发展化肥工业。1981—1985 年,张远谋教授主持国家科委下达的"六五"重点攻关项目"青海察尔汗盐湖光卤石提取氯化钾系统工程",抱着"啃硬骨头"的精神,他带领 25 人的科研团队共同攻关,在小型试验的基础上建立了中试装置以及这个系统工程所需的数学模型与计算机控制软件,在盐湖制备氯化钾的工业结晶与系统工程技术开发上取得重大突破,获教育部科技进步二等奖。1985 年 2 月 13 日,《光明日报》对此做了报道,认为此项开拓性的研究成果将国家重点技术攻关项目与基础理论研究相结合,填补了国内空白,打破了国外技术垄断,对发展我国钾肥工业,促进农业现代化具有重大意义,对改变我国工业结晶领域的落后面貌,将起推动作用。

　　1986 年,作为一名新的共产党人,张远谋教授又继续参加了由他的得意弟子王静康教授主持的"七五"攻关项目"用结晶法分离高纯度对二氯苯",并于 1988 年提前完成任务。在他的带领下,天津大学化工系统工程研究室已发展成为"天津市工业结晶开发中心"和"国家工业结晶开发中心",连续承担从"六五"至"八五"国家科技攻关与推广任务,为我国工业结晶技术及众多行业相关产品升级换代向高端发展付出了大量心血和汗水,作出了重大贡献。

　　在张远谋教授近五十年的教育生涯中,他十分重视对青年人的培养,并使他们很快成长起来。他先后讲授了"工业结晶""发酵工程""化工原理""炼焦学""燃料化学工程"等课程,先后编写或翻译了《化工原理》《化学工程》《炼焦学》等教材,1978 年参加编写了全国统编教材《传递过程原理》。在课上,他治学甚严;在课下,他谦虚宽厚,生活俭朴,平易近人,常和青年教师一起讨论。学生们对他严肃的工作态度和坚持不懈的科研精神交口称赞,他受到同代人的敬佩,堪为青年人的楷模。

　　张远谋教授忠于祖国教育事业的赤子之心,刻苦钻研、实事求是的科学精神,以及为人师表的高尚品德,值得大家永远学习。

中国工业结晶开拓者——王静康院士

　　中国工业结晶开拓者、中国工程院院士、天津大学博士生导师王静康教授 1938 年 4 月 9 日出生于河北省秦皇岛市一个知识分子家庭。她的父亲王恩明毕业于南开中学,1920 年带着"学好科技、科技救国"的理想赴普渡大学勤工俭学,1924 年毕业后因学习成绩优秀被美国最大的钢铁公司——匹兹堡卡耐基钢铁公司聘为工程师。1926 年辞职回国任秦皇岛耀华玻璃厂副总工程师。抗日战争期间,不愿做亡国奴的他再度赴美,1949 年作为海外归来的爱国科学家代表、化工冶金专家,登上天安门观礼台参加了新中国开国大典。在父母的言传身教下,王静康院士于 1955 年考入天津大学化工系,随后师从张建侯先生攻读硕士学位。1965 年毕业后赴贵州工学院工作,1972 年于天津纺织工学院任教,1980 年调入天津大学工作至今。1997 年获全国"五一劳动奖章",1998 年获全国"三八"红旗手称号,1999 年当选为中国工程院院士,2002 年和 2007 年分别当选中国共产党第十六次与第十七次全国代表大会代表,2010 年当选为全国优秀科技工作者和先进工作者,2017 年当选为全国教书育人楷模。

　　王静康院士一生致力于工业结晶科学与技术创新研发及成果产业转化工作。1980 年,在中国工业结晶奠基者张远谋教授的带领下,她开始承担国家"六五"重点攻关项目"青海察尔汗盐湖光卤石提取氯化钾系统工程"。中国青海盐湖拥有丰富的钾盐资源,但由于当时我国缺乏相关技术,核心技术也被国外公司垄断,这些资源一直无法得到利用。作为攻关团队主要成员,她历经五年日日夜夜艰苦奋战和艰难探索,成功地完成了这个科技项目。

自 1986 年开始,她开始负责包括中外合作"老挝钾镁盐矿资源生态利用系统工程"在内的国家"七五"至"十二五"一系列重大科技攻关项目,始终带领她的团队着眼国家需要,勤奋工作在科研第一线,深入工厂,出色完成了国家交给她的任务,每次产业转化都是一次成功。其中,"七五"攻关项目是"用结晶法分离高纯度对二氯苯",攻关的难题是从间二氯苯、邻二氯苯和对二氯苯的混合体中分离出有臭味的对二氯苯,制备没有味道的防蛀品。当时要求中试成功的标准是从混二氯苯中提取99.8%以上的对二氯苯,这就必须运用熔融结晶技术,而这是国外的垄断专利。研究了国外专利后,王静康院士做了三个不同类型的塔式熔融结晶器。但三年过去了,一个也没成功。王静康院士虽心急如焚,但仍坚持冷静分析原因,她决定摆脱模仿,走自己的路,带领团队自主研发了中国自己的熔融结晶技术。采用新技术后,对二氯苯产品的纯度达到了 99.9%,新技术也成功实现了年产 4 000 t 的产业化,且一次开车成功,提前一年完成任务。她发明的熔融液膜新型结晶技术与装备获国家科技发明三等奖。

20 世纪 80 年代,青霉素是中国治疗疾病的主要药物,但提纯药用青霉素的技术被国外垄断,国内技术生产的青霉素纯度不够,灌装定量不准,严重影响了使用。于是王静康院士带领她的团队开展了"八五"攻关项目"青霉素工业结晶的新技术与产业化研究"。该项目是关系国计民生的急需解决的重大课题,攻关团队深感责任重大,他们相信只有艰苦奋斗才能取得成功,于是在完成两个国家重点攻关项目的实践经验基础上,凭着实事求是、一丝不苟的态度,通过深入细致的研究,取得了由小试研究到中试成功的进展。然而在项目进行的后期,王静康院士由于过度劳累,甲状腺疾病复发,引发心脏房颤,为了不耽误项目进展,她把手术时间一拖再拖,直到进入土建工程和设备安装环节,才肯住院治疗。当企业安装管道、调试仪表和设备时,本应术后休养的她先后 7 次赶到现场检查进度和质量。设备安装好后,又出现仪表显示精度不够、管道安装不合理等问题,作为项目负责人的王静康院士坚持秉承科学精神、严谨态度,对每个环节把好关,不急躁、不冒进,直到所有问题都解决了才同意开车。在华北制药厂的开车现场,王静康院士和她的团队成员昼夜坚守,直到晶体质量、收率等都达到了预期目标后,才放心地返回学校继续工作。攻关成功后,该成果获国家科技进步二等奖,且在行业中的推广面已超过 90%,使中国青霉素的产能提高了 70%,节能 70%以上,节约溶剂 30%以上,降低三废排放 30%以上,产品畅销国外,如今我国青霉素产品已占据 80%以上的国际市场,每年为国家新增大量利税和出口创汇。

化工是解决人们衣、食、住、行的基础工业,也是包括发达国家在内的许多国家的支柱产业与科技发展的基础。在美国、日本、德国、英国、新加坡等发达国家,化学工业在其国民经济中占有十分重要的地位。我国约六分之一的国民经济产值也是由化学工业贡献的。随着国家"双碳"战略的实施,环保要求愈来愈严格,各行各业均需化工相关技术提供支撑,如新资源、新能源、新材料等行业。然而,在 20 世纪末,部分人认为化工是一切污染的源头,不是高新技术产业而是夕阳产业,其发展前景没有其他行业宽广,在 21 世纪将走向末路……王静康院士认为这种论断是完全错误的,她认为,20 世纪以来美国牢牢占据了世界化工产业的重要地位,美国的化学工业 GDP 占世界化学工业 GDP 的 30%,欧盟占据了世界化学工业 GDP 的 37% 左右。化学工业作为基础和支撑工业,始终会在世界产业发展中占据核心地位,21 世纪必将持续强势发展,如果化工不发展,其他高科技就无从谈起。我国是制造大国,但还不是制造强国,作为化工科学家的王静康院士一直忧虑,认为我们不能满足于做初级产品的出口大国,认为我国亟须发展化工新科技,其中工业结晶正是能够把初级产品升级为功能产品的技术,是高效节能、降耗、减排的化工精制技术,是我国农药、石油化工、食品、医药、生物化工、能源材料等行业的重要技术支撑。

迄今,王静康院士带领团队开发了工业结晶系统工程集成理论与设计新方法、反应结晶与精馏结晶等耦合结晶新型技术和装置,发展了新型工业结晶器模拟放大的流体力学准则,建立了放大模型及其计算机辅助过程控制多变参数的新策略,完成了结晶器 10 000 倍以上的工程放大及计算机控制系统。这些成果被三次列入国家重大科技成果推广计划,为大型医药、化工等企业设计建成 100 余条具有领先水平的新型工业结晶生产线,完成国家及省部级有关医药、材料、生化、化肥等重点项目百余项,为中国相关产业的发展作出了重大贡献。其科研成果获国家科学技术进步奖、国家发明奖等科技奖励 8 项,产业转化均一次成功。据不完全统计,相关产业化项目为国家年平均新增产值 12.3 亿元、新增利税 2.6 亿元。这些成果也使我国工业结晶研发跻身世界前列,让"中国结晶"一次次改写世界结晶的产业格局。

从教近 60 年,王静康院士从来不休寒暑假和节假。即使年事已高,她依然带领团队走遍全国 20 多个省市的数百家工厂企业,还常常在车间一待就是十几个小时;依然站在讲台上坚持为本科生、研究生授课,将最前沿的科学知识和研究思路传授给学生。她不仅以自己渊博的知识教育学生,更以高尚的人格魅力感染学生。"科技强国,科技工作者有着不容推卸的历史责任。老师不仅要传授知识,教学生怎么做学问,最重要的是帮助学生树立正确的世界观、人生观、价值观。言传身教。你怎么做,学生就会怎么做。"王静康院士始终把做好人民教师看作一件天大的事。有一次在课堂上,大家发现王静康脸色有些苍白,都希望她休息一下,但她仍然坚持讲完了 180 分钟的课。后来大家才知道,那天她刚刚从外地开会回来,而且正患病。上 180 分钟的课对于一位年轻教师来讲都很累,更何况年近古稀的老教授。课堂外,她精心编写教材,将研究成果系统、全面地传授给学生,时刻关心学生的生活、学习与成长。2006 年底,68 岁的王静康院士为了让本科生在进入实验室开展毕业设计之前对研究领域有一些基本了解,特意为学生们准备了工业结晶毕业设计课。单位、同事及家人担心她过于辛苦,她却笑着回答:"我与年轻人在一起就是休息。"

　　王静康院士淡泊名利、一身正气的精神一直积极影响着身边的同事和学生。作为工业结晶领域的领军人物，王静康院士经常担任一些国家项目评审的负责人，常有企业到她这里来"寻求支撑"，但从来都是碰一鼻子灰。因为能解决生产一线最亟待解决的实际问题，王静康院士及其团队一直受到国外同行的密切关注，许多国外大公司慕名前来，以优厚条件寻求技术合作或开出天价购买技术，均被她婉言谢绝。2019 年 9 月 10 日在北京人民大会堂内，习近平总书记与教书育人楷模共同庆祝教师节，王静康院士就站在第一排，与总书记握手的照片也被学生们挂在实验室。

　　面对科研、面对工作，王静康院士有一种奋不顾身的勇气与执着。"把中国建设成为化学强国"是她奋斗的目标、追求与信仰，也是她最想教给学生的信念，更需要一代又一代化工人持续接力。如今，已经八十多岁的王静康院士依然"在路上"。

　　"祖国和人民的需要，就是科技工作者持之以恒努力的方向。"——王静康

参考文献

[1] Geim A K, Novoselov K S. The rise of grapheme[J]. Nature Materials, 2007, 6: 183－191.

[2] 国家药典委员会. 中国药典(四部)[M]. 北京：中国医药科技出版社, 2020.

[3] 丁绪淮, 谈遒. 工业结晶[M]. 北京：化学工业出版社, 1985.

[4] Nývlt J, Söhnel O, Matuchová M, et al. The kinetics of industrial crystallization[M]. New York: Elsevier, 1985.

[5] 蔡志刚. 苄青霉素钠盐蒸发结晶过程的研究[D]. 天津：天津大学, 1999.

[6] 哈姆斯基 E B. 化学工业中的结晶[M]. 古涛, 叶铁林, 译. 北京：化学工业出版社, 1984.

[7] Khambaty S, Larson M A. Crystal regeneration and growth of small crystals in contact nucleation[J]. Industrial and Engineering Chemistry Fundamentals, 1978, 17(3): 160－165.

[8] Ostwald W. Über die vermeintliche isomerie des roten und gelben quecksilberoxyds und die oberflächenspannung fester körper[J]. Zeitschrift für Physikalische Chemie, 1900, 34(1): 495－503.

[9] 王静康. 结晶[M]//袁渭康, 王静康, 费维扬, 等. 化学工程手册. 3 版. 北京：化学工业出版社, 2019: 10－54.

[10] David R, Marchal P, Klein J P, et al. Crystallization and precipitation engineering－Ⅲ. A discrete formulation of the agglomeration rate of crystals in a crystallization process[J]. Chemical Engineering Science, 1991, 46(1): 205－213.

[11] Tavare N S, Garside J. Silica precipitation in a semi-batch crystallizer[J]. Chemical

Engineering Science,1993,48(3)：475—488.

[12] Randolph A D, Larson M A. Theory of particulate processes［M］. New York：Academic Press,1988.

[13] Wachi S, Jones A G. Dynamic modelling of particle size distribution and degree of agglomeration during precipitation[J]. Chemical Engineering Science,1992,47(12)：3145—3148.

[14] Schmok K. Modelling of mechanism of agglomeration of KCl crystallization［J］. Crystal Research and Technology,1988,23(8)：967—972.

[15] Mydlarz J, Jones A G. Crystallization and agglomeration kinetics during the batch drowning-out precipitation of potash alum with aqueous acetone［J］. Powder Technology,1991,65(1—3)：187—194.

[16] Smoluchowski M. Drei vortrageüber diffusion, brownische molekularbewegung und koagulation von kolloidteilchem［J］. Physikalische Zeitschrift, 1916, 17：557—571.

[17] Tavare N S, Garside J. Simultaneous estimation of crystal nucleation and growth kinetics from batch experiments［J］. Chemical Engineering Research and Design,1986,64(2)：109—118.

[18] 陆杰,王静康. 蛋白质沉淀结晶研究进展[J]. 化学工程,2001,29(6):52—56.

[19] 陆杰. 反应结晶(沉淀)研究[D]. 天津：天津大学,1997.

[20] 王斌. 碳酸锂反应结晶优化和形貌控制的过程研究[D]. 西宁:中国科学院青海盐湖研究所,2021.

[21] 李玉成. 天津大学完成青海盐湖光卤石提取氯化钾系统工程[N]. 光明日报,1985-02-13(2).

[22] 王静康. 培养中国的"诺贝尔"化工人才[J]. 中国教师,2017(17):19—21.

[23] 贺子豪. 科技报国的巾帼英杰:访王静康院士[J]. 科技创新与品牌,2019(3):34—35.

[24] 乔申颖. 最美结晶是精纯[N]. 经济日报,2010-08-29(8).

[25] 丁娟. 王静康把理想变为现实[J]. 创新科技,2009(8):33—35.

[26] 侯杰. 化学工业决不是夕阳产业:与中国工程院院士王静康对话[J]. 化工之友,2003(9):14—16.

[27] 靳莹,朱宝琳. 王静康院士的"结晶"人生[J]. 创新时代,2018(8):31.

第4章

吸　附

4.1　概　述

吸附是指在气相-固相、液相-固相、液相-气相、固相-固相、液相-液相等体系中,某种或几种成分在界面上富集或贫化的一种最为基础的界面现象。其中,具有吸附作用的物质称为吸附剂(adsorbent),被吸附的物质称为吸附质(adsorbate)。吸附质一般是比吸附剂小很多的粒子(分子和离子),但也有和吸附剂差不多大小的物质(高分子)。当界面层中吸附质的浓度高于其在体相中的浓度时称为正吸附;反之,称为负吸附。大多数有实际应用价值的吸附作用是正吸附。吸附广泛应用在物质的精制、脱色与染色、防湿与除臭、缓蚀与阻垢、润滑与摩擦、絮凝与聚集、除垢与洗涤等过程中。在石油化工、化学工业、气体工业和环境保护等领域,通过选择性吸附可以实现复杂物质体系的分离与各种成分的纯化,通过专一性吸附可以实现对复杂体系中某种物质的检测。一方面,研究吸附作用有助于了解在界面上进行的各种物理化学过程的机理。另一方面,为了开发新材料及新用途,需要利用吸附容量、热力学、材料表征测试技术认识固体表面与吸附质的相互作用,加深对固体表面与吸附现象的综合理解,提高产品的附加值。

4.2　吸附的发展历程

自然界充满了吸附现象。例如,地球自形成以来,虽然有大量的无机物胶体和有机物胶体从河川流进海洋,但这些胶体粒子在吸附离子后发生絮凝和沉淀,所以海洋才没有变成一个巨大的沼泽,并始终保持蔚蓝色。吸附作用在生活与生产活动中应用的历史起源已不可考。在远古时期,人们就知道利用草木灰、木炭除去空气中的异味和湿气。公元前5世纪西方医学奠基人希波克拉底就知道用炭可除去腐败伤口的污秽气味。这些都是气体在固体表面吸附的早期应用。在古埃及,人们使用最古老的吸附剂对棉、丝等动植物纤维进行染色,鞣革;用木炭、骨炭对酒、水和砂糖等饮料和食品进行脱色精制。在中国,与吸附有关的最早古迹是修建于公元前 178 年的马王堆汉墓。该古墓结构为里面 4 层木棺,木棺外面放置 5 t 木炭,木炭周围再用白陶土防水。由于采用了这些完美的保护措施,墓中的尸体和随葬品历经 2 000 多年依然保持着令人难以置信的完好状态。另外,在马王堆汉墓出土的帛画上有 36 种颜色,这实际上是织物对染料吸附的应用。18 世纪末,人们开始将木炭和沸石作为吸附剂分离纯化物质,如糖浆脱色和气体吸附等。20 世纪初,高分子科学的发展推动了吸附分离材料的进步,酚醛树脂的成功制备开创了人工合成高分子吸附分离材料的时代。1944 年,美国生产出凝胶型磺化交联聚苯乙烯树脂,并将其成功用于曼哈顿计划中铀的提取分离。从此,吸附分离功能高分子材料在全世界蓬勃发展起来。我国自 20 世纪 50 年代开始合成与生产离子交换树脂,并将其首先应用于核工业和制药工业;60 年代发展了大孔树脂的合成技术;70 年代大孔树脂合成技术拓展到医学应用领域;80 年代高分子负载催化剂和固相有机合成技术全面兴起;90 年代建立了"吸附分离功能高分子材料国家重点实验室"。

4.3　吸附类型

根据发生吸附作用时吸附质与吸附剂表面作用力性质的不同,可将固体表面上的吸附分为物理吸附、化学吸附、交换吸附三种类型。

4.3.1　物理吸附

吸附剂和吸附质之间的作用力是分子间引力(范德华力),这类吸附称为物理吸附。由于分子间引力普遍存在于吸附剂和吸附质之间,所以吸附剂的整个自由界面都起吸附作用,故物理吸附选择性较弱。吸附剂与吸附质的种类不同,分子间引力大小各异,因此吸附量可因物系不同而相差很多。物理吸附释放的热与气体的液化热相近,数值较小。物理吸附在低温下也可进行,不需要较高的活化能。在物理吸附中,吸附质在固体表面上的吸附既可以是单分子层也可以是多分子层。此外,物理吸附类似于凝聚现象,因此吸附速率和解吸速率都较快,易达到吸附平衡状态。但有时物理吸附速率也很慢,这是由于其吸附速率由吸附质在吸附剂颗粒的孔隙中的扩散速率控制。

4.3.2　化学吸附

吸附质分子与固体表面原子(或分子)发生电子的转移、交换或共有,形成化学键,这类吸附称为化学吸附。化学吸附需要较高的活化能,需要在较高温度下进行。化学吸附放出的热量很多,与化学反应热相近。由于化学吸附形成化学键,因而化学吸附只能是单分子层吸附,且不易吸附和解吸,达到平衡所需的时间较长。化学吸附的选择性较强,即一种吸附剂只对某种或特定几种物质有吸附作用。

4.3.3 交换吸附

若吸附剂表面由极性分子或离子组成,则它会吸引溶液中带相反电荷的离子而形成双电层,这种吸附称为交换吸附。当吸附剂与溶质之间发生离子交换时,吸附剂吸附离子的同时要放出相应的物质的量的反离子于溶液中。离子的电荷是交换吸附的决定因素,离子所带电荷越多,它在吸附剂表面的相反电荷点上的吸附力就越强。

物理吸附、化学吸附和交换吸附的主要特征见表 4.1。

表 4.1 物理吸附、化学吸附和交换吸附的特征比较

吸附性能	吸附类型		
	物理吸附	化学吸附	交换吸附
作用力	分子间引力(范德华力)	剩余化学价键力	静电引力
选择性	较弱	有	有
形成吸附层	单分子层或多分子层均可	单分子层	单分子层
吸附热	$\leqslant 4.9$ kJ/mol	$83.7 \sim 418.7$ kJ/mol	
吸附速度	快,几乎不需要活化能	较慢,需要一定的活化能	很快,需要的活化能小
温度	放热过程,低温有利于吸附	温度升高,吸附速度加快	无须消耗能量,与温度无关
可逆性	可逆	不可逆	可逆

然而,各种类型的吸附之间没有明确的界线,有时几种吸附同时发生,且很难区别。因此,溶液中的吸附现象较为复杂。

4.4 常用吸附剂的种类

任何具有吸附作用的物质都可以称为吸附剂,但一般是将能有效地从气相或液相中吸附一种或几种成分的固体物质称为吸附剂。吸附剂的共同特点是具有较大的比表面积、适宜的孔结构、可调的表面性质,对吸附质具有一定的选择吸附能力,一般不与吸附质和溶剂发生化学反应,制造方便、易再生,有良好的力学强度,良好的热稳定性和化学稳定性,等等。根据不同目的还要求溶剂具有许多其他的性能,若吸附剂为微粉末,还要求其易成型、不粉化。吸附剂除了用于吸附外,还可用作催化剂、催化剂载体、填充剂和复合材料等。吸附剂按孔径大小可分为粗孔和细孔吸附剂;按颗粒形状可分为粉状、粒状、条状吸附剂;按化学成分可分为炭和氧化物类吸附剂;按表面性质可分为非极性和极性吸附剂;等等。

吸附剂的种类繁多,最常用的吸附剂有以碳为基本成分的活性炭、炭黑、碳分子筛等;金属和非金属氧化物、硅胶、沸石分子筛、黏土;大孔网状聚合物和超高交联吸附树脂;金

属-有机框架材料(MOFs);共价有机骨架材料(COFs)等。本章主要对一些常用的吸附剂材料作简单介绍。

4.4.1　活性炭

活性炭是碳质吸附剂的总称,是一类具有非极性表面,疏水和亲有机物的吸附剂。其特点是比表面积大、孔隙结构发达、色散力作用较强、吸附容量大、分离效果好、性能稳定、廉价易得等。其结构除石墨化的晶态碳外,还有大量的过渡态碳。过渡态碳有乱层石墨、无定形和高度有规则三种基本结构单元。活性炭可用各种有机原料制造,包括各种木质材料(木材、果壳、锯末、造纸废料等)、各种煤炭(泥煤、褐煤、无烟煤等)、各种动物性原料(皮革、骨头等)、各种天然及合成有机物(糖、橡胶、塑料、合成树脂等)。

活性炭的工业制备方法主要有物理法和化学法两大类。物理法是先将含碳有机物原料在高温下炭化,非碳元素大部分以气体形式逸出,生成富碳热解产物。进一步对这些产物进行活化处理,除去在炭化过程中形成的未能分解的有机物,并侵蚀表面,形成发达的微孔结构。化学法是用某些化学试剂(氯化锌、硫酸钾、磷酸等)浸渍含碳原料,再在高温下处理得到活性炭。根据需要,活性炭可制成粉末状、球状、圆柱状或碳纤维。由含氧量较高的原材料制成的活性炭,其炭化及活化温度都会影响活性炭表面的化学性质,影响其表面的元素组成、表面氧化物和有机官能团的种类和含量。在活性炭制备过程中,处于微晶体边缘的碳原子由于共价键不饱和而易与其他元素结合,如与 H、O 元素等结合形成各种含氧官能团(又称表面氧化物,如羧基、羟基、羰基等)而使活性炭具有微弱的极性。所以,活性炭不仅可以除去水中的非极性吸附质,还可以吸附极性溶质甚至某些微量的金属离子及其化合物。研究者们通常对活性炭进行表面改性以改变其孔隙结构和表面化学性质,使其更广泛地应用于食品和石油工业的净化和脱色脱臭,也常用于环保三废的处理。一般来说,吸附了溶剂蒸气的活性炭的再生较为容易,通过加热方式就能使溶剂脱附。然而,用于水处理的活性炭由于吸附了大量的不挥发性有机物,仅靠加热并不能使其再生,通常需要采用与制备活性炭相同的方法进行再生,只是活化用时比制备用时短,吸附性能几乎能 100% 恢复。活化时间延长,虽然能增强吸附性能,但也会导致活性炭的机械强度显著降低。

活性炭作为固体吸附剂,主要应用在化工、医药、环境等方面,用于吸附沸点及临界温度较高的物质及分子量较大的有机物。美国明尼苏达大学 Michael Tsapatsis 教授课题组利用 3 种不同表面极性的活性炭吸附果糖/5 -羟甲基糠醛水溶液和二甲基亚砜溶液中的5 -羟甲基糠醛,研究结果表明,5 -羟甲基糠醛的吸附容量和吸附选择性与活性炭的微孔、表面极性(氧合功能)的大小相关。另外,活性炭在空气净化、水处理等领域的应用也呈现出增长的趋势,专用高档炭如高比表面积炭、高苯炭、纤维炭已应用到航天、电子、通信、能源、生物工程和生命科学等领域。

4.4.2　沸石分子筛

沸石分子筛是天然或人工合成的含碱金属和碱土金属氧化物的结晶硅铝酸盐。一般将天然的分子筛称为沸石(zeolite),人工合成的称为分子筛(molecular sieve),两者的化学组成和分子结构并无本质差别,故通常混称为沸石分子筛。沸石分子筛中有许多孔径均匀的孔道与排列整齐的孔穴,这些孔穴不但提供了较大的表面积,而且只允许直径比孔径小的分子进入,直径比孔径大的分子则不能进入,从而使大小及形状不同的分子分开,起到筛选分子的作用,故称分子筛。根据孔径大小的不同,以及 SiO_2 与 Al_2O_3 分子比的不同,分子筛可以分为不同的型号,常用的分子筛如表 4.2 所示。一般来说,分子筛的硅铝比越高,热稳定性和化学稳定性越好。由于分子筛晶体内的孔道很小,吸附作用力很强,脱水活化后又有很大的空间,而且晶体空间内表面高度极化,因此又可根据被分离的分子物理化学性质的不同把它们分离开来。分子筛吸附水以后可用加热的方法使分子筛再生,也可以将氮、氧或甲烷等气体加热后作为分子筛的再生载气。沸石分子筛广泛应用于气体、液体多种物质的分离、干燥、净化、脱水、回收等。中国科学院大连化学物理研究所催化基础国家重点实验室杨维慎研究员课题组采用沸石咪唑骨架(ZIFP-8、ZIF-90、ZIF-93)吸附水溶液中的5-羟甲基糠醛,研究发现5-羟甲基糠醛在沸石咪唑骨架上的吸附容量与沸石咪唑骨架的疏水性相关,疏水性越强,吸附容量越高。另外,分子筛具有可交换的阳离子,故可用于离子交换、海水淡化和多相催化剂制备等。

表 4.2　常用的分子筛

型号	SiO_2/Al_2O_3(分子比)	孔径/10^{-10} m
3A(钾 A 型)	2.0	3.0～3.3
4A(钠 A 型)	2.0	4.2～4.7
5A(钙 A 型)	2.0	4.9～5.6
10X(钙 X 型)	2.3～3.3	8.0～9.0
13X(钠 X 型)	2.3～3.3	9.0～10.0
Y(钠 Y 型)	3.3～6.0	9.0～10.0
钠丝光沸石	3.3～6.0	～5.0

4.4.3　硅胶

硅胶是一种坚硬的由无定形 SiO_2 构成的具有多孔结构的固体颗粒,其分子式是 $SiO_2 \cdot nH_2O$。用硫酸处理硅酸钠水溶液得到凝胶,用水洗去凝胶中的硫酸钠,干燥后可得到硅胶。调整硅胶制造过程条件,可以控制其微孔尺寸、空隙率和比表面积的大小。工业用的硅胶有粒状、球状、粉状和其他加工成形的形状等。一般要求用作吸附剂的硅胶具有纯度高、物理化学性质稳定、表面亲水、对极性分子的吸附量大、表面积和孔径分布可大范围调控、价格便宜等特点。硅胶的化学稳定性较好,耐酸,但不耐碱。硅胶上的吸附一般都是物理吸附,化学吸附较少。硅胶耐热性好,高纯硅胶在低于 700 ℃处理时比表面和孔结构无明显变化。同时,硅胶属于极性吸附剂,一般容易吸附水和甲醇等极性物质,也可以从非极性或弱极性溶剂中吸附极性物质,主要用于气体干燥、蒸气回收、有机液体脱水、石油精制等,也常用作色谱载体、多相催化剂载体。高分散的硅胶也可用作橡胶、塑料制品的填充剂。根据实际应用的需要,可对硅胶进行后处理,如进行扩孔和表面疏水化,可改变其孔结构和表面性质。表 4.3 列出了常用硅胶的结构参数。

表 4.3　常用硅胶的结构参数

硅胶	真密度/ (g/cm^3)	堆积密度/ (g/cm^3)	比表面/ (m^2/g)	比孔容/ (cm^3/g)	平均孔径/nm
粗孔硅胶	2.2	0.42～0.50	300～450	0.90～1.25	4～10
中孔硅胶	2.2	0.50～0.65	500～650	0.60～0.85	2～4
细孔硅胶	2.2	0.65～0.80	400～750	0.25～0.60	0.8～2

Milestone 和 Bibby 采用硅质岩(一种硅胶)从丁醇模拟溶液中吸附丁醇,吸附完毕后采用两步加热法获得丁醇:① 先将饱和吸附丁醇的硅质岩加热至 40 ℃去除水分;② 然后将硅质岩加热至 150 ℃回收丁醇。Maddox 采用硅质岩从发酵液中提取生物丁醇,丁醇在硅质岩上的吸附容量为 85 mg/g。Meagher 等利用硅质岩从 ABE 发酵液中吸附丁醇,发现硅质岩对丁醇(吸附容量为 48 mg/g)和丙酮(吸附容量为 11 mg/g)的吸附能力比对乙酸(吸附容量小于 1 mg/g)和丁酸(吸附容量小于 1 mg/g)的吸附能力强。Holtzapple 等研究了丁醇在硅质岩上的吸附-脱附性能,研究发现硅质岩吸附-脱附丁醇的能耗是 8.15×10^6 J/kg,而传统精馏法的能耗是 2.42×10^7 J/kg。

4.4.4　大孔网状聚合物

大孔网状聚合物在合成过程中没有引入离子交换官能团,只有多孔的骨架,其性质和活性炭、硅胶等吸附剂相似,因此简称大网格吸附剂(俗称大孔树脂吸附剂或吸附树脂)。大孔网状聚合物按骨架极性强弱可分为非极性、中等极性和极性吸附剂三种。其中,非极性吸附剂是以苯乙烯为单体,二乙烯苯为交联剂聚合而成的,故称芳香族吸附剂,包括聚苯乙烯、聚芳烃、聚乙基苯乙烯、聚甲基苯乙烯等;中等极性吸附剂是以甲基丙烯酸酯为单体和交联剂聚合而成的,也称为脂肪族吸附剂,包括聚丙烯酸酯、聚甲基丙烯酸酯等;含有硫氧、酰胺、氮氧等基团的为极性吸附剂,包括聚丙烯酰胺、聚丙烯腈、聚乙烯吡咯烷酮、聚乙烯吡啶、苯酚-甲醛-胺缩合物等。大孔网状聚合物具有良好的吸附脱色、除臭能力,对有机物选择吸附性好,物理化学稳定性好,易再生,广泛应用于药物提取,实验室试剂纯化,合成产物的脱色,天然产物、生物制剂的分离与提纯,放射元素的浓缩,也可作为催化剂载体、色谱载体,等等。南京大学张全兴院士课题组经过近二十年的研究开发,建立了主要针对苯系、萘系等低溶解度有机废水的"树脂吸附法处理有毒有机化工废水及其资源化"的新工艺,处理了含有苯酚、双酚、对苯二甲酸、苯胺、对硝基酚、邻苯二酚、DSD 酸、苯基周位酸、水杨酸、邻苯二甲酸和萘酚等的有毒有机废水。加拿大湖首大学 Yang Yu 和 Christopher 研究了 4 种不同骨架结构、功能基团及反离子的聚合物对杨木半纤维素水解液的脱毒性能的影响,发现 XAD-4 和 IRA-400(OH)树脂对酸溶木质素具有较高的吸附容量,且能显著去除酚类物质及 5-羟甲基糠醛等发酵抑制物,但脱毒过程中 XAD-4 和 IRA-400(OH)树脂会吸附部分低聚糖类,造成水解液中低聚糖类的损失率分别为 88%和 21%。

4.4.5 超高交联吸附树脂

超高交联吸附树脂作为一类新型的复合功能吸附材料,相比于传统吸附剂活性炭和离子交换树脂,具有以下几个显著的特点:① 较高的比表面积、刚性的骨架结构、较高的机械强度和稳定的物理化学性质;② 较丰富的纳米级微孔和较窄的孔径分布,孔径结构可以通过反应条件来调控;③ 在有机溶剂中有较好的溶胀性能,洗脱过程中无须消耗酸和碱;④ 容易脱附再生、循环使用。自 1969 年苏联科学家 Davankov 提出后交联法制备超高交联吸附树脂以来,超高交联吸附树脂引起研究者们的广泛关注。超高交联吸附树脂主要应用于天然植物提取、有机废水处理、化工储能等领域中。德国亚琛工业大学 Regina Palkovits 教授课题组以 4,4'-双(氯甲基)联苯为单体经 Friedel-Crafts 后交联反应合成了一种疏水性超高交联纳米多孔聚合物介质,利用该介质分离果糖稀酸水解液中的 5-羟甲基糠醛、果糖、乙酰丙酸和甲酸等,研究发现 5-羟甲基糠醛的吸附选择性不仅与吸附介质的比表面积和孔容有关,而且与吸附介质的疏水性有关,同时采用丙酮洗脱,5-羟甲基糠醛的洗脱收率为 74%。传统超高交联吸附树脂大部分是苯乙烯-二乙烯苯型,强疏水性超高交联吸附树脂的孔径一般集中在微孔范围,孔壁间的吸附势叠加,孔内的范德华力非常强,因此常发生脱附不完全的情况,而且较小的孔径也增加了吸附质在树脂内部的扩散传质阻力。为了解决这一问题,Lin 课题组采用悬挂双键后交联法制备了酰胺基修饰超高交联吸附树脂。该法为含有氢键受/供体的呋喃醛类化合物的高效分离提供了一种新的思路,虽避免了传统 Davankov 后交联法中需使用强致癌的氯甲醚以及改进 Davankov 后交联法中需要用到价格较高的乙烯基苄氯单体,但仍存在合成步骤复杂、原子利用率低以及需要消耗过量含卤素催化剂等问题。近年来,交替自由基共聚一步法制备功能基修饰超高交联吸附树脂,可利用不同单体的极性结构交替共聚,使超高交联吸附树脂具有可调的孔结构和表面极性,该法因具有高效、简便、原子利用率高等优点而成为超高交联吸附树脂合成及应用领域的研究热点之一。Lin 课题组进一步利用双马来酰亚胺和二乙烯苯通过一步法制备了 BD-11 树脂,并将其应用于 5-羟甲基糠醛生物质水解液中,不仅简化了树脂合成路线,而且强化了树脂对水解液中 5-羟甲基糠醛的吸附/脱附性能,实现了对 5-羟甲基糠醛的高效分离。

4.5　吸附相平衡

要设计一个理想吸附系统,首先要确定一种高效的吸附剂。吸附容量是选择吸附剂和设计吸附设备的重要依据,吸附容量越大,再生周期越长,再生剂的用量和操作费用就越低。在探索开发新型吸附剂的过程中,建立吸附剂与吸附质的吸附平衡关系是至关重要的。吸附平衡关系不仅能够可靠地预测吸附参数,而且能够定量地比较不同吸附剂在不同实验条件下对吸附质的吸附行为。

4.5.1　吸附等温线

当固体吸附剂从溶液中吸附溶质达到平衡时,其吸附量与浓度和温度有关,当温度一定时,吸附量与浓度之间的函数关系称为吸附等温线。吸附等温线能很好地反映固体表面结构、孔结构以及吸附剂与吸附质之间的物理、化学作用。因此,掌握并解析吸附平衡关系可以获得关于吸附剂与吸附质的相互作用、吸附剂表面性能和吸附容量的知识,为吸附系统的有效设计与优化提供理论基础。但是固体在溶液中的吸附过程较为复杂,迄今为止尚无完整的理论。因此,多年以来人们在长期实践中通过深入研究,开发了大量的数学模型对实验测得的各种类型的吸附等温线加以描述,以便从理论上加深认识。常用的吸附等温线模型如表 4.4 所示。

表 4.4　常用的吸附等温线模型

吸附等温线	非线性形式	线性形式	绘图
Langmuir	$q_e = \dfrac{Q_0 b C_e}{1 + b C_e}$	$\dfrac{C_e}{q_e} = \dfrac{1}{b Q_0} + \dfrac{C_e}{Q_0}$	$\dfrac{C_e}{q_e} - C_e$
		$\dfrac{1}{q_e} = \dfrac{1}{Q_0} + \dfrac{1}{b Q_0 C_e}$	$\dfrac{1}{q_e} - \dfrac{1}{C_e}$
		$q_e = Q_0 - \dfrac{q_e}{b C_e}$	$q_e - \dfrac{q_e}{b C_e}$
		$\dfrac{q_e}{C_e} = b Q_0 - b q_e$	$\dfrac{q_e}{C_e} - q_e$
Freundlich	$q_e = K_F C_e^{1/n}$	$\log q_e = \log K_F + \dfrac{1}{n} \log C_e$	$\log q_e - \log C_e$
Dubinin – Radushkevich	$q_e = (q_s) \exp(-k_{ad} \varepsilon^2)$	$\ln q_e = \ln q_s - k_{ad} \varepsilon^2$	$\ln q_e - \varepsilon^2$
Temkin	$q_e = \dfrac{RT}{b_T} \ln A_T C_e$	$q_e = \dfrac{RT}{b_T} \ln A_T + \left(\dfrac{RT}{b_T}\right) \ln C_e$	$q_e - \ln C_e$
Flory – Huggins	$\dfrac{\theta}{c_o} = K_{FH}(1 - \theta)^{n_{FH}}$	$\log\left(\dfrac{\theta}{c_o}\right) = \log K_{FH} + n_{FH} \log(1 - \theta)$	$\log\left(\dfrac{\theta}{c_o}\right) - \log(1 - \theta)$
Hill	$q_e = \dfrac{q_{sH} C_e^{nH}}{K_D + C_e^{nH}}$	$\log\left(\dfrac{q_e}{q_{sH} - q_e}\right) = n_H \log C_e - \log K_D$	$\log\left(\dfrac{q_e}{q_{sH} - q_e}\right) - \log C_e$
Redlich – Peterson	$q_e = \dfrac{K_R C_e}{1 + a_R C_e^g}$	$\ln\left(K_R \dfrac{C_e}{q_e} - 1\right) = g \ln C_e - \log a_R$	$\ln\left(K_R \dfrac{C_e}{q_e} - 1\right) - \ln C_e$
Slips	$q_e = \dfrac{K_s C_e^{\beta_S}}{1 + a_S C_e^{\beta_S}}$	$\beta_S \ln C_e = -\ln\left(\dfrac{K_s}{q_e}\right) + \ln a_S$	$\ln\left(\dfrac{K_s}{q_e}\right) - \ln C_e$

吸附等温线	非线性形式	线性形式	绘图
Toth	$q_e = \dfrac{K_T C_e}{(a_T + C_e)^{1/t}}$	$\ln\left(\dfrac{q_e}{K_T}\right) = \ln C_e - \dfrac{1}{t}\ln(a_T + C_e)$	$\ln\left(\dfrac{q_e}{K_T}\right) - \ln C_e$
Koble – Corrigan	$q_e = \dfrac{A C_e^n}{1 + B C_e^n}$	$\dfrac{1}{q_e} = \dfrac{1}{A C_e^n} + \dfrac{B}{A}$	
Khan	$q_e = \dfrac{q_s b_K C_e}{(1 + b_K C_e)^{a_K}}$		
Radke – Prausnitz	$q_e = \dfrac{a_{RP} r_R C_e^{\beta_R}}{a_{RP} + r_R C_e^{\rho_R - 1}}$		
BET	$q_e = \dfrac{q_s C_{BET} C_e}{(C_s - C_e)\left[1 + (C_{BET} - 1)(C_e/C_s)\right]}$	$\dfrac{C_e}{q_e(C_s - C_e)} = \dfrac{1}{q_s C_{BET}} + \dfrac{(C_{BET} - 1)}{q_s C_{BET}}\dfrac{C_e}{C_s}$	$\dfrac{C_e}{q_e(C_s - C_e)} - \dfrac{C_e}{C_s}$
FHH	$\ln\left(\dfrac{C_e}{C_s}\right) = -\dfrac{\alpha}{RT}\left(\dfrac{q_s}{q_e d}\right)^r$		
MET	$q_e = q_s\left[\dfrac{k}{\ln(C_s/C_e)}\right]^{1/3}$		

4.5.2 单组分吸附相平衡

（1）Henry 方程

Henry 方程适用于描述吸附量占单分子层吸附量很低（≤10%）或者压力非常低的吸附情况。其他许多吸附等温线模型在低浓度或者低压范围内都可以转变为 Henry 方程。

$$q = K_H p \tag{4.1}$$

式中，q 为吸附达到平衡时气体在吸附剂上的吸附量，mol/m^3；K_H 为吸附相平衡常数，与温度有关；p 为气体的分压，Pa。

（2）Langmuir 吸附等温线方程

Langmuir 吸附等温线方程依然是实际运用中使用最广泛的吸附等温线模型，其特点是形式比较简单，各参数的物理意义明确，该模型主要有以下四个假设：

① 吸附剂表面具有一定数量的吸附活性位点（active sites），每个吸附活性位点只能被一个吸附质分子所占据，因而属于单分子层吸附。

② 吸附质分子与固体表面的相互作用既可以是物理作用，也可以是化学键作用，但必须要有足够的强度使吸附质分子不能移动，即定位吸附。

③ 固体表面是均匀的，其表面上的吸附活性位点分布均匀，发生吸附时各吸附活性位点的焓变相同。

④ 吸附剂表面上，相邻的吸附质分子间的相互作用力可以忽略。

在上述基础上，Langmuir 吸附等温线方程可以用简单的动力学推导方法得出：

$$q_e = \dfrac{q_m K_L p_i}{1 + K_L p_i} \tag{4.2}$$

式中，q_e 为吸附达到平衡时气体在吸附剂上的吸附量，mol/g 或 mg/g；q_m 为吸附剂的最大吸附量，mol/g 或 mg/g；K_L 为 Langmuir 吸附平衡常数，与温度有关；p_i 为组分 i 的平衡分压或浓度，Pa 或 mol/L 或 mg/L。K_L 与温度 T 的关系为

$$K_L = K_0 \exp\left(\frac{E_a}{RT}\right) \tag{4.3}$$

式中，E_a 为吸附活化能，kJ/mol。将式(4.2)两边取倒数，Langmuir 吸附等温线方程可以转变为如下形式：

$$\frac{1}{q_e} = \frac{1}{q_m K_L} \times \frac{1}{p_i} + \frac{1}{q_m} \tag{4.4}$$

（3）Freundlich 吸附等温线方程

在一些实际吸附体系中，由于吸附剂表面各部分组成和结构不一致，其表面各处常常是不均匀的，而且在某种情况下也需要考虑吸附剂分子之间的相互作用，因此就不能再使用 Langmuir 吸附等温线模型来描述吸附体系的相平衡。1906 年，Freundlich 提出一种半经验的吸附等温线方程，此方程对于非均相吸附剂表面的多层非理想吸附行为有很好的适用性，其形式为

$$q_e = K_F p^{1/n} \tag{4.5}$$

式中，K_F 为 Freundlich 常数；n 表示吸附的难易程度，n 越小吸附越容易进行，n 越大则吸附越难进行；p 为组分的平衡分压或浓度，Pa 或 mg/L 或 mol/L。

对式(4.5)两边求对数可得到：

$$\lg q_e = \lg K_F + \frac{1}{n}\lg p \tag{4.6}$$

以 $\lg q_e$ 对 $\lg p$ 作图，即可得到一条直线。根据此直线的斜率和截距即可计算出 Freundlich 常数 n 和吸附相平衡常数 K_F。

（4）Langmuir - Freundlich 吸附等温线方程

当吸附压力增大时，吸附量将持续增加而没有极限，这与实际不符，为了解决这一问题，人们提出了 Langmuir - Freundlich 方程。

$$q_e = \frac{q_m K_L p^{1/n}}{1 + K_L p^{1/n}} \tag{4.7}$$

式中，q_m 为在饱和吸附条件下单位吸附质上的最大吸附量，mol/g 或 mg/g；K_L 为 Langmuir - Freundlich 吸附平衡常数；p 为吸附质在平衡时的分压，Pa。

4.5.3　多组分吸附相平衡

工业上要处理的体系通常是多组分混合物，体系内如果有强吸附组分，通常会影响其他组分的吸附。因此，在多组分共存的吸附体系中，某个组分的吸附行为与单组分条件下的吸附行为是不一样的。

多组分吸附相等温平衡的表达式可以根据热力学（或统计热力学）的方法处理，或像单组分体系一样，在 Langmuir 方程或吸附位势理论方程的基础上扩展。

（1）Langmuir 方程扩展式（Markham 和 Benton 式）

$$Q_t = \frac{q_i}{q_{mi}} = \theta = \frac{k_i p_i}{1 + \sum_{i=1}^{n} k_i p_i} \tag{4.8}$$

式中，q_{mi} 为组分 i 的单层最大吸附量；k_i 为组分 i 的 Langmuir 吸附平衡常数；p_i 为组分 i 的分压；θ 为未遮盖的表面分率，指在理想吸附条件下，一个组分分子吸附遮盖的面积不受其他组分分子已在该表面上吸附的影响。

（2）Langmuir 和 Freundlich 方程联合的扩展式

Langmuir 和 Freundlich 方程联合的扩展式属于半经验性质的公式，缺乏充分的理论依据，除气体混合物外，包括液体溶液的等温吸附平衡可以在指定的条件下使用。

$$\frac{q_i}{q_{mi}} = \frac{k_i p_i^{1/n_i}}{1 + \sum_{j=1}^{n} k_j p_j^{1/n_j}} \tag{4.9}$$

（3）理想吸附溶液理论

理想吸附溶液（IAS）理论的要点是将和气相相平衡的混合吸附质构成的吸附相作为理想溶液处理，因而参数关系可以用液相的热力学方程式表达。假定：

① 吸附剂为热力学惰性物质，恒温下，吸附过程中吸附剂的热力学性质变化小，可以忽略不计。

② 所有吸附质在吸附剂表面的有效面积相同。

③ 遵守 Gibbs 吸附定律。对理想双组分体系，按照 Raoult 定律表示气相和吸附相的浓度（摩尔分数）之间的关系。

$$p_1 = p y_1 = p_1^0(\pi) x_1 \tag{4.10}$$

$$p_2 = p y_2 = p_2^0(\pi) x_2 \tag{4.11}$$

由 Gibbs 吸附定律：

$$A \left(\frac{\partial \pi}{\partial p} \right)_T = \frac{RT}{p} n \tag{4.12}$$

或

$$\pi(p_i^0) = \frac{RT}{A} = \int_0^{q_i^0} (\mathrm{d} \ln q_i^0 / \mathrm{d} \ln p_i^0) \, \mathrm{d} q_i^0 \tag{4.13}$$

亦即是

$$\frac{\pi_1^0 A}{RT} = f_1(p_1^0) \tag{4.14}$$

式（4.12）至式（4.14）中，π 为表面压力；A 为吸附剂的表面积；n 为吸附质的量。

对于二元组分溶液，$i = 1, 2$；同时：

$$x_1 + x_2 = 1, \quad y_1 + y_2 = 1 \tag{4.15}$$

$$q_1 = q_t y_1, \quad q_2 = q_t y_2 \tag{4.16}$$

及

$$\frac{1}{q_1 + q_2} = \frac{1}{q_t} = \frac{x_1}{q_1^0} + \frac{x_2}{q_2^0} \tag{4.17}$$

上式中，T 和 π 均为常数。

利用上述公式，多元组分溶液的吸附量可以用 Prausnitz 的二维理想溶液理论，由单组分吸附等温线计算预测得到。方法是从纯组分的 q_1^0，q_2^0 和相应的 p_1^0 及 p_2^0，得到 $q_t = q_1 + q_2$，以双对数坐标绘制出 dln p_i^0/dln q_i^0 和 q_i^0 的关系曲线和图解积分值，得 p_i^0 和 $\pi A = RT$ 的曲线。采用猜算法，先假设任意的压力 p_1 及 p_2，从单组分吸附等温线得 q_1 和 q_2 值。再假定一个 $\pi A = RT$ 值，从 p_1^0 和 $\pi A = RT$ 的曲线中得到 $p_1^0(\pi)$ 和 $p_2^0(\pi)$，用式(4.10)和式(4.11)由已知的 p_1，p_2 和 p_1^0，p_2^0 值算出 y_1，y_2 值。其中，若所得 y_1 和 y_2 值满足 $\sum y_i = 1$ 的条件，则假定的 $\pi A = RT$ 值是正确的。否则需重新假设另一个 p_1 和 p_2 值。从式(4.17)求出 q_1，以 $q_i = q_t y_i$ 作图。

若单组分等温线能用方程式表示，则式(4.13)可得分析解。设在较大的浓度范围内可以用 Freundlich 方程表示，则积分项为 $\pi A = k_F q^0$，计算过程可大为简化。但要注意的是，单组分等温线（特别是弱吸附组分的等温线）适用于较大的吸附量范围，否则此简化法将造成较大的偏差。

4.6　吸附过程动力学

吸附过程动力学是研究吸附质在吸附过程中运动规律的科学，是发展高性能柱与高效能色谱方法的理论基础，其研究的主要目的是解释吸附穿透曲线的形状，探究色谱峰扩张的影响因素与机理，为获得高效能色谱柱系统提供理论指导，并为选择色谱分离条件奠定理论基础。描述吸附过程动力学的吸附速率方程是进行吸附过程模拟和设备设计的基础。吸附动力学模型可以分为化学动力学模型和物理动力学模型。其中物理动力学模型又包括液膜扩散模型、孔扩散模型、表面扩散模型、均质固相扩散模型和平行扩散模型等。

溶液中吸附质在多孔介质上发生吸附时，吸附质分子从溶液相到吸附剂上结合位点发生吸附需要经过 4 个独立的传质过程，如图 4.1 所示。① 吸附质分子在溶液相中通过对流或者扩散到达颗粒周围的液膜层。② 吸附质分子从颗粒周围的液膜层通过液膜扩散到吸附剂颗粒外表面。③ 吸附质分子在吸附剂颗粒孔隙体系中通过不同的传质机制（3a 为孔扩散，3b 为表面扩散）到达吸附剂颗粒中心，这两种机制可以单独发生也可以同时发生。④ 吸附质分子在吸附剂颗粒孔内的吸附位点发生吸附。

在吸附过程中，外部传质（见图 4.1 中的步骤 1）和表面吸附（见图 4.1 中的步骤 4）一般情况下是快速完成的。因此，吸附过程的速率控制步骤是液膜扩散（见图 4.1 中的步骤 2）和孔隙体系内的扩散（见图 4.1 中的步骤 3a，3b）。对吸附剂颗粒直径较小（$d_p < 5$ μm）或者孔内扩散系数非常大的情况，传质阻力一般集中在颗粒外表面的液膜上；对吸附剂颗粒直径很大（$d_p > 50$ μm）的情况，孔内扩散传质通常是速率控制步骤。在极少数情况下，吸附质分子与吸附剂孔内吸附位点的结合速率非常慢，此时表面吸附为吸附过程的速率控制步骤。众多研究表明，同时考虑上述 4 个步骤对吸附速率的影响将使模型变得非常复杂,模型的使用存在较大的困难。因此,在实际体系中,只考虑上述 4 个步骤中控制吸附过程速率的 1～2 个步骤,据此建立速率控制步骤的简化模型,即可较好地预测实际实验结果。

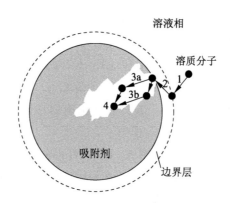

1—对流和扩散;2—液膜扩散;3a—孔扩散;3b—表面扩散;4—吸附。

图 4.1　分子吸附的传质过程

综上所述,在大多数情况下吸附质分子的内扩散阻力明显高于液膜扩散阻力,即内扩散往往是动态吸附过程的速率控制步骤。有学者对吸附质分子在多孔介质材料内的扩散现象进行了广泛的研究,并提出了许多数学模型来描述吸附动力学行为。目前普遍应用的模型包括大孔扩散模型、表面扩散模型、平行扩散模型和均质固相模型。

4.7　影响吸附的因素

4.7.1　吸附剂的性质

吸附剂的结构决定其理化性质,理化性质对吸附的影响很大。一般要求吸附剂的吸附容量高、吸附速率快、机械强度好。吸附容量除与外界条件有关外,主要与吸附剂的比表面积有关,比表面积越大,孔隙度越高,吸附容量越大。吸附速率主要与吸附剂的颗粒大小和孔径分布有关,颗粒越小,吸附速率就越快。孔径适中有利于吸附物向孔隙中扩散,需吸附分子量大的物质时,应选择孔径大的吸附剂;需吸附分子量小的物质时,应选择比表面积大及孔径较小的吸附剂。

4.7.2　吸附质的性质

吸附质的性质也是影响吸附的因素之一,根据吸附质的性质可以预测相对吸附量。其中,预测相对吸附量有以下几条规律可循:

① 能使表面张力降低的物质,易为表面所吸附。该规律由 Gibbs(吉布斯)吸附方程式推导而来,即固体的表面张力越小,液体被固体吸附得越多。

② 溶质被较易溶解的溶剂吸附时,吸附量较少。

③ 极性吸附剂易吸附极性物质,非极性吸附剂易吸附非极性物质。极性吸附剂适宜从非极性溶剂中吸附极性物质,而非极性吸附剂适宜从极性溶剂中吸附非极性物质。

④ 对于由同系物组成的系列物质,吸附量的变化是有规律的。排序越靠后的物质极性越弱,越易被非极性吸附剂所吸附。例如,活性炭是非极性的,在水溶液中它是一些有机化合物的良好吸附剂;硅胶是极性的,在有机溶剂中吸附极性物质较为合适。

特定的吸附剂在某一溶剂中对不同溶质的吸附能力是不同的。

4.7.3 温度

从本质上讲,气体吸附一般为放热过程,因而温度升高不利于吸附的进行,并导致吸附容量下降。但在溶液吸附过程中,由于溶剂的存在,液相吸附过程比气体吸附过程复杂。如图 4.2 所示,研究液相吸附过程时,不仅要考虑吸附剂与溶质之间的相互作用,还必须考虑溶质与溶剂之间和吸附剂与溶剂之间的相互作用。吸附剂通过范德华力、静电引力和氢键作用力等吸附溶质。溶质与吸附剂之间的亲和力 C 越大,表明吸附剂对溶质的吸附能力越强。溶质与溶剂之间的亲和力 A 越大,说明溶质在溶剂中的溶解度越大,那么溶质就越难被吸附剂吸附。溶剂与吸附剂之间的亲和力 B 越大,表明吸附剂对溶剂的吸附能力越强。通常溶液中溶剂分子比溶质分子多得多,吸附剂先吸附溶剂,当吸附剂吸附溶质时,溶剂必须先脱附。因此,为了使吸附剂吸附溶质,亲和力 C 要尽可能大,亲和力 A 和 B 应尽可能小;为了使溶质脱附,亲和力 A 和 B 要尽可能大。

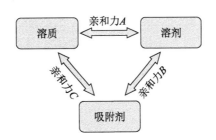

图 4.2　液相吸附过程中的相互作用力

应汉杰教授课题组利用 KA - Ⅰ 树脂吸附水溶液中的丁醇,发现在 10,20,30,40 ℃温度下,丁醇在 KA - Ⅰ 树脂上的最大吸附容量分别为 140,171,232,304 mg/g 湿树脂。这说明温度升高对丁醇在 KA - Ⅰ 树脂上的吸附呈正效应。这是因为在丁醇吸附过程中,温度不仅影响吸附过程,还会影响丁醇在水中的溶解度。一方面,由于吸附过程是放热过程,所以温度越高,对丁醇吸附越不利;另一方面,温度越高,丁醇在水中的溶解度就越小(0,25,45 ℃时的饱和溶液浓度依次为 1.386,0.969,0.863 mol/L)。溶解度越小,化学势就越大,对吸附越有利。在丁醇吸附过程中,温度对吸附过程的影响是以上两个方面综合作用的结果,而温度对溶解度的影响占主导作用,因而温度升高对丁醇吸附呈正效应。相关研究结果与 Bartell 和傅鹰等利用石墨从水中吸附正丁醇的结果一致。

4.7.4 溶液 pH 值

溶液的 pH 值往往会影响到吸附剂或吸附质解离,从而影响吸附量。各种溶质吸附的最佳 pH 值需要通过实验来确定,例如,有机酸类溶于碱,胺类物质溶于酸,所以有机酸类在酸性条件下、胺类在碱性条件下较易被非极性吸附剂所吸附。

4.7.5 吸附质浓度与吸附剂用量

由吸附等温线方程可知,在稀溶液中吸附质的吸附量与其浓度的一次方成正比,而在中等浓度的溶液中吸附量与浓度的 $1/n$ 次方成正比。在吸附达到平衡时,吸附质的浓度称为平衡浓度。一般来说,吸附质的平衡浓度越高,吸附量就越大。同时,从分离提纯的角度来看,还应该考虑吸附剂的用量。若吸附剂的用量过多,则会导致成本高、吸附选择性差及有效成分损失等。所以,吸附剂的用量应综合各种因素,通过实验来确定。

4.8 吸附的操作方式

根据待分离物系中各组分的性质和过程的分离要求(如纯度、收率、能耗等),选择适当的吸附剂和洗脱剂,采用相应的工艺过程和设备来完成物系分离。常用的吸附操作方式主要包括搅拌槽吸附、固定床柱吸附、模拟移动床吸附等。

4.8.1 搅拌槽吸附

搅拌槽用于液体的吸附分离。将要处理的液体与粉末状(或颗粒状)吸附剂加入搅拌槽中,在良好的搅拌下,固液形成悬浮液,在液固充分接触中吸附质被吸附。搅拌槽吸附适用于吸附质的吸附能力强、传质速率为液膜扩散所控制和需脱除少量杂质的场合。搅拌槽吸附有三种操作方式。

① 间歇操作:液体和吸附剂经过一定时间的接触和吸附后停止操作,用直接过滤的方法进行液体与吸附剂的分离。

② 连续操作:液体和吸附剂连续地加入和流出搅拌槽。

③ 半间歇半连续操作:液体连续流进和流出搅拌槽,在槽中与吸附剂接触,而吸附剂保留在槽内,逐渐消耗。

对于上述三种操作方式,应从搅拌槽结构和操作方式上保证搅拌良好,使悬浮液处于湍流状态,使得槽内物料完全混合。对半连续操作,在悬浮区域以上有清液层,以便采出液体。

搅拌槽吸附操作是典型的级操作,通常为间歇分批操作,既可以单个操作,也可以设计成多级错流或多级逆流流程。但多级操作的装置复杂,步骤繁多,实际上很少采用。

搅拌槽吸附操作多用于液体的精制,如脱水、脱色、脱臭等。价廉的吸附剂使用后一般弃去。如果吸附质是有用的物质,吸附后可以用适当溶剂或热空气或蒸汽来解吸。对于溶液脱色过程,吸附质一般是无用物,吸附剂可以用燃烧法再生,循环使用。

4.8.2　固定床柱吸附

固定床柱吸附在装有颗粒状吸附介质的塔式设备中进行,主要由四个阶段组成。

① 吸附阶段:物料不断通过吸附塔,被吸附的组分留在固定床内,其余则从塔出口处流出。吸附过程可持续到吸附剂饱和为止。

② 洗杂阶段:利用洗杂试剂将固定床柱床层空隙中的杂质洗掉,有利于提升洗脱液中产品的纯度。

③ 洗脱阶段:用升温、减压或置换等方法使被吸附的组分解吸。

④ 再生阶段:使用不同的方法使吸附剂再生,并重复吸附操作。

在固定床柱吸附实验中,根据流出液中吸附质浓度随时间或者流出体积的变化规律可绘制吸附穿透曲线。如图 4.3 所示,假设溶液的初始浓度为 C_0,点 O 至点 B 之间,流出液中不含吸附质,此时固定床柱内的树脂由饱和区、吸附区和未吸附区组成。其中,饱和区内的树脂已吸附饱和($C=C_0$),不具有吸附能力;而吸附区内的树脂正在发挥吸附作用($0<C<C_0$);未吸附区内的树脂为新树脂($C=0$),尚未进行吸附。到达点 B 时,流出液中刚刚出现吸附质,未吸附区消失。B 点也称为穿透点(breakthrough point),或者漏出点,此时相应的时间称为穿透时间 t_B,相应的流出液体积称为穿透体积 V_B,相应的固定床柱的吸附容量称为穿透容量 q_B。但是,由于在实际操作中穿透点漏出的第一个吸附分子很难被及时捕捉到,为了检测方便,工程上规定当 $C=0.05C_0$ 时,便认为固定床柱穿透。

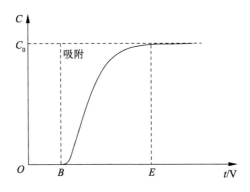

图 4.3　吸附穿透曲线示意图

随着流出液中吸附质浓度的升高,固定床柱内树脂相中的饱和区不断增加,吸附区逐渐减少。当达到点 E($C_E=0.95C_0$)时,固定床柱内的树脂完全由饱和区构成,已不具备吸附能力。点 E 也称为饱和点(saturated point)或耗竭点(exhausted point),此时相应的时间称为穿透时间 t_E,相应的流出液体积称为饱和体积 V_E,相应的固定床柱的吸附容量称为饱和容量 q_E。因此,在固定床柱吸附过程中,穿透曲线的波形(斜率变化)、穿透点出现的位置和穿透点至饱和点的宽度体现了吸附体系、设备结构、操作条件、交换平衡及传质动力学等诸多因素对吸附过程的综合影响。

当吸附穿透曲线为对称形式时,穿透容量根据式(4.18)计算,饱和容量根据式(4.19)计算:

$$q_B = \frac{C_0 \cdot \{[V_B - [V_s + \varepsilon_b \cdot V_c + \varepsilon_p \cdot (1 - \varepsilon_b) \cdot V_c]\}}{m} \tag{4.18}$$

$$q_E = \frac{C_0 \cdot \{V_r - [V_s + \varepsilon_b \cdot V_c + \varepsilon_p \cdot (1 - \varepsilon_b) \cdot V_c]\}}{m} \tag{4.19}$$

然而,在非线性色谱吸附过程中,其吸附穿透曲线往往是不对称的,此时树脂达到穿透点时的吸附容量和饱和点的吸附容量分别根据式(4.20)和式(4.21)采用图解积分法求出:

$$q_B = \frac{\int_0^{V_B} (C_0 - C)\mathrm{d}V - [V_s + \varepsilon_b \cdot V_c + \varepsilon_p \cdot (1 - \varepsilon_b) \cdot V_c]C_0}{m} \tag{4.20}$$

$$q_E = \frac{\int_0^{V_E} (C_0 - C)\mathrm{d}V - [V_s + \varepsilon_b \cdot V_c + \varepsilon_p \cdot (1 - \varepsilon_b) \cdot V_c]C_0}{m} \tag{4.21}$$

式(4.18)至式(4.21)中,q_B 是单位质量湿树脂在吸附穿透点时吸附溶质的容量,mg/g;q_E 是单位质量湿树脂在吸附饱和点时吸附溶质的容量,mg/g;C_0 是溶液的初始浓度,g/L;V_B 是穿透体积,L;V_E 是饱和体积,L;V_r 是出口浓度等于溶液初始浓度一半时所流出来的体积,L;ε_b 是固定床柱内树脂床层的空隙率;ε_p 是湿树脂颗粒的孔隙率;V_s 是树脂床层上方的溶液体积,L;V_c 是固定床柱内树脂的床层体积,L;m 是固定床柱内填充湿树脂的质量,g。

色谱模型是理解和揭示固定床柱吸附的传质过程,优化新型吸附过程和设计吸附装置的一个非常有用的工具,在工艺改进和优化过程中可以节省大量的人力、物力和时间,其模型分析在分离科学领域有着悠久的历史。这些定量描述固定床柱内各个影响因素的数学模型一般都是基于物质、能量和动量平衡以及吸附质与吸附剂之间的热力学平衡关系建立的。建立数学模型必须考虑到固定床柱吸附过程中所有的要求及拟解决的实际问题,因此模型可进行不同程度的修正。比如:对于一个稳态过程,系统不随时间变化,建立稳态模型即可;对于一个非稳态过程,系统变量随着时间变化,建模过程中就要考虑建立动态模型。由于色谱吸附过程受时间和空间变化的影响,因此需要通过动态和微观的平衡来描述吸附过程。色谱吸附过程一般都包括多个操作单元,每一个单元都可以通过不同的模型描述,然后利用流程模拟系统联合所有模型进行求解。

Guiochon、Lin、Ruthven、Seidel-Morgenstern、Bellot 和 Condoret 等都曾综述过色谱模型的不同分类。色谱模型的分类如图4.4所示。其中,最复杂的模型是综合速率模型,该模型考虑了流动相中的对流和扩散传质、溶质在吸附剂孔内的阻力和液膜传质阻力、吸附剂孔内和颗粒表面的吸附动力学、吸附平衡等因素的影响。最简单的模型是理想模型,该模型假定流动相和吸附剂颗粒表面瞬时到达吸附平衡,只考虑流动相中的对流传质。

其他模型的复杂程度介于综合速率模型和理想模型之间。目前大部分文献中使用的色谱模型一般都考虑对流、扩散、吸附、传质阻力、吸附平衡和动力学等影响因素中的两项或多项。任何一个完整的描述固定床柱吸附过程的数学模型一般均包括物料质量平衡方程、吸附等温线方程、初始和边界条件方程。模型参数通常包括空隙率、孔隙率、吸附剂颗粒内扩散系数、吸附等温线、轴向扩散系数以及液膜传质系数等。

对固定床柱吸附过程进行数学建模时，通过以下假设来简化综合速率模型：① 树脂是具有均一尺寸的球形多孔介质材料；② 树脂床层装填均匀，不考虑压力降，柱床层空隙率和流动相的流速是恒定的；③ 流动相的密度和黏度是恒定的；④ 树脂颗粒孔内无对流传质现象，即树脂颗粒孔内的溶液相不受柱床层空隙流动相的影响；⑤ 柱吸附过程在等温条件下进行；⑥ 树脂颗粒孔内溶质不受尺寸排阻效应的影响，即所有溶质贯穿整个颗粒孔隙空间；⑦ 柱床层内的溶液流动时的径向扩散忽略不计。

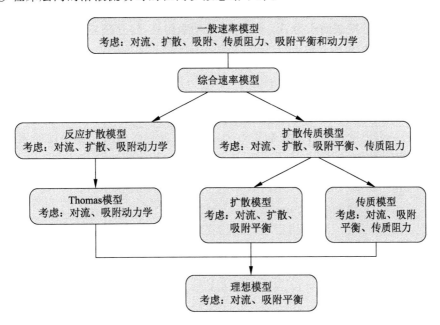

图 4.4　色谱模型的分类

（1）质量平衡方程

基于上述假设，取固定床柱内一段微元体积作为分析对象，如图 4.5 所示。流动相中各组分在柱床层上的浓度 $C_i(t,x)$ 是一个关于时间 $t \in [0, t_s]$ 和柱轴向位置 $x \in [0, L_c]$ 的函数。由于假设树脂颗粒为球形结构，颗粒孔内的流动相和固定相的浓度 $C_{i,p}(t,x,r)$ 和 $q_i(t,x,r)$ 是关于时间 $t \in [0, t_s]$、柱轴向位置 $x \in [0, L_c]$ 和 $r \in [0, r_p]$ 的函数。对于流动液相中的组分 i 来说，沿固定床柱轴向方向的物流通量 $J_i(t,x)$ 由对流项 $\dot{m}^x_{\text{conv},i}(t,x)$ 与轴向扩散项 $\dot{m}^x_{\text{disp},i}(t,x)$ 构成。

$$\varepsilon_b A_c J_i(t,x) = \dot{m}^x_{\text{conv},i}(t,x) + \dot{m}^x_{\text{disp},i}(t,x) \tag{4.22}$$

式中，ε_b 是固定床柱内树脂床层的空隙率；A_c 是固定床柱内树脂床层的横截面积，cm^2。

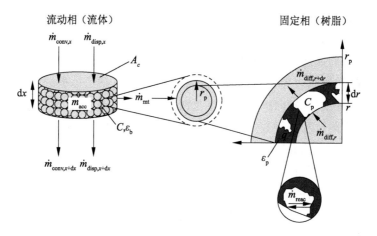

图 4.5　固定床柱微分质量元分析

对图 4.5 所示的横截面积为 A_c、柱长为 L_c 的吸附柱，建立任意相同时间段微元体积 $\mathrm{d}V_c = A_c \mathrm{d}x$ 内的物料平衡方程式：

$$\dot{m}^x_{\mathrm{conv},i}(t,x) + \dot{m}^x_{\mathrm{disp},i}(t,x) - \dot{m}^{x+\mathrm{d}x}_{\mathrm{conv},i}(t,x) - \dot{m}^{x+\mathrm{d}x}_{\mathrm{disp},i}(t,x) = \frac{\partial}{\partial t}\left[m_{\mathrm{acc},i}(t,x)\right] + \dot{m}_{\mathrm{mt},i}(t,x)$$

$$(4.23)$$

式（4.23）左边是进出微元的对流项和扩散项，右边是吸附质在微元体积内的累积项和吸附剂颗粒内传质的反应项。

根据泰勒公式：

$$f(x+\Delta x) = f(x) + \frac{\partial}{\partial x}f(x) \cdot \Delta x + \frac{1}{2!}\frac{\partial^2}{\partial x^2}f(x) \cdot \Delta x^2 + \cdots \qquad (4.24)$$

略去高阶项后，$\dot{m}^{x+\mathrm{d}x}(t,x)$ 的表达式可以化简为

$$\dot{m}^{x+\mathrm{d}x}(t,x) \approx \dot{m}^x(t,x) + \frac{\partial \dot{m}^x(t,x)}{\partial x}\mathrm{d}x \qquad (4.25)$$

将式（4.25）代入式（4.23）可以得到：

$$-\frac{\partial\left[\dot{m}^x_{\mathrm{conv},i}(t,x) + \dot{m}^x_{\mathrm{disp},i}(t,x)\right]}{\partial x}\mathrm{d}x = \frac{\partial}{\partial t}\left[m_{\mathrm{acc},i}(t,x)\right] + \dot{m}_{\mathrm{mt},i}(t,x) \qquad (4.26)$$

颗粒内的传质等于吸附质组分 i 在吸附剂颗粒内的累积量，即

$$\frac{\partial}{\partial t}\left[\overline{m}_{\mathrm{acc,ads},i}(t,x)\right] = \dot{m}_{\mathrm{mt},i}(t,x) \qquad (4.27)$$

吸附质在吸附剂颗粒内的传质只通过孔扩散和表面扩散进行。因此，式（4.23）右边带有吸附动力学的反应项可以写成：

$$\frac{\partial}{\partial t}\left[m_{\mathrm{acc,pore},i}(t,x,r)\right] = -\frac{\partial}{\partial r}\left[\dot{m}_{\mathrm{diff,pore},i}(t,x,r)\right]\mathrm{d}r - \dot{m}_{\mathrm{reac},i}(t,x,r) \qquad (4.28)$$

$$\frac{\partial}{\partial t}\left[m_{\mathrm{acc,solid},i}(t,x,r)\right] = -\frac{\partial}{\partial r}\left[\dot{m}_{\mathrm{diff,solid},i}(t,x,r)\right]\mathrm{d}r + \dot{m}_{\mathrm{reac},i}(t,x,r) \qquad (4.29)$$

联立式(4.28)和式(4.29),可以得到:

$$\frac{\partial}{\partial t}\left[m_{\text{acc,pore},i}(t,x,r)+m_{\text{acc,solid},i}(t,x,r)\right]=-\frac{\partial}{\partial r}\left[\dot{m}_{\text{diff,pore},i}(t,x,r)+\dot{m}_{\text{diff,solid},i}(t,x,r)\right]\mathrm{d}r$$

$$(4.30)$$

假设吸附平衡时反应速率是无限快的,那么,式(4.23)右边的反应项 $\dot{m}_{\text{mt},i}(t,x)$ 可以忽略。固定床柱微元的总体积($\mathrm{d}V_c$)是微元内流动相的体积($\mathrm{d}V_{\text{int}}$)和固定相的体积($\mathrm{d}V_{\text{ads}}$)的总和。因此,流动相的体积和固定相的体积可以通过以下两式计算得到:

$$\mathrm{d}V_{\text{int}}=\varepsilon_b\mathrm{d}V_c=\varepsilon_bA_c\mathrm{d}x \qquad (4.31)$$

$$\mathrm{d}V_{\text{ads}}=\mathrm{d}V_c-\mathrm{d}V_{\text{int}}=(1-\varepsilon_b)A_c\mathrm{d}x \qquad (4.32)$$

固定相的体积 $\mathrm{d}V_{\text{ads}}$ 是颗粒内孔体积($\mathrm{d}V_{\text{pore}}$)和表面相体积($\mathrm{d}V_{\text{solid}}$)的总和。因此,颗粒内孔体积($\mathrm{d}V_{\text{pore}}$)和表面体积($\mathrm{d}V_{\text{solid}}$)可以通过以下两式计算得到:

$$\mathrm{d}V_{\text{pore}}=\varepsilon_p\mathrm{d}V_{\text{ads}}=\varepsilon_p(1-\varepsilon_b)A_c\mathrm{d}x \qquad (4.33)$$

$$\mathrm{d}V_{\text{solid}}=(1-\varepsilon_p)\mathrm{d}V_{\text{ads}}=(1-\varepsilon_p)(1-\varepsilon_b)A_c\mathrm{d}x \qquad (4.34)$$

吸附剂空隙间溶液中吸附质的浓度定义为 C_i,吸附质在吸附剂上的平均吸附容量定义为 $\overline{q}_i^*$,吸附剂颗粒孔内的吸附质的平均浓度定义为 $\overline{C}_{p,i}$,吸附剂颗粒表面上的吸附质平均吸附容量定义为 $\overline{q}_i$。吸附质的质量平衡可以写成:

$$m_{\text{acc},i}(t,x)=C_i(t,x)\mathrm{d}V_{\text{int}}=C_i(t,x)\varepsilon_bA_c\mathrm{d}x \qquad (4.35)$$

$$\overline{m}_{\text{acc,ads},i}(t,x)=\overline{q}_i^*(t,x)\mathrm{d}V_{\text{ads}}=\overline{q}_i^*(t,x)(1-\varepsilon_b)A_c\mathrm{d}x \qquad (4.36)$$

$$\overline{m}_{\text{acc,pore},i}(t,x)=\overline{C}_{p,i}(t,x)\mathrm{d}V_{\text{pore}}=\overline{C}_{p,i}(t,x)\varepsilon_p(1-\varepsilon_b)A_c\mathrm{d}x \qquad (4.37)$$

$$\overline{m}_{\text{acc,solid},i}(t,x)=\overline{q}_i(t,x)\mathrm{d}V_{\text{solid}}=\overline{q}_i(t,x)(1-\varepsilon_p)(1-\varepsilon_b)A_c\mathrm{d}x \qquad (4.38)$$

吸附质在吸附剂上的平均吸附容量是吸附剂颗粒孔内吸附质的平均浓度和吸附剂颗粒表面上的吸附质平均浓度的和,即

$$\overline{q}_i^*(t,x)=\varepsilon_p\overline{C}_{p,i}(t,x)+(1-\varepsilon_p)\overline{q}_i(t,x) \qquad (4.39)$$

式中,ε_p 为孔隙率。

式(4.35)至式(4.39)中,这些固定相中吸附的吸附质平均浓度和流动相吸附质的浓度都是关于时间 $t\in[0,t_s]$ 和柱轴向位置 $x\in[0,L_c]$ 的函数。当数学模型考虑吸附剂颗粒径向浓度分布时,式(4.39)应该写成:

$$q_i^*(t,x,r)=\varepsilon_pC_{p,i}(t,x,r)+(1-\varepsilon_p)q_i(t,x,r) \qquad (4.40)$$

球形吸附剂颗粒孔内的吸附质的平均浓度和吸附剂颗粒表面上的吸附质平均吸附容量通过以下两式积分求得:

$$\overline{C}_{p,i}(t,x)=\frac{1}{\frac{4}{3}\pi r_p^3}\int_0^{r_p}C_{p,i}(t,x,r)\cdot 4\pi r^2\mathrm{d}r=\frac{3}{r_p^3}\int_0^{r_p}C_{p,i}(t,x,r)\cdot r^2\mathrm{d}r \qquad (4.41)$$

$$\overline{q}_i(t,x)=\frac{1}{\frac{4}{3}\pi r_p^3}\int_0^{r_p}q_i(t,x,r)\cdot 4\pi r^2\mathrm{d}r=\frac{3}{r_p^3}\int_0^{r_p}q_i(t,x,r)\cdot r^2\mathrm{d}r \qquad (4.42)$$

一般情况下,质量平衡方程还必须考虑每个微元体积中所含有的颗粒数目:

$$N_p = dV_{ads} / \frac{4}{3} \pi r_p^3 = 3(1-\varepsilon_b) A_c dx / 4\pi r_p^3 \tag{4.43}$$

假设所有吸附剂颗粒在柱子的一维轴向位置是相同的,那么吸附质在吸附剂颗粒孔内的质量方程就等于单个颗粒(见图 4.5)的质量方程乘以每个微元体积中所含有的颗粒数目,即

$$m_{acc,pore,i}(t,x,r) = N_p C_{p,i}(t,x,r) \varepsilon_p 4\pi r^2 dr = \frac{3(1-\varepsilon_b) A_c dx}{4\pi r_p^3} C_{p,i}(t,x,r) \varepsilon_p 4\pi r^2 dr \tag{4.44}$$

$$m_{acc,solid,i}(t,x,r) = N_p q_i(t,x,r)(1-\varepsilon_p) 4\pi r^2 dr = \frac{3(1-\varepsilon_b) A_c dx}{4\pi r_p^3} q_i(t,x,r)(1-\varepsilon_p) 4\pi r^2 dr \tag{4.45}$$

（2）对流传质

在固定床柱吸附过程中,由于对流产生间隙线速度 v,流动相携带着吸附质和溶剂不断沿着固定床柱轴向向前推移。

$$v = Q_f / \varepsilon_b \pi \frac{d_c^2}{4} \tag{4.46}$$

式中, Q_f 是料液的进料体积流量,mL/min; d_c 是固定床柱的直径,cm。

对流产生的传质质量方程为

$$\dot{m}_{conv,i}(t,x) = v\varepsilon_b A_c C_i(t,x) \tag{4.47}$$

（3）轴向扩散

固定床柱吸附过程中,吸附质在流动相中由于轴向扩散产生的扩散项遵循 Fick 第一扩散定律。

$$\dot{m}_{disp,i}(t,x) = -\varepsilon_b A_c D_{ax} \frac{\partial C_i(t,x)}{\partial x} \tag{4.48}$$

式中, D_{ax} 是轴向扩散系数,cm^2/min,它只与柱内吸附剂装填量和间隙线速度有关。

（4）吸附剂颗粒内扩散

吸附质在吸附剂颗粒内的扩散遵循 Fick 第一扩散定律。累积项[式(4.44)和式(4.45)]在吸附剂颗粒内的扩散为

$$\dot{m}_{diff,pore,i}(t,x,r) = N_p \varepsilon_p 4\pi r^2 D_{pore,i} \frac{\partial C_{p,i}(t,x,r)}{\partial r} = \frac{3(1-\varepsilon_b) A_c dx}{r_p^3} r^2 \varepsilon_p D_{pore,i} \frac{\partial C_{p,i}(t,x,r)}{\partial r} \tag{4.49}$$

$$\dot{m}_{diff,solid,i}(t,x,r) = N_p(1-\varepsilon_p) 4\pi r^2 D_{solid,i} \frac{\partial q_i(t,x,r)}{\partial r} = \frac{3(1-\varepsilon_b) A_c dx}{r_p^3} r^2 (1-\varepsilon_p) D_{solid,i} \frac{\partial q_i(t,x,r)}{\partial r} \tag{4.50}$$

式(4.49)中,流体在大孔和中孔中的扩散被认为是自由扩散,扩散系数为 $D_{i,pore}$,一般小于在流动相中的扩散系数。这是因为孔内扭曲造成流体在孔隙中的径向是随机取向的。式

(4.50)表示的是流体在微孔或者吸附剂颗粒内表面上在分子力场的影响下产生的扩散。

（5）传质

根据模型的假设,液相浓度只沿着固定床柱轴向改变,在同一个截面上是不变的。因此,液相和固相之间的传质不是由吸附剂颗粒周围的局部浓度梯度来定义的,而是通过假设一个总传质阻力来定义的。在大多数情况下,外部传质($\dot{m}_{\mathrm{mt},i}$)是通过定义流动相和吸附剂表面之间(边界层)的浓度差的线性函数,也就是线性驱动力模型(LDF 模型)来描述的。液膜线性驱动力模型的浓度分布如图 4.6 所示。

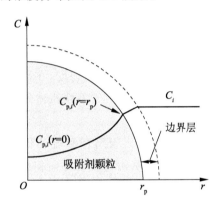

图 4.6　液膜线性驱动力模型的浓度分布

溶液相中组分 i 的传质通过下式计算:

$$\dot{m}_{\mathrm{mt},i}=k_{i,\mathrm{film}}\left[C_i-C_{\mathrm{p},i}(r=r_{\mathrm{p}})\right]\mathrm{d}A_{\mathrm{s}} \tag{4.51}$$

$$\mathrm{d}A_{\mathrm{s}}=N_{\mathrm{p}}4\pi r_{\mathrm{p}}^2=3(1-\varepsilon_{\mathrm{b}})A_{\mathrm{c}}\mathrm{d}x/r_{\mathrm{p}} \tag{4.52}$$

联立式(4.51)和式(4.52)可以得到:

$$\dot{m}_{\mathrm{mt},i}=k_{i,\mathrm{film}}\left[C_i-C_{\mathrm{p},i}(r=r_{\mathrm{p}})\right]\frac{3}{r_{\mathrm{p}}}(1-\varepsilon_{\mathrm{b}})A_{\mathrm{c}}\mathrm{d}x \tag{4.53}$$

根据式(4.27)所述,颗粒内的传质等于吸附质组分 i 在吸附剂颗粒内的累积量。如果吸附剂颗粒内部的浓度和吸附量是变化的,那么必须先得出溶液相中各组分在径向上的浓度分布,再通过式(4.36)积分得到总的累积量。在这种情况下,式(4.27)被吸附剂颗粒的连续性方程式(4.49)和式(4.50)取代是合理的,即进入外部液膜的质量通量等于进入吸附剂颗粒内部的质量通量。

$$\dot{m}_{\mathrm{mt},i}=-\left[\dot{m}_{\mathrm{diff,pore},i}(r=r_{\mathrm{p}})+\dot{m}_{\mathrm{diff,solid},i}(r=r_{\mathrm{p}})\right] \tag{4.54}$$

在这种形式下,利用孔隙和表面扩散传质来代替吸附剂颗粒内的传质阻力项。

（6）吸附动力学

微元体积内所有的吸附剂颗粒的体积反应速率通过下式描述:

$$\dot{m}_{\mathrm{reac},i}=(1-\varepsilon_{\mathrm{p}})N_{\mathrm{p}}\psi_{\mathrm{reac},i}4\pi r^2\mathrm{d}r \tag{4.55}$$

式中,净吸附速率 $\psi_{\mathrm{reac},i}$ 可以通过不同的方式定义。Ma 等用吸附速率常数(k_{ads})和解吸速率常数(k_{des})来表示净吸附速率:

$$\psi_{\mathrm{reac},i}(t,x,r)=k_{\mathrm{ads},i}q_{\mathrm{sat},i}\left(1-\sum_{j=1}^{N_{\mathrm{comp}}}\frac{q_j(t,x,r)}{q_{\mathrm{sat},j}}\right)C_{\mathrm{p},i}(r)-k_{\mathrm{des},i}q_i(t,x,r) \quad (4.56)$$

式中，$q_{\mathrm{sat},i}$ 是每个组分在吸附剂上的最大吸附容量，mg/g。

（7）吸附平衡关系

一般情况下，吸附和解吸是非常快的，假设吸附反应速率是无限快的，则孔隙内的浓度和吸附容量是平衡的，一般利用等温线方程来表示：

$$q_i(r)=f\left[C_{\mathrm{p},1}(r),C_{\mathrm{p},2}(r),\cdots,C_{\mathrm{p},N_{\mathrm{comp}}}(r)\right] \quad (4.57)$$

4.8.3 模拟移动床吸附

模拟移动床（simulated moving bed，SMB）是 20 世纪 60 年代开发的一种连续逆流色谱分离工艺。它可以提高固定相的利用率与产品纯度，在提高产品收率的同时可以减少解吸剂的消耗。SMB 技术广泛应用于石油化工、手性药物分离、食品加工领域和天然产物分离过程中。

SMB 技术的基本原理如图 4.7 所示。吸附相和流动相逆流运行，即吸附相移动（在 SMB 中通过阀门切换进行）的方向与流动相的流动方向相反。两个目标组分的分离在第 2 区和第 3 区中进行。在这些分区中，对吸附相和流动相的移动进行调整，保留较少组分的移动在流动相流的方向上，而保留较多组分的移动在相反的方向上。因此，保留较少的组分被收集在吸余液（raffinate）中，而保留较多的组分被收集在解吸液（extract）中。吸附相和流动相的再生分别在第 1 区和第 4 区中进行。

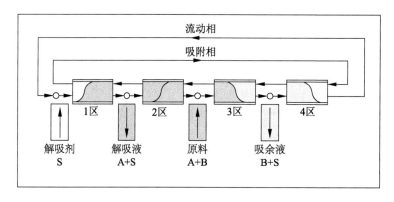

图 4.7 SMB 技术的基本原理

各个区带的功能如下：

① 1 区：吸附相的再生区，该区带只含有强吸附组分。1 区流动相的强洗脱作用，将吸附组分全部洗脱下来从萃取口流出，使吸附相得以再生。

② 2 区：该区带为分离区，强吸附组分沿着吸附相移动方向向萃取口移动，而弱吸附组分随着流动相进入 3 区。

③ 3 区：该区带是分离区，通常与 2 区带一起被称为主区带，两个区带起到主要的分离作用，该区带中弱吸附组分沿着流动相流动方向从萃余口流出，而强吸附组分随着吸附

相返回到 2 区中。

④ 4 区:流动相的再生区,该区带只含有弱吸附组分,弱吸附组分会随着吸附相移动方向运动而从萃余口流出。经过 4 区,流动相再生后不含有任何组分回到 1 区。

4.9 吸附在工业中的应用案例

4.9.1 固定床柱吸附在废水处理中的应用

在火药生产中会排出多种硝基化合物。三硝基甲苯(TNT)酸性废水,主要含三硝基苯、三硝基苯甲酸、TNT 的各类异构体、脂肪族硝基化合物及酚类的多硝基化合物,废水 pH 值小于 2,呈黄色。某厂 TNT 酸性废水量为 250 m^3/d,处理流程如下:先经沉淀池将大部分呈悬浮状态的硝基苯化合物沉淀下来,再经过滤器进行过滤,然后废水进入升流式固定床活性炭吸附塔进行吸附,最后对吸附塔出水进行中和。

4.9.2 大孔吸附树脂在含油废水中的应用

我国科研工作人员利用大孔吸附树脂对含酚废水、有机酸废水、苯胺废水以及其他不同类型的含油废水进行了吸附应用及探究。上海大学研究了 DA-201 吸附树脂回收废水中的苯酚的工艺条件,回收效果显著。他们利用 5% 的氢氧化钠溶液或甲醇进行脱酚处理,解吸回收率接近 100%,并将研究成果应用于上海焦化厂氨回收工段含酚废水的处理。南京大学张全兴院士课题组采用 CHA-111 大孔吸附树脂处理 T-50 石油酚、2-萘酚、5-氯酚钠工业生产中产生的高浓度含酚废水,其中 T-50 石油酚的去除率高于 99.9%,2-萘酚的去除率高于 99%,5-氯酚钠的去除率高于 99%,COD 的去除率高于 80%。另外,解吸后的 CHA-111 树脂可以重复利用,解吸后的污染物可以资源化。同济大学利用超高交联吸附树脂 NDA-800 处理水杨酸生产废水,研究表明,当进水苯酚和水杨酸含量分别为 6 000 mg/L 和 1 300 mg/L 时,经过 NDA-800 树脂一级吸附处理后可达到排放标准,同时实现了水杨酸生产废水中苯酚和水杨酸等化工资源的生产回用。

 大师风采

> **中国离子交换树脂之父——何炳林院士**
>
> 何炳林(1918—2007),高分子化学家、教育家,中国离子交换树脂工业的开创者,被誉为"中国离子交换树脂之父",曾任南开大学化学系主任、南开大学高分子化学研究所所长。

何炳林 1918 年 8 月 24 日出生于广东番禺,1938 年考入西南联合大学化学系,毕业后留校任教。1947 年赴美国印第安纳州立大学研究生院学习,1952 年获博士学位,同年 3 月进入美国纳尔哥化学公司担任高级研究员。1955—1956 年,冲破美国政府阻挠,回国至南开大学任教。1980 年当选为中国科学院学部委员(院士)。先后担任南开大学化学系系主任,南开大学高分子化学研究所所长,第三届和第五届全国人大代表,兼任青岛大学校长等。2007 年 7 月 4 日逝世。

何炳林先生长期致力于高分子化学学科建设、科研创新工作,主要从事离子交换树脂与吸附树脂的合成、结构与性能研究,以及生物高分子等领域研究,是我国高分子学科的主要创始人。1958 年,他建立了我国第一个高分子化学教研机构——南开大学高分子教研室。同年,他成功合成出可以从贫铀矿中提取铀的特种树脂——"苯乙烯型强碱 201 树脂",并在此基础上主持建设我国第一家专门生产离子交换树脂的南开大学化工厂,解决了国防建设对核燃料的生产需要,为我国第一颗原子弹的爆炸成功作出了巨大贡献。1958—1959 年,毛泽东主席、周恩来总理先后亲临南开大学视察何炳林的实验室和化工厂车间,对他的开拓奉献精神和杰出贡献给予高度评价。另外,他还在国际上率先发现了大孔树脂的制备方法,在国内率先开展了生物医用高分子材料的研究,极大地促进了我国生物医学高分子研究领域的发展。何炳林先生始终坚持基础研究与应用研究并重,他合成的多种树脂被广泛地应用于我国化工、轻工业、冶金、医药、水处理等领域,经济效益和社会效益显著。

何炳林先生还十分注重人才培养,为国家培养了一大批高素质、高层次科技英才,并设立"何炳林奖学金",以资后学。他曾先后获得国防科工委"献身国防科学技术事业"荣誉奖章、国家自然科学二等奖、教育部科技进步一等奖、全国劳动模范等荣誉。

何炳林先生献身国家教育、科技事业,为南开大学高分子学科的建立和发展付出了毕生的心血,为我国原子能国防事业发展立下了汗马功劳,为国家的科技进步与经济建设作出了杰出贡献。

参考文献

[1] 赵振国. 吸附作用应用原理[M]. 北京:化学工业出版社,2005.

[2] Rajabbeigi N, Ranjan R, Tsapatsis M. Selective adsorption of HMF on porous carbons from fructose/DMSO mixtures [J]. Microporous and Mesoporous Materials,2012,158:253—256.

[3] Yoo W C, Rajabbeigi N, Mallon E E, et al. Elucidating structure-properties relations for the design of highly selective carbon-based HMF sorbents[J]. Microporous and Mesoporous Materials,2014,184:72—82.

[4] 叶庆国,陶旭梅,徐东彦. 分离工程[M]. 2 版. 北京:化学工业出版社,2017.

［5］ Jin H，Li Y S，Liu X L，et al. Recovery of HMF from aqueous solution by zeolitic imidazolate frameworks［J］. Chemical Engineering Science，2015，124：170－178.

［6］ Milestone N B，Bibby D M. Concentration of alcohols by adsorption on silicalite［J］. Journal of Chemical Technology and Biotechnology，1981，31(1)：732－736.

［7］ Maddox I S. Use of silicalite for the adsorption of n-butanol from fermentation liquors［J］. Biotechnology Letters，1982，4(11)：759－760.

［8］ Meagher M M，Qureshi N，Hutkins R. Silicalite membrane and method for theselective recovery and concentration of acetone and butanol from model ABE solutions and fermentation broth：US5755967［P］.1998－05－26.

［9］ Holtzapple M T，Brown R F. Conceptual design for a process to recover volatile solutes from aqueous solutions using silicalite［J］. Separations Technology，1994，4(4)：213－229.

［10］ Qureshi N，Maddox I S，Friedl A. Application of continuous substrate feeding to the ABE fermentation：Relief of product inhibition using extraction，perstraction，stripping，and pervaporation［J］. Biotechnology Progress，1992，8(5)：382－390.

［11］ 何炳林，黄文强. 离子交换与吸附树脂［M］. 上海：上海科技教育出版社，1995.

［12］ Pan B C，Du W，Zhang W M，et al. Improved adsorption of 4-nitrophenol onto a novel hyper-cross-linked polymer［J］. Environmental Science and Technology，2007，41(14)：5057－5062.

［13］ Pan B C，Zhang Q X，Meng F W，et al. Sorption enhancement of aromatic sulfonates onto an aminated hyper-cross-linked polymer［J］. Environmental Science and Technology，2005，39(9)：3308－3313.

［14］ Li A M，Zhang Q X，Zhang G C，et al. Adsorption of phenolic compounds from aqueous solutions by a water-compatible hypercrosslinked polymeric adsorbent［J］. Chemosphere，2002，47(9)：981－989.

［15］ Yu Y，Christopher L P. Detoxification of hemicellulose-rich poplar hydrolysate by polymeric resins for improved ethanol fermentability［J］. Fuel，2017，203：187－196.

［16］ Davankov V，Rogozhin V，Tsjurupa M. Macronet polystyrene structures for ionites and method of producing same：US3729457［P］.1973－04－24.

［17］ Detoni C，Gierlich C H，Rose M，et al. Selective liquid phase adsorption of 5-hydroxymethylfurfural on nanoporous hyper-cross-linked polymers［J］. ACS Sustainable Chemistry & Engineering，2014，2(10)：2407－2415.

［18］ Zheng J Y，Hu L，He X D，et al. Evaluation of pore structure of polarity-controllable post-cross-linked adsorption resins on the adsorption performance of 5-hydroxymethylfurfural in both single-and ternary-component systems［J］. Industrial

&. Engineering Chemistry Research,2020,59(39):17575－17586.

[19] Hu L,Tao S H,Xian J T,et al. Fabricating amide functional group modified hyper-cross-linked adsorption resin with enhanced adsorption and recognition performance for 5-hydroxymethylfurfural adsorption via simple one-step[J]. Chinese Journal of Chemical Engineering,2022,43：230－239.

[20] 近藤精一,石川达雄,安部郁夫. 吸附科学[M].李国希,译. 北京：化学工业出版社,2005.

[21] Langmuir I. The constitution and fundamental properties of solids and liquids. part I. solids[J]. Journal of the American Chemical Society,1916,38(11)：2221－2295.

[22] Freundlich HMF. Over the adsorption in solution[J]. The Journal of Physical Chemistry,1906,57:385－471.

[23] Dubinin M. The equation of the characteristic curve of activated charcoal[J]. Proceedings of the USSR Academy of Sciences,1947,55：327－329.

[24] Tempkin M I,Pyzhev V. Kinetics of ammonia synthesis on promoted iron catalyst[J]. Acta Physiochim URSS,1940,12(3):327－356.

[25] Horsfall M,Spiff A I. Equilibrium sorption study of Al^{3+},Co^{2+} and Ag^+ in aqueous solutions by fluted pumpkin (Telfairia occidentalis HOOK f) waste biomass[J]. Acta Chimica Slovenica,2005,52(2):174－181.

[26] Hill A V. The possible effects of the aggregation of the molecules of haemoglobin on its dissociation curves[J]. Journal of physiology(London),1910,40:4－7.

[27] Redlich O,Peterson D L. A useful adsorption isotherm[J]. The Journal of Physical Chemistry,1959,63(6)：1024.

[28] Sips R. Combined form of Langmuir and Freundlich equations[J]. The Journal of physical chemistry,1948,16：490－495.

[29] Toth J. State equations of the solid gas interface layer[J]. Acta Chimica Academiae Scientarium Hungaricae,1971,69：311－317.

[30] Koble R A,Corrigan T E. Adsorption isotherms for pure hydrocarbons[J]. Industrial and Engineering Chemistry,1952,44(2)：383－387.

[31] Khan A R,Ataullah R,Al-Haddad A. Equilibrium adsorption studies of some aromatic pollutants from dilute aqueous solutions on activated carbon at different temperatures[J]. Journal of Colloid and Interface Science,1997,194(1)：154－165.

[32] Vijayaraghavan K,Padmesh T V N,Palanivelu K,et al. Biosorption of nickel(Ⅱ) ions onto Sargassum wightii：Application of two-parameter and three-parameter isotherm models[J]. Journal of Hazardous Materials,2006,133(1－3)：304－308.

[33] Brunauer S, Emmett P H, Teller E. Adsorption of gases in multimolecular layers [J]. Journal of the American Chemical Society, 1938, 60(2): 309—319.

[34] Hill T L. Theory of physical adsorption[M]//Frankenburg W G, Komarewsky V I, Rideal E K. Advances in Catalysis. Amsterdam: Elsevier, 1952: 211—258.

[35] McMillan W G, Teller E. The assumptions of the B. E. T. theory[J]. The Journal of Physical Chemistry, 1951, 55(1): 17—20.

[36] Tilton R D, Robertson C R, Gast A P. Lateral diffusion of bovine serum albumin adsorbed at the solid-liquid interface[J]. Journal of Colloid and Interface Science, 1990, 137(1): 192—203.

[37] Schmidt-Traub H. Preparative chromatography of fine chemicals and pharmaceutical agents[M]. Weinheim: Wiley—VCH, 2005.

[38] Ruthven D M. Principles of adsorption and adsorption processes[M]. New York: Wiley, 1984.

[39] Lin X Q, Wu J L, Fan J S, et al. Adsorption of butanol from aqueous solution onto a new type of macroporous adsorption resin: Studies of adsorption isotherms and kinetics simulation[J]. Journal of Chemical Technology and Biotechnology, 2012, 87 (7): 924—931.

[40] Bartell F E, Thomas T L, Fu Y. Thermodynamics of adsorption from solutions. Ⅳ. temperature dependence of adsorption[J]. The Journal of Physical Chemistry, 1951, 55(9): 1456—1462.

[41] 杨立荣, 焦朝晖. 水溶液中丁醇在树脂上的吸附[J]. 高校化学工程学报, 1997, 11(3): 300—303.

[42] Miller W L. On the second differential coefficients of Gibbs' function ζ: the vapour tensions, freezing and boiling points of ternary mixtures[J]. The Journal of Physical Chemistry, 1897, 1(10): 633—642.

[43] Guiochon G, Shirazi D G, Felinger A, et al. Fundamentals of preparative and nonlinear chromatography[M]. New York: Academic Press, 2006.

[44] Yamamoto S. Ion-exchange chromatography of proteins[M]. New York: Marcel Decker, 1988.

[45] Guiochon G. Basic Principles of chromatography in ullmann's encyclopedia of industrial chemistry[M]. Weinheim: Wiley-Vch, 1995.

[46] Lin B C, Ma Z D, Golshan-Shirazi S, et al. Study of the representation of competitive isotherms and of the intersection between adsorption isotherms [J]. Journal of Chromatography A, 1989, 475(1): 1—11.

[47] Blümel C, Hugo P, Seidel-Morgenstern A. Quantification of single solute and competitive adsorption isotherms using a closed-loop perturbation method [J].

Journal of Chromatography A,1999,865(1—2): 51—71.

[48] Bellot J C,Condoret J S. Liquid chromatography modelling: A review[J]. Process Biochemistry,1991,26(6): 363—376.

[49] Juza M,Mazzotti M,Morbidelli M. Simulated moving—bed chromatography and its application to chirotechnology[J]. Trends in Biotechnology,2000,18(3): 108—118.

[50] 张政朴,阎虎生,张全兴. 何炳林先生及南开牌树脂[J]. 离子交换与吸附,2021,37(4):371—380.

第 5 章

色谱分离

色谱是化工中常见的一种分离和分析方法。人们为了弄清楚混合物中的各组分是何种物质及其含量,可以采用的方法之一是先将各组分分离,然后对已分离的组分进行测定,色谱就属于这种方法。色谱自问世以来飞速发展,目前已经成为最重要的分离分析科学之一。在新时期背景下,伴随着化工工业的进步,色谱技术在各个行业中也得到了广泛的运用,它是物理分析和化学分析的重要组成部分,在物理属性及化学属性分析方面能够更好地展现技术优势,并且不局限于物质属性方面的分析,也可以运用在石油、化学及医疗卫生中。它不仅能够有效、灵敏地对复杂物质进行分离,而且能够对分离的组分进行科学的定性和定量。色谱分离机制和实践应用的特点对于化工研究中物质的分类、判别和测定有巨大帮助。在色谱技术逐步发展的过程中,无论设备还是技术本身都在更新换代,逐渐完善成熟,以进一步提高分离、检测的准确度,节约成本,提升效益。

5.1　概　述

将一滴包含混合色素的溶液滴在一块布或一片纸上,随着溶液的展开可以观察到一个个同心圆环的出现,这就是最古老的液相色谱分离技术。古罗马人采用这样的方法来分析染料和色素。尽管色谱的使用由来已久,但色谱法真正建立是在 20 世纪初期。科学史上第一次提出"色谱"名词并用来描述这种实验的是俄国植物学家米哈伊·西蒙诺维奇·茨维特(Michael Semenovich Tsweet),他在 1906 年发表了关于色谱的论文并写道:将植物色素的石油醚溶液从一根装有碳酸钙吸附剂的玻璃管上端加入,沿管滤下,然后用纯石油醚淋洗,结果按照不同色素的吸附顺序在管内呈现相应的色带(见图 5.1)。由于这一实验将混合的植物色素分离为不同的色带,因此茨维特将这种方法命名为 Хроматография,这个单词最终被英语等拼音语言接受,成为色谱法的名称。汉语中的"色谱"也是对这个单词的意译。

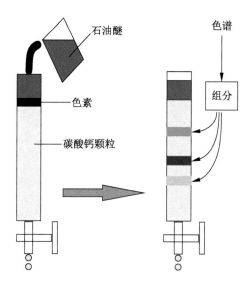

石油醚

色谱

组分

色素

碳酸钙颗粒

图 5.1　茨维特设计的液相分离实验及色谱带

国际纯粹与应用化学联合会(IUPAC)推荐色谱的定义为:色谱是待分离组分在两相中获得分离或分布的物理分离方法,两相中一相保持不动称为固定相,另一相包含样品并以一定的流速沿一定方向移动称为流动相。茨维特实验中的玻璃管是色谱柱,碳酸钙是固定相,冲洗组分的溶剂(石油醚)则为流动相。由于茨维特实验以液体为流动相,所以也称为液相色谱法。

茨维特发现的色谱在科学上有重大意义,但当时并未得到化学界的重视。直到 1931 年,著名的奥地利裔德国化学家 Kuhn 及其合作者 Lederer 借鉴茨维特的液-固色谱法,用碳酸钙吸附剂填充玻璃管,对来自蛋黄的 30 mg 叶黄素样品进行 3 次分离,得到 3 种胡萝卜素异体,从而证明蛋黄叶黄素是胡萝卜素的混合物,同时也证明茨维特的方法可以实现快速有效的分离,从而使色谱进入飞速发展的阶段。20 世纪 30—40 年代出现薄层色谱法和纸色谱法两个新色谱类型,因为两者都是在平面介质上进行分离的液固色谱,所以又称为平面色谱法。

分配色谱的发明要归功于英国的化学家 Martin 和 Synge,他们把对流中的两种液体之一固定下来,而让另一种流动,这就把萃取和色谱联系起来。例如,将水饱和的硅胶装填在 30 cm 长的柱管中,以三氯甲烷为流动相,将氨基酸加入柱中,同时加入甲基橙用于监控氨基酸在柱管中的移动,用分配色谱分离氢基酸混合物,得到的分离效率远远高于当时任何分离装置的分离效率。为了从理论上阐释色谱分离过程,他们建立色谱的塔板理论。继而,Martin 和 Condsen 开发了二维纸色谱。

Martin 和 James 将涂敷苯基甲基硅油(含 10%硬脂酸)的硅藻土粒装填在 40 cm 长的柱管中,以氮气为流动相,成功分离甲胺及有机酸,从而发明了气-液分配色谱。1957 年英国 Golay 开创了开管柱(open tubular column)气相色谱法,习惯上称之为毛细管(capillary)气相色谱,这是气相色谱发展史上具有里程碑意义的技术创新。

到 20 世纪 70 年代末期,色谱技术进入气相色谱和高效液相色谱共同发展的阶段,气相色谱技术越来越成熟,色谱-质谱联用技术特别是基于毛细管柱的气相色谱-质谱(GC-MS)联用技术的应用越来越广泛;高效液相色谱的发展也加快了脚步。自然界中大约五分之一的化合物可以用气相色谱分析,其余五分之四可以用液相色谱分析。所以,高效液相色谱越来越受到重视,特别是在生命科学和生物制药领域的重要应用,更使得高效液相色谱成为不可或缺的分离分析方法。

在色谱法 100 多年的发展史中,各类方法的发展并不同步。虽然液相色谱出现得比较早,但是气相色谱更早应用于工业生产。原因是气相色谱的分析效率高、速度快、灵敏度高、精度高,能很好地满足科学领域及工业发展的需求。后来,高效液相色谱发展突飞猛进,得益于小粒径填料和高压输液泵的技术突破,同时也是制药工程和生命科学发展的结果。目前,气相色谱和高效液相色谱是世界上应用最广的色谱技术,在化学工业、食品安全、生物医药、环境保护、材料等领域发挥着极其重要的作用。

5.2　分离机理

5.2.1　过程概念

图 5.2 为色谱分离过程示意图,把含有 A,B 两个样品的混合物从顶端加入色谱柱,样品组分被吸附到固定相上。通入适当的流动相进行洗脱,当流动相通过时,被吸附在固定相上的样品组分溶解在流动相中,这个过程称为解析。由于两种组分的理化性质存在差异,固定相对两种组分的吸附能力也有所不同,结果使得两组分分离,吸附能力弱的组分先出柱,吸附能力强的组分后出柱。如果在色谱柱后面加上检测器及显示装置,就可以得到色谱流出曲线(也称为色谱图)。

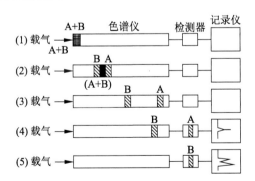

图 5.2　色谱分离过程示意图(以气相色谱为例)

5.2.1.1　色谱流出曲线的相关概念

正常的色谱图形状是符合正态分布的曲线,如图 5.3 所示。现以图 5.3 来说明色谱流出曲线的一些相关概念。

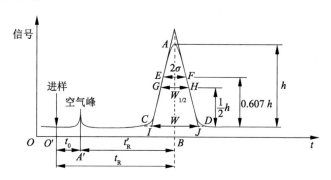

图 5.3 色谱流出曲线

在一定条件下,仅含流动相的组分流过色谱柱、进入检测器后产生的信号曲线为基线,如图 5.3 中与横坐标平行的虚线部分。在实验条件稳定时,基线应呈现出一条平行于横坐标的直线,其作用主要是反映检测器的噪声随时间的变化情况。

如图 5.3 所示,色谱峰的顶点与基线的垂直距离称为峰高,用字母 h 表示。

色谱峰的宽度取决于组分在色谱柱内流动过程中的扩散程度,主要用标准偏差、峰宽、半峰宽来表示:

① 标准偏差(σ)。σ 为正态分布曲线上两拐点间距离的 $\dfrac{1}{2}$,如图 5.3 所示。σ 值的大小取决于组分在色谱柱的分散程度。σ 值越大,流出的组分越分散,分离效果越差。

② 峰宽(W)。对色谱峰两侧拐点作切线,两切线在横坐标上的截距称为峰宽。如图 5.3 所示,峰宽和标准偏差的关系为

$$W = 4\sigma \tag{5.1}$$

③ 半峰宽($W_{1/2}$)。峰高一半处的峰宽称为半峰宽,如图 5.3 所示。根据色谱流出曲线的正态分布推导得出:

$$W_{1/2} = 2.354\sigma \tag{5.2}$$

$$W = 1.699W_{1/2} \tag{5.3}$$

峰宽与半峰宽都是由标准偏差演变而来的;半峰宽由于计算起来比较简便所以较为常用,可以用距离或时间等物理量来表示。

5.2.1.2 色谱的保留值

保留值(retention value)是一系列表征溶质在色谱体系中保留行为的参量的总称,包括保留时间、保留体积等。保留值是色谱定性分析和定量分离的一项重要指标。

① 保留时间(t_R)。从进样开始直到色谱峰出现顶点所用的时间为该组分的保留时间。

$$t_R = \frac{L}{u} \tag{5.4}$$

式中,L 代表色谱柱的柱长;u 为组分在色谱柱中的流动速度。

保留时间是色谱法的基本定性参数,主要用于记录组分通过一定距离所需的时间。

② 死时间(t_0)。死时间实质是流动相从进样开始至到达检测器所需的时间。

$$t_0 = \frac{L}{u_m} \tag{5.5}$$

式中,L 代表色谱柱的柱长;u_m 为流动相的平均线速度。

③ 调整保留时间(t_R')。某组分与被固定相作用和不与固定相作用的组分保留时间不同,相差的保留时间为调整保留时间。

$$t_R' = t_R - t_0 \tag{5.6}$$

④ 保留体积(V_R)。从进样开始直到色谱峰出现顶点所用的流动相的体积为该组分的保留体积。保留体积和保留时间成正比关系:

$$V_R = t_R \cdot F_c \tag{5.7}$$

式中,F_c 为载气的流速。在气相色谱中载气流速增大,保留时间缩短,但是保留体积保持不变,所以保留体积与载气流速无关。

⑤ 死体积(V_0)。从进样器到检测器之间整个通路中没有被固定相所占用的体积称为死体积。流动相充满死体积所用的时间称为死时间。

$$V_0 = t_0 \cdot F_c \tag{5.8}$$

在多数情况下,可以忽略导管和检测器的容积。

⑥ 调整保留体积(V_R')。保留体积去除死体积后所剩余的体积称为调整保留体积。

$$V_R' = V_R - V_0 = t_R' \cdot F_c \tag{5.9}$$

调整保留体积和调整保留时间都可以作为色谱的定性参数。

5.2.2　色谱理论

色谱理论主要是通过一些假设来解释组分在色谱中的分离过程及色谱的分离机制,以下主要介绍塔板理论和速率理论。

5.2.2.1　塔板理论

塔板理论主要用于分析组分在色谱柱内的分离过程,是色谱分析的基础理论之一。在本理论中,色谱柱被看作一个蒸馏塔,假设其由许多塔板组成,流动相携带组分每经过一个塔板,组分就会在固定相和流动相之间完成一次平衡分配,流动相携带组分在色谱柱内流动,待分离组分也不断地从一个塔板移动到下一个塔板,并在下一个塔板上完成两相之间的平衡分配,经过反复多次分配平衡后,在色谱柱内完成不同组分的分离。色谱分配过程可以看成是多个小平衡过程的重复,理论塔板数越多,组分在柱内分配的次数越多,组分之间的微小差异就积累越多,越有利于组分分离。塔板理论形象地说明了组分在色谱柱内的分离过程,所得到的流出曲线方程可以用于描述色谱流出曲线的位置和形状,解释组分的分离,提出定量评价柱效的参数。组分在色谱柱中的分配过程如图 5.4 所示。

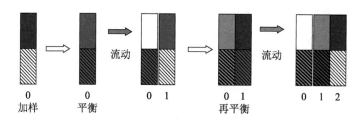

图 5.4 组分在色谱柱中的分配过程

塔板理论的基本假设条件：

① 色谱柱由一系列顺序排列的小塔板组成，在每一个塔板内，组分在两相之间可以很快达到分配平衡。组分达到分配平衡时的柱长为理论塔板高度 H。

② 色谱柱的每一个塔板都会被固定相和流动相分别占据相应空间。样品进入色谱柱后从第一个塔板开始分配，随着流动相脉冲式进入色谱柱，组分会被携带着进入色谱柱进行分配。在塔板理论研究中可以忽略组分的扩散。

③ 在色谱柱内分配的过程中，色谱柱的柱温、柱压等条件是保持恒定的，且组分的物理化学性质在分离过程中不会发生改变，固定相和流动相在每一塔板上具有相同的分配比。

根据塔板理论的基本分离过程，待分离组分在流动相的带动下，在色谱柱内充分分离后，会流出色谱柱。以流出色谱柱的组分质量为纵坐标、以进入柱内流动相的体积为横坐标绘制色谱流出曲线。当塔板数足够多时，色谱流出曲线趋近于正态分布。基于组分分配比不同，分配比越小的组分被保留的时间越短，组分完成分离后流出色谱柱的时间越短，分配比越大的组分流出的时间越长，不同组分按照先后次序离开色谱柱，实现彼此分离。

5.2.2.2 速率理论

待分离组分在色谱柱内运行时，组分分子在两相内有一定的传质速度，完成在两相之间的分配需要一定的时间，并不会瞬时实现分配平衡。组分分子在色谱柱内的移动具有一定的规律，这种规律被描述为：流动相携带组分分子在色谱柱内运行，由于固定相的吸附作用，组分分子会被其固定而不能继续前行，随着流动相不断地进入色谱柱，被固定相所吸附的组分分子会不断地被流动相解析并流出色谱柱，由于固定相对组分吸附能力的差异，不同的组分被固定相保留的时间也存在差异，从而产生不同的运行速度。不仅如此，由于传质阻抗、组分运动中的浓度扩散等因素的存在，组分分子完成分离所需的时间增加。假设组分随流动相行走的平均步长为塔板高度 H，行走步数（塔板数）为 n，行走的总距离为 L，则

$$塔板数 \ n = \frac{L}{H} \tag{5.10}$$

Van Deemter 等在总结塔板理论不足之处的基础上，对影响塔板高度 H 的因素进行了思考，综合考虑色谱分离过程中各种扩散因素的影响，提出了速率理论。速率理论是色

谱分离过程中的动力学理论,主要对影响塔板高度、色谱峰展宽及分离度的几种因素进行分析,其数学方程简式为

$$H = A + B/u + C_u \tag{5.11}$$

(1) 涡流扩散项(A)

如果色谱柱内的固定相填充不均匀,组分就会受到固定相颗粒的阻碍,形成不同的运动路径,即运行路径发生紊乱类似涡流,称之为涡流扩散。

组分分子运行路径的差异使得组分的色谱峰展宽发生变化(见图 5.5),涡流扩散项的公式为

$$A = 2\lambda d \tag{5.12}$$

式中,λ 为填充不规则因子,它受固定相粒径、粒径分布及填充状态的影响;d 为固定相的平均粒径。色谱柱内固定相的填充越不均匀,孔隙间隔相差就越大,组分运动路径的差异也就越大,λ 也就越大;固定相粒径越大,色谱柱内填充越不均匀,λ 值也会增加,从而使得 A 值增加。

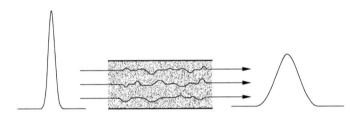

图 5.5 涡流扩散项对峰展宽的影响(中间为组分分子经过的路径,左右为峰展宽的变化情况)

(2) 分子扩散项(B/u)

一般情况下,流动相携带组分进入色谱柱后从第一个塔板开始进行分配,并且组分以"塞子"形式随流动相不断流动,此时,色谱柱前半部分塔板上的组分浓度较高,后半部分塔板上的组分浓度较低甚至没有组分,前后就会存在浓度差。由于这一浓度差的存在,组分分子在运动时会不断地向低浓度扩散,组分完全流出色谱柱的时间较长,色谱峰相应展宽,组分的这种运动过程称为分子扩散。

当色谱柱长度一定时,流动相运动速度 u 越小,组分运行中所产生的扩散就越多,完成分离所需的时间也就越长。在色谱柱中,组分受到固定相颗粒的影响不能自由扩散,使得扩散的距离缩短,流动相的运动路径会产生一定的弯曲。因此,引入弯曲因子 $\gamma(\gamma < 1)$ 对流动相的运动速度 u 进行校正,它反映固定相的形状对分子扩散的影响程度,经过校正后的保留时间公式为

$$t_M = \frac{L}{\left(\dfrac{u}{\gamma}\right)} = \frac{L\gamma}{u} \tag{5.13}$$

分子扩散项在一定程度上会引起组分的运动偏差,使得塔板高度相应增加。分子扩散项与弯曲因子 γ 和扩散系数 D_g 成正比,与流动相的线速度 u 成反比;弯曲因子 γ 主要反映填充物的空间结构,受固定相的空间结构影响,当没有填充物阻碍分子运动时,γ 取值

为 1；扩散系数 D_g 受组分性质、柱温及柱压等因素的影响。当柱温升高时，扩散系数 D_g 增大；柱压升高时，扩散系数则会减小。在气相色谱中，扩散系数受载气分子量 M 的影响，当 M 较大时，能够在一定程度上减少分子扩散，因此分子扩散系数又与载气分子量成反比。

综上所述，要减少分子扩散造成的色谱峰扩展，可以适当地增大流动相流速，或者使用相对分子质量较大的流动相，也可以尝试降低色谱柱的柱温。

（3）传质阻抗项（Cu）

组分在色谱柱内运行时，会在每一个塔板的流动相和固定相之间进行平衡分配，组分分子在两相之间的传递会受到分子之间作用力的影响，从而产生一定的传质阻力。由于组分在两相间的扩散属于质量传递，然而组分的传递速率却是有限的，不会在瞬间达到相平衡，因此需要一定的时间才能完成质量交换。由于传质阻抗的存在，一些组分分子进入固定相后未及时返回到流动相，相当于暂时滞留，组分流出色谱柱的时间也会相对滞后；与此同时，一些组分还未进入固定相就被流动相带走，导致提前流出色谱柱。由于传质阻抗的存在，组分流出色谱柱会出现滞后或者超前的情况，从而使得不同组分流出时间存在差异，引起组分流出曲线展宽。传质阻抗项的公式为

$$Cu = q\,\frac{k^2 d_f^2}{(1+k)^2 D_s} \tag{5.14}$$

式中，k 为组分在两相之间的分配比；q 表示结构因子，它由固定相的几何形状决定，一般是常数；d_f 表示固定液液膜厚度；D_s 表示组分在固定相中的扩散系数。

5.2.3 选择优化

色谱方法的建立简单说就是选择并优化一系列的样品预处理条件、色谱条件后对某物质进行有效的分离分析，并给出一个客观、较为接近真值的结果。

（1）色谱分离方程式

根据塔板理论和以上相关知识，可以推导出由理论塔板数计算分离度的常用公式，即色谱分离方程式。

$$R = \frac{\sqrt{N}}{4}\left(\frac{\alpha-1}{\alpha}\right)\left(\frac{k}{1+k}\right) \tag{5.15}$$

$$(1)\quad (2)\quad (3)$$

式中，N 为理论塔板数；R 为分离度；α 为分配系数比；k 为保留因子。

式（5.15）中，（1）为柱效（理论塔板数）项，会影响峰型；（2）为选择项，会影响不同组分之间的峰间距；（3）为保留因子项，会影响特征峰的位置（见图5.6）。

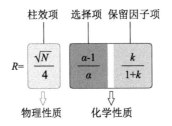

图 5.6　色谱分离方程式解析图

（2）提高分离度的方法

色谱分离方程式列出了分离度和柱效 N、分配系数比 α 及保留因子 k 的关系。增大 N 可使峰变窄，保留时间不变；增大 k 可以改善分离效果，但是峰宽增加，保留时间变长；提高 α 可使峰间距增大，分离效果得到改善。一般应通过选择适宜的固定相、流动相、柱温、流速等，使得混合组分可以在适当的时间内得到良好的分离度（$R \geqslant 1.5$）。

柱效、分配系数比和保留因子对分离度的影响如图 5.7 所示。

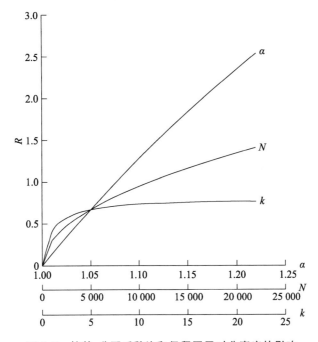

图 5.7　柱效、分配系数比和保留因子对分离度的影响

1）提高柱效

根据 Van Deemter 方程［式（5.11）］选择适当的色谱参数来提高柱效。比如，减小固定相填料的粒径、固定相液膜或者键合相厚度，选择合适的流动相种类和流速，适当提高柱温等都可以明显提高柱效。

2）调整保留因子

混合组分中各组分之所以能分离，是因为各组分的保留因子不同。一般增大保留因子 k，分离度会提高，与此同时分离时间也会延长。为了兼顾分离效果和分离时间，k 的取值范围最好控制在 1～5。对于保留因子的调整，在气相色谱中采用改变柱温的方法，在高效液相色谱中采用改变流动相组成的方法。

3）提高分配系数比

根据色谱分离方程式，分离度 R 与 $\dfrac{\alpha-1}{\alpha}$ 成正比。若 $\alpha=1$，则 $R=0$，不同组分的峰重合；当 $\alpha>1$ 时，α 越大，分离度越大，α 的最佳范围是 2～10。通过提高 k 来提高分离度会延长分离时间，而提高 α 对分离时间的影响不是很大。所以，通过提高 α 来提高分离度是比较有利的。提高 α 的方法主要包括调整流动相的组成及 pH，改变固定相和柱温等。

5.3　色谱分离技术及其应用

5.3.1　吸附色谱

（1）分离机理

吸附色谱：以固体吸附剂为固定相，利用固定相表面活性中心对不同组分的吸附能力不同实现组分分离。气-固色谱和液-固色谱都属于吸附色谱。

吸附色谱的固定相为具有吸附功能的吸附剂，吸附剂大多是多孔微粒状物质，具有较大的比表面积以利于组分被充分吸附，表面的活性基团称为吸附中心。吸附剂的吸附能力主要取决于以下两点：一是吸附中心的数量；二是吸附中心与被吸附物形成键能的大小。吸附中心越多且形成的键能越强，吸附剂的吸附能力越好。例如，最常用的吸附剂硅胶，其表面的羟基即为吸附中心。

吸附色谱法的吸附过程其实就是样品中的溶质分子与流动相分子争夺吸附剂表面活性中心的过程。假设溶质分子为 X，流动相分子为 Y，吸附平衡可以表示为

$$X_m + nY_a \Longrightarrow X_a + nY_m$$

流动相中溶质分子 X_m 与吸附在吸附剂表面的 n 个流动相分子置换，溶质分子被吸附，以 X_a 表示。流动相分子回到流动相内部，以 Y_m 表示。它们之间的平衡关系服从质量定律，反应的平衡常数也可称为吸附常数（K_a），表示为

$$K_a = \frac{[X_a][Y_m]^n}{[X_m][Y_a]^n} \tag{5.16}$$

吸附常数 K_a 与组分的性质、吸附剂和流动相的性质及温度相关。不同组分的吸附常数相差越大，各组分越容易实现分离。一般情况下，极性越强的组分吸附常数越大，越容易被吸附，有相对更大的保留值，流出色谱柱的时间也就越长。

目前的吸附色谱主要是经典液相色谱，称为液-固吸附色谱，包括柱色谱和平面色谱，所用的吸附剂主要有硅胶、氧化铝等，流动相主要为不同组分的有机溶剂。在以硅胶、氧化铝等为固定相，以有机溶剂为流动相的条件下，溶质分子的分离和保留的选择性，取决

于溶质分子和流动相分子竞争吸附剂活性中心的能力,所以流动相的组成和性质对分离起重要作用。

（2）吸附剂

吸附剂是表面具有许多吸附活性中心的多孔性物质,可以分为有机吸附剂和无机吸附剂。有机吸附剂包括有机碳、聚酰胺和大孔吸附树脂等;无机吸附剂包括硅胶和氧化铝等。其中,硅胶、氧化铝、大孔吸附树脂最为常用。

1）硅胶

硅胶是具有硅氧交联结构,表面具有许多硅醇基的多孔性微粒。硅醇基是硅胶的吸附活性中心。硅醇基能与极性或不饱和化合物结合形成氢键,从而具有吸附性。活性羟基存在于硅胶表面较小的空穴中,所以硅胶孔径越小,硅胶的吸附性越强。

硅胶具有弱酸性,适合分离酸性或者中性物质。

2）氧化铝

氧化铝是一种吸附力较强的吸附剂,具有分离能力强、活性可控的优点。色谱用的氧化铝根据制备时的 pH 不同又有酸性、中性和碱性之分。

3）聚酰胺

聚酰胺是一类由酰胺聚合而成的高分子化合物。常用的聚酰胺是聚己内酰胺。不同的化合物由于活性基团的种类、数目与位置不同,与聚酰胺形成的氢键形式和强度也不同,从而可以实现组分分离。

4）大孔吸附树脂

大孔吸附树脂是一种不含交换基团,具有大孔网状结构的高分子吸附剂,它同时具有吸附和分子筛的作用。极性弱的流动相占据活性中心的能力弱,洗脱作用也弱。因此,为了使试样中吸附能力有差异的各组分分离,需要考虑试样的结构性质、吸附剂的活性和流动相的极性。

（3）应用案例

中国是荔枝的主要生产国,其栽培历史可以追溯到公元前 2000 年。据中医古籍记载,荔枝具有理气、生津活血、养心安神的功效。荔枝果实中含有丰富的碳水化合物和纤维,以及少量的脂类和蛋白质;除此之外,还具有对健康有益的多酚等物质。荔枝因富含多酚物质而引起研究者们浓厚的兴趣,其主要特征在于它的邻二酚结构具有较强的氧化性,是一种良好的抗氧化剂。因此,以下根据吸附色谱特点列出几种荔枝多酚及其壳内黄酮的纯化方法。

1）大孔树脂吸附法

蒋黎艳等通过大孔吸附树脂纯化荔枝壳内总黄酮,发现 AB - 8 型大孔吸附树脂纯化分离荔枝壳内总黄酮的效果较好,荔枝壳内总黄酮的含量从 31.40% 提高到了 82.70%,且更易于回收与利用。他们将 AB - 8 型大孔吸附树脂和 Toyopearl HW - 40S 柱层析相结合,从荔枝果皮中分离纯化低聚原花青素,结果显示,该方法不仅快速且可得到高产率的表儿茶素,是获得纯表儿茶素和 A 型低聚原花青素的有效方法。

2）硅胶柱层析技术

蒋琼凤等采用硅胶柱层析法对荔枝果皮提取物进行分离纯化,得到一种新的酚类物质 2-（2-羟基-5-（甲氧羰基）苯氧基）苯甲酸,经检测该新化合物对酪氨酸酶和 α-葡萄糖苷酶的活性没有抑制作用。用 C18 硅胶层析柱将荔枝果肉多酚提取物分为 4 个酚类组分群,其收率分别为 18.71％,36.00％,16.79％,21.12％,通过抗氧化活性实验比较得知,提取物主要为原花青素 B2、表儿茶素等单体酚,它们是荔枝果肉具有抗氧化作用的最主要酚类物质。

3）聚酰胺柱色谱法

邓胜国等通过硅胶柱色谱、聚酰胺柱色谱及制备薄层色谱相结合的方法,首次从荔枝核中分离纯化得到 3 种多酚类物质,分别是原儿茶醛、胡萝卜苷和（-）-表儿茶素。采用聚酰胺树脂对荔枝果肉丙酮水提物进行分离纯化,得到槲皮素 3-O-芸香苷-7-O-α-L-鼠李糖苷酶（槲皮素 3-rut-7-rha）,槲皮素 3-O-芸香苷（芦丁）和（-）表儿茶素 3 种多酚化合物;通过细胞抗氧化活性和氧自由基吸收能力实验,测得槲皮素 3-rut-7-rha 具有强烈的慢性再生障碍性贫血（CAA）活性,其活性类似于木犀草素并且高于桑色素或杨梅素。

5.3.2 分配色谱

（1）分离机理

分配色谱是利用被分离组分在固定相或流动相中的溶解度差别实现组分分离的方法。分配色谱的固定相是涂布在多孔惰性载体上面的固定液,流动相可以是气体也可以是液体。其中,比较常见的是气-液色谱（GLC）和液-液色谱（LLC）。

在分配色谱中,组分分子在固定相和流动相中的溶解呈动态平衡,在流动相和固定相中的浓度之比称为分配系数 K,其数学简化式为

$$K=\frac{c_s}{c_m}=\frac{[X_s]}{[X_m]}=\frac{nx_s/V_s}{nx_m/V_m} \tag{5.17}$$

式中,X_s 和 X_m 分别代表样品中的溶质在固定相和流动相中的分子;V_s 为固定相的体积;V_m 为流动相的体积;nx_s 和 nx_m 分别为 X 在固定相和流动相中的物质的量。

分配系数的大小主要取决于两相的性质和组成,组分分子在固定相中的溶解度越大,分配系数越大;组分分子在流动相中的溶解度越大,分配系数越小。

分配色谱的优点在于其有较好的重现性,在一定温度下,同一组分在整个色谱过程中的分配系数是一个定值。

（2）固定相和流动相

1）载体

分配色谱的固定相由惰性载体和固定液组成。载体具有化学惰性,仅仅起到负载固定液作用,其既不能溶于固定液也不能溶于流动相。常用的载体有硅藻土、吸水硅胶等,其中应用最广泛的为硅藻土。

2）固定液

分配色谱的固定液是样品的良好溶剂,且不溶于或者难溶于流动相,并且组分在固定液和流动相中的溶解度存在显著差异,这样可以保证组分更好地分离。在分配色谱中,流动相比固定相极性弱的是正相分配色谱;流动相比固定相极性强的是反相分配色谱。在正相分配色谱中,固定液有水、甲醇等强极性溶剂,适用于分离极性比较强的组分,极性强的组分被吸附,极性弱的组分先出柱。在反相分配色谱中,常用的固定液有硅油、石蜡等极性弱的有机溶剂,适用于分离极性弱的组分,极性弱的组分被吸附,极性强的组分先出柱。

3）流动相

正相分配色谱法常用的流动相是石油醚、醇类、卤代烃等;反相分配色谱法常用水或者水溶液、甲醇等作为流动相。

一般根据被分离组分在两相中的分配系数的差异来选择合适的固定相和流动相。

（3）应用案例

葛根为豆科植物野葛的干燥根,系传统中药,具有解肌退热、生津止渴、透疹、升阳止泻和通经活络的功效。其中,葛根素、大豆苷等异黄酮类化合物为其主要生物活性成分。近年来的研究表明,大豆苷具有抗炎、抗氧化、改善记忆和解酒保肝的作用。因此,简便、高效地从葛根中分离制备大豆苷具有较大的实用价值。

1）方法

乙酸乙酯-正丁醇-乙醇-水（单位时间流过柱的体积比为 $5:1:0.5:5$）作为两相溶剂系统,上相为流动相,下相为固定相,流速为 3.0 mL/min,检测波长为 254 nm,化合物的结构由质谱及核磁共振谱鉴定。

2）结果

从 1.0 g 葛根粗提物中分离得到 16.3 mg 大豆苷,经高效液相色谱（HPLC）分析,大豆苷的纯度为 96.5%,因此,分配色谱适用于从葛根中高效分离制备大豆苷。

5.3.3　离子交换色谱

（1）分离机理

离子交换色谱（IEC）是以离子交换作用分离离子型化合物的液相色谱。固定相常用以交联苯乙烯为基体的离子交换树脂和以硅胶为基体的键合离子交换剂,流动相常用酸碱水溶液或者缓冲液。离子交换色谱的分离对象为离子型化合物,常用于去离子水的制备、离子型生化物的检测及微量元素的富集等。

离子交换作用是指溶液中某一种离子与树脂上的一种离子互相交换,即溶液中的离子被交换到树脂上,而树脂上的离子被交换到溶液中。离子交换过程是一个可逆的动态平衡过程,如图 5.8 所示。

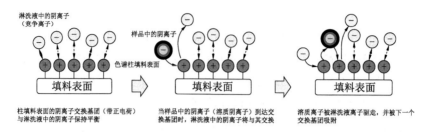

图 5.8　阴离子交换色谱示意图

交换反应达平衡时的平衡常数称为选择性系数 K_s,定义为

$$K_s = \frac{[RX^+]}{[X^+]} \quad 或 \quad K_s = \frac{[RX^-]}{[X^-]} \tag{5.18}$$

交换作用达到平衡后,RX^+ 或 RX^- 为交换到树脂上的离子,X^+ 或 X^- 为流动相中游离的离子。选择性系数 K_s 与离子电荷及半径、流动相的性质、树脂的性质及温度等有关。

离子交换树脂对不同离子的交换选择性不同。一般来说,离子的价数越高,原子序数越大,水合离子半径越小,其与离子交换树脂的亲和力越大。

（2）固定相

离子交换色谱法最常用的固定相是一种具有网状立体结构的高分子聚合物,称为离子交换树脂。离子交换树脂的种类繁多,其中最常用的是聚苯乙烯型离子交换树脂。

根据所引入的活性基团的不同,可以将离子交换树脂分为两大类:阳离子交换树脂和阴离子交换树脂。

1）阳离子交换树脂

如果在树脂骨架结构上引入的是酸性基团,如磺酸基、羧基和酚羟基等,那么这些酸性基团的 H^+ 可以和溶液中的阳离子发生交换反应,这种树脂称为阳离子交换树脂。根据引入基团的酸性的强弱,阳离子交换树脂可分为强酸性阳离子交换树脂和弱酸性阳离子交换树脂。常用的阳离子交换树脂多为强酸性,如磺酸基阳离子交换树脂,以 $R-SO_3H$ 表示,其中 R 代表树脂的骨架部分。由于交换过程是可逆的,已经交换的树脂如果用适当浓度的酸溶液处理,则反应开始逆向进行,树脂又恢复原样,这一过程为再生或洗脱。再生后的离子交换树脂可以继续使用。

2）阴离子交换树脂

如果在树脂骨架上引入的是碱性基团,如季铵基、伯胺基等,那么这些碱性基团的 OH^- 可以和溶液中的阴离子发生交换反应,这种树脂称为阴离子交换树脂。同时,根据引入基团的碱性的强弱,阴离子交换树脂可分为强碱性阴离子交换树脂和弱碱性阴离子交换树脂。常用的阴离子交换树脂多为强碱性,如季铵基阴离子交换树脂。阴离子交换树脂的再生可用 pH 为 8~9 的稀 NaOH 溶液冲洗处理。

3）交联度

交联度是指离子交换树脂中交联剂的含量,通常用质量分数表示。例如,聚苯乙烯型磺酸基阳离子交换树脂由苯乙烯和二乙烯苯聚合而成,其中苯乙烯为单体,二乙烯苯为交联剂。二乙烯苯在原料中的质量百分比为交联度。

4）交换容量

交换容量有理论交换容量和实际交换容量之分。理论交换容量是指每克干树脂内所含的酸性或碱性基团的数目。实际交换容量是指在实验条件下每克干树脂中真正参与交换的基团数，它一般低于理论值，差别取决于树脂的结构和组成。

（3）流动相

离子交换色谱法的流动相大多为水溶液，通过调节流动相的 pH 和离子强度就可调整溶质组分的保留值，通常可使用含一定离子浓度的缓冲溶液达到目的。当流动相的离子强度大时，加入的盐使离子浓度增加，削弱溶质组分离子的竞争吸附能力，使溶质组分的保留值降低。

（4）应用案例

重组人血清白蛋白干扰素 α2b 融合蛋白（rIFNα2b - HSA）是由人干扰素 α2b 和人血清白蛋白两种编码基因通过基因工程技术构建的毕赤酵母工程菌诱导表达产生的胞外分泌蛋白。干扰素类重组蛋白药品是目前临床上广泛用于治疗乙型肝炎、丙型肝炎等顽症的有效药物。生产上对工程菌进行扩大培养、诱导表达后产生大量的融合蛋白，通过对发酵液进行纯化分离，可得到纯度很高的蛋白质原液。

1）方法及条件

IEC - HPLC 色谱条件：TSKgel Q - STAT 色谱柱（3.0 mm×10 cm）；流动相 A 液为 Tris(HCl)缓冲液，B 液为 Tris(HCl)NaCl 缓冲液；柱温 25 ℃；流速 0.5 mL/min；进样体积 20 μL；检测波长为 214 nm。对该方法的系统适用性、专属性、线性、精密度及定量限进行考察，并与反相色谱法、电泳法纯度测定结果进行比较。

2）结果

系统适用性：IEC - HPLC 法的杂质与主峰的分离度>1.5，理论塔板数>20 000。

专属性：用 NaOH 溶液对供试品进行处理，主峰与杂质峰分离度良好。

线性范围为 0.05～1 mg/mL（R^2=0.997 4）。

方法精密度（RSD）为 0.52%（n=6）。

定量下限为 0.001 8 mg/mL。

用 3 种方法对 3 批样品进行纯度测定，结果均大于 99.0%。

3）结论

对该方法进行方法学研究，其结果均符合相关要求，适用于 rIFNα2b - HSA 的纯度测定。

5.3.4　分子排阻色谱

分子排阻色谱法又称体积排阻色谱法或者空间排阻色谱法，由于其以多孔凝胶为固定相，也曾被称为凝胶色谱法。根据所用流动相不同，分子排阻色谱法又可分为使用有机溶剂的凝胶渗透色谱法和以水为流动相的凝胶过滤色谱法，主要用于大分子物质如蛋白质、多糖等的分离分析。

（1）分离机理

分子排阻色谱根据溶质分子的大小不同进行组分分离，所用的固定相为具化学惰性的多孔材料，固定相与组分之间不存在相互作用。固定相表面存在大量不同尺寸的空穴，当含有大小各异的分子的溶液通过固定相时，较小的分子能够进入孔隙，从而滞留在固定相，也就是说体积较小的分子流过色谱柱的时间较长，而较大的分子不能进入孔隙，所以通过色谱柱的时间相对较短，先流出色谱柱，这样即可实现不同大小分子的分离。

关于分子排阻色谱法分离机制的解释理论有很多，但是更容易被人接受的是分子排斥理论。该理论假设固定相孔隙内外大小相同的溶质分子处于扩散平衡的状态。平衡时，两者的渗透系数 K_p 的数学简化式为

$$K_p = \frac{c_s}{c_m} = \frac{V_R - V_0}{V_s} \tag{5.19}$$

式中，V_R 是组分的淋洗体积；V_s 为固定相的孔内总体积；V_0 为死体积，这里是固定相颗粒间的间隔体积。

当 $V_R = V_0$ 时，$K_p = 0$，即组分被完全排出；当 $V_R - V_0 = V_s$ 时，$K_p = 1$，即组分分子完全渗透到固定相中。这种分离的效果主要取决于凝胶的孔径大小与被分离组分分子大小之间的关系，与流动相的性质没有直接关系。

（2）固定相

分子排阻色谱法的固定相为多孔凝胶，主要分为软胶、半软胶和硬胶，常用的有交联葡聚糖凝胶、聚丙烯酰胺凝胶等。

（3）工业应用案例

生长抑素（somatostatin）是化学合成的由 14 个氨基酸组成的环状多肽，分子式为 $C_{76}H_{104}N_{18}O_{19}S_2$，可抑制生长激素、甲状腺激素、胰岛素和胰高血糖的分泌，并抑制胃酸的分泌，还可影响胃肠道的吸收、动力、内脏血流和营养功能。高分子量杂质是在药物生产和存储过程中产生的，高分子量杂质的存在可能引起过敏反应。为确保临床用药的安全性，保证药品的质量，杨欣茹等以自制的生长抑素高分子量杂质的最小单元二聚体为高分子量杂质代表，应用分子排阻色谱法对生长抑素中的高分子量杂质进行研究。

1）方法及条件

采用 TSKgel G2000 SWXL 色谱柱（5 μm，7.8 mm×300 mm）；流动相为三氟乙酸-乙腈-水（体积比为 0.02：60：40）；流速为 0.7 mL/min；柱温 30 ℃；DAD 检测器，检测波长为 210 nm。

2）结果

取二聚体用超纯水配制成不同浓度的系列溶液，以二聚体浓度为横坐标，以峰面积为纵坐标作图，结果表明在一定浓度范围内二聚体浓度与峰面积有较好的线性关系，相关系数 $r = 0.993$；定量限为 0.46 μg/mL；检测限为 0.15 μg/mL；回收率为 95.43% ～ 105.57%，相对标准偏差（RSD）为 2.96%；二聚体杂质溶液、供试品溶液不稳定，需临用

新配。

本方法操作简单,专属性强,灵敏度高,可为生长抑素中高分子量杂质的进一步研究提供参考。

5.3.5　手性分离色谱

（1）分离机理

手性分离色谱的分离机理是通过待拆分组分与手性固定相之间的瞬间可逆相互作用,利用待拆分组分在流动相中溶解性和与固定相结合的差异实现对映体的分离。

近年来,高效手性分离技术的发展使得与有机立体化学相关的手性药物学、分子生物学、材料化学、地球化学、天然有机化学等前沿领域取得众多突破性的发现和发展。

手性分离色谱可以通过手性固定相法和手性流动相添加剂法等方法进行。手性拆分的原理包括主－客体作用、络合作用、配体交换、相分离、离子交换等。核心是分子手性识别作用,即对映体与固定相或添加剂间的相互作用涉及分子的立体选择性。手性分离的原理是三点相互作用力,这是一个立体空间结构的概念,它利用不同构型的手性异构体分子与色谱柱上固定相有至少三个对映点上的相互作用力的差别,实现对手性化合物的拆分。这些相互作用包括氢键、偶极—偶极、Ⅱ－Ⅱ、疏水作用和空间包埋等,如图 5.9 所示。

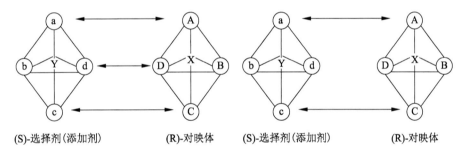

(S)-选择剂(添加剂)　　　(R)-对映体　　(S)-选择剂(添加剂)　　　(R)-对映体

图 5.9　对映体的相互作用主要通过 Dalgliesh 三点相互作用

（2）手性固定相法

手性固定相具有很强的选择性,一个固定相往往只能拆分一类或者几类对映体。手性固定相主要分为两大类。一类手性固定相主要是无机载体上的聚合物涂层,包括低聚糖、多糖及其衍生物、聚烯酰胺、聚丙酯等。另一类手性固定相是把光学活性分子通过离子键或共价键链接到硅胶载体表面形成的,应用的光学活性物质有氨基酸衍生物、冠醚、金鸡纳碱、糖类、胺类、酒石酸衍生物、环糊精和联二萘酚等。

（3）手性流动相添加剂法

在液相色谱流动相或毛细管电泳的缓冲液中加入手性添加剂,手性添加剂与对映体溶质通过静电引力和氢键等非共价键结合的方式,形成可逆的不同稳定性的非对映体配合物,在非手性固定相中实现对映异构体的分离。

手性流动相添加剂法是一种直接拆分法,其优点在于不需要化学衍生,也不需要特殊的手性固定相。手性添加剂必须能提供有效的基团和位置，以便与对映体溶质形成非对映的配合物，也必须具有合适的结构，以改善分离性能和提高其立体选择性。常见的手性添加剂可分为手性离子对添加剂、手性配位添加剂和环糊精添加剂。

（4）应用案例

天冬是一味以甾体皂苷为主要活性成分的常用中药。由于其甾体皂苷同系物及同分异构体的存在，在采用正相硅胶与反相 ODS 柱色谱相结合的方法进行分离时，有些同系物无法有效分离。高琳等系统地筛选不同分离机制的色谱柱对甾体皂苷同系物及同分异构体进行分离，意外地发现纤维素类型的手性色谱柱能够有效分离这些成分，并应用该类型色谱柱对 3 种与天冬甾体皂苷难以分离的成分进行分离，得到 6 个单体化合物。

1）方法及条件

使用纤维素类型的手性色谱柱 CHIRALPAK IC($4.6 \text{ mm} \times 250 \text{ mm}, 5 \mu m$) 和 Lux-i-Cellulose-5($4.6 \text{ mm} \times 250 \text{ mm}, 5 \mu m$)，以 25% 乙腈为流动相，对上述 3 种混合物进行分离，取得了良好的分离效果。

2）结论

结构鉴定结果显示，这些较难分离的同系物在结构上的差异仅在于 C-3 位糖链中一个末端糖基的不同（木糖或鼠李糖），并分离得到两个新甾体皂苷。该研究提示，对于常规难以分离的天然产物，手性色谱法也是一个不错的选择。

5.4　色谱分离前沿及其应用前景

5.4.1　超高效液相色谱分离

超高效液相色谱技术（见图 5.10）是分离科学中的一个全新类别，它最显著的特点是有超高分析速度、超高灵敏度、超高分离度且溶剂消耗少等。近年来，超高效液相色谱技术在食品、化妆品、环境、生化样品及天然产物样品分析等多个领域显示出重大的理论意义和实际应用价值。超高效液相色谱技术借助于高效液相色谱（HPLC）法的理论及原理，利用小颗粒填料、快速检测手段等全新技术，增加了分析的通量，提高了分析灵敏度及色谱峰容量，使液相色谱技术进入全新时代。与传统的采用粒度为 $5 \mu m$ 的色谱柱填料的高效液相技术相比，超高效液相色谱技术能获得更高的柱效，并且在更宽的线速度范围内保持柱压恒定，因而有利于提高流动相速度，缩短分析时间，提高分析通量。在峰容量、分离效率、灵敏度等方面，超高效液相色谱技术较常规 HPLC 有很大的提高，为复杂体系的分离提供了良好的技术平台。

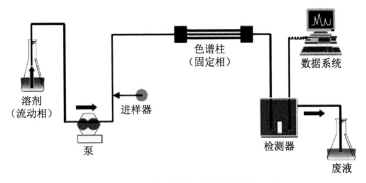

图 5.10　超高效液相色谱的结构组成

（1）分离原理

液相色谱的发展史是颗粒技术的发展史，填料粒径的改变直接影响柱效，从而对分离结果产生直接影响，随着填料粒径的不断减小，色谱分离度不断提高。超高效液相色谱的分离原理和液相色谱相同，理论基础是著名的 Van Deemter 方程。

从 Van Deemter 方程可知，色谱柱的性质、被分离物的性质和操作条件直接影响色谱柱的柱效。理论塔板高度与柱效成反比关系，随着填料粒径的减小，理论塔板高度下降，柱效升高。由图 5.11 可知，每个粒径有对应的最佳柱效的流速，更小的粒径使最高柱效点向更高流速（线速度）方向移动，而且使线速度范围扩大。例如，粒径 1.8 μm 颗粒的理论塔板高度最小值区域扩大，表明小颗粒可在比大颗粒更宽的流量范围内得到最高的柱效，可在不损失高分离度的同时优化流速，提高分离速度。

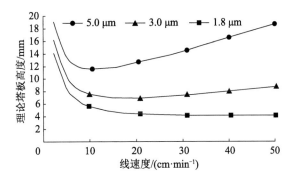

图 5.11　不同填料粒径色谱柱对应的 Van Deemter 曲线

（2）超高效液相色谱在分离领域的应用

曹佳丽等建立了超高效液相色谱-串联质谱在多反应监测（MRM）模式下定量测定人血浆中表柔比星的方法，用于研究表柔比星的代谢途径。具体方法：采用固相萃取法富集净化样品，以 0.1% 甲酸溶液和乙腈为流动相，梯度洗脱，表柔比星线性范围为 0.50～100.00 ng/mL（$r^2 = 0.998$）。结果表柔比星检出限和定量限分别为 0.10 μg/mL 和 0.50 μg/mL。该方法快速、灵敏、可靠，适用于表柔比星临床用药监控和药动学的研究。

陈秋华等利用超高效液相色谱-飞行时间质谱（UPLC－Q－TOF－MS）联用技术建立

测定废水中药物(不同临床用途的药物,如镇痛药、抗炎药、调节血脂药、他汀类降胆固醇药、抗精神病药、抗溃疡药、组胺 H 和 H_2 受体拮抗药、抗生素类药和 β-受体阻滞药)残留的方法,在 14 min 内实现对不同化合物的分离,获得了良好的色谱分离度和更高的信噪比,分析速度比常规 HPLC 快近 3 倍。该方法显示出 Q-TOF-MS 通过测定分子离子和它们产生的碎片离子,能够准确鉴定目标药物的优势,同时也显示出 UPLC-Q-TOF-MS 定量测定复杂样品中药物残留的可行性。

（3）超高效液相色谱在分离领域中的应用前景

超高效液相色谱不仅具有超强分离能力、超高灵敏度、超高分离度、超快分析速度,而且具有简单方便的方法转换、良好的质谱及磁共振入口、溶剂消耗少等优点,为食品、化妆品、环境、生化样品、药物等领域的分离、分析建立了良好的技术平台。然而,目前对超高压下色谱柱的耐用性、加温色谱中热不稳定样品的分析、市场供应不同分离机制小颗粒填料较少等问题,仍需做进一步的研究。随着科学技术的不断发展,各种选择性分离机制小颗粒填料色谱柱商品化,我们相信超高效、超快速液相色谱的高速度、高灵敏度、高分离度将为分离领域开创崭新的局面。

5.4.2　新型色谱填料

在色谱工作中,提高分离效率和速度是色谱工作者关注的永恒主题。从最初的无定型硅胶到多孔硅胶、金属氧化物微球及聚合物整体柱,针对不同的分离目的,研究者已经研制出大量具有特殊结构的液相色谱填料并将它们产业化,为液相色谱方法的发展提供了更多的选择。近年来,随着超高效液相色谱、二维液相色谱的发展,人们对可极大提高分离效率的小粒径填料以及可有效加快分离速度的核壳结构固定相、整体柱的研究产生了极大的兴趣。

（1）新型载碳的核壳结构硅胶色谱填料的制备与应用

施文君研究组报道了一种新型载碳的核壳结构硅胶基质固定相,并将其用于快速二维液相色谱分离。他们在多孔硅胶上引入一层薄薄的、均一的三价铝化合物作为催化位点,使碳沉积在硅胶的表面而不损坏硅胶的孔道结构。采用这种方式制备的色谱填料相对于载碳的二氧化锆色谱填料具有更高的分离效率和更好的保留能力,采用这种方式制备的 2.7 μm 载碳核壳结构硅胶色谱填料相对于亚 2 μm 硅胶色谱填料,具有更好的色谱传质能力、更高的色谱柱效及较低的柱背压。2.7 μm 新型填料的柱效高达 160 000 理论塔板/m,高于商品化的 3 μm 载碳的二氧化锆色谱填料的柱效(124 000 理论塔板/m);对于一些极性的苯类衍生物,其柱效为载碳的二氧化锆色谱填料的 5.6 倍。这些性能说明其对于极性样品的分离分析有一定的优越性。

二维液相色谱中,样品在第二维色谱柱上的分离效率和速度直接影响到整体性能,尤其是分析速度与第一维分离的匹配程度对于拓宽二维色谱的应用范围具有重要意义。由于新型载碳的核壳结构硅胶色谱填料具有柱效高、柱压低的特征,因此它非常适合作为二维液相色谱中的第二维色谱固定相。施文君研究组将其应用于快速二维液相色谱中,并与载碳的二氧化锆色谱填料在比表面积、柱效率、疏水选择性、峰容量等方面进行了对比研究,认为其在代谢组学、蛋白质组学等方面有很好的应用前景。

（2）新型硅胶基耐酸超桥联（hyper-crosslinked,HC）固定相

在高效液相色谱中,通过改变流动相的组成可以便捷地调节分离选择性,实现复杂组分样品的有效分离。然而,固定相的性能可在一定程度上制约流动相的选择范围。就通常采用的硅胶基质 C18 固定相而言,在较低的 pH 值条件下,固定相的化学稳定性较差,硅烷基键容易水解断裂,从硅胶表面流失,导致在色谱分离时产生保留值重复性差、峰展宽及峰拖尾等现象,因此某些需要在酸性条件下分析的样品（蛋白质、多肽等）难以采用这类固定相进行分离。此外,在这种极端流动相条件下设定色谱的实验条件甚至会直接影响色谱柱的寿命。施文君等报道了一系列新型硅胶基耐酸超桥联色谱固定相,包括使用氯化铝催化剂和 Zorbax C8 硅胶填料合成的 $HC-C_{8,Z-Al}$ 超桥联固定相;以四氯化锡催化剂和 HiChrom C8 硅胶填料合成的 $HC-C_{8,H-Sn}$ 超桥联固定相;以 $HC-C_{8,H-Sn}$ 超桥联固定相为基础进行结构修饰的疏水性强阳离子交换固定相—SO_3-HC-C_8;以 $HC-C_{8,H-Sn}$ 超桥联固定相为基础进行结构修饰的疏水性弱阳离子交换固定相 $HC-COOH$;以有机催化剂制备的 $HC-T$ 超桥联固定相;以 $HC-C_{8,H-Sn}$ 超桥联固定相为基础进行结构修饰的具有苄羟基功能基团的极性 $HC-OH$ 超桥联固定相。这些固定相因具有超桥联的表面结构,在酸性条件下具有更好的稳定性。

施文君等对每种超桥联固定相的性能进行了细致的研究。结果表明,这类耐酸及具有特殊分离选择性的超桥联固定相在蛋白质组学研究中多维分离系统的构建及具有特殊分子结构的样品分离方面具有广阔的应用前景。

（3）β-环糊精杂化硅胶整体柱

整体柱具有优良的通透性且制备简单,近年来得到较快发展,尤其是极低的反压使其在快速分离分析方法发展、二维液相色谱中的第二维色谱应用等方面具有明显优势,而通过制备超长柱不仅可弥补整体柱载样量方面的不足,同时也可有效提高绝对分离柱效。β-环糊精作为传统的手性选择剂已经被广泛应用于手性样品的分离分析,有研究者研究了 β-环糊精整体柱,但仍存在整体柱的制备技术及制备的重复性差、使用寿命短等诸多问题有待解决。

冯勇等发展了一种"一锅法"制备杂化整体柱的方法,并成功制备了苯基甲酸酯化 β-环糊精-硅胶杂化整体柱,然后通过硅氧烷缩聚及硅氧烷上的双键与单（6^A-N-烯丙基胺化-6^A-去氧）苯基甲酸酯化 β-环糊精原位聚合反应,合成全苯基甲酸酯化 β-环糊精-硅胶杂化整体柱,然后采用光学显微镜以及扫描电镜对整体柱的形貌加以表征。结果表明,这种"一锅法"制备的杂化整体柱材料结构均匀,并与毛细管壁紧密结合。同时,相对于柱后衍生的方法,柱容量大约提高 2.9 倍。利用毛细管液相色谱对所制备的整体柱的性能进行评价,当流动相乙腈-水（体积比为 40：60）的流速从 0.24 $\mu L/min$ 提高至 10.8 $\mu L/min$ 时,柱压从 5 MPa 线性增加到 19 MPa,流速和柱压的线性相关系数达到 0.997 1。该法使用的溶剂体系主要由有机溶剂甲醇和 $N,N'-$二甲基甲酰胺组成,在用其他有机单体制备有机

硅胶杂化整体柱时可以借鉴这种溶剂体系。

5.4.3　电色谱分离

电色谱是色谱中的一种新兴分离技术，全称为毛细管电色谱（capillary electro chromatography，CEC）。

（1）毛细管电色谱概述

毛细管电色谱是将毛细管电泳技术（capillary electrophoresis，CE）与高效液相色谱技术（HPLC）相结合的一种色谱分离技术，由 Pretorius 等在 1974 年首次提出，具体可以表述为在含有固定相的毛细管柱中通过电渗流驱动对物质进行分离。其分离过程主要包括两部分：分离物在两相之间的分配过程和电迁移过程。因此，毛细管电色谱除兼具毛细管电泳的高分离效率和高效液相色谱的高选择性外，还具有溶剂消耗少、样品体积要求量低等诸多优点。目前，毛细管电色谱作为一种强有力的微分离技术受到关注。

（2）毛细管电色谱基本理论

在 CEC 中，流动相的输送是通过电渗流（electroosmotic flow，EOF）来驱动的。EOF 起源于电解质溶液接触的带电表面的固-液界面处形成的双电层。在直流电场的作用下，溶液中的离子定向移动，这一过程称为电渗透。通常通过电离获得表面电荷，如熔融石英毛细管表面上的硅烷醇基团被电离，产生带负电荷的表面。溶液中附近离子的分布会受到影响，带相反电荷的正离子被吸引到表面以维持电荷平衡，而带相同电荷的负离子被排斥，形成双电层。在这种情况下，双电层含有过量的移动正离子。当向毛细管柱施加轴向电场时，这些离子向阴极迁移，通过黏性阻力移动本体溶液，产生 EOF。影响 EOF 的因素有很多，直接影响因素有分离电场、黏度、介电常数、电动势等；间接影响因素有温度、缓冲溶液的组成和 pH、毛细管壁的性质等。

与高效液相色谱中压力驱动产生的抛物线流相比，CEC 中通过电渗流驱动产生的塞式流使得溶质在通过色谱柱时溶质带宽度很窄，极大地抑制了色谱峰的展宽，从而提高柱效。另外，由于 CEC 了结合电泳迁移原理和色谱分配原理，其分离机制来自色谱保留与电泳淌度差异的综合贡献，中性和离子化合物均可在 CEC 中通过流动相和固定相之间的分配差异进行分离，且离子化合物的分离还可进一步受到电泳迁移率差异的影响，充分体现了 CEC 的高选择性。

（3）毛细管电色谱的应用案例

虎杖为蓼科植物，其根茎和根可以作为中药，已被收录于中国药典。虎杖根具有清热解毒、止痛、止咳化痰等作用，对湿热黄疸、痈肿疮毒、跌打损伤、肺热咳嗽等症有良好的治疗效果。蒽醌类化合物是虎杖根中主要的有效成分之一，其中大黄酸、芦荟大黄素、大黄素、大黄酚和大黄素甲醚为其主要起作用的成分，它们具有抗菌消炎、抗病毒、扩张血管及利尿等多种药理作用，因此对它们的分离分析具有较为重要的现实意义。

1）方法及条件

采用加压毛细管电色谱法（pCEC）分离大黄酸、大黄素、芦荟大黄素、大黄酚、大黄素甲醚 5 种蒽醌类成分,并对虎杖根中的蒽醌类成分进行分析。该方法采用 EP - 100 - 20/ 45 - 3 - C18 毛细管色谱柱(总长度 45 cm,有效长度 20 cm,直径为 100 μm,ODS 填料 3 μm),流动相为 20 mmol/L NaH$_2$PO$_4$(pH=4.7)-乙腈(体积比为 15∶85),流动相的总流速为 0.04 mL/min,分离电压为 5 kV,紫外检测波长为 254 nm。

2)结果

5 种蒽醌类成分的检出限($S/N=3$)为 0.60~2.54 μg/mL,在 3.57~162.68 μg/m 范围内浓度与峰面积的线性关系良好,相关系数均不小于 0.998 2。将所建立的方法用于虎杖中蒽醌类成分的分离分析,取得了良好的实验结果,蒽醌类成分在低、中、高 3 个加标浓度下的回收率为 91.1%~101.2%,相对标准偏差(RSD)为 0.03%~3.6%。

5.4.4　微流控芯片

微流控芯片是指在几平方厘米的芯片上经过精确工艺加工,制造出微管道内部结构及其他各种功能单位,完成微量试样的进样、反应、分离和测量等集多种功能于一体的高效、快捷、低耗的微量设备。尹志华提出"微全分析系统",将微流控芯片用于毛细管技术中,开启了其商业化进程。近年来,微流控芯片技术在药物研究领域取得飞速发展,以高通量、低成本等优点成为 21 世纪化学科学、生命科学等诸多领域的研究热点。微流控芯片根据不同用途,可分为分离芯片和特殊功能芯片。前者又可分为细菌分离方法芯片、小分子或离子分离方法芯片等,后者包括萃取芯片、中药筛选芯片、生物化学综合芯片等。微流控芯片的主要特点是含有高效的微型流体成分,且其成分为纳米级。与宏观规格的分离仪器相比,微流控芯片具有装置容积小、集成度高、效率高、样品与试剂损耗小及智能化等优点。

(1)微流控芯片的工作原理

微流控芯片把生物和化学等领域中所涉及的采样、预处理、分离富集、混合、反应、检测或细胞培养、分选、裂解等基本操作单元集成到芯片上,由微通道形成网络,以可控的流体贯穿整个系统,实现常规生物或化学实验室的各种功能。

(2)微流控芯片的应用案例

微流控芯片具有轻巧、使用样品和试剂量少、反应速度快及大量平行处理等优点,因此在生物技术研究方面的应用范围非常广泛,也被用于细菌检测、病毒检测、基因分型等微生物的分离与检测。

微流控芯片在食源性致病菌检测上应用广泛(见图 5.12)。研究表明,用微流控芯片技术检测食源性致病菌敏感度高。俞露等利用微流控芯片技术检测食源性致病菌,其同时检测霍乱弧菌、沙门氏菌、志贺氏菌、副溶血性弧菌的检测特异性分别达到 100%, 100%,96.7%,100%,表明该方法对于 4 种菌的检测特异性良好。邓刚等研制了一种蛋白芯片,将其用于沙门氏菌、大肠杆菌、金黄色葡萄球菌、弯曲杆菌和李斯特菌这 5 种食品中常见病原菌的筛选和特异性鉴定。该芯片对 5 种常见病原菌有较好的鉴别能力。邓刚等将 10 种针对 5 种细菌(炭疽杆菌、伯克霍尔德菌、假性伯克霍尔德菌、土拉弗朗西斯菌和鼠疫耶尔森菌)的聚合酶链式反应(polymerase chain reaction,PCR)检测方法整合到微流控芯片上,发现微流控芯片的 PCR 检测灵敏度是 PCR 检测灵敏度的$\frac{1}{10}$。

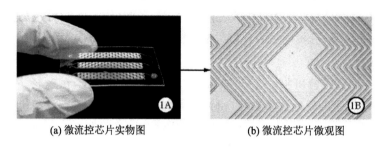

(a) 微流控芯片实物图　　　　　　(b) 微流控芯片微观图

图 5.12　检测菌类微流控芯片

5.4.5　多维色谱

多维色谱分离技术即在不同阶段采用不同的分离模式,通过在线或离线的方式进行偶联,从而实现对复杂样品的分离。该技术因潜在的高峰容量,在复杂样品的分离分析中备受关注。早在 20 世纪 80 年代,陈春玉就建立了多维分离系统的数学模型,在一定的条件下,多维分离系统的峰容量应为各单维分离模式峰容量的乘积,即若联用的 n 维分离模式的峰容量分别为 $N_1, N_2, \cdots, N_n$,则总峰容量为 $N_1 \times N_2, \cdots, N_n$。吴云等对多维气相色谱进行了研究,对双柱系统分离检测未知样品能否提供交叉信息进行了试验,采用模糊数学方法和领域专家的逻辑编制智能定性软件,对包括重叠峰在内的流出峰进行定性,通过空气毒物卤代烃化合物对双柱智能定性方法进行了验证。他们针对复杂混合物样品的分离,采用统一方法、多柱系统,提出智能多柱系统的概念,探讨了智能多柱系统选择性优化原则和多柱系统选择性优化方法。

（1）多维高效液相色谱

目前 HPLC 在蛋白质组学研究中占有十分重要的地位,是一种主导技术,这是因为 HPLC 在可靠性、重现性和使用范围方面有明显优势。反相液相色谱具有分离速度快、效率高、流动相组分与质谱匹配等优点,通常被选为多维色谱分离中最后一维的分离模式。而多种不同的 HPLC 模式可以作为样品的预分离模式。

现有的多维液相色谱分离模式在蛋白质组学的研究中发挥了重大作用,然而也存在一些缺点。因为每一维分离模式都是采用单根柱子进行分离,所以分离时间延长了。相反,如果第二维采用阵列并行式分离,将第一维的馏分依次洗脱到第二维的多根分离柱头,让这些并行的第二维分离柱同时完成分离任务,这无疑极大地缩短了分离时间,提高了系统通量。二维液相色谱系统示意图如图 5.13 所示。

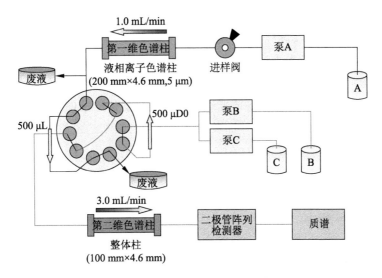

图 5.13　二维液相色谱系统示意图

多维液相色谱技术已经广泛运用到从小分子到大分子的分离分析中。尽管新技术、新方法不断涌现,但是这些还不能完全满足实际应用的需要,尤其是缺少与蛋白质组学中的临床疾病相关的技术方法。然而,随着多维色谱分离技术的提高和分离方法的不断进步,具有高通量、高分离能力的多维液相色谱必将在蛋白质组学等领域发挥更大作用。

(2) 中心切割多维气相色谱

一维气相色谱对简单样品具有非常好的分离效果,是分离分析挥发性和半挥发性物质的最常用的方法。但是,一维气相色谱难以分离含有几百种甚至上千种物质的复杂样品,存在目标物与干扰物质共同流出的问题,导致定性、定量结果不准确。

为了解决一维气相色谱的局限性,研究人员通过将具有不同选择性的 2 根或 2 根以上色谱柱串联使用发展出了中心切割多维气相色谱(MDGC)。这种装置的一维(1D)和二维(2D)系统都使用常规色谱柱,实现目标物充分分离后通过质谱进行定性和定量分析,它被广泛应用于石油化工、食品分析、环境分析等领域。

MDGC 是将 2 根或者多根具有不同选择性的常规色谱柱按照一定的顺序连接起来构成的分离分析系统,1D 与 2D 柱子之间设置有切换装置,可以选择性地将 1D 柱流出的组分转移至 2D 色谱柱中进行再分离。MDGC 的关键是两色谱分离系统之间的接口设备和技术,它决定着切割效率和切割重复性,是多维气相色谱领域的研究热点。根据切割机理,切割系统分为机械阀和压力控制切换阀系统。

机械阀也被称为回转阀、滑阀,通过旋转切换实现中心切割,常用的有二位四通阀、二位六通阀和二位十通阀。一些公司相继将机械阀应用于商品化 MDGC 仪器中,实现了稳定的中心切割功能。

Deans 将压力控制切换阀引入 MDGC 系统中,它具有机械阀无可比拟的优势,如不受温度限制、无记忆效应、样品和阀的机械零件无直接接触、峰展宽很小,从而奠定了现代MDGC 发展的基础。

一维气相色谱-质谱联用技术虽然在气态和挥发性化合物分离检测方面应用较广,但对于一些具有复杂基质的实际样品,使用一维气相色谱-质谱联用技术时往往会发现谱图中色谱峰严重重叠,分离效果不理想。多维气相色谱-质谱联用技术可以解决复杂基质化合物分离的问题,具有诸多优势。但是,多维气相色谱-质谱联用技术对操作人员的技术水平要求较高,需进行多次切割实验才能确定最佳的仪器使用条件,因此目前它的普及程度还不够高。随着人们对复杂基质样品及难分离化合物越来越关注,多维气相色谱-质谱联用技术将会得到更多的应用。

5.4.6 其他

(1)脂肪酸类检测

在以往的化工分析工作中,常用的对脂肪酸类进行检测的方法(如比色法等)都存在一些问题,如可检测范围不够大、可用范围小等。而色谱技术可以很好地解决了这些问题,它不但检测范围及应用范围大,而且操作简单灵活、检测快速精准。此外,色谱技术在检测脂肪酸类的过程中,还可以对样本根据一定的特点进行分离定性,完成样本内检测对象的分类,加强对脂肪酸类物质的控制,更深入地了解有机物降解情况,从而提高化工行业检测水平,为行业发展提供动力。

(2)持久性气体、烃类气体分离分析

在化工生产中,持久性气体、烃类气体等很常见,它们是很多化工产品生产的原材料或中间产物。利用色谱技术可以简便快捷且高效地实现对这些气体的分离检测,并且可以增大检测密度。

(3)药物残留检测

色谱技术不仅可以运用在化工生产行业中,还可以运用在农产品及其他食品的药物残留检测中。相较于传统的检测技术,色谱技术具有操作简便、检测快速、精确度高的优点,它还可以检测出以往无法检测到的痕量残留化学物质,为居民的饮食安全提供保证。

(4)环境污染物检测

色谱技术不但可以运用于化工领域,而且它在环境污染物检测方面的作用也举足轻重。利用色谱技术,可以在很短的时间内完成对水源及空气中污染物成分与含量的精确检测,这一方面有助于提高居民的生活环境质量,改善居民的整体生活水平,另一方面可以在突发严重化学事故时,迅速、高效、精准地对事故发生地的化学污染状况进行检测与鉴别,为有关单位的应急行动及周围居民的避险行为提供合理建议。

(5)医药化工应用

医药化工是化工行业的一个重要组成部分,化工分析也包括药物分析。将色谱分析技术运用到药物分析中,能够为相关人员提供定性与定量分析方法。通过色谱分析技术,药剂人员可以通过对制剂检查时产生的杂质信号进行研究来改进生产技术,相关人员可以利用详尽、精准的药物分析结果确定药物质量标准,以推动我国医药化工行业的发展。

大师风采

中国色谱之父——卢佩章院士

卢佩章院士(1925.10—2017.8),男,出生于浙江杭州,籍贯福建永定,分析化学与色谱学家,中国科学院学部委员(院士),九三学社社员,中国科学院大连化学物理研究所研究员。

1948 年,卢佩章从同济大学化学系毕业后留校任教;1949 年 9 月到中国科学院大连化学物理研究所工作;1958 年,获中国科学院大连化学物理研究所副博士学位;1959—1986 年,任中国科学院大连化学物理研究所分析化学研究室主任;1978—1983 年,任中国科学院大连化学物理研究所副所长;1980 年当选为中国科学院学部委员(院士)。卢佩章院士长期从事以色谱为主的分析化学研究。20 世纪 50 年代,他完成了"熔铁催化剂水煤气合成液体燃料及化工产品"项目。为开创中国色谱学科,他开展了气相色谱及液相色谱理论、新技术发展及其应用方面的研究。

20 世纪 80 年代以来,卢佩章院士带领团队开展了有国际水平的色谱专家系统理论、技术及软件开发等方面的研究,在研究色谱峰型等规律的基础上提出了选择色谱最佳操作条件的方法,并将其成功应用于发展细管径高效液相色谱;在深入系统进行气相色谱和高效液相色谱理论研究的基础上,开发出气相和液相色谱定性、拟合定量和智能优化等专家系统及软件,并在环境毒物分析及中药智能分析中取得初步成效。这期间,卢佩章院士组织各种技术力量,先后研制成功"1000 系列气相智能色谱仪"和"2000 系列液相智能色谱仪"。这是个庞大的系统工程,直到 20 世纪 90 年代中期卢佩章院士两本系统的著作出版,研究课题才初步完成。

卢佩章院士建立了多元混合物分离的理论基础,为超纯气体制备提供了纯化和检测方法,发展了腐蚀性气体色谱分析仪、金属中气体分析仪和大气中毒物分析仪等。卢佩章院士甘于奉献,还谆谆教导学生:"一个科学家最大的幸福是能给社会、人类作出些贡献。科学家要有创新,必须有坚实的理论和技术基础。有一颗热爱科学的心,才能选准方向,坚持下去。"

色谱前沿领航人——张玉奎院士

张玉奎院士,分析化学家,1942 年 9 月 13 日生于河北保定,1965 年毕业于南开大学化学系。中国科学院大连化学物理研究所研究员,曾任该所副所长、国家色谱研究分析中心主任。2003 年当选为中国科学院院士。

张玉奎院士主要从事色谱基本理论和新技术、新方法的研究工作。他采用微渗析-液相色谱、亲和色谱、毛细管电泳及电色谱研究了药物与蛋白质的相互作用,建立了同时测定结合常数与结合分子数的系统方法;提出了多维立体分离的思想,构建了以超滤膜为接口的多维毛细管电泳分离蛋白质技术平台,并将其用于蛋白质的精细结构研究;用毛细管电泳方法研究了肽类分离规律,从理论上说明了样品分子量与迁移时间的关系,进而为复杂蛋白样品的分离及痕量检测提供了新技术。张玉奎院士在深入理论研究的基础上,注重完成国家任务与实现成果的产业化。他先后负责开展并完成了潜艇大气组分分析仪、K-1型液相色谱柱、高效液相色谱仪的研发等国家任务,开展了人组织激肽释放酶原的基因表达与分离纯化等生物工程项目。他还出版了著作《现代生物样品分离分析方法》。

20世纪70年代,大规模集成电路计算机初兴,张玉奎隐约意识到这个"新家伙"在科学研究中的重要意义。在卢佩章的鼓励下,他开始学习编程。"计算机的存储技术能够将一个个色谱'波浪'存储起来,节省物理空间,同时方便检索、查阅。"但当时的内存条存储空间很小,且价格昂贵。为了在有限的空间存储更多的数据,张玉奎根据拖尾指数修正的高斯函数,利用当时研究室仅有的Z80计算机,开启了色谱流出曲线计算机模拟的艰难探索之路。当时对解析误差函数一窍不通的他从公式学起,不断请教领域内的专家,一旦发现潜在解决方案,便没日没夜"赶工",查看效果。"只要碰上同事们集中用电,计算机就极其容易死机,之前编写的程序就得重新来过,所以我就写一点赶紧保存一下。"张玉奎回忆。后来,为了提高效率,张玉奎"错峰"工作,抓住同事们上班前和下班后的空当编写程序,白天进行常规的液相色谱研究。同事调侃:"如果在实验室看不到张玉奎,那就去'机窝'找他,他肯定在。"不负众望,张玉奎编写出了色谱流出曲线拟合软件,实现了对色谱峰型变化规律的定量描述,为色谱数据处理和存储提供了全新的方法。此后,张玉奎将串联优化指标与智能搜索优化方法结合用于复杂样品的分离条件优化研究,以大量的事实验证了知识库的正确性和可靠性,开发出液相色谱专家系统。如今,全世界的色谱仪无不与计算技术紧密相连,计算机这个"新家伙"早已变成色谱人的"老朋友"。与计算科学的深情拥抱,也让张玉奎深深意识到学科交叉、学术交流的重要性。为了在更大范围内促进领域交流,1984年,在他和卢佩章等人的倡议下,《色谱》杂志创刊。经过多年的苦心孤诣,《色谱》不仅获得"中国精品科技期刊"等荣誉称号,还在中国科学技术信息研究所发布的引证指标排名中名列前茅。

张玉奎院士从事科研近六十载,为推动我国分析科学的发展作出了卓越贡献,是中国色谱领域的先驱者之一。2021年9月13日,张玉奎八十寿诞之际,在分离测量化学前沿论坛上,他说"学海无涯,不学则罔;形势逼人,不进则退",以此勉励后辈继续攻坚克难,为实现高水平科技自立自强不懈奋斗。

参考文献

［ 1 ］ Fekete S, Veuthey J L, Guillarme D. Comparison of the most recent chromatographic approaches applied for fast and high resolution separations: Theory and practice[J]. Journal of Chromatography A,2015,1408: 1—14.

［ 2 ］ 蒋黎艳,罗思玲,周旭,等. 荔枝多酚的提取和纯化技术研究进展[J].果树学报, 2020,37(1):130—139.

［ 3 ］ 赵丽平,张雯雯,汪金萍,等. 葛根素的提取及生物活性分析[J].食品研究与开发, 2022,43(17):107—112.

［ 4 ］ Murisier A, Andrie M, Fekete S, et al. Direct coupling of size exclusion chromatography and mass spectrometry for the characterization of complex monoclonal antibody products [J]. Journal of Separation Science,2022,45(12):1997—2007.

［ 5 ］ 杨欣茹,李铁健,管方方,等. 分子排阻色谱法测定生长抑素中的高分子量杂质[J]. 海峡药学,2022,34(7):36—40.

［ 6 ］ 高琳,王贝,庞旭,等. 手性色谱柱用于天冬中甾体皂苷类似物的分离[J].药学学报, 2020,55(6): 1245—1250.

［ 7 ］ Ringeling L T,Bahmany S,van Oldenrijk J,et al. Quantification of vancomycin and clindamycin in human plasma and synovial fluid applying ultra-performance liquid chromatography tandem mass spectrometry[J]. Journal of Chromatography B, 2022,1212: 123493.

［ 8 ］ 权会丽,曹佳丽,程丽娟,等.HPLC法同时测定乳腺癌患者血浆中多柔比星、表柔比星及环磷酰胺的血药浓度[J].药物分析杂志,2020,40(7): 1236—1242.

［ 9 ］ 陈秋华,张天闻,傅红,等. 超高效液相色谱-四极杆飞行时间质谱法快速筛查水产品中 16 种激素残留[J].食品科学,2018,39(20): 337—343.

［10］ 施文君. 新型放射型核壳色谱填料的制备、表征及其在加压毛细管电色谱中的应用[D]. 上海:上海交通大学,2016.

［11］ Paek C, Huang Yuan, Filgueira M, et al. Development of a carbon clad core-shell silica for high speed two-dimensional liquid chromatography [J]. Journal of Chromatography A,2012,1229:129—139.

［12］ 冯勇. 氧化石墨烯接枝硅胶整体柱的制备及在多环芳烃检测中应用[D].武汉:武汉纺织大学,2019.

［13］ Zhang Yu,Luo Hao,Carr P W. Silic-based,hyper-crosslinked acid stable stationary phases for high performance liquid chromatography[J].Journal of Chromatography A,2012,1228:110—124.

［14］ 段岐荣,张毅军,杨胜凯,等.Box-Behnken 设计毛细管液相色谱法拆分 α-氨基酸对映体的研究[J].分析测试学报,2009,28(11): 1234—1239.

［15］吴桂玲,周丽,邓维先.虎杖有效成分的提取方法研究进展[J].粮食与油脂,2022,35(6)：16－18,29.

［16］Yu L P,Li Y Q,Li Y J,et al.In vivo identification of the pharmacodynamic ingredients of polygonum cuspidatum for remedying the mitochondria to alleviate metabolic dysfunction-associated fatty liver disease［J］.Biomedicine and Pharmacotherapy,2022,156：113849.

［17］尹志华,张媛.微全分析系统在检测仪器微型化中的应用[J].广东化工,2018,45(19)：104－105,103.

［18］俞露,贺云蕾,邓刚.基于微流控芯片的实时荧光定量 PCR 技术快速检测血小板制剂细菌污染[J].临床检验杂志,2022,40(7)：495－497.

［19］陈春玉,王少楠,梁军.多维色谱流程的开发与应用[J].天然气化工(C1 化学与化工),2018,43(2)：100－103.

［20］吴云,黄超囡,石磊,等.中心切割多维气相色谱-质谱联用技术在复杂基质分析中的应用进展[J].青岛理工大学学报,2021,42(4)：81－88,122.

［21］Shah P A,Shrivastav P S,Sharma V.Multidimensional chromatography platforms：Status and prospects[J].Bioanalysis,2021,13(14)：1083－1086.

［22］Rice P J,Horgan B P,Barber B L,et al.Chemical application strategies to protect water quality[J].Ecotoxicology and Environmental Safety,2018,156：420－427.

［23］陈美庆,张养东,王峰恩,等.牛奶脂肪酸检测方法的研究进展[J].食品安全质量检测学报,2020,11(21)：7992－7998.

［24］陈伟妍,何洁怡,彭嘉宜,等.液质联用仪在动物源食品中喹诺酮类和磺胺类药物残留检测方法的研究[J].中国食品工业,2022(17)：108－111,116.

［25］王霞.离子色谱在城市河道水环境污染检测中的应用研究[J].环境与发展,2020,32(9)：101,103.

第6章

膜分离

6.1 概 述

膜分离是以外界能量或化学势差为推动力,利用分离膜选择透过不同物质的功能,实现对混合物进行分离、纯化和浓缩的过程。膜分离过程兼具分离、纯化和浓缩的功能,可将混合流体分离成透过物与截留物。膜分离技术则可以理解为膜分离过程中所用到的一切手段和方法的总和。

通常,膜分离过程具有常温下操作、无相变化、设备体积小、高效节能、生产过程中不产生污染等特点,所以膜分离技术广泛应用于海水淡化、饮用水净化、工业废水和生活污水处理与回用,以及化工、医药、食品、矿业、材料等行业的分离、纯化和浓缩等方面,为循环经济、清洁生产及可持续发展等提供了技术保障,已成为推动产业发展和转型、改善人类生存环境的高新支撑技术之一。

6.1.1 膜分离技术的发展及特点

6.1.1.1 膜分离技术的发展历程

膜在自然界中特别是在生物体内广泛存在,它与生命活动密切相关。膜分离过程在许多自然现象及社会发展中扮演着重要角色,但人类对膜及膜分离技术的认识、了解、利用和实现人工制造技术的突破却是一个漫长的过程。

1748 年,法国物理学家 Nollet A 改进制酒工艺时将酒精(乙醇)溶液装入玻璃圆筒中并用猪膀胱封口,然后将玻璃圆筒浸入水中,发现膀胱膜向外膨胀直至最后撑破,表明水透过膀胱膜而进入玻璃圆筒,这是人类最早观察到的膜的渗透现象。

1827 年,法国生理学家 Dutrochet H 用羊皮纸封住一钟罩形玻璃容器的开口端,另一端插入一支长玻璃管,将不同物质或不同浓度的溶液倒入容器后浸入水槽,观察到玻璃管内溶液的液面上升,他认为管内液面上升的原因是水槽内的水通过羊皮纸封口进入容器内,而水迁移的同时产生了压力,他将此现象命名为"渗透"(osmosis)。Dutrochet H 还观察到液面上升高度与溶液浓度成正比,他是最早对渗透进行半定量研究的科学家。

1831 年,英国科学家 Mitchell J V 比较系统地研究了天然橡胶的透气性,用聚合物膜进行氢气和二氧化碳混合气的渗透实验,发现不同种类气体分子透过膜的速率是不同的,最早探索了用膜分离气体。

1846 年,Schonbein C 制成了人类历史上第一张半合成膜,即硝酸纤维素膜。

1854 年,苏格兰化学家 Graham T 在实验中发现,溶质通过半透膜的扩散速率比胶体粒子快,提出了"透析"(dialysis)的概念。

1855 年,德国科学家 Fick A E 研究了气体通过液膜的扩散现象,建立 Fick 扩散定律,并于 1865 年研制出硝酸纤维素膜。

1867 年,德国生物化学家 Traube M 将亚铁氰化铜[$Cu_2Fe(CN)_6$]或含单宁酸的胶状物沉积在多孔陶壁上,首次制成了人造膜——无机材料半透膜,又称分子筛(molecular sieves)。该膜非常坚固,可承受数百个大气压的渗透压。

1911 年,英国物理化学家 Donnan F G(爱尔兰人)发现在大分子电解质溶液中,较大的离子不能透过半透膜,而较小的离子受较大的离子电荷的影响,可以透过半透膜。当渗透达平衡时,膜两侧较小的离子浓度不同,这种现象称为膜平衡或 Donnan 平衡。

1917 年,美国化学家 Kober P A 研究了水从蛋白质/甲苯溶液中通过火棉胶器壁的现象,提出"渗透汽化"(pervaporation)的概念。

1918 年,著名的奥地利化学家 Zsig-mondy R A 用赛璐珞等制成膜滤器(membrane filter)过滤极细粒子,1929 年改进后又制成超滤器(ultrafilter),它们被认为是初期的超滤膜和反渗透膜。

1920 年,Mangold、Michaels 和 MoBain 等分别用赛璐珞和硝酸纤维素膜观察到电解质和非电解质的反渗透现象。

1944 年,荷兰医师 Kolf W J 发明了醋酸纤维素(当时主要用作肠衣)透析管,即人工肾。

1950 年,美籍科学家 Juda W 和 McRae W A 发明了电渗析技术,首次合成了离子交换膜(ion exchange membrane),1956 年他们成功地将此项技术用于电渗析脱盐工艺。

1960 年,美国科学家 Loeb S 和 Sourirajan S 研究反渗透膜,提出相转化法(phase inversion process)或聚合物沉淀法(polymer precipitation process)制膜技术,首次采用相转化法制成用于海水脱盐的醋酸纤维素反渗透非对称膜,开创了膜科学与技术发展的新纪元。其后研究者又取得了一系列重要成果,如制成改进的醋酸纤维素膜、醋酸-丁酸纤维素膜、醋酸纤维素与三醋酸纤维素共混膜,以及改性脂肪族聚酰胺膜和芳香族聚酰胺膜等。

1968 年,华裔美籍科学家黎念之发现含表面活性剂的水和油能形成界面膜,发明了不带有固体膜支撑的液膜(liquid membrane)。

自 20 世纪中期开始,微滤、超滤、纳滤、反渗透、渗透蒸发、气体分离、透析及液膜等膜分离技术相继出现并得到快速发展,分离膜的形态也从简单板式膜发展到管式膜、中空纤维膜、卷式膜等。

6.1.1.2 膜分离技术的发展与应用

20 世纪中期之前,即膜分离技术的早期阶段,人们还处于对膜现象的认识和基础研究阶段。20 世纪 60 年代以来,膜分离技术的研发受到各国政府和科技界的高度重视。微滤、超滤、纳滤、反渗透、电渗析、膜电解、渗析等实现了逐渐从实验室研究阶段到产业化应用阶段,遍及化工、环境保护、生物、医药、食品、电子、纺织、冶金及能源等领域的水或溶剂的净化、物质分离、废水处理与污染控制应用(见表 6.1),产生了巨大的经济效益和社会效益。同时,一些涉及更为复杂分离机理的膜技术,如渗透汽化、支撑液膜、膜萃取、膜蒸馏、膜吸收及膜结晶等相继出现,随着研究的不断深入,有些新型复合膜技术已进入应用开发阶段,甚至实现商业化应用。

表 6.1　膜分离技术的应用

应用领域	应用实例
水处理	饮用水净化、咸水淡化、超纯水制备、锅炉水净化
化学工业	有机物分离、污染控制、试剂回收、气体分离、溶剂纯化
环境工程	空气净化、废水处理与资源化
食品饮料	净化、浓缩、消毒、代替蒸馏、副产品回收
医药	人造器官、血液分离、药物控制释放、消毒、药物分离、浓缩、纯化
纺织工业	废水和废气处理、燃料及助剂回收、纤维回收
制浆造纸	代替蒸馏、废水处理、纤维及助剂回收
国防	战地水源净化、舰艇淡水供应、潜艇气体供应
金属工艺	金属回收、污染控制、富氧燃烧

膜分离技术之所以能够得到迅速发展,与其相关理论基础的发展是分不开的。在膜分离现象和机理探索方面,一些传统的理论发挥了重要作用。例如,描述物质内部扩散现象的 Fick 扩散定律;描述渗透压与稀溶液浓度及温度关系的渗透压方程;用膜相隔的两种溶液之间产生的膜电位差概念的确立;用于解释荷电膜选择性透过原因的 Donnan 平衡理论;反渗透现象,离子膜内传质、分子扩散;膜孔的形成机理的解释或阐述,这些都借鉴了传统的相关理论。在这些基础上逐步形成了膜分离科学与技术,特别是在膜材料和膜结构、膜制备与形成机理、膜性能与结构的构效关系、膜过程传递机理、膜设备设计与优化等研究方面取得了一系列重要进展和突破。此外,近代其他学科和技术的发展也为膜分离技术的研究提供了良好的条件。例如,高分子科学的发展为分离膜提供了具有各种特性的合成高分子膜材料,电子显微镜等近代分析表征技术为膜的结构分析和分离机理的研究提供了有效手段。另外,现代工业迫切需要发展节能减排、原料再利用和减少环境污染等技术,而膜分离技术正好能够满足这些需求,产业界和科技界已将膜分离技术视为 21 世纪最有发展前景的高新技术之一,受到世界各国的普遍重视。

6.1.1.3 国外膜分离技术现状

膜分离经过几十年的发展,其应用已从早期的脱盐发展到化工、轻工、石油、冶金、电子、纺织、食品、医药等工业废水、废气的处理,产品的回收与分离等,是适应当代新产业发展的重要高新技术。

根据市场研究公司的数据,全球膜分离技术市场规模从 2016 年的 118.27 亿美元增长至 2021 年的 172.64 亿美元,年复合增长率为 7.88%。其中,反渗透(RO)技术和纳滤(NF)技术是膜分离技术应用最广泛的两种技术,市场份额分别为 57.2% 和 18.47%。

在所有的海外国家中,美国和日本在高性能分离膜领域的领先优势非常明显。美国在高性能分离膜领域的代表性企业有陶氏公司、科氏公司,以及专注于气体分离膜的 Air products and Chemicals 公司、Membrane Technology and Research 公司等。日本在高性能分离膜领域比较著名的公司有日东电工、东丽公司等。欧洲在高性能分离膜领域比较领先的公司有法国苏伊士公司、德国迈纳德公司等。以下列举在膜分离领域比较著名的一些公司。

(1)美国碧菲科技集团

美国碧菲科技集团是拥有核心技术的分离膜技术公司,公司研究和生产高性能高分子膜分离材料和产品,为全球提供国际领先的"耐高压中空纤维超滤膜产品"和"中空纤维纳滤膜产品"。经过多年不断研发与创新,集团发挥技术优势,应用 SNIPS 技术(发明专利 CN107376649A)、HDBSF 高维内衬技术(发明专利 CN109277001A)、SCC 同心涂覆技术(发明专利 CN109277002A)、CO-EPS/CU-EPS 均匀布丝技术、HDPC 高密度 COOA 开放式组装技术,研发并生产 BFPM 膜原料、BFMIN 膜芯、BFTB 工艺包、BFUF 超滤膜、BFNF 纳滤膜产品,获得全球市场众多客户的广泛认同。

(2)霍尼韦尔旗下的 UOP 公司与 Vaperma 公司

UOP 公司与 Vaperma 公司联合推广 Vaperma Siftek 聚合物膜法乙醇脱水新技术,可使能量密集的乙醇生产过程能耗降低,从而降低操作成本和减少排放。Vaperma Siftek 膜为聚合物空心膜,具有高的渗透性和选择性,该空心纤维膜的高通量源于膜的亲水性及薄的分离层。

(3)格雷斯-戴维森公司和苏尔寿膜系统公司(苏尔寿化学技术公司分公司)

苏尔寿膜系统公司开发了生产超低硫汽油的工艺,称为 S-Brane 新工艺,使用膜分离将经催化裂化的含硫化合物浓缩为极少的馏分,这一技术可直接处理轻沸程和中沸程范围的汽油。这种简易的膜系统将进料汽油物流分离成两种产品物流。

6.1.1.4 中国膜分离技术现状

中国膜分离技术的研发始于 20 世纪 50 年代,当时我国引进了第一套电渗析装置,随即开展了离子交换膜研究。自 20 世纪 60 年代开始,我国相继进行了反渗透、电渗析、超滤、微滤、渗透汽化、复合膜及无机膜等的研究。经过 60 年左右的发展,我国已经具有独立自主研发、设计和生产多种膜材料及膜组件的能力。

进入 21 世纪以来,国家投入了大量资金支持膜材料的研发和产业化,积极鼓励企业将膜技术推广应用于环境保护及相关领域,极大地促进了我国膜制造产业的进步和膜技术在水污染治理等领域的应用。目前,我国的膜制造产业已初具规模,产品种类涵盖了反渗透膜、纳滤膜、超滤膜和微滤膜等各类膜材料和卷式膜、帘式膜、管式膜、板式膜等多种膜组件。

随着我国经济的快速发展,水资源短缺与水污染问题日益严峻。我国主要城市中超过 2/3 城市的淡水资源不足,其中一百多个城市严重缺水,年缺水总量数百亿吨,水资源短缺已成为限制经济社会发展的根本问题。此外,我国每年污水排放量超过 600 亿吨,而得到有效处理回用的不足 10%,造成水资源的浪费和严重的水污染问题,使水资源形势变得更加严峻。因此,海水淡化、污水再生利用和水净化是我国膜分离技术应用的三大领域。海水、苦咸水淡化是解决沿海发达地区水资源短缺的重要方法,目前,国际上的海水淡化产水量已超过 5 000 万吨/日,我国目前的膜法海水淡化能力约数十万吨/日,约占我国海水淡化总量的 60% 以上,且正以每年 30% 的速度快速增长。在污水资源化领域,膜法处理污水量占我国污水资源化回用总量的 95% 以上,该技术是当前解决水污染问题和实现污水资源化的首选技术。因此,膜分离技术被认为是解决水危机的关键技术手段,市场规模和应用前景广阔,加速推进我国膜分离技术的发展对实现国家节水减排、传统产业升级、环境保护与可持续发展具有重大战略意义。

目前,我国膜产品销售中,反渗透膜和纳滤膜占 50%,超滤膜、微滤膜及电渗析膜各占 10%,剩下 20% 被气体分离膜、无机陶瓷膜、透气膜及其他类型所占据。中国膜工业协会数据显示,"十三五"以来,我国膜工业总产值的年均增长率保持在 15% 左右,2019 年末,膜工业总产值比"十二五"末增长了一倍,达到 2 773 亿元。根据膜工业总产值的年均增长率,预测未来膜工业总产值将持续稳定增长,到 2025 年,我国膜工业总产值或将达到 6 000 亿元。

根据 2019 年中国膜工业协会披露的数据,我国膜产值主要由 6 个方面构成。其中,各项设备(含净水器)产值为 735 亿元,占 26.51%;工程与应用产值为 738 亿元,占 26.61%;膜相关配套产品产值为 440 亿元,占 15.87%;膜与膜材料产值为 426 亿元,占 15.36%;贸易与服务产值为 332 亿元,占 11.97%;其他领域产值为 102 亿元,占 3.68%。

我国膜技术应用场景广泛,据 2019 年《中国膜产业发展状况与展望》披露,工业用水处理应用排在首位,占 35%;其次是能源行业应用,占 21%;工业废水处理应用占比 20%;医用行业、市政污水处理、城镇饮用水处理、海水苦咸水淡化、其他应用场景分别占比 9%,8%,5%,1%,1%。目前,中国市场反渗透膜产品的销售总额为全球销售额的 30%～35%,但国外反渗透膜产品仍占据市场主导地位,美国陶氏集团、日东电工、日本东丽、美国通用电气(GE)占据的市场份额相对较高。华经产业研究院数据显示,我国反渗透膜市场份额的 30% 来自美国陶氏集团、26% 来自美国海德能公司,美国科氏公司(KOCH)、GE、日本东丽分别占据我国反渗透膜市场份额的 9%,8%,7%。

以下介绍国内几家膜制备和应用的公司:

① 沃顿科技是国内领先的复合反渗透膜生产企业,聚焦新型膜材料产品生产,是全球第二家拥有干式膜元件规模化生产能力的制造商。沃顿科技是以膜法水处理业务为主、

植物纤维综合利用和股权投资运营为辅的控股型上市公司,产品主要包括工业膜产品及家用膜产品,主要应用于钢厂、电厂中水回用,海水淡化,石油脱盐,饮用水净化等领域。公司的膜产品主要分为反渗透膜、增强反渗透膜、纳滤膜、超滤膜、各级水效膜等。

② 唯赛勃是国内一家拥有高性能卷式分离膜及其相关专业配套装备,以及原创技术、自主核心知识产权、核心产品研发制造能力的高新技术企业,致力于成为国际领先的膜分离技术核心部件供应商。公司处于膜产业链上游,目前的主要产品包括反渗透膜及纳滤膜系列产品、膜元件压力容器、软水箱、盐箱等。公司在水处理专业组件方面的产品包括净水设备、软水设备等整机设备和净水、软水系统;在市政及工业领域,公司产品主要应用于市政供水、海水淡化、污水处理、超纯水制备及浓缩分离等。

③ 久吾高科是一家膜集成系统解决方案的专业化提供商,公司主营产品为以陶瓷膜、有机膜等膜材料为核心的膜集成技术整体解决方案,是国内极少数拥有完全自主的陶瓷膜制备技术的企业。陶瓷膜是以氧化铝(Al_2O_3)、氧化锆(ZrO_2)和氧化钛(TiO_2)等粉体为原料经特殊工艺制备而成的膜,其管壁密布微孔,在压力作用下,原料液由管内向膜外侧流动,小分子物质(或液体)透过膜,大分子物质(或固体颗粒、液体液滴)被膜截留,从而达到料液不同成分分离、浓缩和纯化的目的。

④ 海得科膜分离技术(北京)有限公司主要有工业生产中的纯水设备、超滤设备、阳极、过滤器、进口水泵等;生活用水中的反渗透、纳滤、超滤及微滤系统;食品、生化、制药行业中用于分离、纯化、澄清及浓缩的反渗透、纳滤、超滤及微滤系统;工业废水处理中的超滤、纳滤系统。

今后我国膜分离技术领域的发展主要涉及以下几方面内容:

① 对已工业化应用的膜分离技术,如微滤、超滤、反渗透和气体分离膜等,着重提高产品质量,形成规模效益,保持较高的市场占有率。

② 以开发膜材料和制膜技术为核心,突破复合反渗透膜的制备技术,使产品质量达到国际先进水平。

③ 在膜法提氢、富氧、富氮等技术工业化应用的基础上,向天然气净化,水蒸气、二氧化碳和有机蒸气分离方面发展,将应用从目前的废旧资源回收利用扩展至环境保护、工业制气及气体净化等方面。

④ 将气体分离膜技术从处理高压、高浓度、简单组分的气源向处理低压、微量、高温、复杂组分的气源方向发展。

⑤ 对国外已工业化应用、在我国尚处于研究阶段的膜技术如纳滤膜,要攻关复合纳滤膜的制备技术。

⑥ 加快无机膜技术中心建设,实现无机超滤膜的工业化生产。

⑦ 将渗透汽化膜作为膜材料的研究重点,从醇-水分离,积极扩展至有机物-有机物分离的膜材料和膜过程。

⑧ 加速开展对膜催化、膜反应器以及膜蒸馏、膜萃取、膜结晶等新型膜过程及集成膜过程的研究,探索膜技术的新增长点或具有创新水平的自主技术。

6.1.2　膜应用及膜组件

膜分离技术的发展和应用已显示出它的优越性和极好的发展前景,但作为一种进入工业应用才五六十年的新技术,膜分离技术还存在许多理论和技术上的问题需要研究、完善和提高,特别是其在膜的通量、选择分离能力和化学稳定性、热稳定性方面存在不足。目前,膜分离技术的大规模商业化应用主要是在被分离组分比较确定的水处理领域。

（1）膜

膜是膜分离技术的核心,膜分离过程中的分离驱动力可以是压力差、浓度差、温度差、电位差或化学反应等。制膜方法多种多样,所得膜的种类及形式也非常丰富,用途十分广泛,所以膜的分类方法也有很多种,如按制膜材料、膜结构、膜几何形态及膜用途等分类等。

（2）膜组件

单个组件或多个组件都可以组装成膜分离装置,以供工厂和实验室使用。根据膜的形式或排列方式,管式膜组件分为 4 种:板框式膜组件、卷式膜组件、中空纤维式膜组件和毛细管式膜组件等。

6.2　压力驱动分离技术(微滤、超滤和纳滤)

6.2.1　微滤(MF)

6.2.1.1　概述

（1）微滤技术的发展历史

微滤是世界上开发应用最早的膜过滤技术。19 世纪中叶,人们开始以天然或人工合成的高分子聚合物制成微滤膜,但对膜分离技术的系统研究始于 20 世纪。1907 年,Bechhold 制备了一系列多孔火棉胶膜,并发表了第一篇系统研究微滤膜性质的报告,首先提出了用气泡法测定微滤膜孔径。1918 年,Zsigmondy 等最早提出规模化生产硝化纤维素微滤膜的方法,并于 1921 年获得专利。1925 年,世界上第一个微滤膜公司——Sartorius GmbH 在德国哥廷根(Gottingen)成立,专门生产和经销微滤膜。第二次世界大战后,美国、英国等国家于 1947 年相继成立工业生产机构开始生产硝化纤维素微滤膜,用于水质和化学武器残留的检验。1960 年,Sourirajan 和 Loeb 公布了著名的 L - S 膜制备工艺。从 20 世纪 60 年代开始,随着聚合物材料的开发、成膜机理的研究和制膜技术的进步,微滤膜的发展进入一个飞速发展的阶段。膜品种扩大到聚酰胺、聚偏二氟乙烯(PVDF)、聚丙烯腈(PAN)、聚碳酸酯或磷脂酰胆碱(PC)、聚醚砜(PESF)、聚苯乙烯(PS)、聚丙烯(PP)、聚乙烯(PE)、磷脂酰乙醇胺、聚四氟乙烯(PTFE)和无机膜陶瓷材料(氧化锆和氧化铝),此外,还可利用玻璃、铝、不锈钢和增强的碳纤维制膜等。制膜工艺从完全挥发相转化扩展到凝胶相转化、控制拉伸致孔、热致相等;孔径范围从 0.1 μm 到 75 μm 系列化;组器形式从单一的膜片滤器到褶叠筒式、板式、中空纤维式和卷式等,应用范围从实验室的微生物检测发展到制药、医疗、食品、生物工程、超纯水、饮用水、石化、环保、废水处理和分析检测等领域。

美、英、法、德、日等国都有自己牌号的商业微滤膜,其中,在国际市场上影响最大的是美国 Millipore 公司,其次是德国 Sartorius 公司,它们主要从事滤膜和滤器的生产、科研、销售等工作。

(2) 我国微滤技术的发展

微滤技术在我国研究起步较晚,20 世纪五六十年代,我国一些科研部门对微滤膜进行了小规模的试制和应用,还没有形成工业规模的生产能力。真正的起步应该是在 20 世纪 80 年代初期,上海医药工业研究院等单位对微滤膜进行了较系统的研究。目前,国内已有了商品化的微滤膜,品种主要有混合纤维素膜等。国产微滤膜性能稳定,价格低廉,占据着国内大部分市场份额。

与国外相比,我国利用相转化法制备的微滤膜的性能和国外同类产品的性能基本一致,褶叠筒式滤芯已在许多场合替代了进口产品,得到了广泛应用。控制拉伸生产的 PE、PP 等微滤膜,虽然生产工艺和质量有待提高,但因其价廉、耐溶剂等,其应用市场也在不断拓宽。目前,我国的微滤技术改变了仅有 CA - CN 膜片的局面,相继开发了 CA、CA - CTA、PS、PAS、PVDF、尼龙等膜片和筒式滤芯;开发了 PP、PE、PTFE 等控制拉伸致孔的微滤膜和聚酯、聚碳酸酯等的核径迹微滤膜。除了有机微滤膜,我国还开发了无机微滤膜产品。目前,微滤膜已在食品、电子、石油化工、医药、分析检测和环保等领域获得广泛应用,取得了很好的经济效益和社会效益。

6.2.1.2　微滤过程、分离机理及其操作模式

(1) 微滤过程

微滤是以静压差为推动力,利用膜的筛分作用进行分离的膜过程。微滤膜具有整齐、均匀的多孔结构,在静压差的作用下,小于膜孔的粒子通过滤膜,大于膜孔的粒子被阻挡在膜面上,使大小不同的组分得以分离。由于每平方厘米滤膜中包含 1 千万至 1 亿个小孔,孔体积占滤膜总体积的 70%～80%,故过滤阻力很小,过滤速度很快。

微滤属于压力驱动型膜分离技术,主要从气相和液相物质中截留微米级及亚微米级的细小悬浮物、微生物(细菌、酵母等)、微粒、红细胞、污染物等以达到净化、分离和浓缩的目的。微滤的操作压差为 0.01～0.2 MPa,被分离粒子直径的范围为 0.08～10 μm。微滤时介质不会脱落,没有杂质溶出,无毒,使用和更换方便,使用寿命较长。

(2) 微滤分离机理

一般认为微滤的分离机理为筛分机理,膜表面及内部的结构起决定性作用。此外,吸附和电性能等因素对膜的截留也有影响。微滤膜的截留机理因其结构上的差异而不尽相同。叶凌碧等通过电镜观察认为,微滤膜的截留作用大体可分为以下两大类。

1) 膜表层截留(见图 6.1a)

① 机械截留作用。膜具有截留比孔径大或与其孔径相当的微粒的作用,即过筛作用。

② 物理截留作用或吸附截留作用。除了要考虑孔径因素之外,还要考虑吸附和电性

能等因素的影响。

③ 架桥截留作用。在孔的入口处,微粒因为架桥截留作用同样可能被截留。

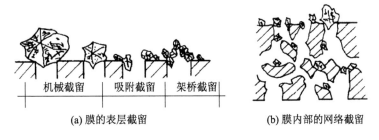

机械截留　吸附截留　架桥截留

(a) 膜的表层截留　　　　　(b) 膜内部的网络截留

图 6.1　微滤膜截留示意图

2）膜内部截留(见图 6.1b)

膜内部的网络截留是指将微粒截留在膜内部而不是在膜的表面。对于表层截留(表面型)而言,其过程接近于绝对过滤,膜易清洗,但杂质捕捉量相对于膜内部截留(深度型)量较少。膜内部截留过程接近于公称值过滤,杂质捕捉量较多,但膜内部不易清洗,多见于用完抛弃型。完全表面型或完全深度型过滤的压降、流速与使用时间的关系见图 6.2。

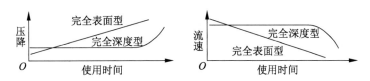

图 6.2　完全表面型与完全深度型过滤的压降、流速与使用时间的关系

(3) 微滤操作模式

1）静态过滤

如图 6.3 所示,原料液置于膜的上游,在压差推动下,溶剂和小于膜孔径的颗粒透过膜,大于膜孔径的颗粒则被膜截留,该压差可通过原料液侧加压产生。在这种无流动操作中,随着时间的延长,被截留颗粒将在膜表面形成污染层,使过滤阻力增加;随着过滤的进行,污染层将不断增厚和压实,过滤阻力将不断增加。在操作压力不变的情况下,膜渗透流率将下降,如图 6.3 所示。因此,无流动操作只能是间歇的,必须周期性地停下来清除膜表面的污染层或更换膜。无流动操作简便易行,适于实验室等小规模场合。对于固含量低于 0.1% 的料液,通常采用这种形式;对于固含量在 0.1%~0.5% 的料液,则需进行预处理。

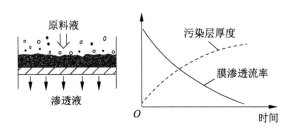

原料液

渗透液

污染层厚度

膜渗透流率

时间

图 6.3　静态过滤

2）错流操作（动态过滤）

对于固含量高于 0.5％的料液，通常采用错流操作，这种操作类似于超滤和反渗透。如图 6.4 所示，原料液以切线方向流过膜表面，在压力作用下通过膜，料液中的颗粒则被膜截留而停留在膜表面形成一层污染层。与静态过滤不同的是，错流操作中料液流经膜表面时产生的高剪切力可使沉积在膜表面的颗粒返回主体流，从而把颗粒带出微滤组件。颗粒在膜表面的沉积速度与颗粒返回主体流的速度达到平衡，可使该污染层不再无限增厚而保持在一个较薄的稳定水平。因此，一旦污染层达到稳定状态，膜渗透流率就将在较长一段时间内保持稳定，如图 6.4 所示。因此，当处理量大时，为避免膜被堵塞，宜采用错流操作。

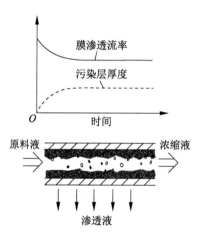

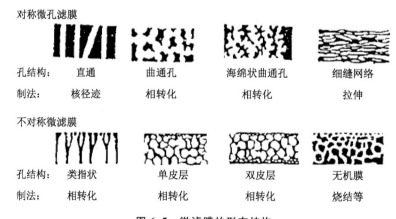

图 6.4　错流操作（动态过滤）

6.2.1.3　微滤膜的制备方法及特点

根据不同方法制备的微滤膜，其形态结构也不同，如图 6.5 所示。除直孔膜外，其余对称膜都是深过滤型，直孔膜的结构有利于捕捉颗粒物质，膜表面一般都不平，不适用于错流过滤。不对称微滤膜结构比较致密，皮层薄，具有开启式支撑结构，适用于错流过滤。典型的微滤膜为微孔上下交替、多层重叠的海绵状多孔结构。

图 6.5　微滤膜的形态结构

（1）微滤膜的制备方法

1）相转化法

相转化法是制取微滤膜最常用的方法，首先把配好的铸膜液浇注并刮制在光滑的平板玻璃上，见图 6.6a。在一定温度和气流速度下，随着高分子溶液内溶剂的蒸发，铸膜液发生相转化，即高分子溶液开始由单相逐渐分离成两种极为均匀的分散相，见图 6.6b。无数极细的液滴散布到另一液相中，大部分高分子不断地聚集到小液滴的周围，见图 6.6c。随着溶剂的继续蒸发，液滴将互相接触，见图 6.6d。溶胶逐步变为凝胶，最后形成一种分布均匀的理想多面体——微滤膜，见图 6.6e。

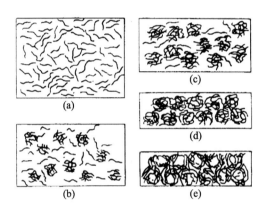

图 6.6　相转化法多孔膜的形成过程示意图

2）热致相分离（TIPS）

热致相分离是通过从聚合物体系中除去热能实现的，该法可处理的聚合物的范围广，可产生各种各样的微结构，包括密度低（$0.02 \mathrm{~g/cm^3}$）的蜂窝状泡沫结构的聚苯乙烯材料。

3）烧结法

将颗粒大小一定的膜材料细粉置于一定的模具内，并严格控制温度和压力，使细粉粒子的表面逐渐熔化，进而互相黏结而形成多孔体，最后进行机械加工（例如车削），即得滤膜。制膜过程中常掺加另一种不相熔合的添加剂（如淀粉等），待烧结完成后，再从膜内萃取。此法多用于制备聚乙烯及聚四氟乙烯等滤材。

4）径迹蚀刻法（以制备核孔滤膜为例）

① 核孔滤膜的制备原理。核孔滤膜是径迹蚀刻技术的一项应用成果，20 世纪 60 年代由美国通用电气公司的 Fleischer R L 等发明并获专利。成膜机理可以简述如下：当具有一定能量的带电粒子进入塑料薄膜（或云母片）等绝缘固体时，它在所经过的路径上使周围的分子电离、激发，聚合物分子的长链断裂并生成自由基，形成一个"径迹"的狭窄的辐射损伤区，见图 6.7a。在此区域内的材料有较强的化学反应能力，能够优先被化学蚀刻剂所溶解，即沿径迹方向的蚀刻速度大于材料本身的蚀刻速度。这样，在蚀刻 t 时间后形成圆锥形孔洞，见图 6.7b。在一定的实验条件下，$V_T > V_G$，这时 $\theta \rightarrow 0$，孔洞成为圆柱形，见图 6.7c。若塑料薄膜的厚度小于带电粒子的射程，则蚀刻一定时间后在塑料薄膜上就会

出现蚀穿的圆柱形孔洞(筛孔),见图 6.7d。

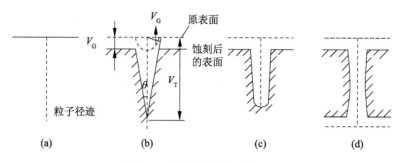

图 6.7　径迹蚀刻技术的原理

核孔滤膜的制备包括照射和化学蚀刻两个相互独立的阶段。裂片基本上以垂直方向进入塑料薄膜,照射过程中靶室内保持真空,使裂片尽可能少地损失能量。然后将照射过的薄膜置于一定温度和浓度的化学蚀刻剂(酸、碱)中,化学蚀刻剂会优先溶解辐射损伤区的材料,在薄膜上留下直圆柱形的筛孔。核孔滤膜的孔密度由反应堆的功率及薄膜在反应堆中照射的时间决定;孔径大小由化学蚀刻剂的温度、浓度,薄膜在化学蚀刻剂中放置的时间等因素决定。因此,可以通过控制这些条件制备出所需孔径和孔密度的核孔滤膜。

由于裂片在薄膜上的分布是随机的,随着孔密度的增加,孔重叠的概率也增大,会出现二合孔、三合孔等。为了减小孔重叠的概率,允许裂片与垂直方向有 0°～29°的角度偏离。这样,孔在薄膜表面上重叠,而在膜的内部并不处处重叠。当孔隙率达 10％时,在整个薄膜厚度上形成完全重叠孔的概率仍然小到可以忽略。用来制备核孔滤膜的塑料薄膜有聚碳酸酯、聚酯和聚丙烯等。其中,已商业化的产品有聚碳酸酯核孔滤膜。

② 核孔滤膜的性质和特点。图 6.8 为核孔滤膜的电镜照片。

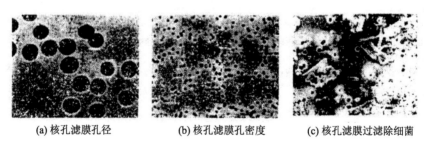

(a) 核孔滤膜孔径　　　(b) 核孔滤膜孔密度　　　(c) 核孔滤膜过滤除细菌

图 6.8　核孔滤膜电镜照片

a. 核孔滤膜的筛孔呈圆柱形,基本上与滤膜表面垂直。孔径均匀,孔径变化范围小于规定孔径的 20％,见图 6.8a。

b. 核孔滤膜的孔隙率一般在 10％左右,膜的最大厚度应限制在 15 μm 左右。由于核孔滤膜的孔隙率低,因此其负载容量小,较易阻塞。

c. 核孔滤膜透明,有极平滑的表面,同一面上的高低差小于 0.3 μm。

d. 聚碳酸酯核孔滤膜有较好的化学稳定性,它不与烃、醇、酸及大多数有机溶剂反应。它还有较好的热稳定性,能够在 121 ℃温度下重复地高压消毒。

e. 核孔滤膜有较高的强度和韧性,它能够弯曲、折叠而不断裂。

③ 核孔滤膜的应用。目前,核孔滤膜主要用于电子工业超纯水制备、医药产品的无菌控制、生物科学研究,以及酿造行业最终去除酵母等。

5) 溶出法

溶出法是首先在制膜基材中渗入某些可溶性固体细粉配料,成膜后用水或其他溶剂将其溶出,从而形成膜孔。例如,将碳酸钙、食盐等细粉混入聚合物中制膜,最后再用水或酸把它们溶出,即得多孔膜。

6) 拉伸法

拉伸法主要用于以聚烯烃等高分子为基材的制膜。首先将聚烯烃在低熔融温度下挤出成膜,然后延伸至高的熔融应力,再在无张力条件下退火,最后拉伸即得微滤膜。例如,Celgard 聚丙烯拉伸制微滤膜,孔呈细长形,长 $0.1\sim0.5~\mu m$,宽 $0.01\sim0.05~\mu m$。这种膜的基本制备方法是在相对低的熔融温度和高应力下挤出膜或纤维(收集速度大于挤出速度)。聚丙烯分子则沿拉伸方向排列成微区,成核,形成垂直于拉伸方向的链折叠微晶片,之后在略低于熔点温度下进行热处理,链段运动使结晶增长变硬,在结晶的表面高分子链折叠而不熔化在一起,最终形成所需的膜。

(2) 不同材质微滤膜的特点

用于制备微滤膜的材料很多,已作为商品的微滤膜主要为硝酸纤维素(NC)滤膜、醋酸纤维素(CA)滤膜及 NC - CA 混合膜。聚氯乙烯、聚酰胺、聚丙烯、聚四氟乙烯、聚碳酸酯等材料的滤膜也开始进入市场。聚砜和聚砜酰胺因热稳定性和化学稳定性好,得到广泛的研究和应用。不同材质微滤膜的特点如下。

① 纤维素酯类:是最先研究,也是目前最常用的一类滤膜,孔径规格多,性能良好,生产成本较低,亲水性好,可耐热压消毒。其中,醋酸纤维素滤膜能承受 180 ℃干热。硝酸纤维素滤膜适用于甲醇、乙醇等低级醇的过滤,也可用于烃类、氯代烃(除氯甲烷以外)及高级醇的过滤。混合纤维素膜可用于稀酸、稀碱、烃类及氯代烃的过滤,可连续长时间过滤 75 ℃的液体,能承受 125 ℃干热,并能过滤 -200 ℃的低温液体。

② 再生纤维素类:适用于非水溶液的澄清或除菌过滤,可用于各种有机溶剂的过滤,但不适用于过滤水溶液,可用蒸汽热压法或干热消毒。

③ 聚氯乙烯类:适用于酸性或碱性较强的液体,但不耐高温(<40 ℃),不便消毒,亲水性也较差。

④ 聚酰胺类:较耐碱而不耐酸,可用于酮、酯、醚及高分子量醇类的过滤。

⑤ 聚四氟乙烯类:为强疏水膜,耐高温,化学稳定性极好,可耐强酸、强碱和各种溶剂,适用面广。

⑥ 聚丙烯类:目前商品中主要是拉伸膜,孔径不太均匀。耐酸、碱和各种有机溶剂,经亲水处理的膜也可用来过滤水溶液。这种膜对气体、蒸汽有很高的渗透能力,经溶胀后对液体也有很好的渗透性。

⑦ 聚碳酸酯类:主要制成核径迹膜,孔径特别均匀,但孔隙率低。

6.2.1.4 微滤膜的性能测定

（1）一般性能测定

1）物理和机械性能

微滤膜的厚度一般为 90～170 μm，通常是采用 0.01 mm 的螺旋千分尺进行厚度的测定，以稍有接触为限。比较准确的方法是用薄膜测厚仪测定，这种方法的优点是可使样品统一承受某固定的压强（例如 98.066 5 kPa），可得到比较精确的结果。

弹性模量（或断裂伸长）是用一定大小的样品在材料试验机上测定的。各向同性是通过染料在膜上的吸附试验来判断的。

2）过滤速度

微滤膜的过滤速度测定通常在一定的温度和真空度或一定的压差 ΔP 下（如 93.3 kPa）进行，测试装置如图 6.9 所示。

$$J_w = \frac{V}{S_m t} \tag{6.1}$$

式中，J_w 为过滤速度，$cm^3/(cm^2 \cdot s)$；V 为液体透过总量，cm^3；S_m 为膜的有效面积，cm^2；t 为过滤时间，s。

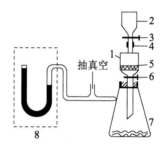

1—过滤漏斗；2—刻度漏斗；3—阀 1；4—固定夹；5—膜；6—阀 2；7—抽滤瓶；8—真空计。

图 6.9 微滤膜过滤速度测试装置

3）化学相容性

膜的化学相容性即膜不能被处理的物质所溶胀、溶解或发生化学反应等，膜也不应对被处理的物质产生不良的影响，这主要取决于膜材料。

4）细菌截留能力

用膜过滤某种细菌，培养滤过液，若滤过液不变混浊（无菌），则证明该膜对此细菌是可截留的。

5）可萃取物和灰分

可萃取物的测定是将样品放在沸水中煮沸一定的时间，观察膜前后的质量变化；通过分析水中成分，可知主要的可萃取物。此外，还要对膜上截留的物质进行化学分析。

膜的灰分是一重要量，以此作为本底，从测定值中扣除这一部分。

将膜样品烘干置于坩埚中，滴加浓硝酸加热炭化，高温灼烧至恒重，按下式计算灰分：

$$灰分 = \frac{g_1 - g_2}{g_3} \times 100\% \tag{6.2}$$

式中，g_1 为灼烧后残渣与坩埚的质量，g；g_2 为坩埚质量，g；g_3 为干燥的样品质量，g。

6）毒性

此性能对膜在医疗、食品等方面的应用更为重要。一般是将 120 cm^2 的膜剪成碎片，浸于 20 mL 生理盐水中，于 70 ℃ 萃取一定时间之后，按 50 mL/kg 体重的量注入小白鼠体内进行对照试验，然后参照相关动物毒性实验标准判断。

7）耐热性

耐热性关系到膜是否可热压消毒，是一个很重要的性能。

8）孔隙率

微滤膜的孔隙率可由下式求得：

$$A_k = \left(1 - \frac{\rho_0}{\rho}\right) \times 100\% \tag{6.3}$$

式中，A_k 为孔隙率，即微滤膜中的微孔总体积与微滤膜体积的百分比；ρ 为微滤膜的表观密度，g/cm^3；ρ_0 为制膜材料的真密度，g/cm^3。

若已知聚合物材料密度，可使用下式计算孔隙率。此法可以避免由厚度等测量引起的误差。

$$A_k = \frac{\left(\dfrac{w}{\rho}\right)_水}{\left(\dfrac{w}{\rho}\right)_水 + \left(\dfrac{w}{\rho}\right)_{聚合物}} \times 100\% \tag{6.4}$$

式中，w 为水或者聚合物的质量；ρ 为水或者聚合物的密度。

（2）孔径及其分布的测定

了解微滤膜的孔径对制膜条件和微滤膜的应用极为重要。通常，微滤膜的标定孔径为 0.1，0.2，0.45，0.65，3，5 μm。但在实际中，相同孔径的膜也可能性能不同。

微滤膜的孔径测试方法大体可分为直接法和间接法两种。直接法中包括电子显微镜观测和图像分析仪测定，其特点是直观、直接。例如，从电镜照片中可直接测定和计算孔的大小、平均孔径和孔径分布，也可用图像分析仪直接获得这些数据和图示。间接法是依据多孔体所呈现的各种物理性质和有关公式计算出孔径，即使是对同一微滤膜进行测定，所得的孔径数据也不完全相同。膜在实际应用时，需依据膜的某一物理特性，因此，间接法所得的数据与实际应用更为密切。商品膜在标出孔径的同时，一般还应告知孔径测试方法。间接测试方法包括：① 压泵法；② 气压法；③ 干湿膜空气滤速法（气体流量法）；④ 已知颗粒通过法。

6.2.1.5　微滤过程的膜污染

微滤过程中的膜污染严重影响了膜的分离效果，限制了微滤技术的进一步推广。膜污染通常是由于膜表面形成了附着层和膜孔道发生了堵塞。当溶质是水溶性大分子时，由于其扩散系数很小，从膜表面向料液主体的扩散通量也很小，因此膜表面的溶质浓度显著增高，从而形成不可流动的凝胶层。膜表面的附着层也可能是水溶性大分子的吸附层和料液中悬浮物在膜表面堆积起来的滤饼层。悬浮物或水溶性大分子在膜孔中受到空间位阻,蛋白质等大分子在膜孔中的表面吸附,以及难溶性物质在膜孔中的析出等都可能使膜堵塞。膜污染的形式具体包括:① 孔堵塞;② 浓差极化及附着层;③ 溶质吸附;④ 生物污染。

6.2.1.6　微滤装置(设备)及微滤的应用

(1) 微滤设备

微滤膜性脆易碎,机械强度较差,在实际使用时,必须把它衬贴在平滑的多孔支撑体上,最常用的支撑体由不锈钢或烧结镍等制成,其他还有尼龙布、丝绸或无纺布等,但需以密孔筛板作支撑。

工业用微滤的组件也有板框式、管式、螺旋卷式、中空纤维式、普通筒式及褶叠筒式等多种结构。根据操作方式,微波设备又可分为高位静压过滤、减压过滤和加压过滤形式。

1) 板框式微过滤设备

工业上应用的微过滤设备主要为板框式,如图 6.10 所示。

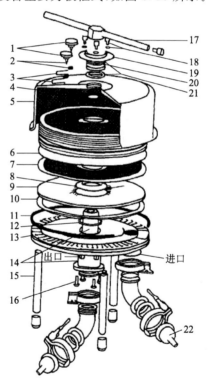

1—阀座;2—O 形圈;3—阀体;4—外壳 O 形圈;5—外壳;6—过滤膜;7—支撑网;8—小垫圈;9—支撑板;10—大垫圈;11—底座 O 形圈;12—中心轴 O 形圈;13—底座;14—中心轴;15—支座;16—中心轴螺钉;17—手柄;18—制动螺钉垫圈;19—制动圈;20—螺栓;21—反向垫圈;22—软管接头。

图 6.10　板框式微滤器结构示意图

2) 褶叠筒式过滤设备

对于大量液体的过滤,可采用一种褶叠筒式过滤设备,其特点是单位体积内的膜面积大,过滤效率高。这种形式的滤器与其他滤材的滤器(如滤纸、滤布、砂棒及烧结的多孔材料滤器)相比,具有体积小、孔隙率大、过滤面积大、过滤速度快、强度高、滤孔分布均匀、使用寿命长等特点,且操作方便、效率高、占地少。图 6.11 是这种设备的滤芯结构示意图。

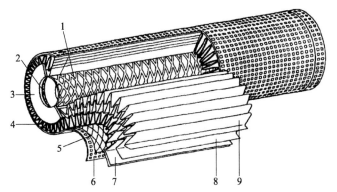

1—轴芯;2—O 形环;3—垫圈;4—固定材料;5—网;6—护罩;7—外层材料;8—膜;9—内层材料。

图 6.11　褶叠筒式过滤设备的滤芯结构

大型的褶叠筒式过滤器可由 20 根滤管组成,每台过滤器表面积大于 30 m^2,每小时处理量可达 280~450 L,这种过滤器属可弃式,滤膜被阻塞后,需要更换整个膜芯。

3) 实验室用小型吸滤器

实验室用简单的微滤设备与普通的吸滤装置相似(见图 6.12)。当需要收集滤液时,可用吸滤管代替吸滤瓶。滤筒的上下两部分可由不锈钢或塑料等制成,用螺纹旋紧或夹子夹紧,中间有聚四氟乙烯的 O 形垫圈。此外,也可采用夹钳固定玻璃滤筒。微滤膜一般要用适当的液体浸润,最好将微滤膜先漂放在溶液的表面,让它自然浸润沉降,以将微滤膜空穴中的空气赶出,充分增大微滤膜的有效过滤面积。

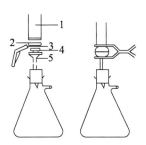

1—滤筒上半部;2—聚四氟乙烯;3—微滤膜;4—支撑片;5—滤筒下半部。

图 6.12　吸滤器

(2) 微滤的应用

微滤目前主要用于无菌液体的生产、生物制剂的分离、超纯水制备、空气过滤以及生物和微生物的检查分析等方面。

1) 实验室中的应用

微滤膜是检测有形微细杂质的重要工具。

① 微生物检测,例如对饮用水中大肠菌群、游泳池水中假单胞菌和链球菌、啤酒中酵母和细菌、软饮料中酵母、医药制品中细菌及空气中微生物的检测等。

② 微粒子检测,例如对注射剂中不溶性异物、石棉粉尘、航空燃料中的微粒子、水中悬浮物和排气中粉尘的检测,锅炉用水中铁分的分析,放射性尘埃的采样,等等。

2)工业上的应用

制药工业的过滤除菌是微滤应用最广的市场,其次是电子工业用高纯水制备。

① 制药工业。注射液及大输液中微粒污染引起的病理现象可分为四种情况:较大微粒可造成血管阻塞,引起局部缺血和水肿,如纤维容易引起肺水肿;红细胞聚集在微粒上形成血栓,导致血管阻塞和静脉炎;微粒引起的过敏性反应;微粒侵入组织,由于巨噬细胞的包围和增殖,导致肉芽肿性血管炎。因此,注射液及输液瓶的清洗用水必须能去除微生物及微粒。

② 电子工业。在电子元件生产中,纯水主要用于清洗和配制各种溶液,因而纯水的质量对半导体器件、显像管及集成电路(SI)的产品质量有极大的影响。集成电路的集成度越高,对纯水中微粒的要求也就越高。水中的细菌除起微粒的作用外,还含有多种有害元素,如 P、Na、K、Ca、Mg、Fe、Cu、Cr 等,它们在高温工序中进入硅片,会造成电路失效或性能改变。

微滤膜在纯水制备中主要有两个用处:一是在反渗透或电渗析前用作保安过滤器,用以清除细小的悬浮物质,一般用孔径为 $3 \sim 20 \ \mu m$ 的卷绕式微滤芯;二是在阳离子、阴离子或混合离子交换柱后,作为最后一级终端过滤手段,用以滤除树脂碎片或细菌等杂质。此时,一般用孔径为 $0.2 \sim 0.5 \ \mu m$ 的滤膜,对膜材料强度的要求应十分严格,而且要求纯水经过膜后不得再被污染、电阻率不下降、微粒和有机物含量不增加。

3)其他领域

在生物化学和微生物研究中,常利用不同孔径的微滤膜收集细菌、酶、蛋白、虫卵等,以供检查分析。用孔径小于 $0.5 \ \mu m$ 的微滤膜对啤酒和酒进行过滤后,可脱除其中的酵母、霉菌和其他微生物。经处理后的产品清澈、透明、存放期长。

(3)微滤的应用现状及前景

目前,微滤正被引入更广泛的领域,如微滤在食品工业领域的应用已实现工业化;饮用水生产和城市污水处理是微滤应用的两大市场;微滤在工业废水处理方面的应用研究正在大量开展;随着生物技术工业的发展,微滤在这一领域的市场也将越来越大。微滤的应用现状见表 6.2。

表 6.2　微滤的应用现状

应用领域	应用特点
制药工业过滤除菌	微滤最主要的应用领域,组件以无流动和管式居多
食品工业的应用 (如明胶、葡萄糖、果汁、白酒、啤酒渣、白啤的澄清以及牛奶脱脂)	在食品厂,膜已代替硅藻土过滤,以卷式和平板式组件为主;用于苹果汁的澄清,效果与超滤相同;白酒澄清的主要问题是膜污染及酒的得率和风味;啤酒厂的主要问题是经膜过滤后啤酒泡沫的稳定性和风味
高纯水的制备	小型无流动微滤器广泛应用于高纯水的分水系统

续表

应用领域		应用特点
城市污水处理		费用低于超滤,能去除病毒
饮用水的生产		经济性优于砂滤,大规模应用将取代氯气消毒法
工业废水的处理	涂漆行业	从颜料中分离溶剂
	含油废水的处理	可去除含油废水中难处理的颗粒
	含重金属废水的处理	可去除金属电镀等工业废水中有毒的重金属如镉、汞、铬等
用作燃料的碳氢化合物的分离		用于去除蜡和沥青质,经济性是微滤应用的最大障碍
生物技术工业		浓缩并分离发酵液中的生物产品

6.2.2　超滤(UF)

6.2.2.1　概述

(1) 超滤技术的发展历史及应用

超滤(UF)现象在 130 多年前就已经被发现,1861 年 Schmidt 用牛心包膜截取阿拉伯胶,堪称世界上第一次 UF 试验,但 UF 一直作为一实验工具而未发展。1960 年,Loeb-Sourirajan 成功制备了不对称反渗透醋酸纤维素(CA)膜,1963 年,Michaels 开发了不同孔径的不对称 CA 超滤膜。受限于 CA 膜的物化性质,1965 年开始,不断有新品种的高聚物超滤膜问世,并很快商品化。1965—1975 年是 UF 飞速发展的阶段。1975 年之后,UF 膜逐渐开始了商业应用。膜的材料从 CA 扩大到聚苯乙烯(PS)、聚偏二氟乙烯(PVDF)、聚碳酸酯(PC)、聚丙烯腈(PAN)、聚醚砜(PES)和尼龙(PA)等。膜的截留分子量范围为 $10^3 \sim 10^6$,孔径分布为 $1 \sim 100$ nm。组件形式有实验室型、板式、管式、中空纤维式和卷式。此外,超滤技术具有相态不变、无须加热、所用设备简单、占地面积小、操作压力低、能耗低等明显特点。因此,超滤膜很快得到大范围实际应用,近年来,国内外超滤膜的销售量迅速增长。目前,UF 广泛用于电子、油漆、饮料、食品、化工、医药、医疗和环保等领域。

(2) 我国超滤技术的发展及应用

我国对超滤技术的研究于 20 世纪 70 年代中期起步,超滤技术于 80 年代大发展、90 年代获得广泛应用。20 世纪 70 年代中期,我国成功研制出了醋酸纤维管式超滤膜,80 年代中期又成功研制了聚砜中空纤维超滤膜,之后又成功研制了一批耐高温、耐腐蚀、抗污染能力强、截留性能好的膜和组件。同时,在荷电膜、合金膜、亲和膜、成膜机理、膜污染机理等方面的研究也取得了较大的进展。目前,我国用于超滤技术的膜材料已有十多个品种,板式、管式、卷式、中空纤维式等组件形式齐全,切割分子量从几千到十几万,主要用于电泳漆回收、酶和蛋白质的浓缩、废水处理、食品加工等领域。为进一步拓宽超滤技术的应用领域,今后仍需要在膜的抗污染性、组件的优化等方面做深入的工作,即需要研制和开发一些具有特殊性能、价格更加便宜的膜,以及不易污染又节能的膜过程。超滤研究课题及其重要性见表 6.3。

表 6.3 超滤研究课题及其重要性

研究课题	重要性	说明
抗污染膜	10	污染是超滤的主要问题,污染的消除将使超滤过程效率提升 30% 以上并减少投资 15%,提升分离效果,拓宽超滤的应用范围
价格便宜、寿命长的组件	9	要求组件价格便宜且能较好地控制污染
低能耗组件设计	9	膜组件设计是用大量能耗使原料液再循环以控制浓差极化和膜污染,更有效的组件设计将减少能耗
抗溶剂的膜及组件	7	超滤用于石油加工的可能性很大,因此需要耐高温、抗溶剂膜和膜组件
适用于高温、高 pH 和抗氧化的膜	6	目前的 UF 膜因受限于温度、pH 和氧化剂,不能处理一些重要的工业流体

注:以 10 分为满分。

6.2.2.2 超滤过程、分离机理及其操作模式

（1）超滤过程

一般认为超滤是一种筛孔分离过程,如图 6.13 所示,在静压差的推动作用下,原料液中溶剂和小溶质粒子从高压的料液侧透过膜到低压侧,而大粒子组分被膜阻拦,使大粒子组分在原料液中的浓度越来越大。按照这样的分离机理,超滤膜具有选择性表面层的主要原因是具有一定大小和形状的孔。

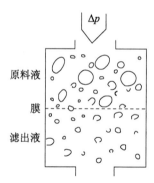

图 6.13 超滤过程示意图

超滤同反渗透、纳滤、微滤一样,属于压力驱动型膜分离技术。超滤主要用于从液相物质中分离大分子化合物(蛋白质、核酸聚合物、淀粉、天然胶、酶等),分散液(黏土、颜料、矿物料、乳液粒子、微生物),乳液(润滑脂-洗涤剂及油-水乳液)。其操作静压差一般为 0.1～0.4 MPa,被分离组分的直径为 0.01～0.1 μm,这相当于光学显微镜的分辨极限,被分离组分一般为分子量在 500～1 000 000 的大分子和胶体粒子,这种液体的渗透压很小。超滤所用膜常为非对称膜,膜孔径为 10^{-3}～10^{-1} μm,膜表面有效截留层厚度较小(0.1～10 μm),操作压力一般为 0.1～0.4 MPa (1～4 kg/cm²),膜的透过速率为 0.5～5 m³/(m²·d)。

总之,超滤对去除水中的微粒、微生物、胶体、细菌、热原和较大分子量有机物有较好的效果,但对无机离子几乎不能截留。

（2）超滤分离机理

一般认为超滤的分离机理为筛孔分离过程，但膜表面的化学性质也是影响超滤分离的重要因素之一。超滤过程中溶质的截留分为在膜表面的机械截留（筛分），在膜孔中停留而被除去（阻塞），以及在膜表面及膜孔内的吸附（一次吸附）这三种方式。

（3）超滤操作模式

1）超滤操作模式分类

超滤的操作模式可分为重过滤和错流过滤两大类。

2）超滤常用操作模式

除非产品有特殊要求，一般在超滤操作中，为了降低浓度极化及维持有效的操作，加料液必须以高速流经膜表面，这要靠料液连续且高速循环通过超滤装置来实现。

① 间歇操作：将原料液从贮罐用泵连续地送至超滤膜装置，液体通过该装置后再回到贮罐及装置进口线。随着溶剂被滤出，贮罐中料液的溶质浓度升高。

② 单级连续操作（同时进料、出料操作）：将原料液从贮罐泵送至一个大的循环系统管线中，这个大循环系统采用一个大泵将循环液在超滤膜系统中进行循环。从这个循环系统管线中将浓缩产品慢慢地连续取出，并维持加料及出料的流速相等。

③ 多级连续操作：采用两个或两个以上的单级连续操作。每一级在一个固定浓度下操作，从第一级到最后一级，浓度是逐渐增加的，最后一级是浓缩产品的浓度。料液从贮罐进入第一级时需要一个加料泵，之后则依靠小的压差从前一级进入下一级。

6.2.2.3 超滤膜的制备及其结构

（1）超滤膜的制备

可以用溶液浇铸法制作非对称平板膜和管状膜，用纺丝法制备中空纤维膜。通过改变铸膜液的配方、凝固条件等影响因素，可以制备不同截留分子量和透水量的超滤膜。为了提高超滤膜的透水率和分离能力，还可以在成膜材料中引入某些极性基团，即对成膜材料预先进行改性。

1）醋酸纤维素超滤膜

早期的超滤膜主要以醋酸纤维素为材料，这种材料价格低、成膜性能好，至今仍在广泛应用。

制备醋酸纤维素（CA）超滤膜主要采用的是浇铸法和纺丝法，铸膜后的蒸发时间极短，一般为几秒钟。例如，一种典型的铸膜液配方为：醋酸纤维（质量分数 25%）、溶剂丙酮（质量分数 45%）、添加剂甲酰胺（质量分数 30%），用此配方的非对称 CA 超滤膜的切割分子量为 5 000~20 000。CA 超滤膜的孔径分布和孔隙率大小可通过改变铸膜液的组成、在空气中的蒸发时间、凝固浴的条件及膜的后处理加以控制。增大铸膜液中添加剂量可制备含有较多粗孔的膜，增加溶剂比可得到较为致密的膜。将膜在 80 ℃ 下热处理以紧固活化层，可以得到切割分子量较低（≤2 000）的超滤膜，这种膜可用于肽、激素和核苷酸的浓缩与提纯。

2）聚砜超滤膜

非醋酸纤维素超滤膜有聚砜、聚丙烯腈、聚碳酸酯、聚氯乙烯、芳香聚酰胺、聚酰亚胺、聚四氟乙烯、聚偏二氟乙烯等高分子电解质复合体等。其中，聚砜因具有优异的化学稳定性、较宽的 pH 使用范围(pH 使用范围为 2～12)、良好的热稳定性(可在 0～100 ℃范围内使用)、较好的抗氧化和抗氯性能、较好的酸碱稳定性被广泛应用。

聚砜化学结构中的硫原子处于最高的氧化价态，加上邻近苯环的存在，使这类聚合物有良好的化学稳定性。另外，醚基与异丙基的存在使聚砜具有良好的柔韧性和足够的力学性能。聚砜中所有的键都不易水解，所以聚合物可耐酸、碱的腐蚀。因此，聚砜被广泛地用于超滤膜和复合膜的多孔支撑体，并进一步向微滤膜和反渗透膜方向发展。由于聚砜可与食品接触，且可承受 150 ℃的高温，因此适用于食品、医药和生物工业。

聚砜类中的主要超滤膜材料，如聚砜、聚芳砜、聚醚砜已经商品化。有关聚砜超滤膜制备方法的报道很多，制备时用的溶剂是强极性的亲水溶剂，如二甲基甲酰胺(DMF)、二甲基乙酰胺(DMAC)、N-甲基吡咯烷酮(NMP)等。制膜时还需加入一定量的添加剂，如不同分子量的聚乙二醇、聚乙烯吡咯烷酮等制孔剂，或者醇、酮、醚类添加剂，通过添加剂影响相分离过程，以产生不同的孔结构。

用浇铸法制膜时，一种典型的铸膜液配方是：聚砜（质量分数 15％）、DMF（质量分数 77％），添加剂（质量分数 8％）。用纺丝法制中空纤维膜时，纺丝液的配方与其相近，主要条件为：① 纺丝液温度为 10～30 ℃；② 纺丝液流速为 0.6～0.8 mL/min；③ 凝固浴组成为水加溶剂或添加剂；④ 空气段长度为 5～50 cm；⑤ 绕丝速度为 8～15 m/min。

此外，聚砜经磺化制得的磺化聚砜膜由于引入了磺化基团—SO_3H，改善了膜的亲水性，使它比相同截留分子量的聚砜超滤膜有更大的透水速度。

3）聚砜酰胺超滤膜

聚砜酰胺学名为聚苯砜对苯二甲酰胺，简称 PSA，聚砜酰胺超滤膜具有耐高温（在低于 125 ℃使用）、耐酸碱(pH 使用范围 2～10.3)、耐有机溶剂（除耐乙醇、丙酮、醋酸乙酯、醋酸丁酯外，还耐苯、醚及烷烃等多种溶剂）等特性，对水和非水溶剂均适用，即既可过滤油溶剂，又可过滤水溶剂。

PSA 可用浇铸法成膜，铸膜液中常用的溶剂有二甲基乙酰胺(DMAC)、N-甲基吡咯烷酮(NMP)，其中 PSA 的浓度约为 12％。铸膜液中可加入某些无机盐或有机试剂作添加剂，用以调节膜孔径。

除以上几种主要超滤膜以外，聚丙烯腈也是一种很好的超滤膜材料，它不但具有良好的热稳定性和化学稳定性，而且有优良的成膜性能。所有超滤膜的操作压力均应低于 0.7 MPa。一般为 0.1～0.4 MPa。

（2）超滤膜的结构

超滤膜的结构有两种，一种是指状结构，另一种是类似海绵状的开放式网络结构。指状结构膜表面是致密层，下面是指状的空孔结构，空孔的内壁也是致密结构，指状孔一直延伸到膜的下部，在膜的底部连接玻璃板处仍然是致密结构，形成了连续的致密

层,这种膜具有高的透过速率和低的溶质分离率,如图 6.14 所示。而海绵状膜的开放
式网络结构不仅存在于膜的下层,也存在于膜的表面层,所以海绵状膜孔结构具有较大
的渗透通量。

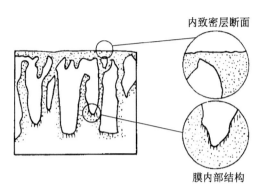

内致密层断面

膜内部结构

图 6.14　指状结构膜示意图

一般认为,超滤膜的成膜机理是溶胶－凝胶的相互转化。制膜后,溶剂从膜与空气的
界面处开始蒸发,由于表面溶剂的蒸发速度比溶剂从膜内向溶剂表面迁移的速度快,因此
形成了表层。

超滤膜是由有机高分子聚合物制成的多孔膜,可分为均质膜和非均质膜两类。均质
膜是早期的产品,是无定向结构,膜内通道曲折易堵塞,透水速率低,对溶质的选择透过性
差。非均质膜具有非对称结构,有致密的表层和海绵状或指状的底层,表层厚度为 $0.1~\mu m$
或更薄,微孔排列有序,孔径也均匀。支撑底层厚度为 $200 \sim 250~\mu m$,使膜有足够的强度。
底层疏松且孔径大,流动阻力小,从而保证了较高的透水速率。相比均质膜,非均质膜
薄,而且耐堵塞性好。对浇注在多孔支撑体上形成的非均质膜,由于多孔支撑物(如聚
乙烯组织材料或无纺布)具有很大的孔隙率,能提供好的机械强度及耐用性,因此形成
的非均质膜性能较好。近年来,非均质膜的支撑体已扩展到多种聚合物和材料,以便更
好地耐碱、耐酸、耐溶剂及耐高温。表 6.4 列举了工业上应用的以及正在开发的一些超
滤膜材料。

表 6.4　新型超滤膜材料

材料类型	pH 值范围	最高适用温度(pH=7)/℃	耐氯气性	耐溶解性
醋酸纤维	4.5～9	55	好	差
聚酰胺	3～12	80	差	好
聚砜	0～14	80	好	好
聚丙烯腈	2～12	60	好	差
聚呋喃	2～12	90	差	好

6.2.2.4　超滤膜的性能测定

当用超滤膜过滤分离杂质时,水或溶液中的悬浮性固体、胶体和可溶性高分子化合物

沉积于膜表面而产生阻塞,对膜产生污染。由于溶剂(水)不断地通过膜而使膜表面溶质浓度高于主体溶液中溶质的浓度,故而产生浓差极化。任何一种膜都存在适宜的使用温度范围、pH 值范围和溶质最大允许浓度等;细菌等微生物的代谢产物在膜表面产生了黏液,超出适宜的使用范围都将导致膜的水解、氧化、透水率等性能下降。此外,提高进料液的温度有利于提高膜的透水性,但温度太高会促进膜的水解,导致膜结构不可逆地变化,故通常进料液温度取 25 ℃为宜。除机械性能,物理性能,耐热性、耐 pH、耐溶剂和耐生物降解等性能外,超滤膜的主要评价指标还包括以下几种。

(1)膜及其组件的缺陷

超滤膜及其组件的缺陷对于中空纤维超滤器是很难检查的。对于超滤膜,其孔径通常在 0.01 μm 以下,在低压下(0~0.2 MPa)气体无法透过,所以不能采用气泡法测定其孔径,不过可以采用气泡法检测膜的缺陷和漏点。如在中空纤维内侧注入压力小于 0.2 MPa 的压缩空气,外侧充满纯水,若膜无缺陷,则应无气泡产生,以此作为判断超滤膜无大孔缺陷的一般依据。

(2)超滤速率或水通量

纯水或溶液的超滤速率均随压力的上升而增加,在相同压力下,溶质分子量越大,超滤速率越小。压力对溶质的脱除率影响不大。一般商品超滤膜的透过能力以纯水的透过速率表示,并标明测定条件。纯水透过(渗透)速率一般是在 0.1~0.3 MPa 压力下测定。在一定脱除率下,透过(渗透)速率越大越好。

(3)脱除率和截留分子量范围

脱除率是指膜对一定分子量物质截留的程度。截留分子量的定义和测定条件不是很严格,一般用分子量差异不大的溶质在不易形成浓差极化的操作条件下测定脱除率,将表观脱除率为 90%~95% 的溶质分子量定义为截留分子量,用分子量代表分子大小,表示超滤膜的截留特性。脱除率越高、截留分子量范围越窄的膜越好。当然,截留分子量范围不仅与膜的孔径有关,还与膜材料和膜表面的物化性质有关。

(4)压密因数

由于超滤膜的表层较为致密,内层呈多孔海绵状或指状的结构,所以在压力作用下容易被压密。过滤 24 h 后达到稳定时的超滤速率与开始加压时的超滤速率之比称为压密因数(m)。

$$压密因数(m)=稳定超滤速率/初始超滤速率\approx 1.2~1.5$$

若达到稳定速率后继续过滤,由于压力持续作用及膜表面的污染,超滤速率将进一步下降。压密因数与膜的材质、结构、孔隙率及孔径有关。

(5)亲水性和疏水性

该性能与膜材料和膜的吸附有密切关系,也决定了膜的应用范围,一般采用测定表面接触角等方法来表征膜的亲水性。

(6)荷电性

膜的荷电会给膜带来附加的优点,如可以捕集某些物质,或使膜具有更强的抗污性能。一般用离子交换容量或流动电位法来判断膜的荷电性。

6.2.2.5　超滤膜的应用

超滤膜的工业应用可以分为三种类型:① 浓缩;② 小分子溶质的分离;③ 大分子溶质的分级。超滤膜绝大部分的工业应用属于浓缩类型,可以采用与大分子结合或复合的办法分离小分子溶质,如游离钙及蛋白质结合,分离钙。小分子溶质分离,例如除盐及盐交换,可以通过超滤来完成,也可以通过超滤与透析相结合来实现。可以采用具有不同分子量切割值的膜来进行大分子溶质的分级,或者采用一种由几个超滤单元组合的系统。从一个超滤单元出来的液体可以进入下一个超滤单元,每个单元中的膜所切割的分子量值是逐步下降的。下面具体说明超滤膜的几种应用领域。

（1）含油废水的回收

油水乳浊液在金属机械加工过程中被广泛用于工具和工件反复冷萃操作、金属滚轧成形、切削操作的润滑和冷却,因在使用过程中易混入金属碎屑、菌体及清洗金属加工表面的冲洗用水,其使用寿命非常短。单独的油分子因其分子量小可通过超滤膜,超滤这些含油废水,能成功地分离出油相,这是因为足够大的油水界面张力使油分子不能透过已被水浸湿的膜。经过超滤,渗透液中的油浓度通常低于 $10 \ g/m^3$,已达到排放标准,而浓缩液中最终含油达 $30\% \sim 60\%$,可用于燃烧等。半间歇超滤处理含油废水的操作流程如图 6.15 所示。此外,碱清洗溶液常用于清洗被油污染的金属部件,超滤也可用于处理这种溶液,以除去润滑脂、油,并以滤液的形式回收绝大部分的清洗剂。

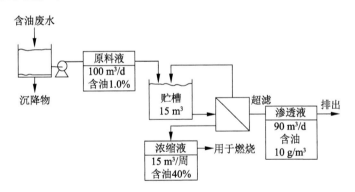

图 6.15　半间歇超滤处理含油废水

（2）胶束强化超滤（MEUF）用于含重金属废水的处理

胶束强化超滤是超滤与表面活性剂技术相结合的一种分离方法。在工业废水中注入浓度高于临界胶束浓度的表面活性剂,其疏水端向内缠结,而带负电荷的亲水端排列在表面,从而使得该胶束表面带有负电荷。废水中的金属阳离子由于静电作用而吸附在胶束表面,采用截留分子量小于胶束分子量的超滤膜,可使金属离子被截留。

（3）乳品工业中的应用

奶酪生产过程会产生大量的乳清,超滤处理乳清成为超滤应用的重要领域。如图 6.16 所示,通过超滤乳清,可得到含蛋白质 14% 的浓缩液,若将其通过喷雾干燥,可得到含蛋白质 67% 的乳清粉,该乳清粉在面包食品中可代替脱脂奶粉。若将该乳清粉进一步脱盐,则可得到蛋白质含量高于 80% 的产品,可用于婴儿食品。而含乳糖的渗透液经浓缩干燥后可用作动物饲料。

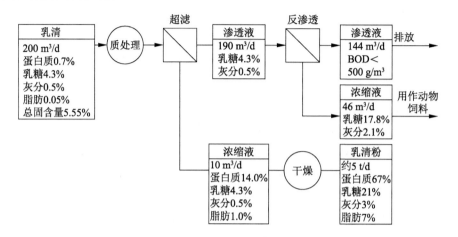

图 6.16　超滤过程处理乳清

FP 滤乳清时,不同形式的超滤组件均可以被采用,其中膜面积可达 1 800 m²,乳清日处理量为 1 000 m³。通常在 50 ℃下操作,膜渗透流率最初大于 1 m³/d,当乳清浓缩 10 倍后其黏度大于 0.002 Pa·s(0.02P),膜渗透流率降至 0.5 m³/d,因而其浓缩极限在很大程度上取决于膜污染程度和乳清浓缩液黏度。

（4）高纯水的制备

电子工业中的用水要求非常严格,许多操作都要使用高纯水。例如,在集成电路半导体器件的切片、研磨、外延、扩散和蒸发等工艺过程中,要反复用高纯水清洗。集成电路在很小的面积内有许多电路,相邻元件之间只有 0.002 mm 左右的距离,因此对清洗用水的要求很严格。一般要求清洗用水无离子、无可溶性有机物、无菌体和无大于 0.5 μm 的粒子。每个集成电路厂都有一个制造高纯水的中心系统,然后通过分配系统将高纯水输送到使用点。

水的净化流程为:自来水→预过滤→超滤（或微滤）→反渗透→阴、阳离子交换树脂混合床→超滤→分配系统微滤→使用点微滤→使用。超滤在高纯水制备过程中主要用于去除胶体、微粒、细菌,超滤组件多为中空纤维式,膜渗透流率高达 2～4 m³/d。

（5）含淀粉及酶的废水处理

土豆加工的废水含有低浓度淀粉,酿造工业排放物中含有酶等。超滤可用于回收淀粉及酶,并滤出可允许排放的废水。

（6）纺织工业脱浆水的处理

纺织工业中,上浆材料及水溶性聚合物（聚乙烯醇）经常用超滤处理。将织好的布进行洗涤以除去浆料,这样就得到含上浆材料的稀溶液。超滤可用于回收上浆材料以重复使用,过滤后的水达到排放标准,可直接排放或重复使用。

（7）乳液浓缩

在合成橡胶的制造与应用中，容器、反应器等的洗涤水中含有稀乳液，可以采用超滤对稀乳液进行浓缩。

（8）冲洗羊毛的排放液的处理

冲洗羊毛的排放液中含有被洗涤剂乳化的羊毛脂型的油脂，以及很细的羊毛纤维，可以采用超滤方法（常与离心操作相结合）对这种排放液进行脱水。

（9）纸浆工厂排放液的处理

纸浆工厂排放液中含有大分子量的木质素磺酸盐，可以采用超滤方法进行分离并浓缩。

（10）在中药制剂工艺中的应用

目前，我国已将膜分离技术列入中药的分离精制方法之一。超滤技术主要用于制备中药注射液（如复方丹参注射液、五味消毒饮注射液等），提取有效成分（如从黄芩中提取黄芩苷），制备药浸膏等方面。超滤法单独或与活性炭、反渗透相结合还用于有效地除去细菌和热原，制取中药口服液（人参精口服液、海龙蛤蚧口服液），还可以用于医药用纯水的制备，以及保健饮料的处理等。

6.2.3　纳滤（NF）

6.2.3.1　概述

纳滤膜是一种典型的压力驱动膜，它的性质处于超滤膜和反渗透膜之间，是在反渗透膜的基础上发展起来的。纳滤膜是用于脱除多价离子、部分一价离子的盐类和相对分子质量大于 200 的有机物的半透膜。Filmetec 公司将孔径为 1 nm 左右的膜称为纳滤膜，其分离机理与反渗透膜有相似之处，但也有其自身的特征。相对于反渗透膜，纳滤膜具有更为明显的荷电效应，从而使其对二价离子具有选择性的脱除功能，脱除率可达到反渗透膜对一价离子的脱除水平；但它的操作压力远小于反渗透膜。一些研究文献也将纳滤膜称为低压反渗透膜，主要应用于水体软化。此外，由于纳滤膜的膜孔尺寸特点，还可以将其应用于平均相对分子质量在 200～500 之间的有机物和胶体的脱除。因此，纳滤膜的许多功能是反渗透膜和超滤膜不能完成的。在实际应用中，相比于反渗透膜，纳滤膜有很多优点，比如低操作压力、高通量、高的多价离子的截留率、低运行成本等。

6.2.3.2　我国纳滤技术的发展

我国于 20 世纪 90 年代初期开始研制纳滤膜，在实验室中相继开发了 CA－CTA 纳滤膜、S－PES 涂层纳滤膜和芳香族聚酰胺复合纳滤膜等，并将它们应用于水的软化和除盐，同时表征了膜性能，并深入研究了污染机理，初步取得了一些成果。与国外相比，我国纳滤技术整体上还处于相对落后的地步，膜的研制、组件技术和应用开发等还需要进一步加强。

6.2.3.3　纳滤过程、分离机理与分离规律

（1）纳滤过程

纳滤是介于反渗透与超滤之间的一种压力驱动型膜分离技术。它具有两个特性：① 对水中的分子量为数百的有机小分子具有分离性能；② 对于不同价态的阴离子存在 Donnan 效应。物料的荷电性、离子价数和浓度对膜的分离性能有很大影响。

纳滤主要用于饮用水和工业用水的纯化、废水净化处理、工艺流体中有价值成分的浓缩等方面，其操作压差为 0.5～2.0 MPa，截留分子量范围为 200～1 000，用于分离分子大小约为 1 nm 的溶解组分。纳滤膜对有机组分的截留率如图 6.17 所示。

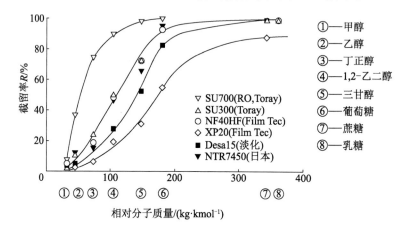

图 6.17　纳滤膜对有机组分的截留率（$\Delta p = 1$ MPa，25 ℃，进料浓度为 200 mol/L）

由于纳滤膜达到同样的渗透通量所必需的压差比反渗透膜低 0.5～3 MPa，故纳滤膜过滤又称"疏松型 RO"或"低压反渗透"。

（2）纳滤分离机理与分离规律

1）分离机理

纳滤膜属于无孔膜，通常认为其传质机理为溶解-扩散方式。但纳滤膜大多为荷电膜，它对无机盐的分离受化学势梯度和电势梯度的影响，即纳滤膜的行为与其荷电性能、溶质荷电状态和相互作用都有关系。

2）分离规律

① 对于阴离子，截留率递增的顺序为 NO_3^-，Cl^-，OH^-，SO_3^{2-}，CO_3^{2-}；

② 对于阳离子，截留率递增的顺序为 H^+，Na^+，K^+，Ca^{2+}，Mg^{2+}，Cu^{2+}；

③ 一价离子渗透，多价阴离子滞留（高截留率）；

④ 截留分子量范围为 200～1 000，截留分子大小为 1 nm 的溶解组分。

6.2.3.4　纳滤的操作模式

纳滤膜由于通量大、易污染，故在实际应用中须严格控制膜的通量，通常纳滤主要有3 种操作模式，如图 6.18 所示。

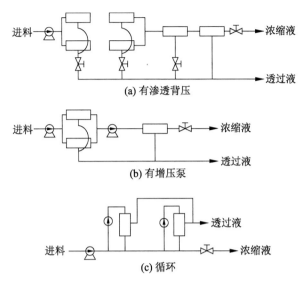

图 6.18　纳滤的 3 种操作模式

6.2.3.5　纳滤膜的制备方法

纳滤膜的表层较反渗透膜的表层疏松得多,但较超滤膜致密得多。因此,制膜关键是合理调节表层的疏松程度,以形成大量纳米级(10^{-9} m)的表层孔。目前,纳滤膜主要有以下三种制备方法。

(1) 转化法

转化法又分为超滤膜转化法和反渗透膜转化法。

1) 超滤膜转化法

纳滤膜的表层较超滤膜的表层致密,故可以控制制膜工艺条件,先制得较小孔径的超滤膜,然后对该膜进行热处理、荷电化等后处理,使膜表层致密化,从而得到具纳米级表层孔的纳滤膜。利用此法,高田耕一等先制得小孔径的聚 β-氯苯乙炔(PPCA)超滤膜,再对该膜进行热处理,最后用发烟硫酸磺化,制得 PPCA 纳滤膜。该膜在 0.4 MPa 压力下,对聚乙烯醇 1000 的截留率高达 94%,水通量为 1.3 $\text{m}^3/(\text{m}^2 \cdot \text{d})$。

2) 反渗透膜转化法

纳滤膜的表层较反渗透膜的表层疏松,可以在充分研究反渗透膜制膜工艺条件的基础上,调整合适的有利于膜表面疏松化的工艺条件,如选择铸膜液中的添加剂,各成分的比例等,使表层疏松化而制得纳滤膜。LP-300 低压膜就是在 PA-300 反渗透膜基础上制备成功的,低压 NS-300 膜也是在此思路下制备成功的。

(2) 共混法

该方法是将两种或两种以上的高聚物进行液相共混,相转化成膜时,由于它们之间以及溶剂与添加剂的相容性差异,膜表层网络孔、胶束聚集体孔、相分离孔的孔径大小及分布会受到影响,通过合理调节铸膜液中各组分的相容性差异及工艺条件,可制备出具纳米级表层孔的共混纳滤膜。将价格低、成膜性能好、易降解、压密性较差的醋酸纤维素(CA)

与具有较好的机械强度、优异的生物降解性和热稳定性的三醋酸纤维素(CTA)共混,可制得性能优良的醋酸-三醋酸纤维素(CA-CTA)纳滤膜。

（3）复合法

复合法是目前使用较多的制备纳滤膜的方法,该方法是在微孔基膜上涂覆一层具纳米级孔径的超薄表层,它包括微孔基膜的制备和超薄表层的制备。

1）微孔基膜的制备

微孔基膜主要有两种制备方法:一种是烧结法,微孔基膜可由陶土或金属氧化物(如Al_2O_3、Fe_2O_3)高温烧结而成,也可由高聚物粉末(如PVC粉)热熔而成。另一种是L-S相转化法,可由单一高聚物形成均相膜,如聚砜超滤膜,也可由两种或两种以上的高聚物经液相共混形成共混膜,如酞基聚芳醚酮与聚砜(PEKC-PSF)共混膜。

2）超薄表层的制备及复合

超薄表层的制备及复合方法有涂敷法、界面聚合法、化学蒸气沉积法、动力形成法、水力铸膜法、等离子体法、旋转法等。后三者正处于研究中,相关的报道的不多,现主要介绍前四种。

① 涂敷法。将铸膜液直接刮到基膜上,可借助外力将铸膜液轻轻压入基膜的大孔中,再利用相转化法成膜。

对于无机铸膜液,如氧化钛,可先将其形成的颗粒细小、均匀的$Ti(OH)_4$胶体沉淀在无机膜(如Al_2O_3微孔基膜)上,再经高温烧结,由于氧化钛在溶胶-凝胶转化时晶型发生变化,较易形成纳米级孔,因此通过控制烧结温度可制得具有纳米级表层孔径的无机复合膜。

对于高聚物铸膜液,可将其涂刮到基膜上后,经外力将铸膜液压入基膜的微孔中,再经L-S相转化法成膜。该方法的关键是合理选择铸膜液配方,如加入高分子添加剂或控制铸膜液的压入程度等工艺条件,以形成纳米级孔径。

另外,还可以将这两种铸膜液结合起来形成有机-无机双活性层纳滤膜,使有机、无机双活性层达到膜性能上的互补效果。

② 界面聚合法。这是目前非常有效的一种制备纳滤膜的方法,也是生产出工业化纳滤膜品种较多、产量较大的方法。这类工业膜主要有NF系列、NTR系列、UTC系列、ATF系列、MPT系列、MPF系列及A-15膜等。

该方法利用Morgan P W的界面聚合原理,使反应物在互不相溶的两相界面聚合成膜。一般方法是用微孔基膜吸收溶有单体或预聚物的水溶液,沥干多余铸膜液后再与溶有另一单体或预聚物的油相(如环己烷)接触一定时间,反应物在两相界面处反应成膜。为了得到具有更好性能的膜,还要对膜进行水解荷电化、离子辐射或热处理等后处理。该方法的关键是选择好铸膜液配方、控制好反应物在两相中的分配系数和扩散速率,以便获得合适疏松程度的表层。

③ 化学蒸气沉积法。将一化合物(如硅烷)在高温下处理成能与基膜(如Al_2O_3微孔基膜)反应的化学蒸气,蒸气与基膜反应使孔径缩小成纳米级,从而形成纳滤膜。

④ 动力形成法。在加压循环流动系统中,利用溶胶-凝胶相转化原理先将一定浓度的无机或有机聚电解质吸附在多孔支撑基体上,由此构成单层动态膜(通常为超滤膜),然后

再次在加压循环流动系统中使一定浓度的无机或有机聚电解质吸附和凝聚在单层动态膜上，从而构成具有双层结构的纳滤膜。

几乎所有的有机或无机聚电解质均可作为动力膜材料。无机类聚电解质有 Al^{3+}，Fe^{3+}，Si^{4+}，Th^{4+}，V^{4+} 等离子的氢氧化物或水合氧化物；有机类聚电解质有聚丙烯酸、聚乙烯磺酸、聚丙烯酰胺等。通过控制合适的循环液组成及浓度、加压方式等工艺条件，可制备高水通量和高截留率的纳滤膜。影响动态膜性能的主要因素有多孔支撑基体的孔径范围、有机或无机聚电解质的类型、成膜组分的浓度和溶液的 pH 值。

6.2.3.6 纳滤膜的性能测定

对于非荷电纳滤膜，其性能测定与反渗透膜的性能测定类似，在本章 6.3 节详述。对于大多数荷电纳滤膜，其性能表征尚处于起步阶段，一般是借用荷电膜的方法进行性能测定，具体有以下几个指标。

① 含水率(W)：膜中含水量的量度。$W=($湿膜重－干膜重$)/$湿膜重。

② 离子交换容量(C)：膜中含离子交换基团多少的量度，用酸碱滴定法测定。一般离子交换膜的交换容量大于 1，荷电反渗透膜的离子交换容量比 1 小得多。

③ 膜电阻(R_m)：膜传递离子能力的量度。

④ 膜电位(E)：膜对离子迁移数和选择透过性的量度。

⑤ 流动电位：在压力下，由于膜孔内液体的离子反流向产品侧面而产生。

6.2.3.7 纳滤装置(设备)与纳滤膜的应用

(1) 纳滤装置(设备)

纳滤装置(设备)主要有板框式、管式、螺旋卷式和中空纤维式等四种类型，与反渗透装置类似。

(2) 纳滤膜的应用

纳滤膜是介于反渗透膜及超滤膜之间的一种新型分离膜，由于其具有纳米级的膜孔径、膜上多带电荷等结构特点，因而主要应用于以下几个方面：①不同分子量的有机物质的分离；②有机物与小分子无机物的分离；③溶液中一价盐类与二价或多价盐类的分离；④盐与其对应酸的分离。纳滤后可达到饮用水和工业用水的软化，以及料液的脱色、浓缩、分离、回收等目的。

纳滤膜的应用特点：

① 纳滤膜允许低分子盐通过而截留较高分子量的有机物和多价离子。

② 纳滤膜往往和其他分离及生产过程相结合，起到降低处理费用、提高分离效果的作用。

③ 纳滤膜在某些方面可替代传统的费用高、工艺烦琐的分离方法。

目前，我国纳滤膜的应用研究应该优先侧重于以下几个方面：果汁的高浓度浓缩；多肽和氨基酸的分离；含水溶液中分子量较低组分和分子量较高分子组分的分离；水的软化；料液的脱色与净化。

6.3 反渗透

6.3.1 反渗透原理与特点

6.3.1.1 反渗透过程

反渗透(RO)是利用膜选择性地透过溶剂(通常是水)而截留离子物质的性质,以膜两侧静压差为推动力,克服溶剂的渗透压,使溶剂通过反渗透膜而实现对液体混合物进行分离的膜过程。

反渗透同 NF、UF、MF 一样,均属于压力驱动型膜分离技术。其操作压差一般为 1.5～10.5 MPa,截留组分为 $(1\sim10)\times10^{-10}$ m 小分子溶质。除此之外,还可从液体混合物中去除全部悬浮物、溶解物和胶体,例如从水溶液中将水分离出来,以达到分离、纯化等目的。目前,随着超低压反渗透膜的开发,可以在小于 1 MPa 压力下进行部分脱盐,适用于水的软化和选择性分离。

反渗透的应用领域已从早期的海水、苦咸水脱盐淡化发展到化工、食品、制药、造纸工业中某些有机物及无机物的分离。

6.3.1.2 反渗透膜分离机理及分离性能

(1)分离机理

反渗透膜的选择透过性与组分在膜中的溶解、吸附和扩散有关,因此其选择透过性除与膜孔的大小、结构有关外,还与膜的物理化学性质有密切关系,即与组分和膜之间的相互作用相关。由此可见,反渗透分离过程中膜及其表面特性起主导作用。

(2)反渗透膜的性能

反渗透膜对无机离子的截留率随离子价数的增高而增大,价数相同时,截留率随离子半径的变化而变化,如下列离子的截留次序一般是 $Li^+>Na^+>K^+<Rb^+<Cs^+$,$Mg^{2+}>Ca^{2+}>Sr^{2+}<Ba^{2+}$;对多原子单价阴离子的截留次序是 $IO_3^->BrO_3^->ClO_3^-$;对极性有机物的截留次序为醛>醇>胺>酸,叔胺>仲胺>伯胺,柠檬酸>酒石酸>苹果酸>乳酸>醋酸等;对异构体类化合物,截留次序为叔(tert -)>异(iso -)>仲(sec -)>原(pri -);同一族系中分子量大的分离性能好。

反渗透膜对有机物钠盐的分离效果好,而对苯酚和苯酚的衍生物的分离效果不好。当对极性或非极性、离解或非离解的有机溶质的水溶液进行膜分离时,溶质、溶剂和膜之间的相互作用决定了膜的选择透过性,这些作用包括静电力、氢键结合力、疏水性和电子转移等四种类型。

一般溶质对膜的物理性质或传递性质的影响都不大,只有酚和某些低分子量有机化合物会使醋酸纤维素在水溶液中溶胀。这些组分的存在一般会使膜的水通量下降,有时膜的水通量会下降很多。

离子脱除率随离子电荷的增大而增大,绝大多数含二价离子的盐基本上都能被经 80 ℃以上温度热处理的非对称 CA 膜完全脱除。

反渗透膜对碱式卤化物的脱除率随周期表中原子序数的增加而下降,而对相应的无机酸的脱除率则趋势相反。

硝酸盐、高氯酸盐、氰化物、硫代氰酸盐的脱除效果不如氯化物好,铵盐的脱除效果不如钠盐。

反渗透膜对许多低分子量非电解质的脱除效果不好,其中包括某些气体溶液(如氨、氯、二氧化碳和硫化氢),以及硼酸等弱酸和有机分子。

反渗透膜对相对分子量大于 150 的大多数组分,不管是电解质还是非电解质,都具有很好的脱除效果。处理液浓度一定的情况下,溶质脱除率受溶液 pH 值的影响。溶液的 pH 值不同,溶质的解离度也不同;解离度受溶液 pH 值、溶质取代基的性质及水结构形式的影响。如苯甲酸在低 pH 值下不发生解离,反渗透膜对其脱除率仅有 50%;当 pH=7 时,解离效果显著,脱除率可达 90%。

此外,反渗透膜对芳香烃、环烷烃、烷烃及氯化钠等的分离顺序是不同的。

6.3.2　反渗透膜的制备

同一种膜材料制成的分离膜,由于制膜工艺和工艺参数不同,其性能可能有很大的差别。合理的制膜工艺和优化的工艺参数是制备性能优良的分离膜的重要保证。本节重点介绍相转化制膜工艺和复合膜的制膜工艺,以及非对称结构膜的形成机理。

(1) 膜的制作工艺类别

用物理或化学方法,或将两种方法结合起来,可制备具有良好分离性能的高分子膜。西村正人从高分子材料的选择和膜材料的理化性能等方面总结出了 10 种使膜具有分离性能的方法,具体如下:

① 共聚合;② 接枝聚合;③ 各种聚合物的混合和混熔;④ 用等离子体进行表面聚合和表面改性;⑤ 界面缩聚反应;⑥ 交联反应(形成离子键或共价键);⑦ 用化学反应赋予亲水性基团;⑧ 在聚合物中加入填充物(无机盐类、硅、各种有机物)和填充物的溶出;⑨ 形成分子间氢键;⑩ 带有官能团的聚合物的表面涂敷。

同时,他还总结了 9 种使膜具有分离性能的物理方法:① 流延(影响因素:制膜液的组成、性质、温度和流延厚度,溶剂的蒸发速度和蒸发量,凝胶化条件,热处理);② 纺丝(影响因素:纺丝液和凝固液的组成、性质和温度,喷丝头的形状,纺丝速度,溶剂蒸发速率,牵伸率等);③ 可塑化和膨润;④ 交联(热处理、紫外线照射等);⑤ 电子辐射和刻蚀;⑥ 不同材料的复合;⑦ 双向拉伸;⑧ 冻结干燥;⑨ 结晶度调整。

上述方法中,最实用的是相转化法(流延、纺丝)和复合膜法。

(2) 相转化制膜工艺

使均相铸膜液中的溶剂蒸发,或在铸膜液中加入非溶剂,或使铸膜液中的高分子热凝固,都可以使铸膜液由液相转变为固相。这种相转化工艺既可以制备非对称结构的反渗透膜和超滤膜,也可以制备对称结构或非对称结构的微滤膜。下面介绍相转化法制备非对称结构膜及其成膜机理。

Loeb 和 Sourirajan 首先采用相转化法制备非对称结构的反渗透膜,这种制膜法又称为 L-S 型制膜法,它分为 6 个阶段:

① 高分子材料溶于溶剂中,并加入添加剂,配成铸膜液。

② 铸膜液通过流延法被制成平板型、圆管型,或用纺丝法制成中空纤维型。

③ 使膜中的溶剂部分蒸发。

④ 将膜浸渍在非溶剂液体中(常用的是水),液相的膜在非溶剂液体中凝胶固化。

⑤ 对膜进行热处理,而对于非醋酸纤维素膜(如芳香聚酰胺膜),一般不需要热处理。

⑥ 膜的预压处理。

(3)复合膜的制膜工艺

非对称结构膜的过渡层极易被压密,这对压力驱动膜来说是一个缺陷,因此复合膜的概念被提出,即用坚韧的材料制备支撑基体,用高脱盐的材料制备超薄层,这样就可使两者分别最佳化。

复合膜的研究是从 1963 年开始的,1968 年,聚砜多孔支撑膜被开发。制备复合膜的方法很多,其超薄脱盐层的制作方法大致可以按图 6.19 划分。

① 聚合物涂敷:将多孔支撑层(即把基膜的上表面)浸入聚合物的稀溶液中,然后将基膜从溶液中拉出晾干。

② 界面缩合:在基膜的表面直接进行界面反应,形成超薄脱盐层。界面缩合是将基膜层浸入聚合物的初聚体稀溶液中,取出并除去过量的溶液,然后再浸入交联剂的稀溶液中进行短时间的界面交联反应,最后取出加热固化。

③ 单体催化聚合:将基膜浸入含有催化剂并在高温下能迅速聚合的单体稀溶液中,取出基膜,除去过量的单体稀溶液,然后在高温下进行催化聚合反应,经适当的后处理,得到具有单体聚合物超薄脱盐层的复合膜。

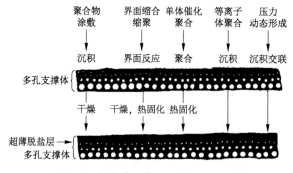

图 6.19　复合膜超薄脱盐层的制作方法

④ 等离子体聚合:在射频下,进行无电极的诱导耦合发光放电,使含氮有机小分子和无机小分子发生等离子聚合,从而紧密地沉积在各种形状(如片状、管状、中空纤维等)的多孔基膜上,构成以等离子体聚合物为超薄脱盐层的复合膜。

6.3.3　反渗透技术的应用案例

反渗透技术的大规模应用主要是苦咸水和海水淡化,此外,其被大量地用于纯水制备及生活用水处理,以及分离难以用其他方法分离的混合物。反渗透过程对于物理化学性能不稳定的产品(如生物制品、药品及食品等)具有很好的分离效果,在这些产品的生产过程中若采用传统的净化与分离方法,常常会导致产品损失或味道被破坏。随着反渗透膜的高度功能化和应用技术的开发,这一从海水淡化应用开始的膜技术也逐渐渗透到食品、医药、化工等领域的分离、精制、浓缩操作等方面。

反渗透的工业应用包括下列几个方面。

(1) 海水淡化

反渗透装置已成功应用于淡化,但海水淡化成本较高,目前主要用于特别缺水的中东产油国。用反渗透进行海水淡化时,因海水含盐量较高,除需特殊高脱盐率膜以外,一般均需采用二级反渗透淡化。图 6.20 为日本日产 800 t 淡水的反渗透海水淡化流程图。

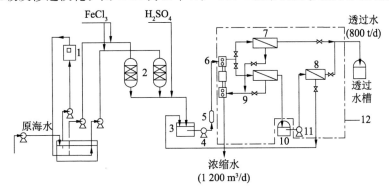

1—电解氯发生器;2—复层过滤器;3—过滤水槽;4—增压泵;5—内装式过滤器;6—第一级高压泵电机;
7—中空纤维型组件;8—螺旋卷式组件;9—能量回收透平机;10—中间槽;11—第二级高压泵;12—室内设备。

图 6.20　反渗透海水淡化流程图

海水经 Cl_2 杀菌、$FeCl_3$ 凝聚处理及双层过滤器过滤后,调 pH 至 6 左右。耐氯性能差的膜组件,在进反渗透装置之前还需用活性炭脱氯,或用 $NaHSO_4$ 进行还原处理。表 6.5 列出了一些海水淡化用膜及其相关参数。

表 6.5　海水淡化用膜

膜	起始脱盐率/%	起始透水率/($cm^3 \cdot cm^{-2} \cdot h^{-1}$)	一年后透水率下降百分比/%
商业 $CA_{2.45}$	98.0	1.70	50
$CA_{2.63}$ 混合物	99.5	1.96	10
$CA_{2.65}$ 均聚物	99.5	1.81	22
$XI—CA_{2.45}M_{0.17}$	99.7	1.70	22
$CA_{2.64}/CN—CA$ 复合膜	99.5	1.70	22

注:表中所列数据的测试条件是 3.5%NaCl 水溶液,10.3 MPa(105 kg/cm^2)。

（2）饮用水生产

在如美国艾奥瓦州的 Greenfield 及佛罗里达州的 Rotonda West，反渗透已用于向居民区提供饮用水。反渗透也已用于处理苦咸水及地表水，苦咸水含盐量一般比海水低得多，淡化成本也较低，因此反渗透应用于苦咸水脱盐更具有实用价值。

（3）纯水生产

反渗透等膜分离技术已被普遍用于电子工业纯水及医药工业无菌纯水等超纯水的制备。电子工业所用的高纯水以往主要是采用化学凝集、过滤、离子交换树脂等方法制备。这些方法的最大缺点是流程复杂，再生离子交换树脂的酸碱用量大，成本高。电子工业的发展，对生产中所用纯水的水质提出了更高要求。膜技术结合离子交换法所生产纯水的杂质含量已可接近零。美国一家公司采用螺卷式反渗透装置，用自来水制取高纯水，日产 380 t 以上。反渗透法的优点是流程简单、成本低、水质优良。

电子工业用水通常分为初级纯水、纯水、超纯水三种，常用的基本处理方法如下。

① 初级纯水处理：原水→预处理→离子交换→用水点。

② 纯水处理：原水→预处理→离子交换→紫外线杀菌→MF(0.2 μm)→用水点。

③ 超纯水处理：原水→预处理→RO→离子交换树脂混合床→真空脱气→紫外线杀菌→RO/UF→MF(0.2 μm)→用水点。

整个纯水处理体系可分为三个工序。

① 预处理：采用凝聚、过滤、活性炭吸附、灭菌等方法去除原水中的悬浮物、胶体、有机物、微生物等。

② 脱盐处理：这是纯水制造的主要工序，一般采用 RO 进行预脱盐，以减轻离子交换树脂的负担（减轻 90%～95%），延长树脂再生周期，同时可以防止原水水质变动对离子交换树脂产生的突发性污染，当原水含盐量较高时，RO 的预处理就更为重要。

③ 后处理：其任务是对纯水进行最后的精制、灭菌，可以采用 MF、UF、RO 及紫外线杀菌，主要用于处理系统内部的材质污染（如管道、设备等）和细菌繁殖，所以后处理工序应尽量靠近用水点。

（4）用于电镀工厂的闭路循环操作

这方面的应用不但可以回收有价值的物料，如镍、铬及氰化物，而且解决了污水排放的问题。

电镀行业一般都会产生含有大量有害重金属离子的废水。反渗透对高价的重金属离子具有良好的去除效果，重金属的化合价数越高越容易分离。它不仅可以回收废水中几乎全部的重金属，还可以将回收水再利用。因而，采用反渗透法处理电镀废水是比较经济的，也是有应用前途的。

反渗透膜对阳离子的拦截顺序为 $Al^{3+} > Fe^{2+} > Mg^{2+} > Ca^{2+} > Na^+ > NH_3^+ > K^+$；对阴离子的拦截顺序为 $SO_3^{2-} > CO_3^{2-} > Cl^- > PO_4^{3-} > F^- = CN^- > NO_3^- > BO_3^-$。

（5）用于食品工业中乳浆处理

采用反渗透与超滤相结合的办法可对分出奶酪后的乳浆进行加工，将其中所含的溶质进行分离,分离出主要含有蛋白质、乳糖及乳酸的组分,并对每一个组分进行浓缩。

（6）在纸浆及造纸工业中的应用

反渗透在纸浆及造纸工业中可用于处理稀的加工流体,使水可以循环使用,并淡化造纸厂排放水中的颜色、降低生化耗氧量及其他有害杂质含量。与超滤相结合,反渗透还用于从亚硫酸盐纸浆废液中分离并浓缩出有市场销路的木材化学品。

（7）用于放射性废水的浓缩

原子能发电站的废水大体分为机械废水（如泵、阀的泄漏,离子交换树脂反洗的废水,通常每升废水含有几至几十毫克的悬浮性固体）、地面台面废水（主要含 Ca^{2+}, Mg^{2+}, SiO_2 等,水质波动大）、化学废水（离子交换树脂的再生液）、化学实验室废水（含有洗涤剂的废水等）,等等。这些废水的特点是水量大,放射性密度低。

反渗透法很适合处理这些废水,处理含有表面活性剂的放射性废水时,用 NaCl 分离率为 50% 的管式膜,在 21.28 MPa（21 atm）的压力下,能去除 98% 以上的磷酸、97% 的全溶解固形物、99% 的放射性物质,废水体积可被浓缩到原始体积的 1/50～1/35,盐分浓缩 100 倍。研究工作还表明,一些金属盐类是否有放射性对膜的分离效率没有影响。此外,含有 Sr-90、β 线、γ 线的放射性废水经预过滤后用 Zr(N)-PAA 动态膜来处理时,在前段 Sr 与 β 线的分离率分别为 82%、78%,而 γ 线的浓度从 7 μc_i/mL 降到 4 μc_i/mL,经后段处理后 Sr-90 的分离率为 99.96%,β 线的分离率为 99.8%。

另外,核电站加压水反应堆操作中的蒸汽发生器的排污物经反渗透处理后,其排污量可减少为原来的 1/10 或更少,因此,可在放射性废料蒸发器中处理这种排污物。

（8）油水乳浊液的分离

在金属加工操作中,油水乳液用于润滑及冷却工具及工作台,这样的废油水乳液中夹带有金属。用超滤膜对此类废液进行处理时,由于小分子透过膜,所以 COD 和 BOD 的分离率不高。超滤与反渗透联用时,将超滤的透过水再经反渗透做深度处理,经反渗透处理后,不仅水可达到排放标准,油相也可得到浓缩,而后者既可以很容易地焚烧掉,也可以进一步精炼以得到可以回用的油。用反渗透对超滤透过液进行深度处理的流程图如图 6.21 所示。

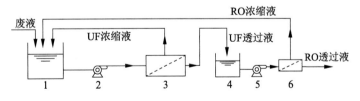

1,4—储槽；2,5—泵；3—UF；6—RO。

图 6.21　用反渗透对超滤透过液进行深度处理流程图

6.4 渗透汽化及蒸气渗透

6.4.1 渗透汽化概述

渗透汽化(又称渗透蒸发)是一种新型膜分离过程,是继电渗析、反渗透、微滤、超滤和气体分离之后迅速发展起来的分离技术,通过膜两侧渗透组分的蒸气分压差,液体混合物部分地蒸发透过膜,达到分离的目的。在一定条件下渗透汽化膜分离技术可以具有非常高的选择性,因而对常规方法不能分离或难以分离的近沸点有机物、共沸混合物、热敏性物质和同分异构体混合物的分离及混合体系中某些微量组分的脱除等显示出优异的性能。

渗透汽化特别适用于分离蒸馏法难以分离或不能分离的近沸或共沸物。渗透汽化技术具有分离效率高、设备简单、操作方便、能耗低等优点。据统计,与蒸馏法相比,渗透汽化用于工业酒精生产无水乙醇节能 75%,用于含水 15% 的异丙醇生产无水异丙醇节能65%,用于酯化反应生产乙酸乙酯节能 58%。

6.4.2 渗透汽化的发展历史

人们早在一百多年前就发现了渗透汽化现象,但由于未能找到既有分离效果又有较高通量的膜而一直没能得到实际应用。20 世纪 50 年代以后,Bining 首次发表了利用渗透汽化法脱除异丙醇-乙醇-水三组分共沸液中水分的论文后,才开始对渗透汽化过程进行了系统研究。而该技术真正被广泛重视是在 20 世纪七八十年代能源危机之后,人们对发酵法生产乙醇与节能分离工艺的探求大大推动了渗透汽化过程的研究。20 世纪 90 年代,有关渗透汽化的研究朝着多种混合物的分离方向展开。近 30 年,渗透汽化已成为膜分离技术中最为活跃的研究领域之一,国际学术界的专家们称之为 21 世纪最有前途的高技术之一。

20 世纪 80 年代以来,渗透汽化已从实验室研究实现了工业化应用。1982 年,德国GFT 公司率先成功开发亲水性的渗透汽化膜,并在巴西建立了第一个乙醇脱水制无水乙醇的小型渗透汽化装置,从而奠定了渗透汽化膜技术工业应用的基础。随后的几年,GFT公司在世界范围内建立了二十多个更大规模的装置。1988 年,在法国建成的规模较大的渗透汽化装置,生产能力为年产 4 万 t 无水乙醇。目前,全世界范围内已相继建成了 140多套渗透汽化的工业装置,取得了明显的节能降耗效果。

我国渗透汽化过程的研究始于 20 世纪 80 年代中期,研究的重点是优先透水膜的制备和醇类的脱水,近些年我国开展了对优先透有机物膜、有机物分离膜及渗透汽化与反应耦合的集成过程的研究。目前,我国的渗透汽化技术取得了长足的进步,正向工业化应用过渡。

6.4.3 渗透汽化的特点、主要操作方式及膜组件

6.4.3.1 渗透汽化的特点

渗透汽化与反渗透、超滤、微滤及气体分离等膜过程的最大区别在于物料透过膜时液体被汽化而分离,过程中产生相变。因此,在分离过程中必须不断加热,补充气化物质带走的热量,以维持恒定的操作温度。渗透汽化的特点如下。

① 渗透汽化虽以组分的蒸气压差为推动力,但其分离作用不受组分气-液平衡的限制,而主要受组分在膜内的溶解渗透速率控制,各组分分子结构和极性的不同均可成为其分离依据。因此,渗透汽化适合于用精馏方法难以分离的近沸物和共沸物的分离。

② 与气体分离相比,渗透汽化分离系数大,理论上,其分离程度可以无限大,实际过程中,选用适当的膜材料也可使分离系数高达几千,甚至更高,因此往往只需一级膜分离,即可达到很好的分离效果。

③ 虽然过程中渗透液发生相变,消耗能量,但因渗透液量一般较少,汽化与随后的冷凝所需能量不大。

④ 在操作过程中,进料侧原则上不需要加压,所以不会导致膜被压密,透过率也不会随时间的延长而减小。

⑤ 具有分离膜的一般优点,如过程中不引入其他试剂、过程简单、操作方便、产品不会受到污染、附加的处理过程少等。

⑥ 与反渗透相比,渗透通量较小,一般在 $2\ 000\ g/(m^2 \cdot h)$ 以下,当选择性提高时,通量往往更低。

基于渗透汽化过程的基本特点,该过程主要适用于以下几个方面:

① 待分离物质具有一定挥发性,这是应用渗透汽化法进行分离的前提条件。

② 从混合液中分离出少量物质,例如有机物中少量水的脱除,可以充分利用渗透汽化分离系数大的优点,还可以减小渗透液汽化耗能与渗透通量小的不利影响。

③ 共沸物的分离。当共沸物中一种组分的含量较少时,可以直接用渗透汽化法得到纯产品;当共沸物中两组分含量接近时,可以采用渗透汽化与精馏联合的集成过程。

④ 精馏过程难以有效分离近沸物时,采用渗透汽化分离。

⑤ 与化学反应过程结合,利用渗透汽化分离系数高、单级分离效果好的特点,可选择性移走反应产物,促进化学反应正向进行。

6.4.3.2 渗透汽化的主要操作方式

渗透汽化装置包括预热器、膜分离器、冷凝器和真空泵等 4 个主要设备。料液进入渗透汽化膜分离器后,在膜两侧蒸气压差的驱动下,扩散快的组分较多地透过膜进入膜下游侧,经冷凝后达到分离的目的。

按照形成膜两侧蒸气压差的方法,渗透汽化主要有以下几种操作方式(见图 6.22)。

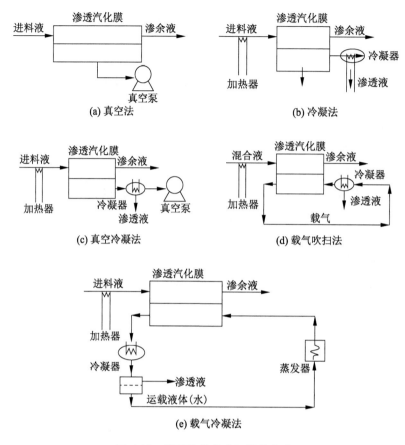

图 6.22　渗透汽化的主要操作方式

① 真空法。在膜透过侧使用真空泵获得真空状态,以造成膜两侧组分的蒸气压差。在实验室中若不需要收集渗透物,应用该方法最为方便。

② 冷凝法。在膜下游侧(膜的渗透液侧)通过冷凝器将透过膜的渗透蒸气凝结成液体,由此形成膜两侧组分的蒸气压差。为了增加蒸气压差,可在膜上游侧同时放置加热器加热料液,以提高膜上游侧(膜的进料液侧)的蒸气压。热渗透汽化的缺点是冷凝效率低,不能保证渗透物蒸气从系统中充分排出,这是由于渗透物蒸气从膜下游表面到冷凝器的扩散对流效率不高,传递速率较慢,因此冷凝法的实际应用不多。

③ 真空冷凝法。该法结合了真空法和冷凝法,使渗透蒸气通过冷凝器冷凝,少部分不凝气体通过真空泵去除。这样冷凝的效率比单纯的冷凝法的效率高,因为抽真空过程从根本上提高了渗透蒸气从膜表面到冷凝器的传质速率。另外,相对于单纯的真空法,因为大部分蒸气已经冷凝,所以真空泵的负担和腐蚀大大减少,同时也会有效阻止有害蒸气对环境的污染,因此真空冷凝法应用较多。

④ 载气吹扫法。载气吹扫法是用载气吹扫膜的透过侧,以带走透过组分,吹扫气经冷却冷凝以回收透过组分,载气循环使用。

⑤ 载气冷凝法。当透过组分与某一种液体(如水)不互溶时,可以低压液体蒸气为吹

扫载气,冷凝后液体与透过组分分层后,经蒸发器蒸发可重新使用。

6.4.3.3 渗透汽化膜组件

与反渗透、超滤、气体膜等分离过程一样,渗透汽化过程也使用板框式、螺旋卷式、管式和中空纤维式等类型的膜组件。基于渗透汽化过程的特点,膜组件在结构上有以下特点:① 渗透汽化过程是有相变的过程,其膜下游侧为气体,如过程中不同时供热,料液温度将下降。② 渗透汽化过程的推动力为膜两侧的蒸气压差,膜下游侧为真空,一般其绝对压力为几百帕,膜下游侧压力大小对过程影响很大,所以组件中膜下游侧气体的流动阻力对膜组件的分离效果影响很大。这就要求膜下游侧的流动阻力尽可能小,在组件的构造上要求膜下游侧有较大的流动空间。③ 渗透汽化过程通常在较高的温度(60～100 ℃)下操作,同时在很多情况下膜组件会接触到高浓度有机液体,这对膜组件材料,尤其是密封材料提出了较高的要求。④ 渗透汽化的通量小,一般在 2 000 g/(m² · h)以下,因此,在渗透汽化膜组件中,进料液流量几乎保持不变。

目前,用渗透汽化方法进行有机物脱水时主要应用板框式膜组件,这主要是因为板框式膜组件可以使用耐腐蚀的密封垫片(如全氟聚合物、乙丙共聚物、弹性石墨等垫片),便于器内或级间加热,也有利于减小膜下游侧气体的流动阻力。

6.4.4 渗透汽化的基本理论

6.4.4.1 渗透汽化的基本原理

渗透汽化主要利用料液中各组分与膜之间不同的物理化学作用来实现分离。一般在常压下料液流过具有致密皮层的渗透汽化膜上游侧,而在膜下游侧通过抽真空、冷凝、载气吹扫等方式来维持很低的组分分压。料液各组分在膜两侧分压差(或化学位梯度)的推动下,通过溶解、扩散、解吸等过程透过分离膜,并在膜下游侧汽化成组分蒸气。在这个过程中,由于料液各组分的物理化学性质不同,它们在膜中的溶解度(热力学性质)和扩散速率(动力学性质)也不同,因此料液中各组分透过膜的难易程度和速率是不同的。这样易渗透组分就会在膜下游侧的组分蒸气中富集,而难透过组分则在料液中富集,相当于被膜截留,由此实现分离。

渗透汽化使用的膜通常具有致密层,可以是均质致密膜,也可以是具有致密皮层的复合膜。混合液进入膜组件,流过膜面,在膜下游侧保持低压。由于原液侧与膜下游侧组分的化学位不同,原液侧组分的化学位高,膜下游侧组分的化学位低,所以原液中各组分将通过膜向膜下游侧渗透。因为膜下游侧处于低压,组分通过膜后即汽化成蒸气,蒸气用真空泵抽走或用惰性气体吹扫等方法除去,所以渗透过程不断进行。原液中各组分通过膜的速率不同,透过膜快的组分就可以从原液中分离出来。对于一定的混合液来说,渗透速率主要取决于膜的性质。采用适当的膜材料和制备方法可以制得对一种组分透过速率快,对另一组分的渗透速率相对很小甚至接近于零的膜,因此渗透汽化过程可以高效分离液体混合物。

为了增大过程的推动力、提高组分的渗透通量,一方面要提高进料液温度,通常在流

程中设置预热器将料液加热到适当温度;另一方面要降低膜下游侧组分的蒸气分压。组分 i 的渗透通量由下式计算:

$$J_i = \frac{M_i}{AT} \tag{6.5}$$

式中,J_i 为组分 i 的渗透通量,g/(m² · h);M_i 为组分 i 的透过量,g;A 为膜面积,m²;T 为操作时间,h。

6.4.4.2　渗透汽化的传质机理

不同于微滤、超滤等分离过程,渗透汽化分离过程同时包括传质和传热,涉及渗透物与膜的结构和性质,渗透物组分之间、渗透物与膜之间的相互作用。由于浓差极化效应、耦合效应、溶胀效应、热效应等的存在,同时涉及多学科的交叉,渗透汽化过程传质理论和模型研究的难度相当大,因此,人们对其认识还不够深入。目前,渗透汽化方面所提出的理论和数学模型有如下几种:溶解扩散模型(solution-diffusion model)、孔流模型(finely-porous model)、非平衡溶解扩散模型(non-equilibrium-dissolution diffusion model)、不可逆热力学模型(non-equilibrium thermo dynamic model)以及一些其他类型的模型等。目前还没有哪一个模型可以完全反映渗透汽化的传质机理,不过其中以溶解扩散模型描述渗透汽化传质过程最为普遍。

(1)溶解扩散模型

溶解扩散模型(见图6.23)认为渗透汽化传质过程主要分为三步:渗透物小分子在进料侧膜面溶解(吸附);在活度梯度(或化学势梯度)的作用下扩散过膜;在透过侧膜面解吸(汽化)。在渗透汽化的典型操作条件下,第三步速度很快,对整个传质过程影响不大,而第一步的溶解过程和第二步的扩散过程不仅取决于膜的性质和状态,还和渗透物分子的性质、渗透物分子之间及渗透物分子和膜材料之间的相互作用密切相关,因而溶解扩散模型最终归结到对第一步和第二步,即渗透物小分子在膜中的溶解过程和扩散过程的描述。溶解扩散模型属于半经验模型,考虑了所有重要的过程参数的影响,尤其适于膜材料和膜过程的开发和优化,但是它忽略了组分间的耦合效应。

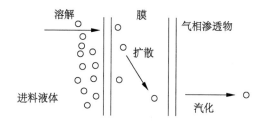

图 6.23　溶解扩散模型示意图

(2)孔流模型

Okada 等提出的孔流模型假定膜中存在大量贯穿膜的长度为 δ 的圆柱小管,所有的孔处在等温操作条件下,渗透物组分通过三个过程完成传质:液体组分通过孔道传输到液-气相界面,此为 Poiseuille 流动;组分在液-气相界面蒸发;气体从界面处沿孔道传输出去,此为表面流动。孔流模型的典型特征在于膜内存在液-气相界面,渗透汽化过程是液体传递和气体传递的串联耦合过程,模型如图 6.24 所示。

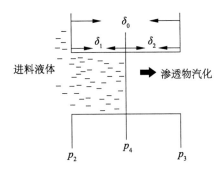

δ_0—孔道长度;δ_1—液相长度;δ_2—气相长度;p_2—液相压力;p_3—气相压力;p_4—气液平衡压力。

图 6.24 孔流模型示意图

（3）虚拟相变溶解扩散模型

由于溶解扩散模型不能清晰地解释渗透汽化过程中的"溶胀耦合"效应和相变的发生,Shieh 等提出了虚拟相变溶解扩散模型。该模型假定渗透汽化过程是液体渗透和蒸气渗透的串联耦合过程,传质过程为:渗透物在进料侧膜面溶解;在活度梯度作用下以液体渗透方式到达气-液界面;在界面处发生虚拟相变;在活度梯度作用下以蒸气渗透方式到达膜透过侧;在膜透过侧解吸。与传统的溶解扩散模型相比,该模型的主要不同在于膜内存在压力梯度和虚拟相变。实际上,虚拟相变溶解扩散模型是对传统溶解扩散模型和孔流模型的综合。

（4）其他模型

Kedem 为表征渗透汽化过程中的"耦合"效应,提出了不可逆热力学模型。该模型认为,由于"耦合"作用,某一组分可以在零甚至是负的浓度梯度下进行扩散,因而此模型认为传统的溶解扩散模型假定膜内浓度线性分布是不合适的。

Blume 等为简化数学处理方法,将渗透汽化过程看成液体蒸发和蒸气渗透过程的耦合。蒸气渗透过程可以套用比较成熟的描述气体渗透的溶解扩散模型,总的分离系数是液体蒸发和蒸气渗透过程分离系数的乘积。但由于液体对膜的溶胀性比气体要复杂得多,因此渗透汽化过程并不是液体蒸发过程和蒸气渗透过程的简单耦合,这种处理方法很难精确预测渗透汽化过程的分离性能。

尽管人们提出了几种描述渗透汽化传质机理的模型,但人们对渗透汽化过程本质的认识依然不足,表现在这些理论或模型还不能完全成功地预测渗透汽化膜分离过程的性能,进而指导膜材料的选择和制备,因此,目前人们对膜材料的选择和制备还基本停留在经验阶段。

6.4.5 渗透汽化膜

原则上,渗透汽化和气体分离可选用同一类膜材料。然而,与气体相比,液体与聚合物的亲和力较高,溶解度也较高。所以,有机蒸气比一般气体(如 N₂)的渗透系数要大很多。对于液体混合物而言,由于组分间的相互作用,其分离特征与纯液体差别较大。对于在聚合物中溶解度较低的气体,可用 Henry 定律描述其溶解度,而对于溶解度较高的液体,Henry 定律不再适用。为更好地描述混合液体及纯液体在聚合物材料中的溶解度,通常采用 Flory-Huggins 理论。因此,渗透汽化膜材料的选择常依据 Flory-Huggins 理论,膜材料分为以下几种。

(1) 优先透水膜

优先透水膜的活性层都是含亲水基团的聚合物,主要有以下几类。

① 非离子型聚合物膜,例如聚乙烯醇膜、交联聚甲基丙烯酸膜,它们分别含—OH、

$$-O-\overset{O}{\overset{\|}{C}}-CH_2-$$等非离子性亲水基团。目前,GFT 公司的有机物脱水膜就是以聚乙烯醇为活性层制成的复合膜,它由三层组成,底层是起支撑作用和机械增强作用的聚酯无纺布,中层为聚丙烯腈支撑膜,表层是经马来酸交联的聚乙烯醇皮层。这种膜具有良好的分离性能和耐久性。

② 离子型聚合物膜,根据固定基团的属性区分,离子型聚合物膜可分为阳离子聚合物膜与阴离子聚合物膜两类。

③ 疏水膜的亲水改性膜,通常采用共聚、共混、接枝等方法将亲水基团引入疏水聚合物材料,制备亲水膜。

④ 聚电解质透水膜,由于离子基团强烈的水合作用和对有机物的盐析效应,膜材料中的离子基团可有效提高膜对水的选择透过性与渗透通量。

(2) 优先透有机物膜

优先透有机物膜材料通常是极性低、表面能低、溶解度参数小的聚合物。研究较多的有硅橡胶、含氟聚合物、改性纤维素和聚苯醚等。

① 有机硅聚合物:这类聚合物疏水、耐热,具有很高的机械强度和较好的化学稳定性,对醇、酚、酮、酯、卤代烃、芳香烃、吡啶等有机物有良好的吸附选择性,是研究较多的一类有机物膜材料。

② 含氟聚合物:目前已研究的含氟聚合物有聚四氟乙烯、聚偏氟乙烯、聚六氟丙烯、聚磺化氟乙烯基醚与聚四氟乙烯的共聚物、聚四氟乙烯与聚六氟丙烯的共聚物等。这些材料大多难溶于有机溶剂,通常用熔融挤压法或在聚合时成膜。其中,聚偏氟乙烯化学性质稳定、耐热性能好、疏水性强、抗污染性较好,可溶于常用的溶剂,成膜性能好,对乙醇、丙酮、卤代烃及芳香烃等有良好的选择性。

③ 改性纤维素:纤维素类材料易于酯化、醚化、接枝、共聚、交联等,并且与许多聚合物都有良好的共混能力,是非常好的成膜材料,可以通过各种改性手段调节亲、疏水官能团的比例,控制此类膜的渗透汽化分离性能。

(3) 有机-有机混合物分离膜

不同于有机物-水体系的分离膜,有机-有机混合物分离膜选择规律较为明确,而工业

上对分离有机混合物的渗透汽化膜材料的选择较为复杂,必须针对具体体系的物理化学性质,根据混合物组分的分子结构、尺寸及所含基团的差异来选择与设计分离膜。所以,目前大多研究尚处于开发阶段。根据分离对象,有机-有机混合物分离膜归纳起来有以下几种:① 用于芳烃-烷烃的分离膜,如苯-环己烷、甲苯-正辛烷或异辛烷;② 用于同分异构体的分离膜,如混合二甲苯、丁醇异构体等;③ 用于醇-醚分离的膜,如甲醇-甲基叔丁基醚和乙醇-乙基叔丁基醚,这两种醇醚体系具有现实的工业意义;④ 用于芳烃-醇类的分离膜,主要对象是苯、甲苯及与甲醇、乙醇组成的混合液,它们属非极性与极性体系,利用极性和分子尺寸的差别选用和设计膜材料,优先渗透组分可以是醇,也可以是烃。

6.4.6　渗透汽化膜的种类和制备方法

渗透汽化膜按结构形态可分为均质膜、非对称膜和复合膜等。

（1）均质膜

致密的均质膜为无孔的质地均匀的薄膜,其厚度一般为几十到几百微米,通常用自然蒸发凝胶法制备,因其厚度大,组分透过膜的阻力大,导致渗透通量较小,但因其制备方便,常在实验室用来研究组分在膜中的溶解和扩散特性,或用于比较及初选膜材料。

（2）非对称膜

非对称膜的特征是由一种材料制备而成,膜的结构特点是沿膜的厚度方向由疏松逐渐变致密,它的活性层是其致密皮层,厚度为 $0.1\sim1.0\ \mu m$。这层起分离作用的活性层很薄,传质阻力小,所以它的渗透通量大。制备非对称膜要求膜材料既有好的分离性能,又具有能制成致密超薄皮层的成膜性能。常用的制备方法为相转化法。

（3）复合膜

目前,渗透汽化过程最常用的是复合膜,复合膜是在多孔的支撑层上覆盖一层致密的活性皮层而成,活性皮层与支撑层可以用不同的材料制备,因而增加了渗透汽化膜材料的选择范围。复合膜起分离作用的主要是活性皮层,支撑层通常为超滤膜,主要对活性皮层起支撑作用,对分离也会略有影响。聚砜(PSF)、聚偏氟乙烯(PVDF)、聚丙烯腈(PAN)等超滤膜由于具有良好的机械性能、耐化学品性能和热稳定性而常被用作支撑层。根据溶解扩散机理,活性皮层的厚度直接决定了组分的渗透速率,所以在保证活性皮层均匀覆盖和不漏液的条件下,活性皮层的厚度应尽可能薄,可以从 $0.1\ \mu m$ 到几微米。

对于复合膜,要求其活性皮层同时具有一定的溶剂透过性和溶质截流率,多孔支撑层具有较大的强度和较好的抗压性能,对透过液有较小的阻力。复合膜制备的关键在于如何将薄且致密的皮层均匀地涂在膜表面上,且复合层没有缺陷。目前,复合膜的制备主要采用溶液涂敷和表面聚合两种方法。其中,溶液涂敷可采用浸涂、喷涂和旋转涂敷等方法,而表面聚合可采用界面聚合、原位聚合、等离子聚合和接枝等方法。

6.4.7　渗透汽化膜改性方法

渗透汽化膜是渗透汽化分离过程的核心,其化学特性和物理结构很大程度上决定着渗透汽化过程分离效率的高低。受膜材料和成膜工艺等条件的限制,现有的渗透汽化膜不同程度地存在分离系数小、渗透通量低、机械强度差等缺点。有效方法是对膜进行适当改性,改性方法大致可分为物理改性和化学改性。

（1）物理改性

物理改性包括共混、热处理、填充掺杂等方法,其特点是条件温和、简便易行。

1）共混法

共混法是聚合物改性中最方便有效的方法,以不同聚合物性质的互补性与协同效应来改善膜材料的性质和成膜条件,调节膜的结构和性能。制备共混膜的关键是共混聚合物间的相容性。

Shieh 等通过制备壳聚糖与 N-羟甲基尼龙-6 共混膜来调节膜的亲疏水性能,用于乙醇-水的渗透汽化分离。两者适当共混,可以提高膜的渗透汽化性能。共混膜的分离系数随着壳聚糖含量的增加而增大,当壳聚糖的质量分数为 60% 时,分离因子达到最大值。其他也有不少关于壳聚糖共混改性膜用于渗透汽化过程的研究报道。Luo 等把醋酸纤维素丁酸酯（CAB）与醋酸纤维素丙酸酯（CAP）共混制备了一种新型膜,用于渗透汽化分离乙基叔丁基醚和乙醇的混合物。结果发现,随着共混膜中 CAB 含量的增大,渗透通量增加,而分离系数降低,通过适当调节共混膜的组成,可以获得很大的渗透通量和分离系数。

2）填充掺杂法

填充掺杂过程操作简便,填充组分及用量可灵活调控,且适用范围广。Kittur 等将 NaY 型沸石掺入壳聚糖中得到复合膜用于异丙醇脱水,水的渗透通量和分离系数均随沸石含量的增加而增大。在 PVA 膜中掺杂沸石可以制备兼具催化和分离功能的酯化膜反应器,其中氢型沸石酸性大,对酯化反应有着良好的活性、选择性和稳定性。另外,在聚酰胺膜中加入经十二烷基硫酸钠改性的蒙脱石可以得到聚酰胺-黏土纳米复合膜,与单一的聚酰胺膜材料相比,复合膜的机械性能及玻璃化温度均有所提高。硫酸锆是一种常用的固体酸,可以用作 PVA 交联反应的催化剂,也能够作为填料分散在有机物网络结构中制得 PVA 复合膜,用于乙酸、乙醇等水溶液的脱水,复合膜的溶胀度随硫酸锆含量的增加而减小。

（2）化学改性

常用的化学改性方法主要包括引入离子、共聚、等离子体表面改性、溶胶-凝胶、化学交联、光化学辐射改性等。通过这些方法对膜进行处理后,膜的化学结构和理化性能发生变化,从而改善膜的分离性能。

在聚合物中引入离子可改变聚合物的极性,进而改变与待分离物之间的相互作用,提高膜的分离性能和稳定性。引入的离子既可为阳离子,也可为阴离子,阳离子包括 Mg^{2+},Na^+ 等,阴离子包括 SO_3^-,Br^- 等。

共聚是指 2 种或 2 种以上的高分子链上的活性端基团间发生反应,生成无规共聚物、交替共聚物、嵌段共聚物及接枝共聚物等。Ray 等制备了丙烯腈共聚膜用于甲醇和乙二醇混合液的分离,发现丙烯腈与甲基丙烯酸羟乙酯或甲基丙烯酸的共聚物对甲醇具有较高的分离选择性,但膜的渗透通量不大。料液中甲醇的质量分数为 50%,膜厚 50 μm 时上面两种共聚物膜的分离因子分别为 14.74 和 11.3,渗透通量分别为 108 $g/(cm^2 \cdot h)$ 和 81.3 $g/(cm^2 \cdot h)$。

等离子体表面改性是指将膜材料暴露于非聚合性气体等离子体中,利用等离子体中的活性粒子轰击材料表面,使其分子结构发生变化,从而改变其性能(如亲疏水性),进而改善其分离性能。Teng 等通过等离子体将丙烯酰胺单体接枝到芳香聚酰胺膜上,发现接枝后的芳香聚酰胺膜分离乙醇-水混合物时的分离因子和渗透通量相比接枝前都有所提高,接枝率为 20.5% 的膜分离质量分数为 90% 的乙醇-水溶液时,分离因子达到 200,渗透通量达到 325 $g/(cm^2 \cdot h)$。Yamaguchi 等采用等离子接枝共聚技术制备了填充型中空纤维膜,该膜可以有效地脱除水中的三氯乙烯和二氯甲烷,0.09% 的三氯乙烯水溶液在渗透侧被浓缩至 99%。

采用溶胶-凝胶法对有机膜进行无机改性制备有机-无机复合膜,这是一种非常重要的方法。Chen 等利用壳聚糖(CS)与 γ-氨丙基三乙氧基硅氧烷(APTEOS)的交联反应制备了 CS-Si 复合膜,用于渗透汽化分离甲醇-碳酸二甲酯(MeOH-DMC)混合物。Si 的加入使复合膜的热稳定性得以提高,复合膜的溶胀度由于 APTEOS 的交联而大大降低。吸附数据表明 CS-Si 复合膜溶解扩散的选择性相对于 CS 膜有了很大的提高,即表现出更为优越的分离特性,50 ℃分离 70% 的 MeOH-DMC 溶液,渗透通量为 1 265 $g/(cm^2 \cdot h)$,分离因子达 30.1。

Uragami 等为了控制季铵化壳聚糖(CS)的溶胀,采用溶胶-凝胶法制备了 CS/TEOS 有机-无机复合膜,用于渗透汽化分离乙醇-水溶液,并考察了复合膜中 TEOS 的摩尔含量对水的分离选择性的影响。复合膜中 TEOS 的摩尔百分含量达到 45% 时,复合膜对水的分离选择性高于季铵化壳聚糖。复合膜中由于形成了交联结构,其溶胀度得以降低。聚乙烯醇共聚丙烯酸[P(VA-co-AA)]膜在乙醇水溶液中的溶胀导致其对水的分离选择性较低,为了降低膜的溶胀度,Uragami 等制备了由 P(VA-co-AA)与 TEOS 组成的有机-无机复合膜,用于分离乙醇-水溶液。随着膜内 TEOS 含量的增大,膜的溶胀度降低,密度增大,相应地,膜的渗透速率降低,分离因子增大。

另外,有研究者采用溶胶-凝胶法制备了 CS/TEOS 复合膜用于乙醇脱水,采用甲基丙烯酸丁酯与乙烯基三乙氧基硅烷共聚体[P(BMA-co-VTES)]及甲基丙烯酸甲酯与乙烯基三乙氧基硅烷共聚体[P(MMA-co-VTES)],分别与 TEOS 形成复合膜用于水中微量苯的脱除,复合膜的渗透性和分离特性较单纯的聚合物膜有显著提高。

6.4.8　渗透汽化过程的影响因素

影响渗透汽化过程的因素主要有以下几个方面。

(1)膜材料本身及被分离组分的性质

这是影响渗透汽化分离效果的最基本的因素。对于一定的料液和分离要求而言,最重要的问题是要选择一种适宜的分离膜。对于同一种物料体系,如果它的组成不同,分离要求不同,往往需要采用不同性能的分离膜。例如,对于有机物-水体系,若是去除水中少量有机物,则应采用优先透过有机物的有机硅膜;若是去除有机物中少量水,则应采用具有亲水性质的聚合物膜,如聚乙烯醇膜,可以优先透水。

（2）温度

温度升高,高分子链段活动能力增强,渗透物分子的活跃度增加,因此渗透物在聚合物膜中的扩散系数随温度的升高而增大。渗透系数为扩散系数和溶解度系数的乘积,而扩散系数及溶解度系数随温度的变化满足 Arrhenius 关系,所以温度对渗透通量的影响可以由 Arrhenius 关系来表征,由此还可以计算表观渗透活化能。温度影响混合液组分在膜中的溶解度与扩散系数,进而影响渗透通量与分离系数。

温度对分离系数的影响较为复杂,无一定规律可循。在多数情况下,膜的分离系数随着温度的升高而有所下降,即非优先渗透组分随着温度的升高,其渗透速率上升较快。

（3）料液组成

料液组成的变化直接影响组分在膜面上的溶解,且组分在膜内的扩散系数也与其浓度有关,所以渗透汽化的分离性能与料液组成密切相关。由于膜内组分与聚合物及组分间的相互作用力的影响,另一组分的存在对组分的扩散产生复杂的伴生效应,所以不能根据纯组分的渗透性能简单地按一般的理想情况(即组分的渗透通量与组分的浓度成正比)来预测溶液渗透汽化的分离结果。通常,随着料液中优先渗透组分浓度的升高,总渗透通量增大,但组成对分离系数的影响往往更为复杂。

（4）上、下游两侧的压力

上、下游两侧的压力对渗透汽化过程的影响主要体现为对渗透汽化推动力的影响。料液侧压力即上游侧压力增加对料液的蒸气压和料液在膜中的溶解性能影响不大,所以它对组分的分离性能没有显著影响。增大料液侧压力可提高料液循环速率,但会对膜性能提出更高的要求,还会消耗更多的能量,所以一般料液侧只保持较低的压力,克服料液流过膜组件的阻力即可。

下游侧压力明显影响分离过程。通常,随着下游侧压力增大,渗透通量下降,而料液中易挥发组分在渗透物中的浓度增加,即当优先渗透组分为易挥发组分时,分离系数增大,当优先渗透组分为难挥发组分时,分离系数减小。

（5）膜厚度

膜厚度对渗透汽化过程中的传质速率的影响较明显,膜厚度增加,传质阻力增大,因此渗透通量往往降低。但渗透通量与膜厚并不呈真正的反比关系。在实际渗透过程中,膜厚增加一倍,渗透通量降低不到50％。这是因为膜并没有被完全润湿,部分厚度仍然处于干区,其厚度增加并不影响传质,只有溶胀区(润湿)厚度增加才会增加传质阻力。分离系数与活性致密层有关,如果起分离作用的活性致密层不变,膜厚度改变,分离系数仍保持不变。

6.4.9　渗透汽化膜的应用

渗透汽化的突出优点是分离系数高、不受气-液平衡的限制,因而它在用精馏方法纯化难以分离的共沸物与近沸物中具有广阔的应用前景。就分离对象而言,用渗透汽化法分离有机混合液是很有发展前景的。渗透汽化的缺点是渗透通量小和渗透物在低压下冷凝,因而它一般适用于从混合液中分离出少量物质,不宜采用多级操作。另外,它通常要与其他分离过程联合使用,才能发挥最好的经济效果。目前,渗透汽化主要应用于有机物脱水、水中有机物脱除和有机混合物分离。

（1）有机物脱水

目前,有机物水溶液的分离主要采用精馏、萃取和吸附等方法,这些方法都有自身的特点与局限性,在某些情况下使用会出现种种问题,采用渗透汽化有可能克服这些问题,取得很好的效果。

适用于渗透汽化法进行有机物脱水的具体对象很多,可分以下几个方面。

① 共沸物分离,这是渗透汽化最能发挥其优势的领域。用渗透汽化进行共沸物的分离可以分为两种情况。一种情况是用渗透汽化法进行含水率较少的共沸物分离,直接得到产品,例如对工业酒精纯化制备无水乙醇。另一种情况是将共沸物分离为两个偏离共沸组成的产物,然后再用一般精馏等方法进行分离,这种方法称为共沸物分割。

② 非共沸物分离,可以把水与有机物的混合物分为互溶和部分互溶两类。一般对于部分互溶体系,水在有机物中的溶解度小,化学位高,与互溶体系相比,在水含量相同的条件下,渗透汽化的推动力大,水的渗透通量高。所以,有机物中水的溶解度越小,该有机物脱水后其中的水含量就越小。

通常用渗透汽化法脱水,根据有机物中水的溶解度大小,水含量可降至几十到几百毫克每升,对于水在其中溶解度很小的有机物,水含量甚至可降至几毫克每升,但需要较大的真空度和膜面积。

使用渗透汽化法脱水的经济性与原料中的水含量有关,一般料液中水含量在 $0.1\% \sim 10\%$ 时,采用渗透汽化法比较经济,水含量较高时,采用精馏或萃取法相对比较经济,而水含量很低时,吸附可能更具有竞争力。使用渗透汽化脱水的经济性还与水和有机物的沸点高低有关。如果有机物的沸点比水低,那么用渗透汽化比精馏有利。因为用精馏法分离有机物中的少量水时,含量较高的低沸点有机物需要从精馏塔顶蒸出,而渗透汽化则是把少量沸点较高的水直接从有机物中分离出来。

（2）水中有机物脱除

与有机物中脱除少量水相比,用渗透汽化法脱除水中有机物的技术开发时间相对较晚。到目前为止,对水中各种有机物（包括醇、酸、酯、芳香族化合物、氯化烃等）的脱除已经进行了广泛研究,其中硅橡胶是常用的膜材料。

用渗透汽化法脱除水中有机物的经济性与水中有机物的含量和有机物本身的特性有关。一般来说,与其他分离方法相比,水中有机物含量在 $0.1\% \sim 5\%$ 时,用渗透汽化法比较有利。水中有机物含量较高时,传统的蒸馏、蒸汽汽提等方法可能在经济上更为有利。有机物含量过低时,渗透汽化的推动力小,渗透通量小,膜面积大,膜组件的投资大。此时,一般把它作为废液处理,采用吸附或生物处理法可能在经济上更合理。

用渗透汽化法从水中分离有机物主要可以分为以下 4 种情况:① 溶剂回收;② 酒类

饮料中去除乙醇;③ 废水中少量有害物的处理;④ 发酵液中有机物的回收。

（3）有机混合物分离

对于有机混合物,特别是具有近似的溶剂特性的有机混合物,对膜材料和膜组件的要求更高,分离条件更为苛刻,所以,目前渗透汽化技术在该领域的工业应用较少,但研究开发正在广泛开展。

用渗透汽化法进行有机物混合液分离主要是近沸物与共沸物的分离。因为如果这些体系采用传统精馏法,就需要庞大的设备,能耗也很大,有时需要外加恒沸剂或萃取剂,过程复杂,容易导致产品与环境的二次污染。但是,如果近沸物或共沸物中两种组分的含量相差较大,可以应用渗透汽化,采用优先透过少量组分的膜,一级分离即可达到满意的分离效果,这时渗透汽化具有明显的竞争优势。当共沸物中两组分含量接近时,采用渗透汽化与精馏联合的方法是很经济的。对于近沸物,当两组分含量相当时,要将两组分完全分开,必须采用有回流的多级操作,这时仅仅应用渗透汽化是不经济的。因为渗透汽化通量小,多级操作所需膜面积大,透过物需在低压和较低温度下多次冷凝,冷凝系统投资与操作费用大。在这种情况下,只有当膜分离系数和渗透通量都很大时,渗透汽化才可能有竞争力。

迄今为止所研究的有重要工业应用价值的体系主要有以下几类:① 芳烃与脂肪烃的分离;② 同分异构体的分离;③ 醇-醚混合物的分离;④ 环己酮、环己醇与环己烷的分离;⑤ 烯烃-烷烃、正烷烃-异烷烃及卤代烃等混合物的分离。

6.4.10　渗透汽化技术发展前景

当前,能源危机与环境污染日益严重,渗透汽化作为一种简便、高效、无污染的分离方式已经受到了广泛关注,理论研究也在进一步发展,在一些工业领域已经取得了不错的成绩,但是,渗透汽化是一种正在发展中的新技术,要使其在工业上广泛应用,还有相当多的问题需要解决。渗透汽化过程对膜材料、分离功能层和器件的性能都提出了很高的要求,研究开发工作任重道远,展望未来,渗透汽化技术的发展主要有以下几个方面。

① 与超滤和微滤等膜分离过程不同,渗透汽化过程很难找到普遍适用的膜材料,所以针对分离物系的物理化学特性,设计新型高效的膜分离材料,开发超薄无缺陷分离层的制备技术,在获得较大渗透通量的同时提高其渗透性能,始终是研究的方向之一。现有的膜材料改性如交联、接枝、共混、杂化和取代等也是较为简单、有效、实用的方法。

② 膜及组件结构和性能的稳定性是膜工业化应用的另一个重要指标,所以,提升膜及组件的耐热与耐溶剂性,使其能在较高的温度下保持稳定性也是渗透汽化膜的一个主要研究方向。

③ 渗透汽化膜分离的研究不只限于膜材料,渗透汽化膜过程的优化,以及与其他化工单元操作、化学反应过程的集成都是未来发展的方向。

④ 目前渗透汽化主要使用不锈钢制的板框式膜组件,造价高,投资大,影响了此技术的推广使用。改进板框结构,采用廉价材料和开发紧凑、高效的卷式与中空纤维式膜组

件,降低膜组件的造价,将拓展渗透汽化技术的应用领域。

6.4.11 蒸气渗透

（1）定义

蒸气渗透（vapor permeation)是指膜两侧存在水蒸气分压力差时,水蒸气分子从分压力高的一侧向分压力低的一侧渗透扩散的现象。蒸气渗透量与膜材料的透气能力及两侧蒸气分压力差成正比,与膜的厚度成反比。

（2）应用前景

蒸气渗透是一种新的气相脱水膜分离过程,它是以蒸气进料,在混合物中各组分蒸气分压力差的推动下,利用各组分在膜内溶解和扩散性能的差异以实现混合物分离。蒸气渗透技术应用于近沸点、恒沸点及同分异构体的分离时有其独特的优势,还可以同生物及化学反应耦合,将反应生成物不断脱除,使反应转化率明显提高,其技术性和经济性优势明显,在石油化工、医药、食品、环保等工业领域中有广阔的应用前景。

6.5 膜蒸馏

6.5.1 膜蒸馏的定义与特点

（1）定义

膜蒸馏（membrane distillation,MD)是一种以疏水微孔膜为分隔介质,以膜两侧蒸气压力差为传质热驱动力的分离过程,该过程可看作膜分离与蒸馏过程的集合。以膜蒸馏海水淡化为例,被加热后海水中的水分在膜的高温侧蒸发,穿过多孔疏水膜后在低温侧冷凝富集,而海水中的盐则不能透过疏水膜,从而实现了海水脱盐,得到淡化水。膜蒸馏自1963 年首次提出以来,因其具有截留率高、操作简单等特点一直受到很多人的关注,但迄今为止尚未得到商业化应用,这主要受膜材料成本较高、膜蒸馏过程能耗大等因素的制约。因此,研制新型膜材料、改进膜蒸馏形式及利用低品位能源驱动膜蒸馏等有利于该技术的进一步发展。

（2）特点

膜蒸馏的特点如下：

① 所用的膜为微孔膜；

② 膜不能被所处理的液体润湿；

③ 在膜孔内没有毛细管冷凝现象发生,只有蒸气能通过膜孔传质；

④ 膜不能改变所处理液体中所有组分的气液平衡；

⑤ 膜至少有一面与所处理的液体接触；

⑥ 对于任何组分,膜过程的推动力是该组分在气相中的分压差。

6.5.2 膜蒸馏方式

① 直接接触式膜蒸馏(DCMD):这种装置相对简单,两侧的液体直接与多孔膜的表面接触,蒸气的扩散路径仅仅局限于膜的厚度。它是出现最早也是研究最广泛的膜蒸馏过程,但其热损耗也最大。

② 气隙式膜蒸馏(AGMD):在冷凝面与膜表面之间有一停滞的空气隙存在,蒸气穿过气隙后在冷凝面上冷凝。与 DCMD 相比,气隙的存在减少了过程热损耗,但增加了传质的阻力。这种方式适合于两侧温差较大的蒸馏过程。

③ 气扫式膜蒸馏(SGMD):其装置与 AGMD 相似,不同的是 SGMD 使用惰性气体将透过侧的蒸气吹出组件,并在外部进行冷凝。惰性气体的加入可以减少部分热量损耗,还可以加快传质,但所需冷凝器的体积较大。

④ 真空膜蒸馏(VMD):与 SGMD 类似,用真空泵抽吸代替吹扫,使透过侧处于低压状态(不低于膜被润湿的压力),将透过侧的蒸气抽出,并在膜组件外冷凝。这种方式可以大大减少热损失,且透过通量较大,当然,操作费用也相应增加。

6.5.3 膜蒸馏的应用案例

(1)海水淡化

从目前膜蒸馏在海水淡化产业的应用情况看,尚未见产业中大规模应用的报道,但相关的中试产水取得了一定的进展。利用工业废热加热海水进行膜蒸馏海水淡化,具有成本低、设备简单、操作容易、能耗低等优点,证明膜蒸馏技术在诸多海水淡化工程中有一定的竞争力。

(2)苦咸水脱盐

膜蒸馏作为苦咸水脱盐技术之一,因其高效、节能、工艺简单等特点,在我国水资源持续发展战略中的作用越来越重要。膜蒸馏脱盐的产水质量是其他膜过程不能比拟的,产水的电导率可达到 $0.8~\mu S/cm^2$,溶解性固体(TDS)质量分数可达到 6.0×10^{-7}。由于渗透压对膜蒸馏影响较小,采用反渗透与膜蒸馏集成膜过程脱盐也是合理可行的。

6.6 气体分离膜过程及应用案例

6.6.1 气体分离膜过程

气体分离膜技术是利用独特的膜对混合气体进行分离的一种新型绿色分离技术。气体分离膜的传质推动力为压力差,因此分离过程较为容易实现,大多气源本身就具有压力,故实现分离过程的经济性更加明显。

气体分离膜技术具有膜分离的共同特点,是一种物理分离过程,可以实现静态操作,流程比较简单,日常工耗和操作费用很低。气体分离膜技术开(停)车迅速,这是其他分离技术无法比拟的,从理论上讲气体分离膜技术可以实现瞬间开(停)车。因此,与传统气体分离技术(深冷、吸附、吸收分离等)相比,气体分离膜技术具有独特的优势,其研究和应用发展十分迅速。

6.6.2　气体分离膜应用案例(以氢气回收为例)

气体分离膜的典型应用案例是从合成氨合成气中回收氢气。在合成氨工业中,受化学反应平衡的影响,氨的转化率只有 1/3 左右。为了提高回收率,必须循环利用剩余气体。在循环过程中,一些不参与反应的惰性气体会逐渐累积,从而降低氢气和氮气分压,使转化率下降。为此,需要不定时排放一部分循环气来降低惰性气体含量。但在排放循环气体的同时,也会损失高达 50% 的氢气。采用传统的分离方法来回收氢气,成本高,经济上不合算。若选用膜分离技术从合成氨弛放气中回收氢气,则充分利用了合成过程的高压,降低了能耗。实际应用显示,该技术投用后,经济效益十分显著。20 世纪 70 年代末至 80 年代初,国际上就已经出现了氢气的分离回收膜装置,可有效地从合成氨弛放气中回收氢气,随后国内也引进了该技术。20 世纪 80 年代中期,中空纤维氮/氢膜分离器由中国科学院大连化学物理研究所成功进行了工业化应用,大大节省了投资。

图 6.25 所示为美国 Monsanto 公司建成的从合成氨弛放气中回收氢气的典型流程。合成氨弛放气首先进入水洗塔除去或回收其中夹带的氨气,以避免氨气对膜性能产生影响。经过预处理的气体进入第一组分离膜组件,透过膜的气体作为高压氢气回收,渗余气流经第二组分离膜组件,渗透气体作为低压氢气回收。渗余气体中氢气含量已大大降低,可作为废气燃烧,两段回收的氢气可循环使用。

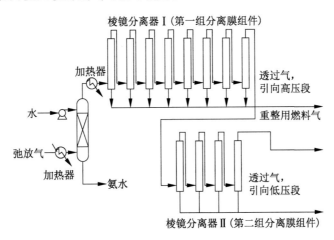

图 6.25　从合成氨弛放气中回收氢气的典型流程

众所周知,在炼油和石化生产过程中会产生大量的含氢气体。由于没有合适的回收方法,大多直接排放或燃烧,损失巨大。自从出现了膜分离法、变压吸附法和深冷法等有效的氢气分离和回收技术后,各国都非常重视从含氢尾气中回收氢气。自 20 世纪 80 年代以来,美国、日本等国家均已成功地将气体膜分离技术用于从炼厂气中回收氢气。美国 AirProduct 公司的 Separex 气体分离膜组件就较早用于回收丁烷异构化过程尾气中的氢气。对比膜分离、变压吸附和深冷 3 种分离方法从炼厂气中回收氢气的经济性,结果表明,膜分离法的投资费用仅是其他两种方法的 50%~70%。

由合成气可合成许多化工产品,但需要不同摩尔比的氢气和一氧化碳。采用膜分离技术后,可通过渗透一部分氢气的办法,按要求在高压下连续地进行比例调节;同时,也获得了一些纯度较高的工业氢,用于其他生产过程。早在 20 世纪 80 年代,AirProduct 公司就将气体分离膜技术应用于合成气调节中,实现了这一技术的工业化应用。膜法分离回收氢气的应用中,从炼厂气中回收氢气的市场应用前景最为广阔,占整个氢气膜市场的 40% 左右。但是,因为原料气组成比较复杂并含有可凝性有机烃类等组分,所以要求气体分离膜应具有一定的耐有机烃类组分溶胀的能力,即对气体分离膜材料的制备和应用提出了新的要求。

6.7 透析与正渗透

6.7.1 透析

（1）定义

借助膜的扩散使各种溶质得以分离的膜过程称为透析（或渗析）,它是一种以浓度梯度为驱动力的膜分离方法。1861 年苏格兰化学家 Graham T 为分离胶体与低分子溶质采用了这一原始的膜过程,他发现涂有蛋清的羊皮纸能起到半透膜的作用,晶体物质能够经羊皮纸扩散到水中,而胶体物质则不能。他第一次把这种现象称为"透析",并预言这一现象将会在医学上得到应用。最早用于透析的膜主要是羊皮纸、赛璐珞及火棉胶等。现在人们把透析原理应用于医学上,以去除患者体内过多的水分和代谢产物,成为现代血液净化的基础。

（2）膜材料

与反渗透、超滤等膜过程一样,透析装置的核心是透析膜。目前,适合作为血液透析和过滤用膜的高分子材料有许多种,其中有一些已经商品化。透析膜材料包括聚丙烯腈、聚酰胺、聚甲基丙烯酸甲酯、纤维素、聚乙烯、聚乙烯醇等。

从分子能级上看,决定聚合物同水的关系（亲水性、疏水性）的因素是聚合物末端的分子结构,如羧基、胺基等具有氢键的基团,因其对水有亲和性,所以是亲水性的;与此相反,一些碳氢化合物因其具有疏水性质,所以对水没有亲和性。浸入水中时,固体表面的电荷取决于表面分子结构的离子解离。当聚合物中含有羧基或磺酰基等时,将产生带负电荷的表面,当聚合物含胺基时将产生带正电荷的表面。

（3）应用

目前,透析膜最主要的用途是血液透析。在血液透析中,膜用作肾功能衰竭患者的人工肾。透析膜能完全代替肾,除去有毒的小分子量组分如尿素、肌酸酐、磷酸盐和尿酸,该过程中血液由泵输送通过透析器。透析器一般为由以上所提到的某种材料制成的中空纤维膜器,所以对膜材料最主要的要求就是血液相容性。在进入膜器之前,血液中需加入一种抗凝剂,即肝素。除了有毒组分外,无毒的小分子量溶质也会扩散通过膜,例如纯水为第二相,则钠离子、钾离子等电解质就会以这种方式扩散。

透析膜的其他应用包括在黏胶生产中从半纤维素中回收苛性钠及从啤酒中除去醇。此外,透析过程还可用于生物及制药行业中生物产品的脱盐和分馏脱盐。

6.7.2　正渗透

(1) 定义

正渗透(forward osmosis,FO)是以汲取液(draw solution,DS)和原料液(feed solution,FS)间的渗透压差为驱动力,使水由高化学势的原料液侧通过选择性渗透膜自动扩散至低化学势的汲取液侧的过程,此过程不需要外加压力和能量。正渗透过程如图 6.26 所示,正渗透膜两侧分别为原料液和汲取液,在原料液侧,溶液浓度相对较低,渗透压相对较小,而在汲取液侧,溶液浓度较高,渗透压相对较大。由于存在自然渗透压差,H_2O 分子高化学势的原料液侧通过选择透过性膜自动扩散至低化学势的汲取液侧,从而使污染物截留下来,而后通过浓缩的方法将水与盐分分离,从而实现水的净化。其中,正渗透膜一般由超薄活性层和多孔支撑层组成,汲取液多为挥发性化合物、无机溶质、有机溶质、高分子聚合物/合成材料等易于浓缩回收的溶质。正渗透膜决定了原料液杂质分子的截留率,汲取液决定了产水效率,因此,正渗透膜的开发与汲取液的选择是正渗透技术的关键。

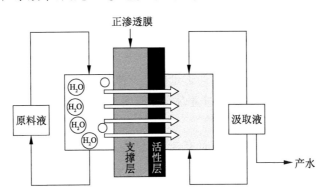

图 6.26　正渗透过程

(2) 特点

正渗透不同于压力驱动膜分离过程,它不需要额外的压力作为驱动力,而依靠汲取液与原料液的渗透压差自发地实现膜分离。这一过程的实现需要几个必要条件:① 可允许水通过而截留其他溶质分子或离子的选择性渗透膜及膜组件;② 提供驱动力的汲取液;③ 对稀释后的汲取液进行再浓缩。

正渗透技术是相对于反渗透技术提出来的,与反渗透技术相比,正渗透技术具有得天独厚的优势:独有的驱动液体系,不需要外界的压力推动分离过程,能耗低;材料本身具有良好的亲水性,可以有效防止膜污染;在脱盐过程中,回收率高,没有浓盐水的排放,实现零排放,是环境友好型技术。发展到现在,正渗透技术已经不再局限于海水淡化领域,其应用范围已经拓展至水净化、废水处理及食品医药等领域。

(3)膜材料

自正渗透技术被提出以来,膜材料作为正渗透技术的关键一直都是研究的热点。现已商业化的用于正渗透的膜只有醋酸纤维素膜,但由于其容易水解,耐酸、碱性差(pH=5~7),易产生生物黏附,且很难有好的改性方法。因此,正渗透的实验室研究大多数选择薄层复合(TFC)膜,主要是因为其具有高透水性和优异的热稳定性和化学稳定性。另一种膜是由致密表皮层和多孔支撑层组成的非对称结构,通常通过一步相转化过程制备,致密表皮层和多孔支撑层均由相同的材料构成,例如纤维素酯聚苯并咪唑或聚酰胺酰亚胺。近年来,随着多孔碳基、纳米材料的发展,膜的制备与改性的研究逐渐活跃起来,正渗透技术也开始快速发展。

1)CA 类膜

CA 类膜由纤维素和乙酸酐酰基化制得,具有良好的亲水性、高水通量、高机械强度、抗氯、抗氧化、低污染,在正渗透过程中得到广泛应用。最常见的 CA 类膜是三醋酸纤维素(CTA)膜,也是较早应用于水处理领域的商业化正渗透膜。相转化法制备的高分子正渗透膜具有以下特征:活性层与支撑层为同一种材料,活性层与支撑层同时制备、同时形成。

2)TFC 膜

TFC 膜是先用相转化法制备出多孔基膜,然后通过界面聚合法在支撑层表面上形成活性层。TFC 膜的优势在于可以通过分别优化活性层和支撑层的结构,达到优化正渗透膜性能的目的。

3)水通道蛋白(AQP)膜

AQP 膜是一种新型正渗透膜,水通道蛋白是一种只允许水分子通过,而对其他粒子完全截留的蛋白质。AQP 膜是将水通道蛋白直接或间接地嵌入有机基质膜中,制备出的对水分子具有高选择透过性的仿生膜。

AQP 膜与普通商用膜相比,水通量有较大提高,分离性能有所改善,但目前制备出的AQP 膜的性能远低于理想值,这是因为在制备 AQP 膜时,AQP 数量和性能易受操作条件的影响,且 AQP 在不同环境条件下,活性也会有所改变。

(4)应用

1)废水和垃圾渗滤液的处理

正渗透技术在生活污水处理、高 COD 有机污水处理和垃圾渗滤液处理等方面均有一定规模的应用。肖萍等以垃圾渗滤液处理过程中膜生物反应器出水为原料液,分别用 NH_4HCO_3 和 EDTA 作汲取液,采用 HTI 公司的 TFC 膜作为正渗透膜,采用不同汲取液和不同模式处理时,膜对污染物的截留率均在 98% 以上。此外,正渗透技术在工业废水处理的应用实例有抗生素废水处理、煤化工废水处理和电厂脱硫废水处理等。

2) 果汁浓缩

浓缩果汁可以延长果汁的保质期,并降低储存和运输的成本。在正渗透过程中,汁液在常温常压下浓缩,可以确保其质量不受影响,并且膜的污染小,从而延长了膜的使用寿命,大大降低果汁浓缩的成本。

3) 制药工业

正渗透技术广泛用于各种制药系列产品,准确高效地传输和快速释放各种药物。Alzet 公司设计出具有纳米孔径的正渗透泵,该泵有一个小孔,药物每次释放时的速率极低,连续多次释放药物时间可能会长达 1 年。

正渗透技术由于具有能耗低的优点,在许多工业和科学技术领域中都得到了广泛的重视和应用,其已经在海水淡化、污水处理和工业废水处理等领域表现出了极大的应用潜力,但也因膜材质不同造成结果不同。同时,膜的耐腐蚀性、抗污染性、后期清洁的难易程度和膜的动力学特性等都需要更为深入的研究。因此,寻找合适的薄膜材料,开发和研究一种力学性能较强且稳定性良好的薄膜材料,制备具有高通量、使用寿命长和耐污染物的正渗透薄膜是未来的研究方向。未来,正渗透技术需要改进的地方有:① 制备出价格低廉、易于再生、性能稳定的汲取液;② 提高膜的水通量和抗污染性,降低正渗透过程中的浓差极化。

6.8　功能膜及应用案例

6.8.1　功能膜概念

功能膜是具有某种特定功能的合成膜,是功能高分子材料的一个重要应用领域和发展分支。例如,各种选择性分离透过膜,选择性输送膜,能量与信息的交换、传感用功能膜,人工肾,人工肺,等等。

6.8.2　功能膜应用案例——人工肾

肾脏是人体的重要器官之一,人体通过肾脏过滤血液,排泄尿素、肌酐、尿酸、胍的衍生物等代谢产物,排泄毒物和药物;通过再吸收调节体内水分和电解质平衡,调节血压,分泌细胞生成素;等等。肾脏的这些生理功能对调节和维持体内环境中的体液量和成分有重要作用。各种疾病和外因造成的急、慢性肾功能衰竭,都会引起肾脏排泄和调节功能异常,从而造成代谢紊乱,引起尿毒症,危及生命。目前,人工肾及血液透析技术是治疗急、慢性肾功能衰竭患者最可靠、有效的方法。目前全世界估计有 50 余万末期肾病患者需要依靠血液透析维持生命,每年需要 600 万～700 万只人工肾,耗费高分子合成膜面积约 7 000 万平方米。血液透析适用于尿毒症、高钾血症、代谢性酸中毒、液体超负荷、高钙血症、高尿酸血症、高镁血症及药物中毒等。利尿剂治疗效果不明显的液体超负荷,特别是难治性充血性心力衰竭或水钠潴留所致的高血压,可应用血液透析法;肾功能不全或多系统疾病在治疗过程中静脉大量输液常常引起液体超负荷,可应用血液透析加以纠正。

目前,日本在人工肾的商业化方面发展得非常好,如 Asahi 医学有限公司、东洋纺织公司等,所用膜材料品种多,在产量及消耗量方面均为世界第一。据统计,进行血液透析治疗的患者中,83%应用纤维素膜透析器,17%应用合成膜透析器。

我国每年终末期肾衰发病率为万分之一,接受血液透析法的患者约占 10%。近年来,我国在利用血液透析法治疗终末期肾病患者方面发展迅速,但绝大多数透析器从国外进口。我国患者存活率已接近发达国家水平,在维持血液透析患者的生活质量方面也有了较大幅度的提升。随着膜科学的发展和医学的进步,人们对血液净化用膜材料的要求越来越高,应着重开发新的膜体系和对现有膜体系进行改性,力求接近或达到生物膜的性能。

(1)人工肾的工作原理

血液透析是借助血液透析机与患者建立体外循环的过程。血液透析机依靠具有特殊通透性的透析膜分隔血液和透析液,利用膜两侧液体溶质的浓度差及膜的孔径大小,使血液中小于膜孔截留物质分子量的溶质扩散、渗透通过滤膜,而血液中的代谢废物和毒物无法过滤膜而被除去,调整水和电解质平衡,以及血液内酸碱平衡。

图 6.27 为人工肾与人体肾脏功能的比较图。人工肾依靠透析膜,使血液中的代谢产物进入由外界引入的透析液中,并通过透析膜达到电解质平衡,经过透析处理后的血液回到人体的静脉中,而需排泄的物质则引出弃去。与人体肾脏相比,透析器起到了人工肾的作用。人工肾对肾功能的代替目前主要是通过体外血液净化疗法进行的。所谓血液净化疗法,就是排除血液中含有的病因性物质,并补充一些必要的物质。

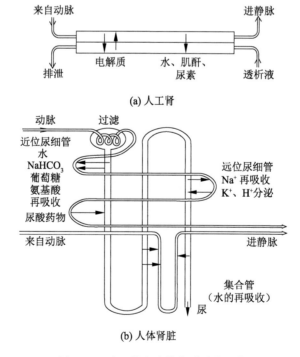

(a) 人工肾

(b) 人体肾脏

图 6.27 人工肾与人体肾脏功能比较

图 6.28 为醋酸纤维素透析膜的孔径和血球及透析液中的物质渗透的基本情况。从图 6.28 可形象地看出血液和透析液之间的透析作用。透析膜具有一定的微孔,利用血液和透析液中的溶质浓度差,使血液中小分子量或中等分子量的代谢废物等通过膜透析除去。

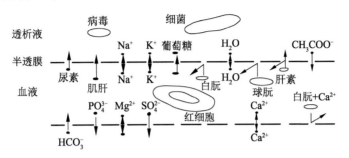

图 6.28　醋酸纤维素透析膜的物质透析平衡

血液净化的基本原理有透析、过滤、吸附和交换 4 种,在此基础上形成了以下几种治疗过程:血液透析、血液过滤、血液透析过滤、直接血液吸附、血浆交换以及血液透析或血液过滤同血液吸附的配合使用过程。临床上则应根据患者的实际情况来选择合适的治疗过程。图 6.29 所示分别为血液透析、血液过滤及血液洗滤。对于板式或中空纤维膜透析器,通常血液在平板膜的两膜间隙或在中空纤维内流动,而透析液同时在膜的外侧流动。根据两股液流流动的方向不同,血液透析及血液洗滤中血液与透析液的流动有 3 种形式:透析液流与血液流的流动方向相同的并流、透析液流与血液流反向流动的逆流、透析液流与血液流相互垂直的错流。逆流具有最大的浓度差,溶质的脱除比并流更有效,大约比并流高 15%。错流的效果比逆流差些,但比并流有效。

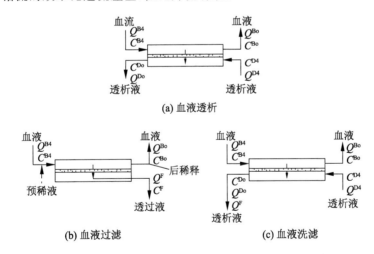

(a) 血液透析

(b) 血液过滤　　　　(c) 血液洗滤

C—血液透析器进出口浓度;Q—血液透析器进出口流率;

角标:B—血液;D—透析液;F—流量;4—进出;O—出口。

图 6.29　三种透析过程的液流流向示意图

(2) 人工肾用膜

透析膜是透析器的主要构成部分,理想的透析膜应具有以下特点:透析膜的作用层应尽可能薄,以获得高的通量;膜表面及膜内的孔隙率应尽可能高以提供高的膜通量;孔径不应超过一定的值,以降低较大分子的泄漏率;孔径分布应尽可能窄,以获得精确的切割分子量分布,即对所有脱除分子的筛分系数都接近于1,对小分子溶质具有高清除率;能截留分子量＞35 000的物质,如血液中的白蛋白、红细胞等,透析液中的细菌及病毒等。膜的结构应保证能承受一定的机械强度,至少能耐66.7 kPa的压强。膜应具有良好的血液相容性,对蛋白质无特异吸附;能耐高温消毒或消毒剂浸泡;所有的材料必须化学性质稳定、无毒、无抗原性、不激活补体系统及凝血系统、无致热原;透析器的封装材料不能含亚甲基二苯胺,不会释放环氧乙烷。

图6.30为用扫描电镜拍摄的常用人工肾膜三种不同结构的中空纤维膜截面:图6.30a为海绵状孔结构的非对称膜,表面皮层致密,具有孔径从膜的顶面侧到底面侧逐渐增大的孔结构;图6.30b为具有三层结构的非对称膜,含有表面皮层及海绵多孔支撑中间层;图6.30c为含有表面皮层的指状结构的非对称膜。通常,图6.30b所示的膜用于高通量血液透析、血液洗滤和血液过滤,图6.30c所示的膜则用于超滤。

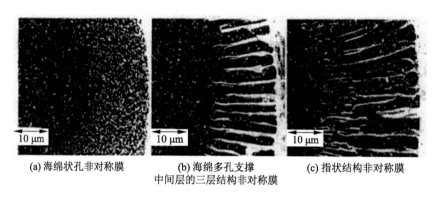

(a) 海绵状孔非对称膜   (b) 海绵多孔支撑   (c) 指状结构非对称膜
中间层的三层结构非对称膜

图6.30　三种不同结构的中空纤维膜的截面

临床上常用的透析膜与人体肾小球对溶质清除的性能有显著差别,肾小球可允许分子量小于40 000的物质通过;高通透性透析膜允许分子量范围在5 000～60 000的物质通过;低通透性透析膜只允许分子量小于5 000的物质通过。衡量透析膜性能的指标是不同分子量物质的清除率,一般用的常规透析器膜对尿素的清除速率为150～170 mL/min;对肌酐的清除速率为120～140 mL/min;对维生素B_1的清除速率为30～40 mL/min。

目前用于制备血液透析膜的材料有天然高分子与合成高分子两大类:天然高分子如醋酸纤维素、水化纤维素,合成高分子如聚酰胺、聚丙烯腈、聚碳酸酯、聚砜、聚烯烃、聚乙烯醇、聚苯乙烯、聚乙烯吡咯烷酮、聚甲基丙烯酸酯、乙烯-醋酸乙烯共聚物、聚醚嵌段共聚物等。

参考文献

[1] 肖长发,刘振,等.膜分离材料应用基础[M].北京:化学工业出版社,2014.

[2] 刘茉娥,等.膜分离技术应用手册[M].北京:化学工业出版社,2001.

［3］王湛.膜分离技术基础[M].北京：化学工业出版社,2000.

［4］陈翠仙,郭红霞,秦培勇,等.膜分离[M].北京:化学工业出版社,2017.

［5］韩宾兵,李继定,陈翠仙.渗透汽化膜传递理论研究的进展[J].水处理技术,2000,26(5)：259－263.

［6］石峥,陈庆林,魏小龙,等.正渗透膜的制备方法及应用[J].机械化工,2021(30)：184－186.

［7］齐亚兵,张思敬,杨清翠.正渗透水处理技术研究现状及进展[J].现代化工,2021,41(8)：52－57.

［8］祁伟健,张胜寒,王若彤,等.正渗透膜研究进展及其在电厂水处理中的应用[J].现代化工,2022,42(1)：85－89.

［9］王杰,李梅生,周守勇,等.有机-无机纳米复合渗透汽化脱水膜研究进展[J].化工新型材料,2018,46(2)：8－13.

［10］熊柏闻,吴红丹,周志辉.渗透汽化有机-无机杂化膜研究进展[J].精细化工,2021,38(3)：433－438.

［11］赵冰,王军,田蒙奎.我国膜分离技术及产业发展现状[J].现代化工,2021,41(2)：6－10.

［12］候春光,文剑平,庞志广,等.耐污染超滤膜的研究进展[J].膜科学与技术,2021,41(2)：157－168.

［13］马成良.我国超滤、微滤技术发展浅析[J].膜科学与技术,1998,18(5)：58－60.

［14］潘波,李文俊.热致相分离聚合物微孔膜[J].膜科学与技术,1995,15(1)：1－7.

［15］高从堦.液体分离膜进展[C]//第二届全国膜和膜过程学术报告会论文集.杭州：1996,2－6.

［16］袁权,郑领英.膜与膜分离[J].化工进展,1992(6)：1－10.

［17］祝振鑫,张观顺,等.用BRI－Ⅱ型平板超滤机对中药(复方)水煮原液进行起滤纯化的初步试验[C]//膜分离技术在中药和保健品生产中应用研讨会论文集.承德：1998,41－45.

［18］高从堦.我国分离膜技术的发展[C]//全国膜及其新型分离技术在油田、石油化工、化工领域应用研讨会论文集.北京:1999.

［19］松本丰,高以烜,岑远华.日本NF膜、低压超低压RO膜及应用技术的发展[J].膜科学与技术,1998(5)：12－18.

［20］俞三传,高从堦,张建飞.复合纳滤膜及其应用[J].水处理技术,1997,23(3)：139－145.

［21］周金盛,陈观文.CA/CTA共混不对称纳滤膜分离特性的研究[J].膜科学与技术,1999(1)：34－39.

［22］高以烜,叶凌碧.膜分离技术基础[M].北京:科学出版社,1989.

［23］陈观文.日本分离膜产业的现状(二)[J].膜科学与技术,1996,16(4)：62－67.

［24］陈观文.我国分离膜市场的现状与展望［J］.膜科学与技术,1999,19(6)：52—55.

［25］裴玉新,沈新元,王庆瑞.血液净化永高分子膜的现状及发展［J］.膜科学与技术,1998,18(1)：10—13.

［26］刘羊九,王云山,韩吉田,等.膜蒸馏技术研究及应用进展［J］.化工进展,2018,37(10)：3726—3736.

第 7 章

蒸馏与精馏分离

7.1 概　述

蒸馏是分离液体混合物最早实现工业化的典型单元操作,广泛地应用于化工、石油、医药、食品、冶金及环保等领域。例如:通过蒸馏的方法可以对原油这一混合物进行分离,得到汽油、煤油、柴油及重油等组分;将混合芳烃蒸馏可获得较纯的苯、甲苯及二甲苯等;将液态空气蒸馏能得到较纯的液氧和液氮等。实现蒸馏过程的设备称为气液传质设备,其中工业上用得最多的为塔设备。在气液传质设备中,液相靠重力作用自上而下流动,而气相则靠压差作用自下而上流动,与液相呈逆流流动。为了使气液两相有良好的接触界面,还需要在塔内装填塔板或填料,前者称为板式塔,后者称为填料塔。本节从蒸馏过程的分类、蒸馏分离的特点及本章内容概要三方面简述如下。

7.1.1 蒸馏过程的分类

工业蒸馏过程有多种分类方法,包括按蒸馏方式、操作压力、被分离混合物及操作流程等分类。

（1）按蒸馏方式分类

从蒸馏方式方面考虑,蒸馏操作可分为平衡（闪急）蒸馏、简单蒸馏、精馏和特殊精馏等。平衡蒸馏和简单蒸馏常用于混合物中各组分的挥发度相差较大、对分离要求又不高的场合。精馏是借助回流技术来实现高纯度和高回收率的分离操作,它是应用最广泛的蒸馏方式。当混合物中各组分的挥发度相差很小（相对挥发度接近于1）或形成恒沸液时,应采用特殊精馏。特殊精馏包括萃取精馏、恒沸精馏、盐效应精馏等。若精馏时混合液组分间发生化学反应,称为反应精馏,这是将化学反应与分离操作耦合的新型操作过程。对于含有高沸点杂质的混合液,若它与水不互溶,则可采用水蒸气蒸馏,从而降低操作温度。对于热敏性混合液,可采用高真空下操作的分子蒸馏。

（2）按操作压力分类

蒸馏操作按照操作压力可分为加压、常压和真空蒸馏。对于常压下为气态（如空气、石油气）或常压下泡点为室温的混合物，常采用加压蒸馏；对于常压下泡点为室温至 150 ℃ 的混合物，一般采用常压蒸馏；对于常压下泡点较高的混合物或热敏性混合物（高温下易发生分解、聚合等变质现象），宜采用真空蒸馏，以降低操作温度。

（3）按被分离混合物分类

根据被分离混合物中组分的数目，蒸馏操作可分为两组分蒸馏和多组分蒸馏。工业生产中，绝大多数为多组分蒸馏，但两组分蒸馏的原理及计算原则同样适用于多组分蒸馏，只是处理多组分蒸馏过程更为复杂些，因此常以两组分蒸馏为基础。

（4）按操作流程分类

按操作流程分类，蒸馏操作可分为间歇蒸馏和连续蒸馏。间歇蒸馏主要应用于小规模、多品种或某些有特殊要求的场合，工业中以连续蒸馏为主。间歇蒸馏为非稳态操作，连续蒸馏一般为稳态操作。

7.1.2　蒸馏分离的特点

蒸馏是目前应用最广的一类液体混合物分离方法，应用历史悠久，技术比较成熟。蒸馏分离具有如下特点。

① 通过蒸馏分离，可以直接获得所需要的产品，相对于吸收、萃取等分离方法，蒸馏操作不需要额外加吸收剂或萃取剂，避免了对所提取组分与外加组分再进行分离，因而蒸馏操作流程通常较为简单。

② 蒸馏分离的适用范围广泛，它不仅可以分离液体混合物，而且可以通过改变操作压力使常温常压下呈气态或固态的混合物在液化后得以分离。例如，可将空气加压液化，再用精馏方法获得氧、氮等产品；再如，对于脂肪酸混合物，可用加热的方法使其熔化，并在减压下建立气-液两相系统，用蒸馏方法进行分离。蒸馏也适用于各种组分混合物的分离，而吸收、萃取等操作只有当被提取组分含量较低时才比较经济。对于挥发度相等或相近的混合物，可采用特殊精馏方法分离。

③ 精馏是通过对混合液加热建立气-液两相体系的，气相还需要再冷凝液化，因此需要消耗大量的能量（包括加热介质和冷却介质）。另外，加压或减压将消耗额外的能量。因此，精馏过程中的节能是个值得重视的问题。

精馏是化工产业中实现组分分离最常用的单元操作，在化工厂投资中精馏塔的设备费用可占 50% 以上，精馏过程的能耗可达到工厂总能耗的 40%、分离过程总能耗的 95%，因此发展先进的精馏技术有利于解决化工过程的高能耗问题和提高过程的经济性。

7.1.3　本章内容概要

7.2 节将重点介绍精馏的基本原理与发展历程。7.3 节将介绍一些先进精馏技术，包括先进节能精馏技术、隔板塔精馏技术、循环精馏技术。7.4 节将介绍精馏过程耦合，主要有共沸精馏、萃取精馏、反应精馏和精馏-膜耦合。7.5 节将介绍几种外场强化精馏过程，包括超重力精馏过程强化、磁场精馏过程强化、超声精馏过程强化和微波精馏过程强化。7.6 节将介绍三种精馏过程耦合与强化技术典型工业应用案例，分别是微波精馏分离共沸体系应用、轻汽油醚化反应精馏过程强化、精馏与蒸气渗透膜耦合工业应用。

7.2　基本原理与发展历程

在工业生产过程中，所使用的原料或粗产品多是由若干组分组成的液体混合物，经常需要将它们进行一定程度的分离，以达到分离提纯或回收有用组分的目的。互溶液体混合物的分离方法有很多，蒸馏和精馏是其中最常用的方法。

7.2.1　基本原理

蒸馏是分离均相液体混合物最早实现工业化的典型单元操作，属于一种热力学的分离方法，作为当今最主要的化工分离手段，在化学工业中占有重要地位。其分离原理是根据混合物中各组分挥发性的差异而将组分分离的气液传质分离过程，挥发性较高的物质在气相中的浓度高于液相中的浓度，故借助部分汽化及部分冷凝可达到轻、重组分分离的目的。例如，将一瓶酒精和一瓶水同时置于一定温度下，瓶子中的酒精比水挥发得快。如果在一定压力下，对水和酒精混合液进行加热，使之部分汽化，因酒精的沸点低，易于汽化，故在产生的蒸气中，酒精的含量将高于原始混合液中酒精的含量。若将汽化的蒸气全部冷凝，便可获得酒精含量高于原始混合液中酒精含量的产品，使酒精和水得到某种程度的分离。习惯上，我们把混合物中挥发能力强的组分(如酒精)称为易挥发组分或轻组分，把挥发能力弱的组分(如水)称为难挥发组分或重组分。

精馏的基本原理是根据组分之间相对挥发度的不同，进行多次部分汽化及部分冷凝，从而分离均相液体混合物。精馏过程是指在精馏塔内进行气液相的接触分离，精馏塔内装有提供气液两相逐级接触的塔板或连续接触的填料。精馏过程可以间歇操作，也可以连续操作。待分离的原料经过预热达到一定温度后进入塔的中部。由于重力作用，液体在塔内自上而下流动，而气相由于压力差自下而上流动，气液两相在塔板或填料上接触。液体到达塔底后，有一部分被连续引出成为塔底产品，另一部分经再沸器加热汽化后返回塔中作为气相回流。蒸气到达塔顶后一般被全部冷凝，一部分冷凝液作为塔顶产品连续引出，另一部分作为液相回流返回塔中。由于挥发度不同，液相中的轻组分转入气相，而气相中的重组分则进入液相，即在两相中发生物质的传递。其结果是，在塔顶主要得到轻组分，在塔底主要得到重组分，轻、重组分得以分离。

通过气液两相接触达到热力学平衡的塔板称为"理论塔板"或"平衡塔板"，研究精馏过程，需要依照气液两相在理论塔板上的热力学平衡组成及衡算关系来建立由物料衡算、热量衡算、相平衡及摩尔分数加和构成的数学模型。

7.2.2 发展历程

最早的蒸馏技术起源于伊拉克、埃及、叙利亚和中国,并逐渐开始传播,早期蒸馏装置主要应用于从草药中提取精油,从发酵物中蒸发酒精。图 7.1 可以清晰地说明早期蒸馏装置的发展脉络,作为现代化学仪器的雏形,蒸馏器的性能不断提高,结构形状从简单到复杂,冷凝介质从空气到冷却水,冷凝液收集装置从顶盖凹槽到侧管连接收器,蒸馏器材质也从陶器转变为玻璃,极少情况下使用金属。加热介质为热水、沙浴、热粪便或太阳等。当时人们对溶剂(除水外)和无机酸缺乏了解,设备密封性也不好,轻组分很容易损失,虽然是用亚麻布(或黏土)进行密封,但却不允许高压。

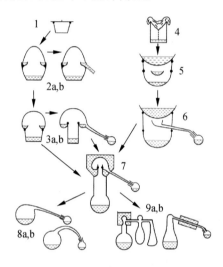

图 7.1 早期蒸馏装置发展图

约 700 年至 1450 年,蒸馏器由阿拉伯逐渐传入欧洲,主要应用于制酒、制药和制造香水。化学家们推荐使用玻璃作为蒸馏器的材质,因其耐化学腐蚀性强。大约在 1300 年,蒸馏过程按蒸气流动方向分为上升蒸气法和下降蒸气法,直到 18 世纪,下降蒸气法很少应用,主要用于木材、树皮和草药等固体的干馏,上升蒸气法遵循蒸气路径,几乎应用于目前大部分工艺。

随着活字印刷术的发明,蒸馏技术得到了极大传播,一些关于蒸馏的书籍记载了有关蒸馏设备、蒸馏方法和设计细节等的内容。例如,在木材干馏(焦化)过程中,会产生木炭、木焦油和气体等,木焦油蒸馏采用分步蒸馏法,不同加热时间和加热强度会得到不同的蒸馏产物。蒸馏器的隔热密封采用黏土或水泥实现。以上这些蒸馏书籍的创新性主要集中在加热和冷凝的方法上,采用空气、水和沙等作为加热介质,以逆流冷却水作为冷凝介质,除此之外,蒸气上升管的形状也分为锯齿形或螺旋形。

约 1650 年至 1800 年,更加系统化的化学研究在化学实验室中进行,此时蒸馏技术在设备结构、材质和蒸馏方法上逐渐更新。蒸馏设备易于拆卸、灌装和倒空,设备材质大多采用铁、铅和铜等金属,因其具有较高的机械强度和较好的处理能力。Robert Boyle(现代化学之父)进行了系统的蒸馏实验,从而发现分馏是一种对不同沸点混合物进行分离的方法。

在蒸馏工业化的早期,硫酸作为漂白剂发挥了重要作用,以至于人们使用昂贵的铂来制作蒸馏器。在南美和中美等地区,酒精蒸馏也变得越来越重要,特别是甘蔗发酵和朗姆酒蒸馏技术的出现,使酒中酒精含量增加,从而更容易长时间储存。

大约在 1800 年,随着热理论、潜热和显热的提出,用蒸汽加热蒸馏器有更多的优势,例如蒸汽是一种安全且易使用的加热介质,蒸馏器可被快速加热,瓶底磨损较少。蒸馏技术在工业中的应用逐渐成熟,利用下降液体与上升蒸汽良好接触、部分冷凝和回流的原理开发了连续精馏塔,塔板类型从泡罩塔板发展到筛板。工业生产中除了分离酒精和无机酸之外,还有煤干馏产物的分离,如可通过洗涤、吸收和蒸馏的方法对焦煤气和煤焦油中的有机物进行分离。

约 1900 年,工程科学家们致力于从精馏塔内部机理出发,分析混合物组分之间的性质和质热传递规律,进一步精确塔的设计计算,使人们更加深刻地理解精馏的过程。他们通过利用物料守恒、相对挥发度、亨利和拉乌尔定律来计算间歇蒸馏,并测定二元或多元混合物的性质。为了处理精馏塔内的气液相平衡和质量平衡之间的复杂关系,将其放在一张图上进行设计(图解法),同时也出现了等板高度法和单板效率计算法。填料塔内件根据不同生产要求,其结构包括拉西环、金属丝网或金属板网等。此时,工业上不同产品有不同的精馏装置,如空分、芳烃净化、分子短程蒸馏等装置。

约 1905 年,时代的进步和计算机技术的飞快发展,以及各种数学模型,模拟、控制方法和算法的出现,使得精馏技术不断优化,从而实现了产品纯度更高而能耗更少、成本更低的精馏。萃取精馏、共沸精馏、反应精馏、隔板塔等特殊精馏和热耦合技术相继出现。为了强化传质和传热,填料类型和装填方式也在不断改进和更新,填料类型包括拉西环、勒辛环、倍尔(弧)鞍和鲍尔环等,规整排列和散装填料两种填料方式各有利弊。

然而,蒸馏技术实际上是 1950 年中国科学院院士余国琮教授从美国回中国后开始突破、发展和应用的,余国琮在天津大学领导成立了早期的化学学科课题组,并首次提出双塔法分离重水技术,为中国核技术作出了巨大贡献。20 世纪 80 年代初,余国琮将规整填料塔从理论研究逐步推向工业应用,燕山石化公司乙烯项目 DA‑101 汽油分馏塔的成功改造是一个里程碑。这一成功改变了我国工业蒸馏设备长期依赖板式塔的局面。同时期,国内许多大学和科研院所都开始了对蒸馏过程的研究。以下为中国近 40 年内的精馏过程建模、精馏设备、节能精馏技术、精馏过程耦合、外场强化精馏的发展。

(1) 精馏过程建模

精馏过程建模是精馏设计、控制和优化的重要手段。Mesh 模型(平衡级模型)即在每个平板上分别建立物料平衡方程 M、相平衡方程 E、归一化方程 S、热平衡方程 H,假设塔板浓度完全均匀,当然,这样得出的结果与实际存在一定偏差。混合池模型的主要思想是将一个塔板分成若干个混合液池和气池,并在这些混合液池和气池中同时进行质量和能量的传递。扩散模型相当于混合池的小型化,根据微分方程和边界条件,计算微单元电池内的传质、换热和流动平衡过程。

（2）精馏设备

对于板式塔,塔板的结构类型影响气液传质效率,因此不同研究者在塔板结构材质等方面进行了不断的创新,以提高传质、传热性能,在国外技术的基础上,研制出双层固定阀塔板、SFV 全导阀塔板、大功率自适应阀塔板、DJ 系列塔板、导流筛塔板、组合梯形喷雾塔板、SiC 泡沫阀塔板等。对于处理量小的填料塔,其大体可分为规整填料和散装填料,规整填料具有压降低、分离效率高、操作灵活性和适应性大、放大效应小等特点。散装填料具有增加充填孔隙率、降低压降、增加比表面积、改善润湿性等特点。天津大学研制的 SiC 多孔泡沫填料可以为传质提供更大的有效气液界面面积,因此其理论板数高于光滑填料的理论板数。大型精馏装置的液体分布器、气体分布器、桁架梁、液体收集器等关键内部部件都与整个精馏塔的分离效率密切相关。天津大学采用实验和理论模拟相结合的方法,研制了中间半径大、两端半径小的不同半径预分布器。

（3）节能精馏技术

为了降低精馏过程的能耗,研究者开发了多效精馏、热泵精馏、内部热集成精馏、内部隔板设计等多种节能方案。热泵精馏属于单塔热耦合,可以分为塔顶蒸汽压缩式和塔底液体闪蒸式两种典型的精馏方式。内部热集成精馏塔结合了精馏段和提馏段,被分为两塔,为保持热传递的正温差,精馏段压力高于提馏段压力,压缩机和节流阀用来调节两段的直接压差,与蒸汽压缩式热泵精馏相比,压缩比更低,且在两段之间实现热耦合。

隔板塔在热力学上等同于 Petlyuk 塔,被认为是实现 Petlyuk 塔的一种实用方法。天津大学的 Xu 等提出了甲缩醛-甲醇分离萃取隔板塔的设计和控制方法。在控制结构中,采用 4 个组分控制回路来维持两种产物的纯度,取得了较好的控制效果。

（4）精馏过程耦合

反应精馏是一种反应与精馏互相促进的过程。反应精馏模型从平衡阶段模型扩展到非平衡阶段模型。近年来,许多学者对反应精馏塔的模型、设计和控制方面进行了研究,然而与传统精馏塔不同的是,反应精馏塔有更多的设计变量,如分离塔板数量、反应塔板数量和进料塔板位置。Huang 等在反应精馏塔中模拟了具有高度热效应的甲基叔丁基醚的分解。Bo 等基于最优经济设计氯化苯连续反应和分散控制结构的动态仿真。

共沸精馏是指通过在被分离的液体混合物中加入恒沸剂(也称共沸剂、夹带剂),使其与体系中至少一个组分形成具有最低(或最高)沸点的恒沸物,增大混合物组分间的相对挥发度来实现分离。Chien 等研究了工业规模分离异丙醇(IPA)＋水(H_2O),以环己烷(C_6H_{12})为夹带剂的非均相共沸精馏塔系统的设计和控制,随后又提出了非均相共沸精馏醋酸脱水系统的优化工艺设计和总体控制策略。

萃取精馏和共沸精馏相似,也是向原料液中加入第三组分(称为萃取剂或溶剂)以改变原有组分间的相对挥发度,从而使组分得以分离。不同的是,萃取精馏要求萃取剂的沸点比原料液中各组分的沸点高很多,且不与各组分形成恒沸液。

反应蒸馏(RD)可以进一步与渗透蒸发(PV)相结合,从而结合反应分离和混合分离工艺的优点。Lv 等建立了一种新的 RD - PV 耦合工艺生产乙酸乙酯(EtAc)的方法,结果表明,乙酸乙酯的纯度和乙醇转化率显著提高,因此该工艺有望成为一种高效节能的乙酸乙酯生产方法。

（5）外场强化精馏

强化精馏过程除了针对精馏塔结构进行改进、加入质量分离剂（共沸和萃取精馏）以外,还可以加入第二能量分离剂（如电场、磁场、电磁场、光场、超声场和超重力场等物理场）,利用不同频率的外场能量对各个组分的选择性作用,改变其相对挥发度,从而实现分离。外场强化气液分离过程最显著的特点是不向体系中引入添加物,不造成后续分离的困难。

微波作为高频电磁场,在蒸馏方面应用颇多,Ding 等介绍了微波反应精馏（MRD）与普通反应精馏对酯化反应速率的影响。以乙酸和乙醇生成乙酸乙酯的酯化反应为例,通过比较常规反应精馏实验与微波作用下的反应精馏实验,考察了回流比、进料流量、微波功率对反应物转化率的影响。最后得出结论:MRD 过程在获得一定量乙酸乙酯的实验中所需时间更短,或者说相同时间内 MRD 生成的产物纯度更高;在相同的回流比或进料流量下,MRD 的反应物转化率和产物纯度也更高,可见微波可以强化反应精馏过程。高鑫等对微波强化邻苯二甲酸二异辛酯（DOP）酯化催化反应精馏过程进行研究,探究了不同微波功率、进料方式、进料流量、回流比、塔高等条件对反应转化率和反应温度的影响。结果表明,在没有微波辐射的情况下,使用反应精馏技术来处理这种反应温度与精馏分离温度不匹配的 DOP 酯化反应是不可行的;而在加入微波辐射后,使用微波反应精馏技术来处理 DOP 酯化反应效果很好。该研究对其他类似因反应温度与分离温度不匹配而无法使用反应精馏技术的体系有很大的帮助,通过使用微波反应精馏技术,扩大了反应精馏技术的应用范围,对工业生产应用有很大的指导作用。陈卫东等研究了磁场作用下乙醇-水二元体系的精馏过程,进行了全回流精馏实验,实验结果显示,与未经磁场处理的结果相比,经磁场处理的物系在经精馏后,塔顶气相乙醇摩尔分数最大增幅为 0.024 9,平均为 0.015 3,且实验存在最佳的磁场强度。Tsouris 等使用实验室规模的两级柱在塔板和棒状电极之间的液体区域施加垂直于塔板的直流电场。实验结果表明,向液相施加直流电场可以提高精馏塔的板效率和产量。

从古至今,蒸馏技术从单一设备发展到多工艺集成,我国在蒸馏过程强化领域的理论研究与应用已取得重大进展,逐步达到世界先进水平。但一些对前沿领域的探索性工作还有待加强,不仅要着眼于现在,还要放眼未来。

7.3　先进精馏技术

7.3.1　先进节能精馏技术

化工精馏过程的高能耗、低效率与我国可持续发展的理念严重不符,这就对精馏过程的控制提出了要求。为了进一步建设环保节能型社会与国家,我国提出通过对工业技术进行技术优化与改造来提升工业生产的能源效率。先进节能精馏技术在提高精馏产品实际生产效益和质量的同时,能更有效地减少精馏能耗。本节主要介绍热集成节能精馏技术,热集成节能精馏技术已成功应用于精馏过程、换热网络优化过程和化学反应过程。

7.3.1.1 多效精馏技术

多效精馏是从多效蒸发概念引申而来的,是根据塔内能量流动的热力学分析提出的一种节能型精馏系统。多效精馏可有效减少精馏过程的有效能损失,通过扩展分离工艺流程,采用多塔代替单塔,实现能量的回收利用。

多效精馏采用压力依次降低的若干精馏塔串联操作,塔一的塔顶蒸汽作为塔二再沸器的加热介质,中间精馏装置可不必从外界引入加热剂和冷却剂。整个流程中由于各塔操作压力由第1效到第 N 效逐级降低,前一效的塔顶蒸汽冷凝温度略高于后一效的塔底液沸腾温度。多效精馏充分利用冷热介质之间的过剩温差,尽管总能量降级和单塔一样,但它的能量逐塔降低,每个塔的塔顶、塔底温差逐渐减小,降低了有效能损失,从而达到节能目的。

多效精馏的常见形式有并流型、顺流型和逆流型三种。常规精馏与多效精馏结构对比如图 7.2 所示。

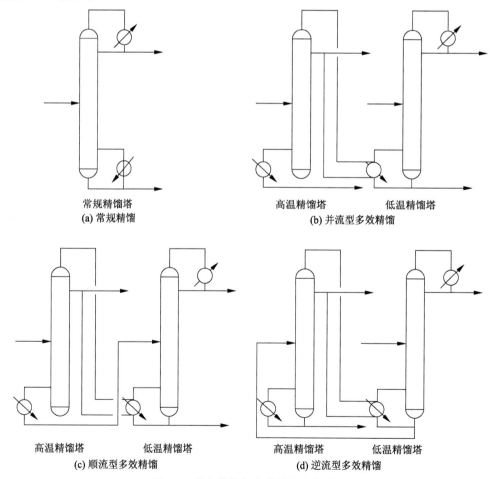

(a) 常规精馏　常规精馏塔

(b) 并流型多效精馏　高温精馏塔　低温精馏塔

(c) 顺流型多效精馏　高温精馏塔　低温精馏塔

(d) 逆流型多效精馏　高温精馏塔　低温精馏塔

图 7.2　常规精馏与多效精馏结构对比

　　图 7.2a 为常规精馏,在塔中部进料,塔顶采出轻组分产品,塔底采出重组分产品。图 7.2b 为并流型多效精馏,原料分两部分同时进入高温塔和低温塔:高温塔塔顶蒸汽作为低温塔塔底再沸器热源,经换热后回流返回塔并采出部分轻组分产品;塔底采出重组分产品;低温塔塔顶蒸汽经塔顶冷凝器冷凝后回流,并采出部分轻组分产品,塔底物料经高温塔塔顶蒸汽加热后再沸,液体采出作为塔底重组分产品。图 7.2c 为顺流型多效精馏,原料进入高温塔,高温塔塔顶蒸汽作为低温塔塔底再沸器热源,经换热后回流返回塔并采出部分轻组分产品,塔底采出重组分产品送低温塔;低温塔塔顶蒸汽经塔顶冷凝器冷凝后回流,并采出部分轻组分产品,塔底物料经高温塔塔顶蒸汽加热后再沸,液体采出作为塔底重组分产品。图 7.2d 为逆流型多效精馏,原料进入低温塔,低温塔塔顶蒸汽经塔顶冷凝器冷凝后回流,并采出部分轻组分产品,塔底物料经高温塔塔顶蒸汽加热后再沸,液体采出作为塔底重组分产品送高温塔;高温塔塔顶蒸汽作为低温塔塔底再沸器热源,经换热后回流返回塔并采出部分轻组分产品,塔底采出重组分产品。

　　多效精馏的节能效果是由效数决定的。理论上,相比于单塔精馏,双效精馏的节能效果为 50%,三效精馏的节能效果为 67%,四效精馏的节能效果为 75%。以此类推,对于 N 效精馏,其节能效果可用下式计算:

$$\eta = (N-1)/N \times 100\% \tag{7.1}$$

　　当冷热介质间温差一定时,随着效数的增加,各效间换热器的温差减小,传热面积增加,换热器的设计和生产难度加大;节能效果提高得越来越少;需要增加相应的塔和换热器,设备投资费用增加。因此,实际生产以双效和三效精馏居多。研究者们经过研究得出了多效精馏应用的原则:① 高温精馏塔塔底温度不能超过热源的温度,许多工厂的锅炉蒸汽温度或者导热油温度即为塔底极限温度。② 低温精馏塔塔顶温度必须高于冷却介质温度,若采用冷却水冷凝或者空冷冷凝,则其温度就是最后低温塔塔顶温度的极限值。③ 对于热敏性物质,最高的塔底温度不能高于其热分解温度。④ 高温塔塔顶蒸汽与低温塔塔底液间必须有合理的温差,以实现经济的热量传递。

　　多效精馏在海水淡化和废水处理中也有广泛应用,被认为是最节能的热脱盐方法。在多效精馏节能研究方面,杨德明等针对传统的 DMF 回收高能耗工艺,设计了多效精馏回收 DMF 的双塔、三塔和四塔流程,研究发现,最佳工艺为三效精馏,处理 25% 的 DMF 废水的三塔工艺比单塔工艺节能 87%。

7.3.1.2　热泵精馏技术

　　热泵是一种靠消耗外部功将低温热源的温度提高到高温来使用的装置,或从低温热源吸收热量,而到高温热源放出热量的装置。其工作原理是以逆循环方式迫使热量从低温物体流向高温物体,通过消耗少量的逆循环净功,就可以得到较大的供热量,可以有效地把难以应用的低品位热能利用起来,达到节能目的。热泵精馏是一种新型的热集成分离技术,其基本原理是将精馏塔塔顶蒸汽加压升温,使其作为塔底再沸器的热源,从而回收塔顶蒸汽的冷凝潜热,最终达到减少冷热公用工程能耗的目的。

　　按照工作方式分类,热泵可以分成机械式热泵、吸收式热泵和喷射式热泵三种形式。

其中,最常用的是机械式热泵。这主要是因为机械式热泵通过消耗一定的机械能就能将塔顶的低品位热能提升为高品位热能,提高能效。常见的机械式热泵有闭式热泵、塔顶蒸汽再压缩式热泵和塔底液相节流式热泵。按照工作介质形式分类,热泵可分为直接蒸汽压缩式热泵和间接蒸汽压缩式热泵。其中,直接蒸汽压缩式热泵是将塔顶蒸汽加压提温后送入塔底再沸器直接作为加热热源,它又分为开式和闭式;而间接蒸汽压缩式热泵是采用中间介质循环,通过中间介质吸收塔顶气体热量后气化,再将气化后的介质加压升温后送至塔底作为加热热源。相比而言,直接蒸汽压缩式热泵流程比较简单,节能效果显著,但存在物料腐蚀设备导致泄漏的风险;而间接蒸汽压缩式热泵流程比直接蒸汽压缩复杂,使用的设备也较多,还需要额外消耗循环水用于冷却中间介质。

开式直接蒸汽压缩式热泵精馏有两种流程,如图 7.3 所示。开式 A 型热泵技术是直接将精馏塔塔顶气体通过压缩机压缩升温为塔底提供热源,替代塔底再沸器,换热后再经过节流阀减压降温后一部分作为回流液返回塔顶,一部分作为塔顶采出,节省了塔顶冷凝器。如图 7.3a 所示,流程中只有一台换热器,其既可作为塔底再沸器又兼有塔顶冷凝器的功能。开式 B 型与开式 A 型流程相似,如图 7.3b 所示,一台换热器兼作塔底再沸器和塔顶冷凝器,不同点在于开式 B 型是将塔底出料经压缩机加压升温返回塔底作为热源,塔底出料先与塔顶物料换热,吸收塔顶蒸汽热量,再经压缩机加压升温返回塔底作为热源。闭式热泵的精馏流程与开式不同,如图 7.4 所示,需引入工作媒介代替开式热泵的塔顶或塔底蒸汽进行再压缩,工作媒介先经塔顶蒸汽加热蒸发为气体,再经压缩机压缩升温,升温后与塔底液进行换热为塔底提供热量。相比于开式热泵,其优点是物料与工作媒介相对独立,不污染产品且易于控制,缺点在于要同时考虑塔顶和塔底的温差。

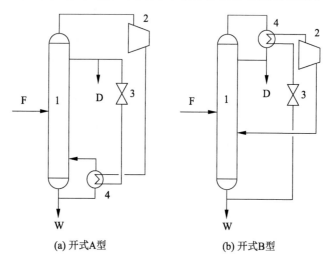

(a) 开式A型　　　　　　　　(b) 开式B型

F—进料;D—塔顶采出;W—塔底出料;1—精馏塔;2—压缩机;3—节流阀;4—换热器。

图 7.3　开式直接蒸汽压缩式热泵精馏流程

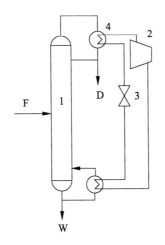

F—进料;D—塔顶采出;W—塔底出料;1—精馏塔;2—压缩机;3—节流阀;4—换热器。

图 7.4 闭式热泵精馏流程

具有中间再沸器的热泵精馏是在常规热泵精馏工艺的基础上,根据精馏塔内的温度分布特点,在精馏塔塔顶、塔底之间设立中间再沸器,如图 7.5a 所示。具有中间再沸器的热泵精馏有两种,一种是只利用了部分精馏塔塔顶蒸汽潜热,精馏塔塔顶蒸汽经压缩机压缩后只有部分作为中间再沸器的热源,多余的蒸汽则由塔顶冷却水带出;另一种是为了充分利用塔顶蒸汽的潜热,在第一种具有中间再沸器的基础上,再增设一个压缩机,如图 7.5b 所示,不被中间再沸器需要的那部分蒸汽再经压缩机压缩,直接作为塔底再沸器热源,从而达到最大幅度的节能效果。

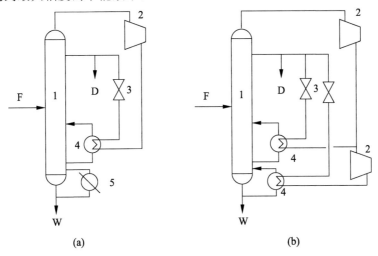

(a)　　　　　　　　　　　　　(b)

F—进料;D—塔顶采出;W—塔底出料;1—精馏塔;2—压缩机;3—节流阀;4—换热器;5—再沸器。

图 7.5 具有中间再沸器的热泵精馏

热泵技术最早出现在 1924 年。1950 年,Gilliland 首次提出将热泵技术引入精馏流程中,之后掀起了对热泵精馏流程研究的热潮。20 世纪 80 年代末,Sulzer 公司将热泵精馏技术用在苯乙烯生产分离装置中,实现节能 70% 的效果。Ranada 等指出机械压缩式热泵精馏是最经济的方式。Fonyo 等指出,机械压缩式热泵精馏与常规精馏相比,能够降低能耗 80%。国内锦州炼油厂的热泵精馏塔系统也取得了很好的节能效果。目前,热泵技术已应用于多种体系的精馏分离过程,设备投资小,节能效果良好,但不同类型的热泵流程各有优缺点,所以研究开发适合各类分离体系的热泵精馏有助于化工分离过程的节能减排。

综上所述,以多效精馏和热泵精馏等为代表的先进节能精馏技术在众多学者的共同努力下,经过长期的研究取得了长足的进步,但尚有较大的发展空间。因此,需要从人才结构、技术设备、技术创新等多方面进行发掘,充分发挥高效节能精馏技术的经济价值和生态价值。

7.3.2　隔板塔精馏技术

隔板塔精馏作为典型的过程强化技术,通过物料间的耦合改变塔内组成分布来解决中间组分的返混问题,可提升热力学效率,降低工艺能耗,进而降低整个工艺的生产成本。目前,随着工艺技术、控制理论与计算机辅助计算方法的不断更新换代,隔板塔精馏技术已经成为一种常规的精馏分离技术。

7.3.2.1　隔板塔精馏技术原理

主塔和副塔通过气液物流双向连接来避免副塔冷凝器或再沸器的使用,可实现物料与热量的耦合。该强化策略能有效解决中间组分在塔内的返混,提高分离效率,进而大幅减少精馏过程的能耗,同时降低换热设备的投资力度。

根据耦合程度的不同,热耦合精馏可分为部分热耦合和完全热耦合,其中部分热耦合又可分为侧线精馏和侧线提馏。侧线精馏由主塔与侧线精馏塔组成,三元混合物 ABC 进入主塔进行预分离,轻组分 A 和重组分 C 分别由塔顶和塔底采出,在主塔下部,中间组分 B 浓度最高处采出气相送入侧线精馏塔,在塔顶得到中间组分 B,如图 7.6a 所示。侧线提馏由主塔与侧线提馏塔组成,主塔塔顶和塔底分别得到轻组分 A 和重组分 C,从主塔上部不含重组分处采出液相流股进行提馏以得到中间组分 B,如图 7.6b 所示。

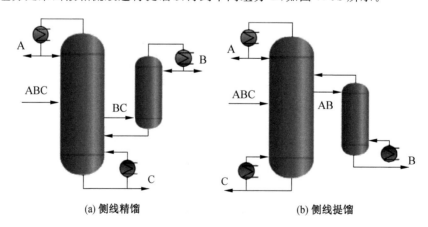

图 7.6　侧线精馏和侧线提馏构型

隔板塔是将完全热耦合精馏塔的主塔和副塔合并于同一塔中,并使用隔板将塔从中间分成两部分,这种构型又称隔壁塔、分壁塔等。隔板塔结构如图 7.7 所示,该塔在结构上等同于主塔、预分离塔、公共精馏段和公共提馏段的组合,可实现多组分混合物的有效分离。在传统工艺中,三组分的分离需要两个塔、两台再沸器与两台冷凝器才能实现,而隔板塔一般只需一个塔、一台再沸器和一台冷凝器,因此有效降低了设备投资与能耗、减少了占地面积,而且隔板塔技术可强化传热传质过程,提高热力学效率,避免了中间组分的返混效应,减少进料板处组分不同引起的返混等。当分离物系符合以下条件时,隔板塔为较佳的选择:① 对于中间产品纯度要求较高时;② 轻组分 A 和中间组分 B 的相对挥发度的比值与中间组分 B 和重组分 C 的相对挥发度比值相当时;③ 中间组分的质量分数达到 66.7% 左右时。

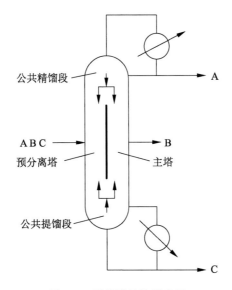

图 7.7　隔板塔结构示意图

隔板塔的种类较多,根据塔中隔板位置的不同可分为:① 完全热耦合隔板塔(DWC-FC);② 侧线精馏隔板塔(DWC-SR);③ 侧线提馏隔板塔(DWC-SS),如图 7.8 所示。

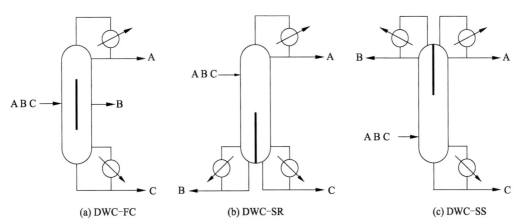

(a) DWC-FC　　　　　(b) DWC-SR　　　　　(c) DWC-SS

图 7.8　三种隔板位置不同的隔板塔示意图

此外,隔板的位置也可分别为对称或非对称结构。随着对隔板塔研究的不断深入,非固定焊接隔板的应用简化了隔板塔的设计与安装过程,隔板塔的潜在效益进一步增加,应用范围进一步扩大。此外,增加隔板塔内隔板数使得隔板塔的应用并不局限于三组分的分离,还可实现更多组分的分离。

隔板塔可以使用较低的能量完成给定的分离任务,原因在于其避免了常规设计中塔内部物流的返混效应。同时,隔板塔内耦合物流与其进料位置的物料组成的匹配进一步降低了返混的影响。在常规两塔精馏序列中,塔一提馏段内轻组分 A 浓度降低,中间组分 B 浓度逐渐增加,但在靠近塔底处由于重组分 C 浓度增加,中间组分 B 浓度在达到最大值后逐渐减小,即组分 B 在该塔中发生返混,如图 7.9a 所示。而在隔板塔中,进料经预分离后得到 A/B 和 B/C 两组混合物,然后直接进入主塔部分做进一步分离,在主塔上段组分 A 与 B 分离,在主塔下段组分 B 与 C 分离,组分 B 在塔中间某处浓度达到最大值,此时采出组分 B,能够有效避免常规两塔精馏序列中的返混现象,如图 7.9b 所示。在隔板塔中,中间组分同时存在于预分离部分的上段和下段,如果耦合物流 A/B 和 B/C 的组成能够较好地和主塔部分中两块进料板上的组成相匹配,就可以降低耦合物流进料板处的混合效应,即减小了由于进料物流与进料板处组分不同而产生的混合熵,提高了热力学效率。

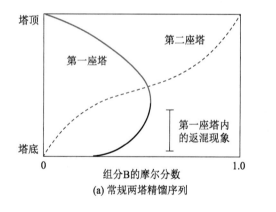

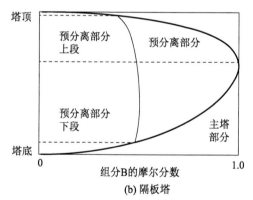

(a) 常规两塔精馏序列　　　　　　　　(b) 隔板塔

图 7.9　常规两塔精馏序列与隔板塔内组分 B 的分布对比

7.3.2.2　隔板塔精馏技术研究进展

隔板塔工艺因其突出的优势而成为国内外研究者研究的热点,研究者们也在不断尝试将隔板塔应用于萃取精馏、共沸精馏、反应精馏等过程中,以实现精馏过程的强强联合。隔板塔早在 1933 年由 Luster 因裂解气问题提出,后来 Wright 提出了更为完善的隔板塔概念。目前,全球有超过 300 座的隔板塔投入工业使用,隔板塔的专利技术主要由 BASF 和 Montz 公司掌握。近年,Sulzer Chemtech,Koch-Glitsch,Kellogg,BP,Linde,Uhde 以及 UOP 公司对隔板塔技术的研究也较多。Koch-Glitsch 公司成功地将异己烷溶剂回收塔改造为隔板塔,节能 40%;Kellogg 和 BP 公司设计出适用于烷基重整工艺的隔板塔,在一个塔内实现精馏、汽提和溶剂回收多种过程,生产能力提高 50%;Uhde 公司采用萃取精馏隔板塔实现甲苯回收,节能 20%;中石化某炼油厂将隔板塔技术应用于重芳烃分离。我国隔板塔工业化成果较少,但随着隔板塔在更多化工企业中的应用和更多研究人员参与到隔板塔精馏技术的研发中,隔板塔技术将会得到更快的发展和更广泛的应用。

7.3.3 循环精馏技术

7.3.3.1 循环精馏技术原理

大多数精馏技术采用传统的气液两相的连续逆流接触,而循环精馏只需改变内件和操作模式即可在现有的精馏塔中实现操作。循环操作旨在使每块分离塔板上气相和液相之间的驱动力最大化,并最大限度地减少不同成分的液体的混合。循环精馏可以通过使用周期性操作模式为精馏塔带来显著的好处,如增加塔产量、降低能耗和提升分离性能。

循环精馏操作模式由两部分组成:① 蒸汽流动周期,当蒸汽向上流过塔盘时,液体在每块板上保持静止;② 液体流动周期,当蒸汽流停止时,回流和进料进入塔内,同时每个塔盘的液体流动到下面的塔盘,图 7.10 所示为循环精馏操作的原理。这种操作模式可以通过使用不带降液管的穿孔塔盘,结合位于每个塔盘下方的闸室来实现。若蒸汽速度超过渗出极限,则在蒸汽流动期间,液体不会从一个塔盘溢出到另一个塔盘(见图 7.10a);当蒸汽供应中断时,液体通过重力下降到闸室(见图 7.10b);当蒸汽供应再次启动时,闸室打开,液体通过重力输送到下面的塔盘(见图 7.10c)。进料与塔板上的液体在进料级 N_F 混合并流向下面的闸室,因此当新的蒸汽流动周期开始时,进料将在第 N_F+1 个塔板上出现。

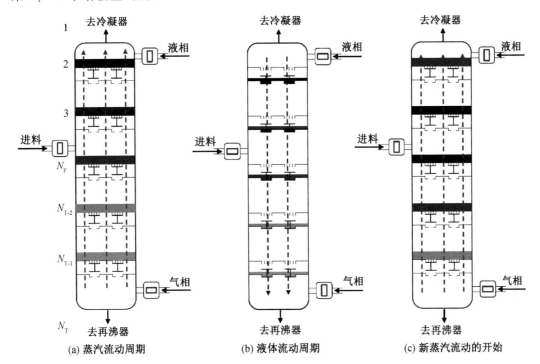

图 7.10 循环精馏原理示意图

7.3.3.2 循环精馏技术的研究进展及工业应用

Cǎtǎlin 等通过将化学反应与循环精馏相结合,开发了一种新颖的工艺强化方法催化循环精馏,它优于传统的反应精馏;首次描述了催化循环精馏过程并建立了严格的数学模型,通过催化循环精馏法合成二甲醚的案例研究来证明该操作模式的主要优势并为此提出了一种设计算法。Cǎtǎlin 等针对多组分混合物和非线性平衡的循环精馏,通过提出新颖的严格模型,利用直观的图形表示并与常规精馏进行对比,将设计问题表述为具有事件和不连续性的一组时滞微分方程;利用理想和非理想混合物(如苯-甲苯-邻二甲苯、甲醇-水、乙醇-正丙醇)分离的案例研究,证明了循环精馏的高灵活性和良好的可控制性。Rasmussen 等开发了用于循环精馏过程的包括质量和能量传递的平衡级模型,并使用此模型研究描述了具有理想液相和非理想液相的二元和多组分系统(如苯-甲苯、乙醇-正戊醇、苯-甲苯-邻二甲苯、乙醇-甲醇-水)。他们提出的平衡级模型允许对循环精馏过程的质量和能量传递进行建模,并允许存在多个进料位置以及利用侧线馏分描述动态蒸汽流速。Rasmussen 等使用质量和能量平衡级模型研究了通过反应循环精馏由异丁烯和甲醇生产甲基叔丁基醚。循环精馏塔展示了高反应物转化率、高产品产量和低能量需求,实现了减少理论级数的改进反应循环精馏塔设计。Nielsen 等基于驱动力对常规连续精馏和循环精馏塔进行设计,提出了一种混合相进料下运行的驱动力设计,并评价苯-甲苯、甲醇-水和乙醇-水的循环精馏过程。结果表明,循环精馏过程类似于常规连续精馏,与塔的效用交换最小,对进料组成变化的敏感性更低。Andersen 等提出了一种基于简单图形设计方法的循环精馏塔综合工艺和控制设计方法,将驱动方法与 McCabe - Thiele 类型分析结合在一起,通过闭环和开环分析得知,以最大功率运行精馏塔可实现可控性和可操作性方面的最佳设计。结果表明,在最大功率下运行的精馏塔对进料中的干扰较不敏感,并且可有效地消除干扰。

循环精馏在工业中也有许多实际应用。Schrodt 等最先研究了循环操作模式对工业规模精馏的适用性,用半工业规模的塔分离了丙酮和水的混合物。精馏塔被设计为常规的双流塔运行,系统为受控循环操作,但是半工业规模的塔并没有完全实现小试实验结果。如今,当塔盘设计得到改进时,工业上更容易凸显循环操作精馏塔的优势。2005年以来,MaletaCD 公司建造了几个塔板数在 5~42 块之间,塔径在 0.4~1.7 m 之间的循环精馏塔。其中,在乌克兰 Lipnitsky 酒精厂以工业规模实施的塔盘同步采出的循环精馏塔(15 块塔板,塔径 0.5 m)用于将乙醇提浓,每天可生产 20 m^3 的食品级乙醇。此外,MaletaCD 公司于 2014 年建造了用于加工煤油和白酒的工厂,采用了循环操作的工业规模隔板塔(42 块塔板,塔径 1.5~1.7 m,生产能力 25 m^3/h)。Maleta 等首先报道了以循环方式运行的中试规模精馏塔可用于乙醇-水的分离。他们对中试规模的循环精馏塔和现有的用于浓缩乙醇的工业啤酒塔进行了比较研究,结果表明,使用真正允许单独相移动的特殊设计塔板与传统精馏相比,塔板数约减少为原来的 2/5,可节能约 30%。

7.3.3.3　循环精馏技术的结论与展望

循环精馏可以通过简单地改变塔内部构件和操作模式来改进原有的精馏塔,从而增加产量、降低能源需求和提升分离性能。此外,循环物流为整个精馏塔中气相和液相的分离提供了更高的自由度,有助于实现精馏塔出色的过程控制和无故障运行。循环精馏的优势总结如下:① 高塔盘效率(140%~300% Murphree 效率),在相同的蒸汽流速下,可以使用更少的塔盘来获得所需纯度,从而降低成本;② 与传统精馏相比,产量和设备生产率更高;③ 降低能源需求,以便在相同数量的塔盘下,以更低的蒸汽流速实现所需的纯度,从而将运营成本降低 30%~50%;④ 由于分离效率更高,产品纯度更高;⑤ 循环精馏配置和操作允许更大的持液量,这可能有利于反应精馏,如催化循环精馏。

然而,和其他过程强化技术(如隔板塔)的情况一样,化学工业往往不愿意采用新技术,因为新技术通常有一系列问题,如过程控制困难,过程模拟中循环精馏模型不适用,维持循环操作的设备不可靠等。为了进一步应用,未来的研究必须解决这种过程强化技术面临的主要挑战:① 研究循环精馏与其他过程强化技术的可能组合,如在与反应精馏集成的隔板塔中进行循环精馏;② 将循环操作的应用扩展到共沸、萃取和反应精馏;③ 寻找新的应用来证明循环精馏的优势,如分离近沸点组分、获得高纯度产品等;④ 开发先进的过程控制技术,以满足任何严格的纯度要求或进料可变性;⑤ 进一步开发和实施快捷、严格的设计与仿真方法,如结合流体动力学模型 CFD 的最新进展;⑥ 开发用于设计和控制循环精馏的可靠模型;⑦ 开发可靠的塔盘设计。

7.4　精馏过程耦合

7.4.1　共沸精馏

一般的蒸馏或精馏是利用混合液中不同组分挥发度的差异来实现组分高纯度分离的操作过程。组分间挥发度差别越大,分离越容易实现。显而易见,如果某些液体混合物组分间的相对挥发度接近于 1 或形成共沸物,就不能用一般精馏方法进行分离,此时需要采用特殊精馏方法。

共沸精馏即在两组分共沸物中加入第三组分(称为共沸剂),该组分与原料液中的一个或两个待分离组分形成新的共沸液,从而使原料液能用普通精馏的方法进行分离。

共沸精馏按其操作方式不同可以分为连续共沸精馏和间歇共沸精馏,又根据添加共沸剂后形成的不同共沸物是否存在相界面的特征可以分为均相共沸精馏和非均相共沸精馏。相比于均相共沸精馏,非均相共沸精馏后续处理简单,因为共沸剂回收简单、分离效率高,因此工业上一般采用非均相共沸精馏,而不用均相共沸精馏。

图 7.11 所示为分离二元非均相共沸混合物 A+B 精馏流程示意图。该系统包括一个共沸精馏塔(T_1)和一个共沸剂回收精馏塔(T_2)。组分 A 从 T_1 塔底分离出来,从塔顶分

离出的组分为包含共沸剂的共沸混合物。在液-液分相器中,非均相共沸混合物分为两相,有机相回流到 T_1,水相进入 T_2。在 T_2 中,另一个组分 B 从 T_2 塔底采出,共沸剂从顶部采出并循环回到 T_1 中。

根据被分离物系性质的不同,共沸精馏分为下面两种情况。

① 分离沸点相近的组分或最高恒沸物。共沸剂只与原来系统中一个组分形成二组分最低恒沸物;共沸剂与原来两个组分分别形成二组分最低恒沸物,但两组分恒沸物的沸点相差较大;共沸剂与原来两个组分形成三组分最低恒沸物,其沸点低于任何一个二组分恒沸物。

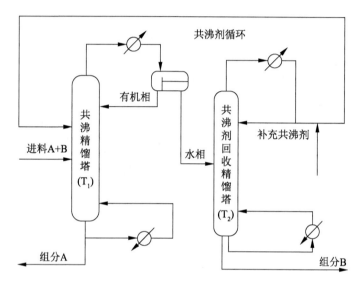

图 7.11　二元非均相共沸混合物精馏流程

② 分离最低恒沸物。共沸剂与原来组分之一形成一组新的二组分最低恒沸物,其沸点低于原来恒沸物的沸点,一般沸点应相差 10 K 以上;共沸剂与原来的两个组分形成三组分最低恒沸物,其沸点低于任何一个二组分恒沸物,而要分离的两组分在三组分恒沸物中的比例有很大的差异。

共沸精馏的流程取决于共沸剂与原有组分所形成的共沸液的性质。共沸精馏中对共沸剂的回收十分关键。在精馏过程中,共沸剂的选择将直接影响共沸物的分离效果,因此在选择共沸剂时应主要考虑以下因素。

① 共沸剂至少与原料中一个或两个关键组分形成两元或三元最低共沸物,且此共沸物比原料中各纯组分的沸点或原来的共沸点低 10 K 以上。

② 共沸剂汽化潜热越小越好,以降低精馏操作的能量消耗。

③ 在形成的共沸物中,共沸剂的相对含量越低越好,以减少共沸剂消耗。

④ 共沸剂要易于分离和回收,优先考虑能形成非均相共沸物的共沸剂。

⑤ 共沸剂不能与原料中的任一组分发生反应,无毒无害,对环境友好,腐蚀性小,热稳定性好。

⑥ 价格低廉,来源广泛。

与其他精馏方式相比,共沸精馏在相同压力下的操作温度较低,适合分离热敏性物料。但是由于加入的共沸剂通常为轻组分,会从塔顶蒸出,因此耗能较大。

7.4.2　萃取精馏

与共沸精馏一样,萃取精馏也是通过在待分离混合液中加入适当的分离媒介(称为萃取剂)以增大待分离组分间的相对挥发度,从而实现精馏分离的过程。两者不同的是,萃取剂的沸点较原料液中的各组分高,且不与组分形成共沸物,便于溶剂回收和降低能耗。

萃取精馏系统分离二组分混合液示意图如图 7.12 所示。萃取剂 S 在萃取精馏塔原料液进料口上方通入塔中,经过热交换及气相多次部分冷凝、液相多次部分汽化后,塔顶得到较纯组分 A,萃取剂 S 与另一组分 B 从塔底采出,进入萃取剂回收塔分离。萃取剂回收塔塔顶得到较纯组分 B,萃取剂 S 从塔底采出并循环进入萃取精馏塔,与补充萃取剂一起发挥作用。

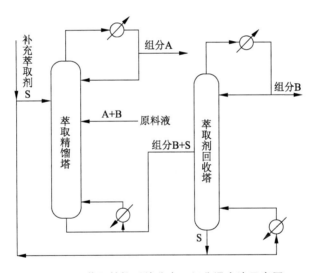

图 7.12　萃取精馏系统分离二组分混合液示意图

萃取精馏按照操作方式可以分为连续萃取精馏、间歇萃取精馏两类。图 7.12 所示萃取精馏系统即为连续萃取精馏,它通常采用双塔操作,精馏过程中原料液进料、萃取剂的通入及回收都是连续进行的。人们对连续萃取精馏分离物系的研究主要包括:芳烃及其衍生物的分离,如混合二甲苯的分离;醇的分离与提纯,如从乙醇水溶液中回收高纯度乙醇;烷烃和烯烃的分离,如分离裂解碳五馏分生产异戊二烯等。

间歇萃取精馏兼具间歇精馏和萃取精馏的优点,其比连续萃取精馏更复杂。间歇萃取精馏流程示意图如图 7.13 所示。

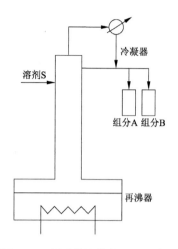

图 7.13　间歇萃取精馏流程示意图

间歇萃取精馏的操作步骤如下：

① 不加萃取剂 S 进行全回流操作。

② 加萃取剂 S 进行全回流操作（降低难挥发组分在塔顶馏分中的含量）。

③ 加萃取剂 S 进行恒定回流比操作（馏出易挥发组分 A 的符合纯度要求的产品）。

④ 进行恒定回流比操作，停止向萃取精馏塔加萃取剂（分离难挥发组分 B 和萃取剂 S）。

萃取精馏技术的核心是选择适宜的萃取剂。在选择萃取剂时，主要应考虑以下因素：① 萃取剂应使原组分间相对挥发度发生显著变化；② 萃取剂的挥发性应低些，即其沸点应较原混合液中纯组分的高，且不与原组分形成共沸液；③ 无毒性、无腐蚀性，热稳定性好；④ 来源方便，价格低廉。萃取精馏中萃取剂的加入量一般较多，以保证各层塔板上足够的浓度，而且萃取精馏往往采用饱和蒸气加料，以使精馏段和提馏段浓度基本相同。

综上，共沸精馏所用共沸剂必须与一个或两个待分离组分形成共沸物，因而共沸剂的选择范围受限，而萃取精馏中萃取剂的选择没有这些限制。显而易见，萃取剂比共沸剂易于选择；共沸精馏的共沸剂一般从塔顶采出，相比于萃取精馏的萃取剂从塔底采出，共沸精馏能量消耗更大，只有在共沸剂及与共沸剂形成共沸物的组分浓度都较低时，其能量消耗才可能与萃取精馏相当；萃取剂一般从塔上部不断加入，因而不宜采用间歇操作方式，而共沸剂可以和原料液一起于塔底加入，可采用间歇操作方式；相同压力下，共沸精馏操作的温度比萃取精馏低，所以共沸精馏更适用于分离热敏性物料。

7.4.3　反应精馏

在化学工业过程中，反应和分离是两种极为重要的单元操作过程，其中采用精馏技术完成的分离过程占 70％以上。精馏技术虽成熟，但在应用中仍然避免不了设备投资过大、分离能耗过高、环境污染等问题。而反应精馏是一种高度耦合的过程强化技术，它将反应与分离整合在一个多功能塔内进行。关于反应精馏技术的应用，可以追溯到 20 世纪 80 年代由美国 Eastman 公司首先开发并成功应用的非均相乙酸甲酯反应精馏工艺，此后非均相反应精馏技术被成功用于甲基叔丁基醚的大规模工业化生产,由于甲基叔丁基醚需求量巨大,可解决原有油品抗爆添加剂的铅污染问题。上述技术的成功应用使反应精馏塔成为一种有潜力的多功能反应器和分离器。

反应精馏过程原理如图 7.14 所示,它包含精馏段、反应段和提馏段三部分。精馏段的作用为回收重组分反应物,提馏段的主要作用是分离轻组分反应物。轻、重组分反应物分别从反应段的底部和顶部进入,在反应段内生成产物,轻组分和重组分生成物分别从塔顶和塔底出料。对于设计合理的反应精馏塔,反应物在反应段内反应完全,在塔顶和塔底分别得到高纯度的产品。

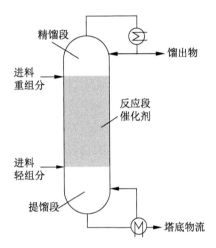

图 7.14　反应精馏过程原理图

与传统的化学反应和精馏分离依次进行来实现目标产品提纯的工艺相比,反应精馏技术具有以下突出的优点:

① 可大大简化工艺流程,节省投资和操作成本。将反应器和若干分离设备集成为一个反应精馏塔,设备数目明显减少,更容易操作和维护。

② 突破化学平衡限制,提高反应转化率。对于可逆反应来说,反应产物在精馏分离作用下被及时移出反应区,促使反应系统远离平衡状态,不断向正反应方向移动,进而减少后续工艺的原料循环量,减轻后续分离任务。

③ 提高产品质量和选择性。对于存在副反应或者串联反应的系统来说,目标产物被不断移出,且液体在反应区的停留时间较短,化学物质暴露在高温下的时间较短,有利于抑制副反应,生成更多的目标产物。

④ 直接利用反应热。放热反应产生的反应热可以被直接用来加热液体使其原位分离,既可避免反应过程中产生"热点"使得催化剂失活,又可降低再沸器的加热负荷,从而达到节能降耗的目的。

⑤ 安全性好。反应精馏本质上是一个沸腾的系统,避免了"热点"产生和失控,此外,由于液体持有量相对较低,它可以有效地用于危险化学品的生产。

⑥ 突破精馏边界线的限制。对于近沸或共沸混合物体系,采用常规精馏难以分离,采

用共沸精馏或萃取精馏工艺也难以找到合适的共沸剂或萃取剂,此时可寻找一个合适的反应共沸剂与其中的一种物质发生反应,采用反应精馏技术使系统的热力学性质发生变化,从而实现近沸或共沸混合物体系的分离。

然而,反应和分离操作在同一装置中同时进行,使得反应精馏技术也有一定的局限性,反应和分离过程发生在相同的条件下(压力和温度),因此精馏的操作条件和反应操作条件必须匹配才可达到合理的转化水平。另外,反应物和生成物间具有的相对挥发度差异是保证反应区反应物浓度高、产物浓度低的前提,只有当反应物和生成物之间的沸点差异较大时,反应精馏技术才适用。

借助反应与精馏两个过程相互促进的作用,反应精馏的应用主要分为两个方面:反应型反应精馏和精馏型反应精馏。反应型反应精馏是利用精馏分离促进反应转化,主要针对受化学平衡限制的反应生产过程,此类型反应精馏被广泛应用在酯化、酯交换、醚化、酯水解、水合、烷基化等反应中。精馏型反应精馏是利用反应来强化精馏分离,利用可逆反应引入反应夹带剂,将其中一种物质转化成中间产物,利用精馏实现分离,再将中间产物分解为原来的目标产品,构成化学循环,此类型反应精馏多用于产品回收提纯和共沸体系分离。在精馏型反应精馏过程中,反应夹带剂的选择将直接影响共沸混合物的分离效果,因此在选择反应夹带剂时必须考虑以下三点:① 具有高选择性,只与共沸混合物体系中某一组分发生反应;② 发生的反应必须是可逆反应,不影响精馏分离效果,不破坏产品质量;③ 与混合物体系存在显著的相对挥发度差异,便于后续的分离和回收。

值得注意的是,催化分离内构件是反应精馏技术实现的关键设备,无论是板式塔还是填料塔,内构件必须能使气液两相间进行有效的传质与传热。现阶段,反应精馏塔中的内构件开发主要有两个思路:一是将催化剂负载到填料上形成具有催化作用的新型填料。例如,Gao 等利用泡沫碳化硅材料开发了一种 ZSM - 5 分子筛包覆的新型结构催化剂;Deng 等采用溶胶-凝胶法制备了纤维结构催化剂 Nafion - SiO$_2$ 和 SS - fiber,分别用于反应精馏制备乙酸乙酯和乙酸环己酯,另外还通过水热合成法在不锈钢纤维表面生长 HZSM - 5 分子筛制备 HZSM - 5/SS - fiber 固体酸结构催化剂;Zhang 等在类拉西环的不锈钢载体上制备带磺酸基团的碳纳米管,将其用于反应精馏酯交换制备生物柴油。二是开发新的填料与催化剂颗粒的组合形式,从而实现反应和分离同时进行,比如 Smith 等开发的具有开放空间的捆扎包式催化剂组件和 Sulzer 公司开发的 KATAPAK - S 型夹板式催化填料。

另外,天津大学李鑫钢课题组基于上述催化填料的经验开发出了一种新的渗流型催化剂填装内构件(seepage catalyst packing internal, SCPI),结构单元如图 7.15 所示。SCPI 由分离区和反应区两部分组成,分别装填波纹结构填料和催化剂颗粒,反应精馏塔内两种类型的 SCPI 上下交错排布,从而保证气液两相在分离区能够充分接触,实现传质分离,避免在催化剂层接触造成床层压降过大,同时液相和催化剂在反应区也能够充分接触发生反应,极大地提高反应精馏塔的效率。此外,相比于其他结构的催化分离内构件,SCPI 可以提高催化剂的利用率,降低塔压降。工业上对该内构件进行设计时,催化剂装填量可以在一定范围内自由设定,且不会对分离作用产生影响,还可以根据不同的工业要求灵活调整反应区和分离区的比例,使其达到最优的反应和分离效果。为深入研究此催化分离内构件的特性,获得完善的设计方法,该课题组进行了流体力学实验、流体力学模拟、催化分离内构件设计方法建立等一系列研究。

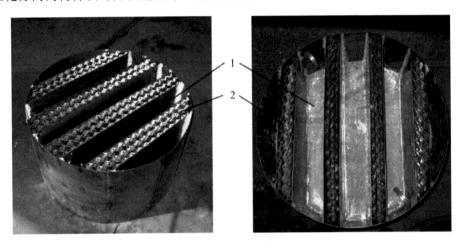

1—催化剂网盒;2—规整波纹填料区。

图 7.15　实验级别的 SCPI 结构单元

在将反应精馏技术的想法转化为实际工艺的过程中,有几个必要的研发步骤,将计算和工艺模拟与实验室和中试规模的实验工作结合起来,如图 7.16 所示。气液相平衡、化学平衡和反应动力学是反应精馏模型建立的基础,文献数据和严格模拟通常用于指导反应精馏工艺的概念设计和实验方案的确定,而实验室/中试规模的实验用于验证和拟合模型。最后,实验验证的模型被用于工艺放大、灵敏度分析、工艺控制和优化、经济评价。这些步骤为反应精馏技术的应用提供更有价值的依据,降低工艺的不确定性,以实现反应精馏过程的可靠设计,加快该技术工业化的步伐。

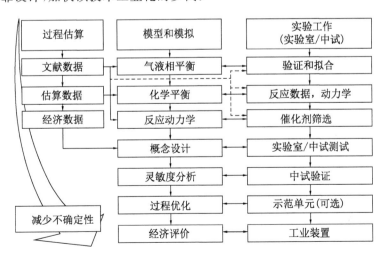

图 7.16　基于模拟和实验的反应精馏工艺研发步骤

尽管反应精馏技术取得了显著的发展,但其潜力巨大,不少国内外学者仍在不断研究,通过各种过程强化手段,如使用隔板塔、热集成、超重力、反应精馏与其他操作(如膜分离)耦合,或使用替代能源(超声波或微波)等,对反应精馏技术进一步改进。

7.4.4 精馏-膜耦合

7.4.4.1 概述

分离工程是目前化工行业中能源消耗最大的领域,而将不同分离机制的单元操作(如精馏、萃取、吸脱附、过滤等)组合在一起,则可以综合各单元操作的优点,形成具有协同效应的耦合分离工艺,这可能会提高能源利用效率,并可克服独立单元操作的热力学限制。精馏和膜耦合是不同单元操作耦合分离工艺中较为著名的例子。

膜分离是指利用天然或人工合成的、具有选择透过能力的薄膜,以外界能量或化学位差为推动力,对双组分或多组分体系进行分离、分级、提纯或富集的一种化工单元操作。本节所述膜分离过程主要是指蒸气渗透(VP)和渗透蒸发(PV)过程。

由于驱动力的限制,当需要高通量或高纯度时,独立的 VP 或 PV 过程通常是不经济的。将 VP 或 PV 与精馏耦合,既可利用精馏高通量和低成本的优点,又可发挥膜的高选择性和低能耗的优势。Tula 等以甲醇-水体系为例说明了膜和精馏耦合的必要性,图 7.17a 显示了使用精馏和膜单元操作分离甲醇-水体系的驱动力,从图中可以看出,精馏和膜分离都有各自有效的操作区域,因此,将精馏具有非常低的驱动力(或需要大部分能量)的分离部分替换为在该区域具有更高分离效率的膜模块,可以确保两种分离技术都在其高效区域运行。精馏和膜耦合分离方案详见图 7.17b。

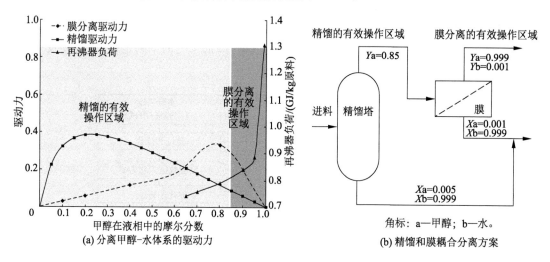

(a) 分离甲醇-水体系的驱动力   (b) 精馏和膜耦合分离方案

图 7.17　精馏和膜耦合分离甲醇-水体系

PV-精馏耦合过程最早由宾宁和詹姆斯于 1958 年用于异丙醇-乙醇混合物的脱水。然而,直到 20 世纪 80 年代末,此过程才被认为是几种分离过程的具有吸引力的替代方法。

PV 和 VP 的操作原理与过滤型膜（即粒子过滤、微过滤、超滤膜）不同。对于过滤型膜，膜构造中有一个多孔的顶层，以允许流体在施加的压力梯度下通过膜。然而，PV 和 VP 膜是由致密的顶层材料构成的，这样，分子只能依靠吸附-扩散机制通过该层，通常称为溶解-扩散模型（溶解-扩散模型可能会流行很长一段时间，直到膜分离的分子模型建立良好）。进料液中的分子被吸附到致密膜物质中，通过该膜扩散，然后从致密膜的另一侧解吸，其原理如图 7.18 所示。

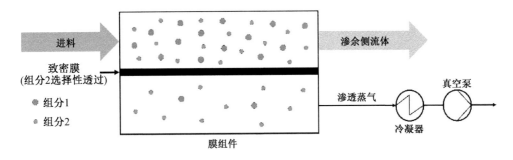

图 7.18　膜分离原理图

PV 和 VP 在相同的基本原理下运行。它们的区别是，PV 中的进料流体是液体，而 VP 中的进料流体是蒸气。这两种情况下的渗透物都是蒸气。物质通过 PV 或 VP 膜运输的驱动力是膜的化学梯度，而不是过滤型膜两侧的压力梯度。化学势梯度通常用一种物质的分压梯度来表示。要使进料液的某一组分通过 PV 或 VP 膜，渗余侧流体中该组分的分压必须高于该组分在渗透侧流体中的分压。膜通量方程的基本形式如式（7.2）所示。

$$J_i = \Pi_i (P_i^F - P_i^V) \tag{7.2}$$

式中，J_i 为组分 i 的摩尔渗透量，$kmol/(m^2 \cdot s)$。

Π_i 为组分 i 的摩尔渗透系数，$kmol/(m^2 \cdot s \cdot kPa)$；根据溶解-扩散理论，可细化为摩尔溶解系数 S_i 与摩尔扩散系数 D_i 的乘积。不同组分的摩尔渗透系数 Π_i 通常通过膜渗透实验获得。

P_i^F 为组分 i 在渗余侧流体中的分压，kPa。对于 VP 而言，当进料总压不太大时，近似表示如下：$P_i^F = x_i P^F$，即组分 i 在渗余侧流体中的摩尔分数 x_i 乘以渗余侧总压 P^F；对于 PV 而言，$P_i^F = x_i \gamma_i P_i^{sat}$，即组分 i 在渗余侧流体中的摩尔分数 x_i、组分 i 在渗余侧流体中的活度系数 γ_i 和组分 i 在渗余侧流体温度下的饱和蒸气压 P_i^{sat} 的乘积，需要通过热力学模型计算组分的 γ_i 和 P_i^{sat}。

P_i^V 为组分 i 在渗透侧流体中的分压，kPa；通常渗透侧抽真空以获得较高的驱动力，则无论是 VP 还是 PV，均可表示如下：$P_i^V = y_i P^V$，即组分 i 在渗透侧流体中的摩尔分数 y_i 和渗透测总压 P^V 的乘积。

对于不同材质或不同膜厚度的商用膜，摩尔渗透系数 Π_i 和摩尔渗透选择性 α 通常作为性能指标。选择性 α 表示如下：

$$\alpha_{12} = \frac{\Pi_1}{\Pi_2} \tag{7.3}$$

7.4.4.2 应用

精馏与 VP 或 PV 耦合分离的主要应用包括共沸物或近沸点混合物的分离,选择性去除副产物以促进反应,以及降低生产负荷以节省能源等。

（1）共沸物或近沸点混合物的分离

单独使用精馏分离共沸物的方法包括变压精馏、萃取精馏和共沸精馏等,这些过程流程复杂且能耗高,近沸点混合物的分离则需要很高的回流比或塔板数。膜分离由于不受气液平衡限制,为共沸物或近沸点混合物物系的分离提供了新思路。

根据精馏和膜的相对位置,通常精馏与 VP 或 PV 耦合分离共沸物或近沸点混合物的工艺配置分为以下 4 种:① 膜单元置于精馏塔前,用于在精馏前突破共沸;② 膜单元净化精馏塔顶部或底部的产品,突破共沸获得高纯度产品;③ 在两塔之间安装膜单元,用于共沸物的粗分离,使精馏塔在低能耗水平下操作;④ 膜单元处理精馏塔侧流,以减少精馏塔理论级数或降低回流比(见图 7.19)。

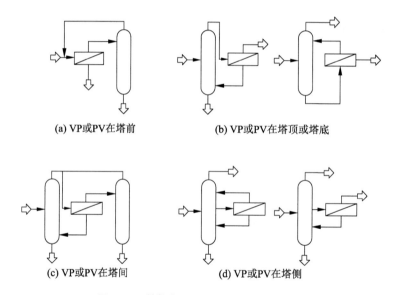

(a) VP或PV在塔前　　　　　(b) VP或PV在塔顶或塔底

(c) VP或PV在塔间　　　　　(d) VP或PV在塔侧

图 7.19　精馏与 VP 或 PV 耦合工艺配置

Li 等将 VP 置于精馏塔塔顶,用于分离乙醇和水的共沸物,获得了高纯度乙醇(质量分数为 99.6% 或 99.95%),为了模拟精馏-蒸气渗透过程,在方程导向的建模环境中编写了蒸气渗透膜分离模型,选用半经验方程作为膜通量的计算公式,然后利用模型预测膜实验渗透量并与实验数据作比较,拟合出各组分的渗透系数与渗透活化能。结果表明,该模型能够准确预测乙醇-水体系在 NaA 分子筛膜中的蒸气渗透过程。在此基础上,Li 等建立精馏-蒸气渗透(D-VP)膜分离耦合过程模拟模型(见图 7.20),并提出基于灵敏度分析的精馏-蒸气渗透耦合过程模型优化方法,以经济性评估为参考,发现精馏塔塔顶压力与浓度是权衡精馏塔和膜费用的关键参数。

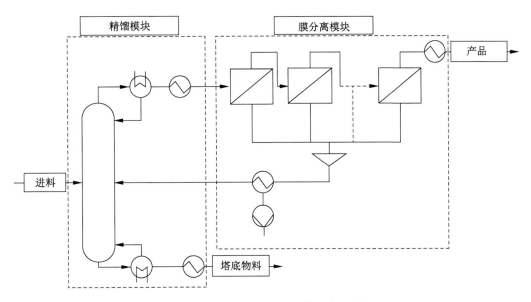

图 7.20　乙醇-水体系的 D－VP 膜分离耦合流程图

　　精馏和膜耦合的早期开发者经常将膜系统和精馏作为一系列简单的单元操作联系起来。这忽略了当采用热集成工艺设计时,分离能量的显著降低。Huang 等开发了一种热集成 D－VP 新工艺用于分离乙醇-水和乙酸-水混合物,与传统精馏技术相比,此工艺有可能使精馏过程中的能量消耗减少 50％以上,该工艺原理如图 7.21 所示。

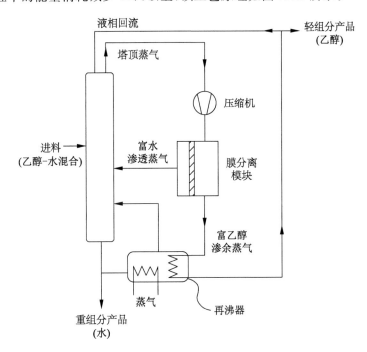

图 7.21　热集成 D－VP 耦合工艺原理图

（2）选择性去除副产物以促进反应

精馏与 VP 或 PV 耦合的另一个有趣应用是选择性去除反应副产物，从而改变反应的化学平衡并提高反应的转化率，包括反应器-精馏-膜的耦合以及反应精馏和膜的耦合。

Boontawan 等提出一种釜式反应器-精馏-膜的耦合结构用于琥珀酸转化成琥珀酸二乙酯的酯化反应。在釜式反应器顶部设计了高效分馏塔，通过将反应器中的水作为馏分，使转化率超过热力学平衡转化率。此外，利用商用亲水性聚合物膜的蒸气渗透技术成功地将分馏柱顶馏分脱水，然后将脱水后的乙醇回流到反应器中进一步促进反应，该工艺流程图如图 7.22 所示。

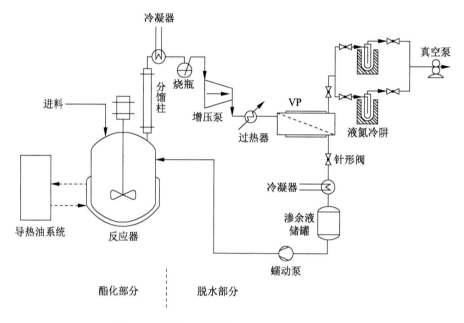

图 7.22　釜式反应器-精馏-膜耦合工艺流程图

韩文韬等首先设计了一种内部设膜的反应精馏塔的中试装置并开发了一种集成式反应精馏与蒸气渗透（R－VP－D）工艺（见图 7.23），该工艺将反应、蒸气渗透和精馏集成到一个单元中，用于乙酰丙酸和乙醇的酯化，他们利用该装置考察了 R－VP－D 过程各操作参数对乙酰丙酸转化率及乙酰丙酸乙酯纯度的影响。实验结果表明，相比于常规反应精馏工艺，R－VP－D 工艺的塔顶采出物料中水含量可降低 5%（质量分数），乙酰丙酸的转化率可提高 10%～20%，乙酰丙酸乙酯的纯度可提高约 15%（质量分数）。

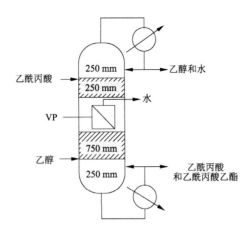

图 7.23　集成式反应精馏与蒸气渗透(R‑VP‑D)工艺概念图

注:图中的数据表示塔节的高度。

（3）降低生产负荷以节省能源

除了上述两个主要的精馏与 VP 或 PV 耦合的应用领域外,还有许多关于使用膜分离有机物或水以减少精馏负荷或过程中循环量的研究,以期降低能耗和生产成本。如 Li 等设计了一种 RDWD(reactive dividing-wall distillation)＋PV 流程,用于 MM80[35％(摩尔分数)甲醇,65％(摩尔分数)乙酸甲酯]原料通过酯交换反应生产乙酸正丁酯并副产甲醇,与传统的反应精馏＋脱甲醇塔相比,这种流程减少了 40.8％的操作费用、32.6％的年度总费用和 48.77％的 CO_2 排放。这主要是因为大部分甲醇产品可通过 PV 工艺回收,从而降低了反应精馏塔的循环流量和回流比,降低了再沸器的负荷。此外,将反应精馏塔设置成隔板塔可进一步降低精馏塔和冷凝器的投资成本。

7.5　外场强化精馏过程

7.5.1　超重力精馏过程强化

物体所受重力产生的加速度大于地球本身所具有的重力加速度 g 时,物体受到的力就称为超重力,在超重力技术下实现的精馏过程称为超重力精馏。下面对引入超重力这一外场以强化精馏技术的原理和特点等进行概述。

7.5.1.1　超重力精馏的原理

超重力精馏技术作为一种方法用于传质过程强化最早是在 20 世纪 70 年代,由英国帝国化学工业公司(ICI)的 Colin Ramshaw 教授提出,被称为"Higee"。超重力使气、液的流速及填料的比表面积大大增加而不液泛。超重力精馏和普通精馏的精馏原理是相同的,两者均依据溶液中各组分相对挥发度或沸点的差异多次部分冷凝和部分汽化,使得组分分离纯化。由于超重力环境是通过旋转产生离心力实现的,因此在产生的超重力场中,液体在巨大的剪切力作用下被撕裂成纳米级的液膜、液滴或液丝，从而使得气液两相与填料有较大的接触面积，且因为高速旋转，气液表面不断快速更新，极大地强化了气液两相的传质过程和微观混合过程。所以，超重力精馏的基本原理是利用超重力条件下液体在高分散、高湍动、强混及界面速度急速更新的情况下与气体以极大的相对速度接触，从而极大地强化传质过程，实现高效的传质、传热过程。

7.5.1.2 超重力精馏的特点

超重力精馏有如下三个主要特点：

① 提高相间传质效率。相间传质过程是化学工业中最基本的过程，是精馏操作过程的本质，因此可以说提高了相间传质效率就等于提高了精馏效率。在传统的精馏塔中，液体受地球重力的影响，重力决定了液体和气体可达到的传质速率，而超重力技术突破了重力场对传质的影响，使得传质速率提高 5～10 倍，使传质过程得到强化。

② 相界面更新迅速。因为超重力场是在高速旋转下产生的，所以高速旋转下气液相界面会更新得特别快，从而在更短的时间内达到平衡。

③ 加强微观混合。高速旋转的转子就相当于有极大功率的搅拌桨，使得气液两相的微观混合更完全。

具有这些特点的超重力精馏技术是通过一些超重力精馏设备来实现的。下文将详细介绍一些超重力精馏设备。

7.5.1.3 超重力精馏设备

（1）旋转填料床

图 7.24 为旋转填料床的结构示意图。由图中可以看出，旋转填料床主要包括转子、填料、液体分布器、气体/液体进出口等。旋转填料床是实现超重力的核心部件，它是一个转速可控的环状转子，转子由填料或塔板组成，形成气液两相接触的表面通道。液体从液体进口进入，深入转子内环的静止的液体分布器，然后通过液体分布器均匀喷射到转子内缘，在离心力作用下经填料层向外甩出；而气体从气体进口通过转子外缘进入转子，依靠气体压力由外向内与液体进行逆流或错流接触，气液两相在转子产生的极大的离心场中（超重力场）进行传质和传热。Kolja Neumann 等研究了

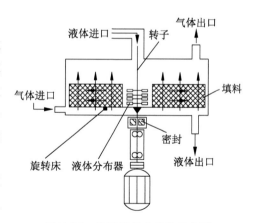

图 7.24 旋转填料床结构示意图

不同喷嘴类型对旋转填料床操作上限的影响，并且指出了针织网和金属泡沫两种填料对操作上限的影响均不大。

（2）折流板旋转床

折流板旋转床是把板式精馏塔的思想应用到了超重力设备中，如图 7.25 所示。该设备主要由静（动）折流圈、转轴、动盘、静盘组成，静盘在上方固定在壳体上，动盘随转轴高

速转动。液体从转子中心进入转子内缘,随后从高速旋转的动折流圈上的筛孔甩出,之后撞到静折流圈,液滴的粒径大大减小,气体也在动静折流圈间流动,增大了气液的传质速率。这种旋转床结构简单,液体分布均匀,且动折流圈具有自分布功能,转子内液体被多次分散,因此无须液体的初始分布器。这样便可以简化旋转床内部结构,降低制造成本。

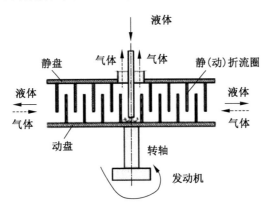

图 7.25　折流板旋转床

上述两种超重力精馏设备极大地强化了气液两相的传质过程和微观混合过程,传质能力比传统精馏塔等提高了 1~3 个数量级,超重力环境下的理论塔板高度仅 1~3 cm,大大减小了等板高度,所以每米填料层的理论塔板数有 40~50 块。采用超重力技术,旋转填料床的高度仅 1~2 m,直径为 1~2 m,极大地缩小了设备尺寸并且减少了设备投资。除此之外,缩小设备尺寸还使得 Higee 设备在必须使用特殊材质进行耐腐蚀或需要进行危险材料库存的危险操作时较普通精馏设备更经济;热敏性材料可以在 Higee 设备中得到有力的加工,因为它在设备中的停留时间非常短。

7.5.1.4　超重力精馏的适用体系

目前,已有众多研究学者对超重力精馏进行了研究,其中涉及不同的体系,包括环己烷-正庚烷、乙醇-水、三甘醇-水、正丁烷-异丁烷、苯-异丙苯等,且超重力精馏不只运用于精馏过程中,还应用于处理热敏性物质,以及用于 CO_2 在不同溶剂中的吸收等其他吸收过程,CO_2 的吸收对于减碳有着非常重要的作用。

在上述体系中,超重力技术均有着很好的表现,强化了传质过程,从而使得设备尺寸相对于传统塔器大幅度缩小,大大减少了设备投资和设备占地面积。

7.5.1.5　超重力精馏技术的应用

超重力技术在化工过程中的应用已经非常成熟。超重力设备广泛运用于化工过程中,主要分布在浙江、山东、河南、河北、安徽、江西等地。在石油工业领域,异丁烷是比正丁烷更有价值的原料,因为异丁烷能够用于生产高辛烷值汽油混合组分。异丁烷是通过正丁烷异构化得到的,要得到纯的异丁烷就要将二者分离,二者的分离是困难的,传统的精馏塔需要高回流比,塔的高度高,而采用超重力精馏技术,设备体积缩小至传统精馏塔的 1/44。

CO_2 是温室气体,是全球变暖的原因之一。过度的碳排放会导致全球变暖、海平面上升、环境恶化等。面对碳达峰碳中和,CO_2 的吸收是重要关注点之一,林家昌等对不同 CO_2 吸收剂进行了实验,发现旋转填料床的应用对于减少温室气体 CO_2 有着巨大潜力。

对于热敏性高黏度液体的处理,液体的黏度越大,传质效果越差,因为黏度大的液体流动的湍动程度减弱,进而使液体与气体的混合效果变差,最终导致传质效果变差。而液体的黏度受温度影响很大,对于普通物质,可通过加压处理使操作温度升高从而减小液体黏度,避免分离效果变差,或者为达到预期分离效果而采用更高的塔器。但是对于热敏性物质,显然加压提高操作温度这一方法行不通,因为温度升高会导致热敏性物质的热稳定性变差甚至分解,但减压降低操作温度又会增大液体黏度,进而使传质效果更差。而采用超重力精馏技术,液体转速大,即使黏度大,在高转速情况下液体也会快速流动与气体充分接触,避免了为减小液体黏度而提高操作温度使物质分解的情况,并且还缩小了设备尺寸,减少了设备投资,带来了可观的经济效益和社会效益。

运用超重力场进行外场强化的精馏过程很好地诠释了化工过程强化的理念,通过技术创新,精馏过程中的传质和两相微观混合过程得到强化。对于工业化的应用来说,其显著缩小了设备尺寸和占地面积,减少了设备投资。由于具有以上优点,超重力精馏技术被认为是强化传递和多相反应过程的一项突破性技术,被誉为"化学工业的晶体管"和"跨世纪的技术"。

7.5.2 磁场精馏过程强化

磁场在自然界中普遍存在,地球本身就是一个大磁场,自然界中的一切都存在于磁场中。随着磁现象的不断发现,如今磁场已被应用于生活的各个领域,是一种具有广阔应用前景的新技术。

磁场是一种特殊的能量场,磁场对物质理化性质的影响一直是人们感兴趣的课题。磁场处理技术也称为磁化技术或强磁技术。磁场对物质的物理性质有显著影响,如水、原油、有机物等。磁场能够使水系统显著活化,从而对反应的动力学产生影响;也能够使原油磁化,从而使凝固点、黏度、析蜡点下降。磁场处理技术是利用磁场对非铁磁性流体的作用,使被处理物的性质发生某些变化,从而改善生产效果和提升使用效益的一种新技术。

精馏是利用混合物中各组分挥发度的不同而将各组分加以分离的一种分离过程,是目前较成熟的常用单元操作之一,但在相对挥发度小、共沸物等体系中很难分离出目标产物,因此不得不采用一些特殊的精馏方式,如共沸精馏、萃取精馏和反应精馏等。磁场作用在精馏过程中,能够改变混合物中各组分的挥发度,对分离过程产生积极的作用,提高分离效率,减少成本,降低能耗,有重要的实用意义。

胡晖等探究了磁场对乙醇-水、正丙醇-水气液相平衡的影响,证明了磁化对两种体系的气液平衡均有影响,磁化效果随磁场强度和溶液组成的改变呈波动状变化。陈昭威研究了磁场对乙醇-水二元物系精馏分离的影响,用多种方法磁化乙醇-水,从而进行精馏实验。对比磁化与未磁化的精馏数据发现,塔顶气相乙醇含量增加,他将这种影响归因于磁场使氢键断裂。随着磁场技术的不断发展,更多的应用被开发出来。Kargari 等将磁场和膜蒸馏结合用于海水蒸馏,强化了海水淡化生产饮用淡水的工艺过程。Bao 等将低温精馏和磁场耦合,开发出了一种利用梯度磁场强化精馏过程的新方法,为空气分离过程的优化提供了一种新的机理。

近些年来,国内外许多学者在磁场机理方面做了许多研究,并结合大量研究数据提出了许多理论假说,如洛仑兹力理论、赛曼效应作用论、质子迁移理论、磁力键理论、分子动力学模拟理论及氢键磁化共振理论等。然而磁化过程中的影响因素太多,过程复杂,实验的可重复性和可靠性都较差,因此磁化对物质物理化学性质的影响机理至今尚未明晰。

磁化技术是一种新兴的绿色技术,越来越受研究人员的重视。近年来,磁化技术与精馏、萃取、结晶等的耦合已有研究和报道。磁化机理的研究目前处于起步阶段,当前的机理研究基本上都是针对各种具体的体系,属于提出定性假说阶段。目前没有一种理论假说可以完美解释磁化作用机理,还需要进行深入的探讨。磁化机理的成功探究不仅能完善磁化的理论研究,还可以对磁化技术的应用提供指导。

7.5.3　超声精馏过程强化

人耳可识别的声音频率范围为 20 Hz～20 kHz。超声波是指人耳听不到的、频率高于 20 kHz 的声波,它必须依靠介质进行传播,无法存在于真空中。它在水中传播的距离比在空气中的远。超声波波长短,在空气中极易损耗,容易散射,不如可听声和次声波传得远,不过波长短更易于获得各向异性的声能。超声波由于具有方向性好、声能易于集中、穿透能力强、能在不同媒介中传播的特点,被广泛应用于医学、工程学、生物学等领域。蒸馏是化工行业常用的一种分离工艺,但它在某些系统中分离效果不理想,为了强化精馏的分离作用,将超声波和精馏耦合,利用超声波的空化效应,强化液体蒸发过程,以期在较低温度下蒸馏,减少能耗。

超声精馏主要利用超声波空化作用,超声空化是指在超声场作用下液体中的微小气泡由生长到破灭的过程,具体表现为泡核的振荡、生长、压缩及溃灭等一系列动力学过程。小气泡在崩溃的瞬间会产生高温、高压及冲击波,引起物理和化学效应。蒸馏中输入的热量越多,蒸馏效果越好,即能量越大,蒸馏效率越高。但是并不是所有的过程都是如此,比如海水蒸馏,由于海水温度低,因此将海水加热到沸腾需消耗巨大能量;浓缩果汁,升高温度虽可促进水的分离,但是高温也易使果汁腐败。超声精馏是利用超声波对液体的空化效应强化液体的蒸发过程,Takaya 等用表面活性剂证明了超声精馏对物质有独特的分离效率。与传统精馏不同的是,超声精馏由于其低能耗和高分离效率,很有可能应用于分离受热易降解的化合物。

超声波改变气-液相平衡(VLE)和改变共沸混合物的相对挥发性的能力已被发现,为了证明超声精馏的发展潜力,Mahdi 使用 Aspen 软件模拟了超声辅助精馏分离乙醇-乙酸乙酯混合物(在 71.8 ℃的最低沸点下形成共沸物)。结果显示,超声波对分离效果有强化作用,这项研究结果显示了超声波辅助过程有克服共沸物的潜力。通过在精馏塔底部使用适当数量的 USD(ultrasonic distillation)模块且连接到常规精馏,可以高精度地分离共沸混合物。随后 Mahdi 又用 Aspen 软件模拟加强了超声现象在强化精馏过程中克服共沸物的预期潜力。除了软件模拟,研究者还通过实验将普通精馏和超声精馏进行对比,以证明超声的强化作用。在从留兰香(富含香芹酮)中提取风味化合物的实验中,与常规水蒸气蒸馏相比,超声波辅助提取结合真空蒸馏的方法可保留提取物原有风味,证明了超声波精馏的发展前景。除此之外,提取大蒜中敏感香气物质的实验也体现了超声精馏的优势。

超声精馏除了能提高分离效果以外,还能缩短分离时间。肉桂精油具有多种生物活性,是生产多种化学品的重要原料,传统的水蒸气蒸馏法提取肉桂精油需要较长的时间。采用超声波辅助水蒸气蒸馏萃取技术能提高肉桂精油的提取效率,减少了能量消耗和二氧化碳的排放,缩短了提取时间,提供了一种高效环保的提取方法。根据超声强化植物中物质蒸馏分离的机理,该方法还可以应用于其他植物物质的提取,扩大了超声精馏的应用范围。近年来,研究人员越来越关注超声波的重要性,开发出了更多的超声精馏方法。其中,将超声与膜精馏耦合,能够提高分离效率,增强膜分离的效果。为了进一步推动超声精馏的应用,刘尚宜等利用超声波对液体的空化效应,强化液体的蒸发过程,设计以超声波为辅助手段的新型蒸馏中试装置,实现了在较低加热温度与较低过程能耗条件下的高效分离,进一步证明了超声精馏的应用可能性。

超声精馏是一种新兴的分离技术,目前只有少量的软件模拟和实验研究,对超声精馏机理了解不够深入是制约其发展的主要原因,目前普遍认为超声波的空化效应对精馏有强化作用,但还缺少对影响分离效果因素的探究。相信随着研究人员对超声精馏机理的不断探究,超声精馏将会有更好的发展。

7.5.4 微波精馏过程强化

国际电信联盟(ITU)定义的微波频率为 300 MHz~300 GHz,波长在 1 mm~1 m 之间,它是一种电磁波。微波的频率比一般的无线电频率高,通常也称为"超高频电磁波"。自微波化工发展 40 多年以来,微波快速加热和选择性加热的技术被应用到化工生产的多个领域,比如微波辅助干燥、微波辅助萃取、微波辅助有机合成和微波辅助热裂解等。近年来,微波加热也被用于强化精馏过程。

微波加热液体的原理主要是离子传导和偶极极化,如图 7.26 所示,离子和偶极子在交变电磁场中会发生往复振动和旋转并与周围的分子产生碰撞和摩擦,从而产生大量的热,使得物料温度迅速升高。

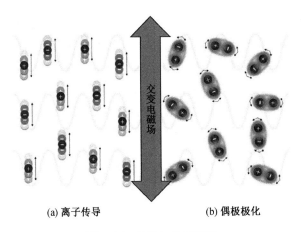

(a) 离子传导　　　　　　　　(b) 偶极极化

图 7.26　微波加热原理图

复介电常数是解释介电加热过程的基本物理参数,其表达式如下:

$$\varepsilon_r = \varepsilon' - j \cdot \varepsilon'' \tag{7.4}$$

式中,实部(介电常数 ε')表示物质吸收微波存储电能的能力;而虚部(介电损耗 ε'')表示物质将吸收的微波能转变成热能的能力,介电损耗 ε'' 越大,表示该物质将微波能转变成热能的效率越高。对于具有相似化学和物理性质及 ε' 相当的两种物质,通常采用式(7.5)所示的介电损耗角的正切 $\tan\delta$ 来方便地比较二者的加热速率,即 $\tan\delta$ 越大,表示该物质在微波场中的加热升温速率越高。

$$\tan\delta = \frac{\varepsilon''}{\varepsilon'} \tag{7.5}$$

现阶段微波强化精馏过程的研究主要集中在原理探究和过程开发两部分。在原理探究阶段,微波强化精馏最初由 Altman 等在研究微波强化丙酸丙酯的反应精馏过程中发现,微波辐照气液相界面后,改变了丙醇和丙酸的相平衡。在同时期,Gao 等开发了图 7.27 所示的微波场气液平衡测定装置,并对上述结论进行了验证。

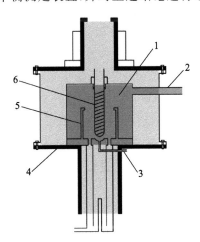

1—沸腾室;2—气相出口;3—液相取样口;4—微波腔体;5—进料喷嘴;6—气-液平衡界面。

图 7.27　微波场气液平衡测定装置

　　如图 7.28 所示,对于极性-非极性体系(乙醇-苯体系),体系相平衡随着微波功率的变化而发生改变,但是对于由不吸波分子组成的非极性混合物,微波辐照对该混合物的气液相平衡没有影响。随着进一步探究,Li 等揭示了二元混合物相对挥发度的变化是由微波选择性加热使得极性分子过热,从而使得更多的极性组分进入气相中引起的。除此之外,他们还发现微波诱导相对挥发度变化(microwave induced relative volatility change, MIRVC)不仅与二元体系的介电性质有关,还与电场强度、分子间作用力及体系的热力学性质(如蒸发焓、沸点序列)有关。

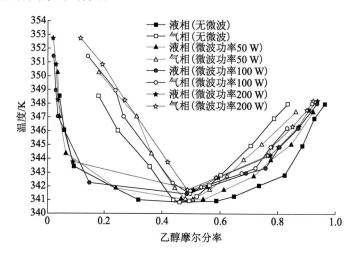

图 7.28　常压环境中微波辐照下乙醇-苯体系的气液相平衡

　　随后,Gao 等基于 MIRVC 原理首次开发了微波诱导液膜蒸发器,并将其用于强化极性和非极性共沸体系的分离。结果表明,MIRVC 效应随着组分间介电性质差异的增大而增强,同时体系的沸点序列也会影响 MIRVC 效应。MIRVC 定量化研究是其进行实际应用的基础,Zhao 等基于"分子辐射器"和"微波热点"理论,提出了 MIRVC 的作用机理,如图 7.29 所示。微波有选择性加热的特性,所以对强吸波组分和弱吸波组分构成的二元混合物施加微波辐照时,强吸波组分会优先被微波选择性加热,使得其温度升高,增大其蒸发动能,提高强吸波组分的蒸发速率和相对挥发度,使得更多的强吸波组分进入气相。随后 Liu 等进一步完善了 MIRVC 的定量化工作,提出了用于预测二元体系在微波场中气液相平衡变化的微波场气液平衡相(MW－VLE)模型。实验结果表明,增大组分间的介电损耗差值、沸点差值、微波场强度和降低体系的热导率可以显著增强 MIRVC 效应。此外,MW－VLE 模型预测的微波场气液相平衡数据为微波辐照下气液传质过程的数值模拟提供了必要的相平衡数据,使得通过数值模拟进行微波强化蒸馏分离设备的设计、优化及微波强化气液分离新工艺的开发成为可能。

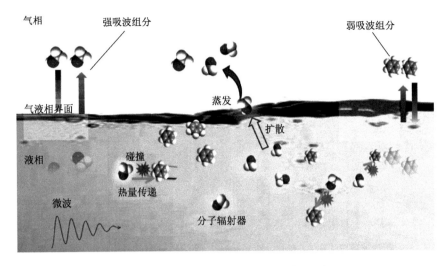

图 7.29　微波诱导相对挥发度变化的作用机理

对 MIRVC 原理的深入研究进一步推动了过程开发的发展,许多新型技术逐渐涌现。特别的是,在 MIRVC 理论下,由于组分间介电性质的显著差异,微波诱导分离过程可以用于增强极性-非(弱)极性共沸体系的分离。例如,Asakuma 等对正丁醇-水共沸体系在微波照射下的蒸发实验表明,微波有效地加速了强吸波组分(正丁醇)的蒸发。基于 MIRVC 现象,Gao 等开发了图 7.30 所示的微波诱导刮膜蒸发器和微波诱导降膜蒸发器,并进行了极性-非(弱)极性共沸体系的分离实验。结果表明,针对水-碳酸二甲酯(极性-非极性)共沸体系,MIRVC 效应可以突破传统的热力学共沸限制,使得更多的水蒸发到气相中。这也直接证明了微波诱导分离在共沸物分离中的应用潜力。

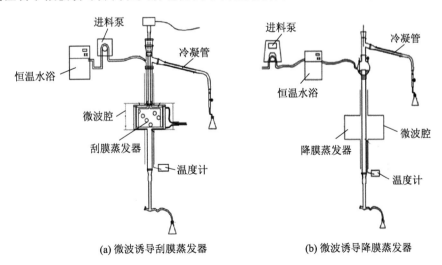

(a) 微波诱导刮膜蒸发器　　　　　　　　(b) 微波诱导降膜蒸发器

图 7.30　微波蒸发设备

随后,Zhang 等借助数值模拟对微波诱导液膜蒸发过程进行了优化设计,进一步提高了分离效率,并提出了更加具体的微波诱导蒸发工艺优化方法和优化方向,如图 7.31 所示。

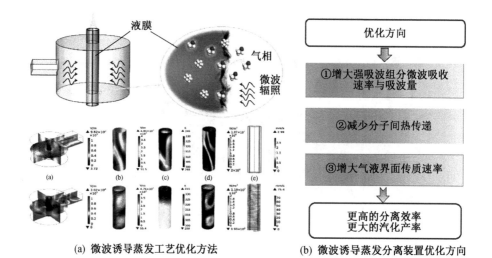

(a) 微波诱导蒸发工艺优化方法　　　　(b) 微波诱导蒸发分离装置优化方向

图 7.31　微波诱导蒸发工艺的优化及方向

优化结果表明,要想获得更高的分离效率和更大的汽化产率,需要从以下三个角度进行设计:① 增大强吸波组分的微波吸收速率和吸波量;② 减少强吸波组分和弱吸波组分之间的传热量;③ 增大强吸波组分在气液界面的传质速率。基于上述优化原则,Liu 等开发了一种新的微波诱导喷雾蒸发装置,如图 7.32 所示。

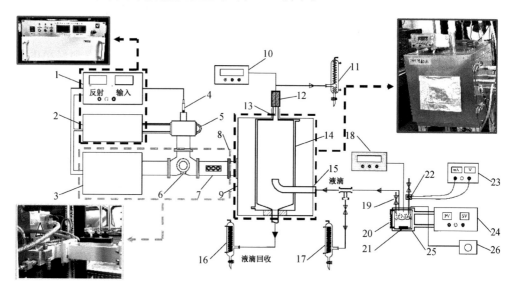

1—开关电源;2—微波电源;3—磁控管头;4—功率计;5—水负载;6—三端口环行器;7—微波反射调制器;8—矩形波导;9—方形微波腔体;10—FTI-10 单通道信号调节器;11—气相冷凝器;12—除雾器;13—光纤探针;14—玻璃蒸发室;15—液滴进料口;16—液相冷凝器;17—旁路电容器;18—热电偶温度计;19—原料进料口;20—液位计;21—超声波振荡器;22—微型风扇;23—稳压电源;24—恒温槽;25—原料槽;26—变压器。

图 7.32　微波诱导喷雾蒸发装置结构图

结果表明,微米级液滴进料有效减小了液层厚度,减少了分子间的传热,提高了分离效率。此外,气液相界面积的增大有效提高了汽化产率,显著提高的分离效率和汽化产率进一步促进了微波诱导分离工艺在共沸分离领域的工业应用。

7.6 精馏过程耦合与强化技术典型工业应用案例

7.6.1 微波精馏分离共沸体系应用

基于 7.5.4 节提到的 MIRVC 原理,对由吸波分子和不(弱)吸波分子组成的混合物进行微波辐照时,微波的选择性加热会加速二元混合物中吸波分子的蒸发。由此可以利用微波的选择性加热,基于 MIRVC 原理对传统精馏的气液传质分离过程进行过程强化。天津大学化工学院的 Gao 等基于 MIRVC 原理开发了微波诱导降膜蒸发器,图 7.33 所示为微波场中的降膜蒸发过程。

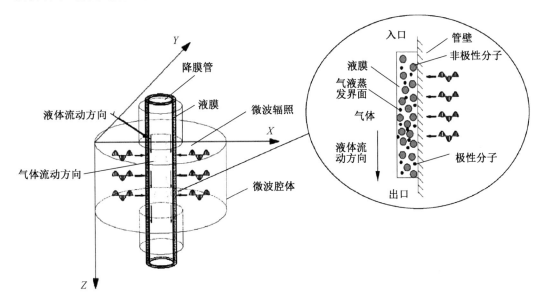

图 7.33 微波场中的降膜蒸发过程

在降膜管中,溶液经液体分布器在重力的驱动下沿着降膜管的内壁以一层极薄的连续液膜形式垂直向下流动,由于液膜的厚度很薄,液相内的传质阻力明显减小,液相内分子扩散速率明显增大,溶液内部的吸波分子更容易扩散到气液界面上。由于微波加热时间相对较短,极性分子与弱极性分子的接触与碰撞有效减少,减少了吸波分子对不(弱)吸波分子的传热量。因此,二元混合物中强吸波分子在吸收微波能量后更容易被汽化,会迅速从蒸发表面逃逸出来,使得溶液主体中的不(弱)吸波分子富集,从而实现两种组分的分离。随后 Gao 等使用微波诱导降膜蒸发器对水(H_2O)-碳酸二甲酯(DMC)体系进行了降膜蒸发分离实验。通过相平衡实验并利用 Aspen 软件拟合得到常压下 H_2O - DMC 体系的共沸点组成为 41%（含水量，摩尔分数），与共沸物手册提供的 38% 的组成相比仅相差 3%，所以认为相平衡实验测得的相平衡数据是准确的。水和 DMC 部分互溶，在 20 ℃ 下，仅当 H_2O - DMC 溶液中水的摩尔分数低于 13.40% 或者高于 96.59% 时溶液是互溶的，若水的摩尔分数处于 13.40% 和 96.59% 之间，则溶液处于相分离状态。所以为了避免实验过程中进料出现分相，进料中水的摩尔分数需要控制在 13.40% 以下。

在实验中，选取 H_2O - DMC 溶液中水的进料组成分别为 4.81%，9.27% 和 13.40%，设置进料温度为 80.5 ℃，进料流量为 12 mL/min，微波功率分别为 120，210，300 和 390 W。微波诱导 H_2O - DMC 二元混合物降膜蒸发分离的实验结果与常规相平衡实验结果的对比如图 7.34 所示。根据在不同进料组成下测得的实验数据，以微波功率密度 P_d 为 x 轴，以气相中重组分（水）的摩尔分数为 y 轴，绘制 P_d - y 图，如图 7.35 所示。对于 H_2O - DMC 体系，从图 7.34a 和图 7.34b 中可以观察到，比较有微波辐照与无微波情况下的相平衡，H_2O - DMC 体系的蒸发分离在微波辐射作用下得到了大大增强。微波功率密度越高，微波诱导的增强效果就越明显。由图 7.34b 和图 7.35 比较可以发现，微波诱导蒸发分离后的液相中水的摩尔分数随着微波功率密度的增加逐渐减小，但是变化趋势不明显。这主要是由于实验室规模的小型实验中只能采用小流量形成薄膜蒸发，蒸发面也比较小，导致蒸发量比较小。当 H_2O - DMC 二元混合物进料中水的初始摩尔分数为 13.40%，而微波功率密度为 10 W·min/mL 时，蒸发分离后的气相质量流量为 22.73 g/h；当微波功率密度增大到 32.5 W·min/mL 时，蒸发分离后的气相质量流量增加到 41.42 g/h。也就是说，在本实验研究的微波功率密度范围内，蒸发量最大只达到了 41.42 g/h。因此，液相组成变化不是很明显。

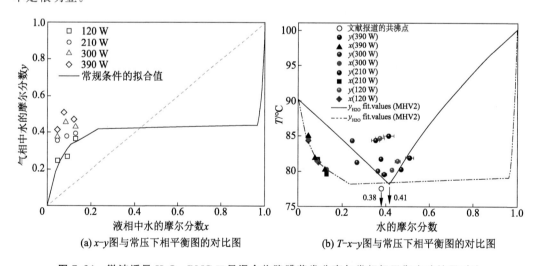

(a) x-y 图与常压下相平衡图的对比图   (b) T-x-y 图与常压下相平衡图的对比图

图 7.34　微波诱导 H_2O - DMC 二元混合物降膜蒸发分离与常规相平衡实验结果对比

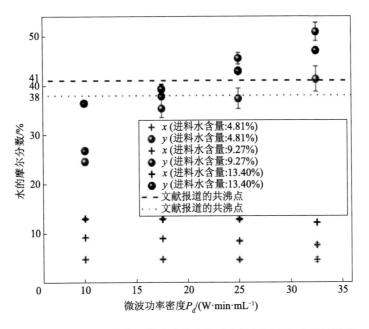

图 7.35　不同进料浓度下微波功率密度对水的气相摩尔分数的影响

　　通过对比图 7.34 和图 7.35,我们可以看到,微波诱导蒸发分离后气相中水的摩尔分数随着微波功率密度的增大快速增加,上升趋势非常明显。当 H_2O-DMC 二元混合物进料中水的初始摩尔分数为 4.81% 时,气相中水的摩尔分数由微波功率密度为 10 W·min/mL 时的 24.60% 升高到微波功率密度为 32.5 W·min/mL 时的 41.30%。当 H_2O-DMC 体系中水的初始摩尔分数为 9.27%,微波功率密度为 10 W·min/mL 时,蒸发分离后气相中水的摩尔分数为 26.78%;当微波功率密度增大到 32.5 W·min/mL 时,蒸发分离后气相中水的摩尔分数显著地增加到 50.84%。当 H_2O-DMC 二元混合物进料中水的初始摩尔分数为 13.40% 时,气相中水的摩尔分数由微波功率密度为 10 W·min/mL 时的 36.41% 升高到微波功率密度为 32.5 W·min/mL 时的 47.03%。从图 7.34 还可以发现在共沸点的左侧,随着微波功率密度的加大,最终气相中水的摩尔分数基本能超过相平衡实验下得到的共沸水组成(38%),也就是说,微波辐射诱导作用在一定程度上能打破 H_2O-DMC 混合物在常规相平衡下的共沸点,实现高效的 H_2O-DMC 体系分离。

　　物质吸收微波能量的表达式如下:

$$\frac{P}{V} = \sigma |E|^2 = (\omega\varepsilon_0\varepsilon'')|E|^2 = (\omega\varepsilon_0\varepsilon'\tan\delta)|E|^2 \tag{7.6}$$

式中,P/V 为每单位体积的物质吸收的微波能量;ω 为角频率($\omega=2\pi f$,s^{-1});ε_0 为自由空间的介电常数,一般 ε_0 取 8.854×10^{-12} F/m;E 为电场强度,V/m,电场强度很大程度上依赖于物质的介电性质;ε' 为被加热物的相对介电常数;$\tan\delta$ 为被加热物的损耗角正切值。假设热损失和扩散可以忽略,处于微波场中的物质在单位时间内的升温速率可用式(7.7)表示。

$$\frac{\Delta T}{t}=\frac{(\omega\varepsilon_0\varepsilon'')|E|^2}{\rho C}=\frac{(\omega\varepsilon_0\varepsilon'\tan\delta)|E|^2}{\rho C} \tag{7.7}$$

式中, ρ 为物质的密度; C 为比热容;其他符号的意义同式(7.6)。从式(7.6)和式(7.7)可以看出,介电损耗高的极性分子吸收微波能量的能力明显高于介电损耗低的非极性分子,同样地,介电损耗高的极性分子在微波场中的升温速率也远远大于介电损耗低的非极性分子在微波场中的升温速率。而在 H_2O - DMC 体系中,水是一种强极性物质,其相对介电常数 ε' 为80.4,而 DMC 的相对介电常数 ε' 仅为2.60,几乎不吸收微波。因此,在 H_2O - DMC 体系中,DMC 吸收微波能量并将其转化为热量的能力远远低于水,并且在微波场的作用下水的温升速率会明显高于 DMC 的温升速率。水分子吸收微波能量并将其转换为热量后用于自身的蒸发,随着微波功率密度的增大,水的蒸发量会越来越大,水在气相中的浓度也越来越高。另外,微波场的存在会改变 H_2O - DMC 体系中水分子的动态氢键网络结构。水分子在液相中是以水分子团簇的结构存在的,这是由于水是一种强极性物质,分子间的电偶极相互作用使得水分子之间形成分子间氢键。存在于溶液中的水分子间氢键不像化学键那样有固定的作用力,它在液态的溶液中处于不断地断开又不断地结合的动态平衡过程中,如式(7.8)所示。

$$(H_2O)_n \xrightleftharpoons{E} xH_2O+(H_2O)_{n-x} \tag{7.8}$$

在这种动态平衡中,水分子团簇中有部分氢键在不停地断裂,所以部分水分子会从缔合的团簇中脱离下来,同时有一些水分子再不断地缔合上去,从而形成新的氢键结构。由于微波辐射的作用,这个动态平衡过程所需要的能量可由水分子吸收大量的微波能量后耗散的热量提供,也就是说,在这个过程中微波场是有利于平衡向右移动的,水分子间的氢键在振荡的微波场中不断地形成和断裂。因此,在外加微波场的作用下,微波能转化成溶液中水分子的内能,加剧水分子的振荡,水分子在获得大量的能量以后,分子间氢键断裂,团簇结构遭到破坏,改变了溶液中水分子的动态氢键网络系统,提高了水分子在溶液中的流动性。而相对于水分子来说,DMC 是介电常数极小的非极性物质,在微波场下不会受到影响。另外,微波场的作用大大影响了强极性分子水在混合溶液中的扩散,使得水分子从液相主体到蒸发界面的扩散大大增强,从而使水分子的蒸发率显著提高,不断地向气相中富集。综上可以得出,Gao 等设计的新型降膜蒸发分离装置微波诱导 H_2O - DMC 分离效果很显著,突破了传统精馏过程的局限性。

接着,Gao 等又考察了进料温度、进料流量及微波功率密度对分离效率的影响。进料温度主要影响进料中分子的初始动能,此部分采用单一变量法进行实验,控制其他条件不变,只改变进料温度,以此考察进料温度对微波诱导分离过程的影响。对于 H_2O - DMC 体系,进料中水的初始摩尔分数为 4.81%,9.27%,13.40%,微波功率密度均为17.5 W·min/mL,设置进料温度分别为 78.0,79.0,80.0 和 81.0 ℃,实验结果如图 7.36 所示。

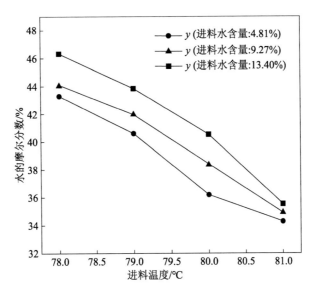

图 7.36 气相中水的摩尔分数随进料温度的变化关系

随着进料温度的升高,重组分在气相中的摩尔分数越来越小,微波诱导分离效果越来越差。从图 7.36 中可以看到,在三组不同的进料组成下,进料温度越高,气相中水分子的含量反而越少。例如,在水的初始摩尔分数为 13.40% 时,当进料温度为 78.0 ℃时,气相中水的摩尔分数为 46.32%,当进料温度升高到 81.0 ℃时,气相中水的摩尔分数下降到 35.53%。产生这种现象的原因可能是进料温度升高会导致进料液中水分子和 DMC 分子初始动能增大,自身的活跃程度增大,从而增加了蒸发界面处极性水分子和非极性 DMC 分子的碰撞频率。当介电常数大的极性水分子吸收了大量的微波能量后,由于剧烈的分子间碰撞,水分子会把部分热量传递给介电常数小的非极性 DMC 分子,DMC 分子中的热量持续累积,导致蒸发的 DMC 分子逐渐增多,气相中的水含量相对减少。此外,过高的进料温度允许进料液中两种组分充分吸收热量,从而可能导致 DMC 分子在进料时已经获得足够的初始动能而实现蒸发,所以气相中 DMC 分子快速增多而水分子大幅度减少。

进料流量也是研究微波诱导分离过程的一个重要参数。进料流量影响微波功率作用在流体上的密度,同时也会影响流体在降膜管中的停留时间和成膜的厚度。实验在常压下进行,对于 H_2O - DMC 体系,进料中水的初始摩尔分数分别为 4.81%,9.27%,13.40%,当水的初始摩尔分数为 4.81% 和 9.27% 时,设置微波功率为 300 W,进料流量分别为 8,12,16 和 20 mL/min;当水的初始摩尔分数为 13.40% 时,设置微波功率为 390 W,进料流量分别为 12,16,20 和 24 mL/min,如图 7.37 所示。

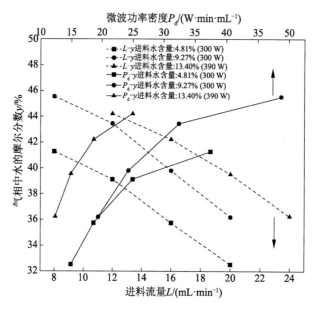

图 7.37　气相中水的摩尔分数随进料流量和微波功率密度的变化关系

从图 7.37 可以看出,微波诱导分离效果随着进料流量的增大而逐渐减弱,即极性大的重组分在气相中的含量越来越少,这对微波诱导分离过程是不利的。以 H_2O-DMC 体系为例,当进料中水的初始摩尔分数为 13.40% 时,在进料流量为 12 mL/min 的条件下,经微波诱导分离后气相中水的摩尔分数为 44.18%;当进料流量加大到 24 mL/min 时,气相中水的摩尔分数下降到 36.24%。一方面,因为进料流量的改变会影响输入的微波功率作用在液体上的密度大小,即固定微波功率,所以改变进料流量会改变微波功率密度。微波功率密度越小,相同体积的溶液吸收的微波能量就越少,相应地,在微波辐射作用下被蒸发的分子数量就越少。所以,在相同的微波功率下,流量越大,作用在 H_2O-DMC 混合液上的功率密度就越小,H_2O-DMC 体系中易吸波物质水吸收的微波能量也就越少,这不利于易吸波的极性水分子从溶液中蒸发分离出来,导致微波诱导蒸发分离的效果越来越不明显。另一方面,进料流量会大大地影响溶液在降膜管中的流动情况。进料流量的增大会缩短溶液在降膜管中的平均停留时间,溶液在降膜管中的平均停留时间决定了吸收微波能量的多少。所以,增大进料流量,平均停留时间缩短,意味着进料液体接受微波辐射的时间相应减少,水分子吸收的微波能量减少,同样不利于极性水分子从溶液中蒸发分离出来。此外,进料流量增大会导致液膜变厚,液膜变厚会导致液相主体中的 H_2O 和 DMC 分子间碰撞及传热加快,H_2O 分子吸收大量的微波能量会更多地传递给 DMC 分子,从而削弱了微波诱导分离的效果。

单位时间内蒸发出来的物质的总质量称为气相蒸发率。对于非平衡过程,气相蒸发率会密切影响蒸发分离后气液相的组成,所以也是研究微波诱导分离过程的一个重要因素,而影响气相蒸发率的因素有很多,如微波功率密度、蒸发面积、进料流量等。以 H_2O-DMC 体系为研究对象来研究气相蒸发率对分离效果的影响。实验均在大气压下操作,进料中水的初始摩尔分数分别为 4.81%，9.27% 和 13.40%，设置进料温度为 80.5 ℃，进料流量为 12 mL/min，微波功率分别为 120，210，300 和 390 W。微波诱导分离后气相质量流量、气相中水的质量流量和气相中 DMC 的质量流量随微波功率密度的变化分别如图 7.38 至图 7.40 所示。

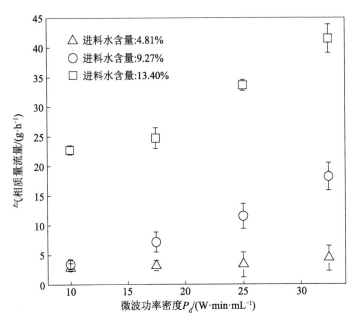

图 7.38　气相质量流量随微波功率密度的变化关系

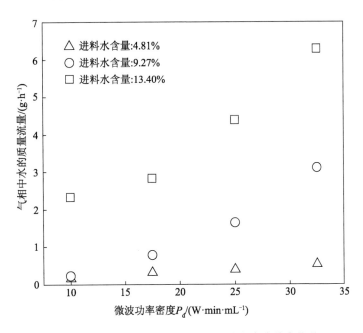

图 7.39　气相中水的质量流量随微波功率密度的变化关系

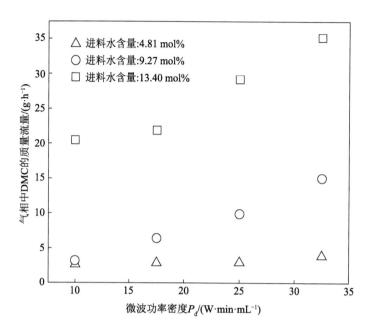

图 7.40 气相中 DMC 的质量流量随微波功率密度的变化关系

从图 7.38 可以看出,在不同的进料组成下,随着微波功率密度的增大,气相质量流量也在逐渐地增大,也就是说,气相蒸发率在逐渐增大。例如,当进料中水的初始摩尔分数为 13.40% 时,气相质量流量由微波功率密度为 10 W·min/mL 时的 22.73 g/h 增大到微波功率密度为 32.5 W·min/mL 时的 41.42 g/h。一方面,输入的微波功率密度越高,单位时间内水分子吸收的微波总能量就越高,处在蒸发界面处的水分子就变得越活跃,越容易从液相中蒸发出去,所以气相中水分子的蒸发率随着微波功率密度的增大而增大。从图 7.39 可以看出,当进料中水的初始摩尔分数为 13.40% 时,气相中水的质量流量由微波功率密度为 10 W·min/mL 时的 2.33 g/h 增大到微波功率密度为 32.5 W·min/mL 时的 6.24 g/h。另一方面,水分子吸收了更多的微波能量后活跃起来,与周围的 DMC 分子的碰撞次数增多,并把少量的热量传递给 DMC 分子,导致 DMC 分子的蒸发率也略有增加。从图 7.40 可以看出,当进料中水的初始摩尔分数为 13.40% 时,气相中 DMC 的质量流量由微波功率密度为 10 W·min/mL 时的 20.40 g/h 增大到微波功率密度为 32.5 W·min/mL 时的 35.18 g/h。综上,总气相蒸发率随着微波功率密度的增加而逐渐增大。

通过此前的研究可知,在控制其他条件不变的情况下,随着微波功率密度的增大,微波诱导 H_2O-DMC 体系蒸发分离的效果逐渐增强。而微波功率密度增大,气相蒸发率也会增大,在非平衡稳态过程中,由于蒸发的气相在不断地输出而被移除,随着时间的延长,极性分子会不断地在气相中累积,气相中极性分子的浓度越来越高,而液相中非极性分子的浓度越来越高,从而能很快实现极性分子和非极性分子的分离,大大缩短分离时间。故气相蒸发率增大,有利于提升微波诱导分离效果。除了微波功率密度会影响气相蒸发率外,还有很多其他因素也影响气相蒸发率,如蒸发面积等。因此在同样的操作条件下,通过装置设计和改进(如增大蒸发面积等)增大气相蒸发率,也是增强微波诱导分离效果、实现二元物系高效分离的关键因素。

对进料温度、进料流量、微波功率密度及气相蒸发率几个重要因素的考察对后续蒸发分离装置设计和优化有重要的指导意义。通过分析各个因素对微波诱导分离效果产生影响的原因,可知微波诱导分离效果实质上与装置中液体平均停留时间及气相蒸发率密切相关,薄膜厚度对微波诱导分离也有重要影响。因此,装置设计及优化应综合考察装置中液体平均停留时间、薄膜厚度及气相蒸发量等因素,例如,液体平均停留时间不宜过长以减少传热,薄膜厚度应尽可能减小分子间传热量,应尽量增大气相蒸发面积以增大气相蒸发量,从而实现微波诱导蒸发分离装置的高效运行。

7.6.2　轻汽油醚化反应精馏过程强化

轻汽油是由 C4-C12 烷烃、环烷烃、芳烃组成的混合物。目前,我国成品汽油中催化裂化(FCC)汽油约占 75%,FCC 汽油中含有大量的不饱和烯烃(体积分数达 55% 以上),在汽油燃烧过程中容易形成积碳和胶质,排放到空气中会造成大气污染。随着我国社会对国民生产生活中绿色环保要求的提高,传统汽油已不能达到相关标准,因此需要进一步开发和利用清洁汽油,目前其整体趋势是向低硫、低芳烃、低烯烃、低饱和蒸气压和较高辛烷值的轻汽油方向发展。

我国汽油中 FCC 汽油所占比例达 70% 以上,因此,要提高我国汽油质量,必须首先寻求经济合理的 FCC 汽油改质技术。FCC 轻汽油醚化工艺反应条件缓和,过程环保,已被证明是提高车用汽油质量的有效手段之一。该工艺将汽油中的烯烃转化成甲基叔戊基醚(TAME),从而降低汽油中烯烃的含量,同时提高汽油辛烷值和燃烧效率,降低空气污染物排放量。其反应过程为异戊烯顺-2-戊烯(2M1B)、反-2-戊烯(2M2B)与甲醇反应生成TAME。

目前,国外工业化的 FCC 轻汽油醚化技术主要有美国 CDTECH 公司的 CDEthers 工艺、芬兰 Neste 公司的 NExTAME 工艺、意大利 Snamprogetti 公司的 DET 工艺、美国 UOP 公司的 Ethermax 工艺、法国石油研究院(IFP)的 TAME 工艺等。国内主流工艺有齐鲁石化公司研究院的轻汽油醚化工艺、抚顺石油化工公司的轻汽油醚化工艺,以及中石化石油化工科学研究院的催化裂化轻汽油醚化(LNE)工艺等。国外的轻汽油醚化技术中,CDEthers 技术比较成熟,在国内外应用最多,其 C5 烯烃转化率最高,包含催化精馏技术,但由于其转让技术成本较高,国内目前逐渐取代该技术的为中石化石油化工科学研究院开发的 LNE 技术。此技术共三代,其中 LNE-3 技术含有催化精馏塔,可根据醚化汽油去向配套后醚化反应器或者不配套,C5 烯烃转化率为 93%~96%,C6 转化率较高,达到 55%~65%。

传统轻汽油醚化工艺受醚化反应平衡限制,存在醚化深度低、能耗高的问题,天津大学李鑫钢课题组依据反应精馏过程强化优势,将轻汽油醚化工艺与反应精馏技术相结合,开展了反应精馏可行性分析、反应精馏模型建立、工业级反应精馏过程模拟及优化、低能耗工艺开发等系列研究工作,提出了高反应转化率、低能耗的轻汽油醚化反应精馏工艺技术,并成功完成该工艺的工业化应用。

反应精馏塔中存在反应与分离过程的匹配问题,不是所有的反应都适用于反应精馏技术。轻汽油醚化反应精馏塔内反应和精馏分离之间受到许多因素的影响,即使塔板数、反应速率、停留时间、进料位置、反应物进料配比、副产物浓度及催化剂用量等参数发生很小的变化,都会对轻汽油醚化反应精馏效果产生较大的影响,因此反应精馏工艺的可行性分析变得十分困难。

传统反应精馏研究过程需先依靠开发者经验判断其可行性,后依靠中试实验进行反应精馏可行性研究,可行性判断结果与实验结果存在较大偏差,且盲目实验会造成人力、物力浪费。天津大学李鑫钢课题组在轻汽油醚化反应精馏工艺实验前,运用自主研发的新型固定点设计法对此工艺进行可行性分析并得到初步设计结果,为后续中试实验及模型建立提供了基础数据,可行性分析结果如图 7.41 所示。从图 7.41 中可以看出,反应精馏工艺可应用于轻汽油醚化过程,反应精馏塔的初步设计为:反应精馏塔共需 9 块理论板,塔顶压力为 500 kPa,回流比为 3,进料位置在第 4 块理论板时,塔底可以获得摩尔分数为 0.95 的 TAME。

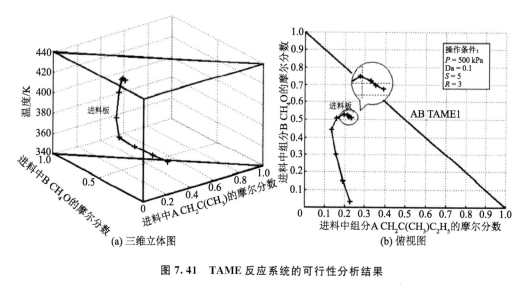

(a) 三维立体图   (b) 俯视图

图 7.41 TAME 反应系统的可行性分析结果

该课题组以轻汽油醚化反应精馏工艺工业化建设为目标,建立了轻汽油醚化反应精馏工艺模型。为验证该模型的准确性,在确定反应精馏工艺可行之后,以初步设计结果为指导对轻汽油醚化反应精馏工艺进行中试实验研究。模拟过程中所考察的工艺条件与其反应精馏中试实验所考察的工艺条件一致,将反应精馏工艺模拟所得的温度、烯醇比及回流比对转化率的影响结果与实验值进行比较,结果如图 7.42 所示。从图 7.42 中可知,模拟得到的转化率随不同参数变化的曲线与实验所得曲线趋势一致,且所得转化率数值在误差范围内。由此可以验证轻汽油醚化反应精馏工艺模型的准确性。

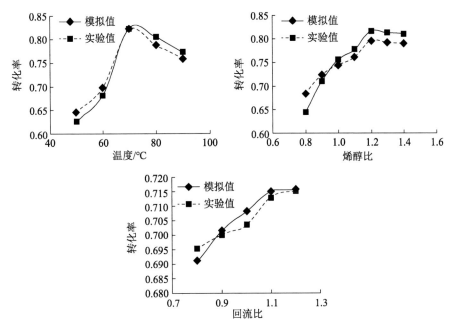

图 7.42　工艺条件对转化率的影响

该课题组运用上述反应精馏模型对此轻汽油醚化工业流程中的醚化反应精馏塔进行模拟,并对此反应精馏塔的各段理论板数、塔顶压力、进料位置、烯醇比、回流比等主要参数进行优化,用以指导工业化设计及成套工艺包的开发。模拟采用的原料轻汽油取自炼油厂 FCC 生产单元的数据。模拟基本条件和主要参数如下:理论板 30 块,其中精馏段5 块、反应段 10 块、提馏段 15 块;塔顶为全凝器,塔顶操作压力为 0.5 MPa(绝对压力),单板压降为 1 kPa;进料烯醇比为 1∶1,塔底流量与进料流量摩尔比为 0.36;回流比为 3;采用醚化反应动力学模型处理反应过程,反应段区域为第 6 至第 15 块理论板,进料位置为第15 块理论板;进料温度为 298.15 K。经模拟分析得出最优反应条件为:塔顶压力为0.5 MPa,回流比为 3,进料位置为第 15 块板,烯醇比为 1∶1。在该优化条件下,采用Aspen Plus 软件对轻汽油醚化反应精馏过程进行了模拟,通过输出结果并经计算得出反应精馏塔中 2M1B、2M2B 的转化率分别是 75.02%,90.16%,总的活性烯烃转化率是 85.64%。

在上述的轻汽油醚化反应精馏工艺中,C5 与甲醇在预反应后进入反应精馏塔进行反应分离以获得高纯度 TAME 产品。该工艺依靠反应精馏工艺优势,虽比传统先反应后分离的工艺有较大经济优势,但仍然存在能耗节约点。为进一步降低轻汽油醚化工艺能耗,该课题组在反应精馏工艺基础上引入差压热耦合工艺技术,将原工艺反应精馏塔的提馏段单独列出,形成一个低压精馏塔,精馏段和反应段则设定为高压反应精馏塔。这样设计有利于两塔压力差引起塔内温度差,使得高压塔塔顶可以与低压塔塔底进行换热,如图 7.43 所示。李鑫钢课题组提出的轻汽油醚化差压热耦合工艺在相同处理条件下较反应精馏工艺在操作费用上有较大优势,每年可节约 6% 的操作费用。

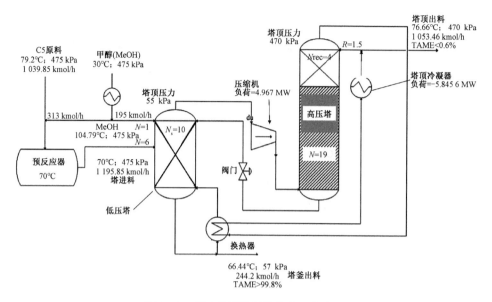

图 7.43 反应精馏差压热耦合工艺流程

以上述研究为指导,李鑫钢课题组已成功将此轻汽油醚化反应精馏技术用于宁夏、广西等数十家汽油生产企业中。运用此技术可将叔戊烯转化率提高约 3.62%,叔己烯转化率提高约 20%,能耗降低 19.4%,可取得良好的经济效益与社会效益。

7.6.3 精馏与蒸气渗透膜耦合工业应用

精馏与蒸气渗透膜耦合的工业装置在全世界已有很多,本节主要介绍已在我国建成的精馏与蒸气渗透膜耦合装置。目前我国已建成的精馏与膜耦合装置多用于共沸物的分离。

7.6.3.1 费托合成水相副产物——混合醇回收

费托合成水相副产物经分离得到低碳混合醇,包括甲醇、乙醇、丙醇、丁醇、戊醇、己醇、庚醇、辛醇等与水的混合液,其中除甲醇外都会与水形成共沸物。对混合醇进行回收的传统萃取精馏流程共设置了 7 个精馏塔和 5 路循环(见图 7.44),流程冗长并且难以控制。考虑到分子筛膜渗透汽化脱水可以不受气液平衡的限制,胡子益等提出精馏与分子筛膜渗透汽化脱水耦合工艺以实现低碳混合醇的分离与回收。混合醇在合成水中仅占约 5%(质量分数,下同),并且合成水中除甲醇外其他醇类组分均与水形成共沸物,如果不将合成水中的水分先除掉,该水分将影响每一步的分离操作。所以,流程设计的思路是先将混合醇中的水分除掉,再对混合醇进行组分分离。费托合成水相副产物——混合醇回收的精馏-膜分离耦合工艺流程如图 7.45 所示。

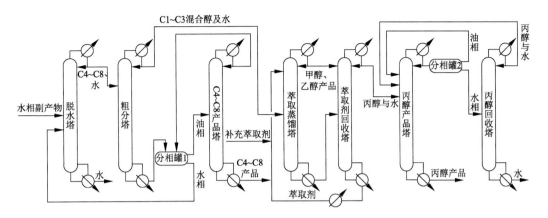

图 7.44　费托合成水相副产物回收的传统萃取精馏流程

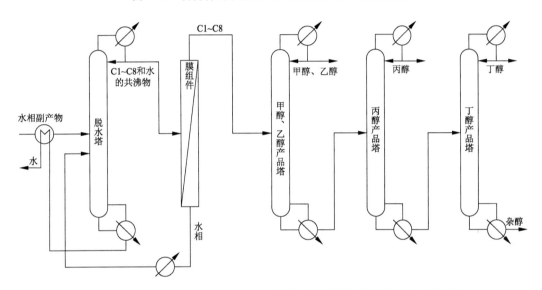

图 7.45　费托合成水相副产物——混合醇回收的精馏-膜分离耦合工艺流程

　　第一步,利用脱水塔将合成水中的混合醇提浓,塔顶得到混合醇和水的共沸物,共沸物中混合醇含量约为 65%。塔底水温度约 100 ℃,原料合成水温度为常温,为回收塔底水热量,合成水在进脱水塔前先与脱水塔塔底水进行换热,可有效降低脱水塔的能耗。第二步,利用无机分子筛膜渗透汽化技术进行混合醇脱水,脱水后的混合醇含水量<0.3%,此时微量水对混合醇各组分分离已无影响。分子筛膜渗透液中含有少量的混合醇,设计此股物流返回脱水塔。第三步,利用甲醇、乙醇产品塔将混合醇中的甲醇、乙醇产品采出。第四步,利用丙醇产品塔将混合醇中的丙醇产品采出。第五步,利用丁醇产品塔将丁醇产品采出,塔底为 C5~C8 杂醇。胡子益以 200 t/h 进料量为基准,对两种工艺流程进行了模拟和对比,结果见表 7.1,由表 7.1 中的结果可见精馏-膜耦合工艺优势明显。

表 7.1 两种工艺流程关键数据对比

流程	主要设备数量	循环回路数量	产品种类	产品纯度/%	总负荷/(GJ·h^{-1})
精馏-膜耦合流程	5	0	4	>99.5	164.04
萃取精馏流程	7	5	3	>99	236.34

2015 年,陕西延长石油（集团）有限责任公司在费托合成项目中率先采用大连海斯特科技有限公司的分子筛膜脱水技术,建设完成了规模为 1 000 t/年混合醇回收的分子筛膜脱水工业化示范装置,并与精馏装置进行耦合,如图 7.46 所示。此套装置共设置分子筛膜组件 8 个,膜面积 67 m^2,采用串联方式实现混合醇脱水的目标。主要设备数减少为 5 个,无循环回路,且热负荷减小为传统萃取流程的 69.4%。

图 7.46 精馏-分子筛膜耦合工艺工业化示范装置现场设备安装图

7.6.3.2 异丙醇回收

异丙醇在制药工业中被广泛用作溶剂或萃取剂,异丙醇与水可形成共沸物（常压下含水量约为 12.6%）,传统异丙醇回收采用共沸精馏或萃取工艺,能耗高,污染严重。江苏九天高科技股份有限公司为沈阳三九药业有限公司设计了 3 000 t/年的精馏-分子筛膜耦合分离异丙醇装置,将蒸气渗透膜置于异丙醇精馏塔的塔顶,塔顶异丙醇蒸气（含水量约为 12%）经蒸气渗透膜脱水后获得成品异丙醇,具体工艺流程如图 7.47 所示。来自生产工艺的异丙醇料液由进料泵输送,依次与成品蒸气换热后进入精馏塔,塔内加压连续操作。经全回流稳定操作后,精馏塔塔顶采出含水量约为 12% 的异丙醇蒸气,经分凝器部分冷凝后流入回流罐内,再由回流泵输送至精馏塔顶部,部分未冷凝异丙醇蒸气经过热器过热后进入膜分离机组。膜分离机组由多个膜组件串联构成,原料中的水分和少量异丙醇经膜组件由膜上游侧渗透至膜下游侧,在膜上游侧最后一级得到成品,膜下游侧采用抽真空加冷凝的方式以形成膜上下游两侧组分的蒸气分压差。渗透液蒸气在真空机组抽吸下进入冷凝器,冷凝后的渗透液被当作废水处理,精馏塔塔底废液经冷却器冷却后被当作废水处理。江苏九天高科技股份有限公司设计的类似耦合装置是 8 000 t/年的乙醇和水分离蒸馏-分子筛膜耦合装置。其蒸气渗透模块设置在蒸馏塔的顶部,以打破乙醇和水的共沸物。与传统萃取精馏相比,其运营成本降低了 31.2%。

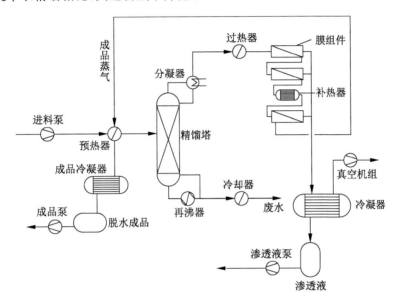

图 7.47　精馏-蒸气渗透膜耦合分离异丙醇-水工艺流程图

丙烯直接水合法是工业上生产异丙醇的主要方法,但国内丙烯资源紧张,丙烯水合工艺生产异丙醇的丙烯消耗和能耗均很高,生产成本很高。与丙烯情况相反,国内丙酮产能较大,市场量富足,价格较低,开发丙酮加氢生产异丙醇技术具有广阔的应用前景。在丙酮加氢生产异丙醇的过程中伴随少量的副反应,副反应产物主要有水、二异丙醚、双丙酮醇及 4-甲基戊醇等,在后续异丙醇精制过程中需要分离这些副产物。异丙醇精制一般采用两个精馏塔:在第一个塔的塔顶除去副产物水及少量未反应完全的丙酮,在塔底得到异丙醇和其他重组分副产物;在第二个塔的塔顶得到含水量<0.03%的异丙醇产品,其余重组分在塔底除去。由于异丙醇与水、丙酮形成三元共沸物(丙酮 8%,异丙醇 81%,水 11%),传统的共沸精馏、萃取精馏等脱水分离工艺操作复杂,成本过高且环境污染严重,目前生产厂家一般将其作为废液出售,导致异丙醇收率下降、生产成本过高。江苏九天高科技股份有限公司为盐城市苏普尔化学科技有限公司设计了一套 8 000 t/年的异丙醇-丙酮-水膜分离装置,将此三元共沸物进行膜脱水处理,再将得到的无水异丙醇和丙酮混合物送回反应器入口处,有效提高了异丙醇的收率。其工艺流程图如图 7.48 所示。

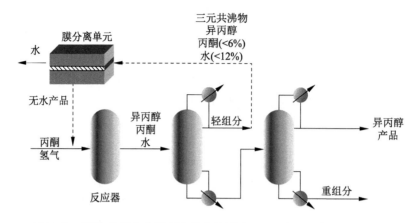

图 7.48　精馏-渗透汽化膜耦合分离异丙醇-丙酮-水三元共沸物流程图

7.6.3.3　乙腈回收

在醋酸氨化法合成精制乙腈的传统工艺中,醋酸与氨气发生氨化反应得到乙腈。反应结束后的粗产品中包含乙腈、水及少量氨气,将该粗产品经两级吸收塔吸收去除氨气后依次进入乙腈提浓塔、负压塔和高压塔得到成品乙腈,通过变压精馏克服乙腈与水所形成的恒沸物(常压下含水量约为 16%,见图 7.49)。这类工艺蒸气消耗量大,设备占地面积大,工艺流程长,料液循环量大,操作复杂,乙腈收率低。

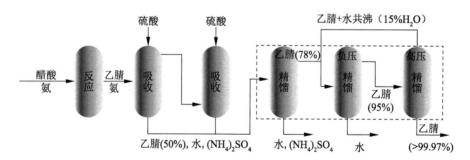

图 7.49　醋酸氨化法合成精制乙腈的传统工艺流程图

江苏九天高科技股份有限公司为山东汇海医药化工有限公司设计了 10 000 t/年的精馏-分子筛膜耦合分离乙腈装置,如图 7.50 所示,乙腈提浓塔塔顶的 78% 乙腈水蒸气进入蒸气渗透膜脱水后再进入乙腈常压精馏塔(见图 7.51)。该新工艺乙腈回收率高,工艺过程简单,安全系数高,能量利用率高,料液循环量小,运行能耗低(传统工艺蒸气消耗 4 t 蒸气/t 产品,新工艺消耗 1.6～2 t 蒸气/t 产品),无第三组分加入。

图 7.50　山东汇海 10 000 t/年精馏-分子筛膜耦合分离乙腈装置

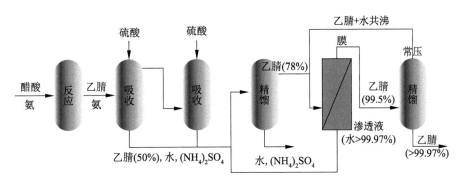

图 7.51　醋酸氨化法合成精制乙腈的新工艺流程图

 **大师风采**

怀念余国琮先生

余国琮,1922 年 11 月出生于广东省广州市,1943 年毕业于西南联合大学(以下简称"西南联大")化工系,1945 年起先后在美国密歇根大学、匹兹堡大学攻读硕士、博士学位,毕业后在匹兹堡大学任教。1950 年入选美国科学家名录,同年夏,他冲破重重阻力,毅然返回祖国,是首批留美归来学者之一。1952 年起在天津大学化工系工作,1953 年加入中国民主促进会。1991 年当选为中国科学院院士。

余国琮先生是我国精馏分离学科的创始人、现代工业精馏技术的先行者、化工分离工程科学的开拓者,长期从事化工分离科学与工程研究,在精馏技术基础研究、成果转化和产业化领域做了系统性、开创性工作。他提出了较完整的不稳态蒸馏理论和浓缩重水的"两塔法",解决了重水分离的关键问题,为新中国核技术起步和"两弹一星"突破作出了重要贡献。他面向我国经济建设的重大需求,开展大型工业精馏塔新技术研究,奠定了现代精馏技术的理论基础,开发了"具有新型塔内件的高效填料塔技术",完全打破了国外技术的垄断,实现了我国石化工业的跨越式发展。他致力于化工基础理论研究,提出气液平衡组成与温度关系理论的"余-库"方程,开创了计算传质学新研究领域,引领了化工分离学科领域的发展。

（1）"回来为自己的国家做点事"

1938年,日寇侵占广州,余国琮随父母到香港避难,后考入西南联大。战火纷飞的年代和颠沛流离的生活,让16岁的余国琮目睹家园从繁华到满目疮痍,促使他在心底埋下了"科学救国、科学强国"的种子。

1945年,余先生赴美留学,只争朝夕,两年内获得硕士、博士学位,1947年获匹兹堡大学博士学位后留校任教,从事化工热力学及蒸馏理论研究,被美国多个荣誉学术组织吸纳为会员,被列入1950年的美国科学家名录。那时,摆在余先生面前的是一条学术坦途。但学成报国是余先生一切努力的动因,当得知新中国成立的消息后,1950年8月,余先生毅然放弃了先进的科研平台和优渥的生活,以赴香港探亲为名避开封锁,返回祖国。"很多人问我,为什么放弃美国那么好的工作、生活条件选择回国,其实我的想法很简单,那就是回来为自己的国家做点事。"在一篇自述中余国琮回忆道。

袁希钢回忆,"余先生和他的导师——著名化工学家库尔教授感情深厚,库尔教授把家里的钥匙都给了他,对他一再挽留,而余先生只有一句——我的国家很需要我,我不能推脱这个责任"。"出国留学,就是为了学成回国,报效国家。余先生的经历影响了一代又一代天大学子。"天津大学化工学院教授巩金龙追忆着先生的事迹,"科技报国是老一辈科学家的使命,实现高水平科技自立自强,是我们这一辈科技工作者的必答题。"

1950年10月1日,余国琮和几十名归国学者应邀参加了国庆大典。"余先生总跟学生提起这段经历,'我们被安排在天安门两侧的观礼台观看国庆阅兵和游行,这是祖国给予归国学者们的崇高荣誉'。先生此后的每一天都用'努力'回报祖国这份礼遇,心怀国之大者,攻关国家'亟需',百岁高龄仍伏案工作总结工程科学问题。"天津大学化工学院前院长马新宾最佩服余先生开拓科研方向的战略眼光。

（2）一定要争一口气

20世纪50年代,我国尚未掌握重水的工业生产技术。余国琮知道重水在尖端科技中的重要作用,也深知这样的核心科技是求不来的,只能靠自己研发。1959年5月28日,周恩来总理来到天津大学视察,特地参观了余国琮分离重水的实验室。他握着余国琮的手说:"我听说你们在重水研究方面很有成绩,我等着你们的消息。

现在有人要卡我们的脖子,不让我们的反应堆运作。我们一定要争一口气,不能使我们这个反应堆停下来!"为"争一口气",余国琮做研究时更加废寝忘食了。

重水是原子裂变反应堆不可或缺的重要物质。在天然水中,重水的含量约为1.5/10000,如何将其提纯到 99.9% 并实现工业化生产? 这是一项巨大的挑战。为此,余国琮带领团队,在极其简陋的条件下日夜攻关,创造性地采用多个精馏塔级联等多种创新的方式替代传统的精馏方式。周恩来总理在视察实验室一年之后,还专门给学校打电话,询问重水分离技术的研究进展。余国琮坚定地回复说:"可以告诉总理,研究进行得很顺利。"

1965 年,余国琮带领的科研团队为提取纯度达 99.9% 的重水提供了关键技术。他首次提出浓缩重水的"两塔法",该技术作为我国迄今唯一的重水自主生产技术被沿用至今,为实现我国重水的完全自给,为新中国核技术起步和"两弹一星"的突破作出了重要贡献。

"我当初抱着朴素的爱国心回来,只想贡献自己的一些力量。回国那年,我有幸参加天安门的国庆阅兵,也看到了伟大的解放军。现在国家比当时强大了很多。我很高兴为国家做了一点事情,当初的选择是正确的。"提起关于重水的往事,余国琮十分欣慰。

（3）从"技术"走向"科学"

在美国的学习经历让余国琮对二战后的美国及世界化工学科的发展趋势有了深刻的了解。"'战后美国的化学工业发展得比较快,但中国人在基础研究等多个领域仍有机会,我们有信心迎头赶上。'余国琮先生曾这样对我们说。"袁希钢回忆道。

20 世纪 80 年代初,我国首批巨资引进的大庆油田原油稳定装置是实现年利润50 亿元生产乙烯的龙头装置。但是,由于装置的设计没有考虑我国原油的特殊性,投运后无法正常运行,整个流程都无法正常生产,外国技术人员数月攻关仍未解决这这一问题。为此,余国琮应邀带领团队对该装置展开研究,很快发现了问题所在。通过运用自主技术对装置实施改造,他们实现了整套装置的正常生产,甚至在一些技术指标上还超过了原来的设计要求。

有专家表示,这次利用自主技术对工业装置成功实施改造,开创了中国人给进口成套装置"动手术"的先河,使中国科技工作者树立了信心。

进入 21 世纪,以大型石化工业为代表的化学工业成为我国国民经济的支柱性产业,而精馏作为覆盖所有石化工业的通用技术,在炼油、乙烯制备和其他大型化工过程中发挥着关键作用。

余国琮认识到,新的技术条件和市场需求使现有的精馏技术不断受到新的限制,特别是精馏在热力学上的高度不可逆操作方式,以及在设计中对经验的依赖,已经成为限制精馏技术进一步提高的瓶颈。

"工业技术的革命性突破必须在基础理论和方法上取得突破的前提下才能实现,而基本理论和方法的突破必须要打破原有理论框架桎梏,引入并结合其他学科最新的理论和技术研究成果。"余国琮说。

为此,余国琮针对精馏及其他化工过程开辟了一个全新领域——化工计算传质学理论,从根本上摆脱现有精馏过程工业设计中对经验的依赖,让化工过程设计从一门"技术"逐步走向科学。

(4)"站着讲课是我的职责"

1954年,在余国琮的指导下,我国第一套大型塔板实验装置正式建成。经过两年的探索,他于1956年撰写论文《关于蒸馏塔内液体流动阻力的研究》,引起了当时化工部的注意,并被邀请参与化工部精馏塔标准化的大型实验研究。此后不久,余国琮参与了我国第一个科学发展远景规划——"十二年科技规划"的制定工作,天津大学的化工"蒸馏"科研被列入"十二年科技规划"之中,随后天津大学化学工程专业也于1958年设立。

什么是一流大学?余先生铿锵地回答:中国的一流大学必须为国家的建设和发展作出重要的贡献,只有通过科研成果、人才培养,解决国家重大需求,才能成为一流大学。在大学校园度过了大半生的余国琮经常挂在嘴边的一句话就是:"我是一名人民教师,教书育人是我最大的职责。"

"有课的日子,我都会凌晨4点起床,一遍遍审视讲课内容。即使这门课已经教授很多年、很多遍,我也要充分备课,精益求精,就像精馏提纯的过程。而这份郑重来自先生的言传身教。"袁希钢至今还清楚地记得余先生85岁那年还坚持给本科生上一门"化学工程学科的发展与创新"的创新课。一堂课大约要持续3个小时,学生们怕老先生身体吃不消,给他搬来一把椅子,可先生却总是拒绝:"我是一名教师,站着讲课是我的职责。"曾有人问他为何如此拼命,余国琮回答说:"在国内外高水平论坛上的任务是交流,我们要把国外前沿的研究成果引进来,要把最新的研究成果推出去;科普工作则更为重要,为大学生讲课是培养创新人才的重要途径。只要身体条件允许,我能多讲一些就多讲一些,让更多的年轻人了解、投身祖国的化工事业,为祖国培养更多的优秀化工类人才。"

临终前,余先生嘱托丧事一切从简,不设灵堂,不开追悼会。2022年4月6日下午,袁希钢为恩师最后一次扎上了领带,"先生很低调,浮华的事情不参与,不挂名,只醉心学术,每次见面、打电话的话题只关乎三件事:传质学理论与方法归纳总结的进展,学术研讨会的筹备,后辈学子的成长"。先生走了,我们缅怀他为中国核工业和精馏技术领域作出的巨大贡献,也铭记他为国"争一口气"的铮铮风骨。先生总说:"要干世界一流事,做隐姓埋名人。"

参考文献

［1］李鑫钢,高鑫,漆志文,等. 蒸馏过程强化技术［M］.北京：化学工业出版社,2020.

［2］廖传华,江晖,黄诚.分离技术、设备与工业应用［M］.北京：化学工业出版社,2018.

［3］Gorak A,Srensen E. Distillation：fundamentals and principles［M］. Pittsburgh：Academic Press,2014.

［4］Li H,Wu Y,Li X G,et al. State-of-the-art of advanced distillation technologies in China［J］. Chemical Engineering & Technology,2016,39(5)：815−833.

［5］Li H,Wang F Z,Wang C C,et al. Liquid flow behavior study in SiC foam corrugated sheet using a novel ultraviolet fluorescence technique coupled with CFD simulation ［J］. Chemical Engineering Science,2015,123：341−349.

［6］Gao G,Li Y,Zhao J,et al. CFD simulation and optimal design of pre-distributor of straight pipe［J］. Chemical Industry and Engineering Progress,2009,28;355−359.

［7］夏铭. 用于分离共沸物的节能隔壁塔的设计与控制研究［D］.天津：天津大学,2014.

［8］Huang K J,Wang S J. Design and control of a methyl tertiary butyl ether（MTBE）decomposition reactive distillation column［J］. Industrial & Engineering Chemistry Research,2007,46(8)：2508−2519.

［9］Bo C M,Tang J H,Cui M F,et al. Control and profile setting of reactive distillation column for benzene chloride consecutive reaction system ［J］. Industrial & Engineering Chemistry Research,2013,52(49)：17465−17474.

［10］Chien I L,Chao H Y,Teng Y P. Design and control of a complete heterogeneous azeotropic distillation column system ［M］//Computer Aided Chemical Engineering. Amsterdam：Elsevier,2003：760−765.

［11］Chien I L,Zeng K L,Chao H Y,et al. Design and control of acetic acid dehydration system via heterogeneous azeotropic distillation［J］. Chemical Engineering Science,2004,59(21)：4547−4567.

［12］Lv B D,Liu G P,Dong X L,et al. Novel reactive distillation-pervaporation coupled process for ethyl acetate production with water removal from reboiler and acetic acid recycle［J］. Industrial & Engineering Chemistry Research,2012,51(23)：8079−8086.

［13］Ding H,Liu M C,Gao Y J,et al. Microwave reactive distillation process for production of ethyl acetate［J］. Industrial & Engineering Chemistry Research,2016,55(6)：1590−1597.

［14］高鑫. 微波强化催化反应精馏过程研究［D］.天津：天津大学,2011.

［15］陈卫东,柴诚敬. 磁场处理乙醇-水二元物系精馏分离研究［J］.化学工程,2001,29(6)：7−11.

[16] Tsouris C,Blankenship K D,Dong J H,et al. Enhancement of distillation efficiency by application of an electric field[J]. Industrial & Engineering Chemistry Research, 2001,40(17): 3843—3847.

[17] 赵晖. 追忆余国琮院士:百年奋斗路,报国赤子心[EB/OL]. (2022—04—08)[2023—02—16]. https://m. thepaper. cn/baijiahao_17518530.

[18] 杨德明,郭新连. 多效精馏回收 DMF 工艺的研究[J].计算机与应用化学,2008,25(10):1202—1206.

[19] Wang G Q,Zhou Z J,Li Y M,et al. Qualitative relationships between structure and performance of rotating zigzag bed in distillation[J]. Chemical Engineering and Processing-Process Intensification,2019,135: 141—147.

[20] Brochure S. Distillation and heat pump technology[J]. Chemical Technology and Biotechnology,2003,22(47):91—100.

[21] Ranade S M,Chao Y T. Industrial heat pumps: Where and when[J]. Hydrocarbon Processing,1990,69(10):71—73.

[22] Fonyo Z,Kurrat R,Rippin D W T,et al. Comparative analysis of various heat pump schemes applied to C4 splitters[J]. Computers & Chemical Engineering,1995,19: 1—6.

[23] 孙宗伟. 热耦合精馏的适应性及其热力学效率[D].大连:大连理工大学,2008.

[24] Schultz M A,Stewart D G,Harris J M,etal. Reduce costs with dividing-wall columns[J]. Chemical Engineering Progress,2002,98(5): 64—71.

[25] 孙兰义,李军,李青松. 隔壁塔技术进展[J]. 现代化工,2008,28(9): 38—41.

[26] 杨祖杰. 隔壁精馏塔节能应用研究[J]. 化工设计,2019,29(1):25—28.

[27] Luster E W. Apparatus for fractionating cracked products: US43995330A[P]. 1993－06－27.

[28] Wright R,Elizabeth N. Fractionation apparatus: US19460684142[P]. 1949－05－24.

[29] Olujić Ž,Jödecke M,Shilkin A,et al. Equipment improvement trends in distillation [J]. Chemical Engineering and Processing: Process Intensification,2009,48(6): 1089—1104.

[30] Kolbe B,Wenzel S. Novel distillation concepts using one-shell columns[J]. Chemical Engineering and Processing: Process Intensification,2004,43(3):339—346.

[31] 张英,刘元直,陈建兵,等. 拼接式隔板精馏塔的工业应用[J].炼油技术与工程, 2017,47(2):39—42.

[32] Maleta V N,Kiss A A,Taran V M,et al. Understanding process intensification in cyclic distillation systems [J]. Chemical Engineering and Processing: Process Intensification,2011,50(7): 655—664.

[33] Pătruţ C,Bîldea C S,Liţă I,et al. Cyclic distillation-Design,control and applications [J]. Separation and Purification Technology,2014,125：326－336.

[34] Pătruţ C, Bîldea C S, Kiss A A.Catalytic cyclic distillation-A novel process intensification approach in reactive separations[J]. Chemical Engineering and Processing：Process Intensification,2014,81：1－12.

[35] Rasmussen J B,Mansouri S S,Zhang X P,et al. A mass and energy balance stage model for cyclic distillation[J]. AIChE Journal,2020,66(8)：e16259.

[36] Rasmussen J B,Mansouri S S,Zhang X P,et al. Analysing separation and reaction stage performance in a reactive cyclic distillation process[J]. Chemical Engineering and Processing：Process Intensification,2021,167：108515.

[37] Nielsen R F, Huusom J K, Abildskov J.Driving force based design of cyclic distillation[J]. Industrial & Engineering Chemistry Research,2017,56(38)：10833－10844.

[38] Andersen B B, Nielsen R F, Udugama I A, et al. Integrated process design and control of cyclic distillation columns[J]. IFAC-PapersOnLine, 2018, 51(18)：542－547.

[39] Schrodt V N,Sommerfeld J T,Martin O R,et al. Plant-scale study of controlled cyclic distillation[J]. Chemical Engineering Science,1967,22(5)：759－767.

[40] Kiss A A,Bîldea C. Revive your columns with cyclic distillation[J]. Chemical Engineering Progress,2015,111：21－27.

[41] Maleta B V, Shevchenko A, Bedryk O, et al.Pilot-scale studies of process intensification by cyclic distillation[J]. AIChE Journal,2015,61(8)：2581－2591.

[42] 胡兴兰,周荣琪. 萃取精馏技术及其在分离过程中的应用[J]. 化学世界,2009,50(7)；406－409.

[43] 柴诚敬,贾绍义. 化工原理(下册)[M]. 3 版. 北京：高等教育出版社,2017.

[44] 高鑫,赵悦,李洪,等. 反应精馏过程耦合强化技术基础与应用研究述评[J]. 化工学报,2018,69(1)；218－238.

[45] Taylor R, Krishna R.Modelling reactive distillation[J]. Chemical Engineering Science,2000,55(22)：5183－5229.

[46] Kiss A A,Jobson M,Gao X. Reactive distillation：Stepping up to the next level of process intensification[J]. Industrial & Engineering Chemistry Research,2019,58(15)：5909－5918.

[47] Gao X,Ding Q Y,Wu Y,et al. Kinetic study of esterification over structured ZSM-5-coated catalysts based on fluid flow situations in macrocellular foam materials[J]. Reaction Chemistry & Engineering,2020,5(3)：485－494.

[48] Deng T,Li Y K,Zhao G F,et al. Catalytic distillation for ethyl acetate synthesis

using microfibrous-structured Nafion – SiO$_2$/SS – fiber solid acid packings[J]. Reaction Chemistry & Engineering,2016,1(4):409—417.

[49] Deng T,Ding J,Zhao G F,et al. Catalytic distillation for esterification of acetic acid with ethanol：Promising SS – fiber@HZSM – 5 catalytic packings and experimental optimization via response surface methodology[J]. Journal of Chemical Technology and Biotechnology,2018,93(3):827—841.

[50] Zhang D D,Wei D L,Ding W P,et al. Carbon-based nanostructured catalyst for biodiesel production by catalytic distillation[J]. Catalysis Communications,2014,43：121—125.

[51] Smith L A. Catalytic distillation. structure includes catalyst component and resilient component with open space structure：US4443559[P]. 1984 – 04 – 17.

[52] Moritz P,Hasse H. Fluid dynamics in reactive distillation packing Katapak 　—S [J]. Chemical Engineering Science,1999,54(10):1367—1374.

[53] 李永红,广翠,李鑫钢,等. 一种高效传质的催化蒸馏塔内件：CN101306256[P]. 2008 – 11 – 19.

[54] 李鑫钢,高鑫,李永红,等. 催化剂网盒及催化剂填装结构：CN101219400[P]. 2008 – 07 – 16.

[55] Tula A K,Befort B,Garg N,et al. Sustainable process design & analysis of hybrid separations[J]. Computers & Chemical Engineering,2017,105：96—104.

[56] Li H,Guo C K,Guo H C,et al. Methodology for design of vapor permeation membrane-assisted distillation processes for aqueous azeotrope dehydration[J]. Journal of Membrane Science,2019,579：318—328.

[57] Huang Y,Baker R W,Vane L M. Low-energy distillation-membrane separation process[J]. Industrial & Engineering Chemistry Research,2010,49(8):3760—3768.

[58] Boontawan A. Purification of succinic acid from synthetic solution using vapor permeation-assisted esterification coupled with reactive distillation[J]. Advances in Chemical Engineering Ⅱ,PTS 1—4,2012,550—553：3008—3011.

[59] Han W T,Han Z W,Gao X C,et al. Inter-integration reactive distillation with vapor permeation for ethyllevulinate production：Equipment development and experimental validating[J]. AIChE Journal,2022,68(2):e17441.

[60] Li G J,Wang C,Guang C,et al. Energy-saving investigation of hybrid reactive distillation for n-butyl acetate production from two blending feedstocks[J]. Separation and Purification Technology,2020,235：116163.

[61] Neumann K,Hunold S,Groß K,et al. Experimental investigations on the upper operating limit in rotating packed beds[J]. Chemical Engineering and Processing：

Process Intensification,2017,121：240—247.

[62] 郭林雅．错流旋转填料床结构优化及性能研究[D]．太原：中北大学,2019.

[63] 计建炳,王良华,徐之超,等．折流式超重力场旋转床装置:CN2523482[P].2002 - 12 - 04.

[64] 王广全,徐之超,俞云良,等．超重力精馏技术及其产业化应用[J].现代化工,2010, 30(S1)：55—57.

[65] Lin C C,Liu W T,Tan C S. Removal of carbon dioxide by absorption in a rotating packed bed [J]. Industrial & Engineering Chemistry Research,2003,42(11)： 2381—2386.

[66] 成弘,余国琮．蒸馏技术现状与发展方向[J].化学工程,2001,29(1)：52—55,5.

[67] 胡晖,宋海华,贾绍义,等．磁场对乙醇-水、正丙醇-水体系汽液平衡的影响[J].磁性 材料及器件,2002,33(6)：12—14.

[68] 陈昭威．磁场处理水的机理的探讨[J].物理,1992,21(2)：109—112.

[69] Kargari A,Yousefi A. Process intensification through magnetic treatment of seawater for production of drinking water by membrane distillation process：A novel approach for commercialization membrane distillation process[J]. Chemical Engineering and Processing：Process Intensification,2021,167：108543.

[70] Bao S R,Zhang R P,Rong Y Y,et al. Interferometric study on the mass transfer in cryogenic distillation under magnetic field [J]. IOP Conference Series：Materials Science and Engineering,2017,278：012135.

[71] 王瑞娟．中药材中 SO_2 残留分析及脱除工艺研究[D].南京：南京农业大学,2015.

[72] Takaya H,Nii S,Kawaizumi F,et al. Enrichment of surfactant from itsaqueous solution using ultrasonic atomization[J]. Ultrasonics Sonochemistry,2005,12(6)： 483—487.

[73] Mahdi T,Ahmad A,Nasef M M,et al. Simulation and analysis of process behavior of ultrasonic distillation system for separation azeotropic mixtures[J]. Applied Mechanics and Materials,2014,625：677—679.

[74] 刘尚宜,廖桂民,王建兵,等．超声波辅助蒸馏中试装置设计与研制[J].山东化工, 2016,45(22)：124—125.

[75] Gao X,Li X G,Zhang J S,et al. Influence of a microwave irradiation field on vapor- liquid equilibrium[J]. Chemical Engineering Science,2013,90：213—220.

[76] Altman E,Stefanidis G D,van Gerven T,et al. Process intensification of reactive distillation for the synthesis of n-propyl propionate：The effects of microwave radiation on molecular separation and esterification reaction[J]. Industrial & Engineering Chemistry Research,2010,49(21)：10287—10296.

[77] Glowniak S,Szcześniak B,Choma J,et al. Advances in microwave synthesis of

nanoporous materials[J]. Advanced Materials,2021,33(48): e2103477.

[78] Li H,Cui J J,Liu J H,et al. Mechanism of the effects of microwave irradiation on the relative volatility of binary mixtures[J]. AIChE Journal,2017,63(4):1328－1337.

[79] Li H,Liu J H,Li X G,et al. Microwave-induced polar/nonpolar mixture separation performance in a film evaporation process [J]. AIChE Journal, 2019, 65 (2): 745－754.

[80] Gao X, Shu D D, Li X G, et al. Improved film evaporator for mechanistic understanding of microwave-induced separation process[J]. Frontiers of Chemical Science and Engineering,2019,13(4): 759－771.

[81] Zhao Z Y,Li H,Sun G L,et al. Predicting microwave-induced relative volatility changes in binary mixtures using a novel dimensionless number [J]. Chemical Engineering Science,2021,237: 116576.

[82] Liu K,Zhao Z Y,Li H, et al. Development of a novel MW－VLE model for calculation of vapor-liquid equilibrium under microwave irradiation[J]. Chemical Engineering Science,2022,249: 117354.

[83] Liu K,Li H,Zhao Z Y,et al. Microwave-induced spray evaporation process for separation intensification of azeotropic system [J]. Separation and Purification Technology,2021,279: 119702.

[84] Shibata Y,Tanaka K,Asakuma Y,et al. Selective evaporation of a butanol/water droplet by microwave irradiation,a step toward economizing biobutanol production [J]. Biofuel Research Journal,2020,7(1): 1109－1114.

[85] Gao X,Liu X S,Yan P,et al. Numerical analysis and optimization of the microwave inductive heating performance of water film[J]. International Journal of Heat and Mass Transfer,2019,139: 17－30.

[86] Zhang Y S,Zhao Z Y,Li H,et al. Numerical modeling and optimal design of microwave-heating falling film evaporation[J]. Chemical Engineering Science,2021,240: 116681.

[87] Camy S,Pic J S,Badens E,et al. Fluid phase equilibria of the reacting mixture in the dimethyl carbonate synthesis from supercritical CO_2 [J]. The Journal of Supercritical Fluids,2003,25(1): 19－32.

[88] Camelia G. Dielectric parameters relevant to microwave dielectric heating[J]. Children & Schools,1998,27(3): 213－224.

[89] 王建华,丁言镁,左春英. 微波对水分子团簇结构影响的探究[J].菏泽学院学报,2006,28(5): 77－80.

[90] Han G Z,Wang L. Phase equilibrium pressure of dielectric system under influence of

electrostatic field[J]. Energy,2018,142：90—95.

[91] 广翠. 轻汽油醚化的反应精馏技术研究[D].天津：天津大学,2008.

[92] 李洪,孟莹,李鑫钢,等. 蒸馏过程强化技术研究进展[J].化工进展,2018,37(4)：1212—1228.

[93] 胡子益,李洪波,谭宇鑫,等. 分子筛膜-精馏耦合用于费托合成水相副产物混合醇回收的工艺流程模拟[J].化工进展,2016,35(A2)：56—60.

[94] Liu S,Li H,Kruber B,et al. Process intensification by integration of distillation and vapor permeation or pervaporation—An academic and industrial perspective[J]. Results in Engineering,2022,15：100527.

第 8 章

电化学分离

8.1　概　述

物质的分离依赖于物质的"个性",根据其"个性"研究"对症下药"的分离手段,是分离纯化的基本思路。电化学分离(electrochemical separation)是根据原子或分子的电性质和离子的带电性质及行为而进行的一种简洁有效的分离方法,主要包括电解分离法、电泳分离法、电沉积分离法、电渗析分离法、溶出伏安分离法、化学修饰电极分离法和控制电位库仑分离法等。近年来,研究者又开发了一些新的电化学分离技术,如化学镀分离法、介质交换伏安法、流动电极电容去离子分离法,以及电化学耦合分离法等高选择性、高灵敏度的分离方法。它们在富集分离痕量物质、消除性质相近物质的干扰方面扮演着重要的角色。与其他分离方法相比,电化学分离法具有一些独特的优势,如化学操作简单,往往可以同时进行多种试样的分离;除了需要消耗一定的电能外,化学试剂的消耗量少,放射性污染物也比较少;除了自发电沉积和电渗析外,其他电化学分离法的分离速度都比较快。近年来,随着高压电泳的发展,即使对于比较复杂的样品,也能进行快速、有效的分离。

8.2　电解分离法

电解是一种借助外电源的作用使化学反应向着非自发方向进行的过程。外加直流电压于电解池的两个电极上,改变电极电位,使电解质在电极上发生氧化还原反应,称电解池中通过电流的过程为电解。电解时,外加直流电压能使电极上发生氧化还原反应,而两个电极上的反应产物又组成一个原电池,因此,电解过程(非自发的)是原电池过程(自发的)的逆过程。为了确定引起电解所需的外加电压,首先需要知道两个电极上所发生的反应,这样才能计算每一个电极的电势和原电池的电动势,从而得出电解时所需施加的电压。

8.2.1　分离原理

电解分离法利用溶液中各离子具有不同的析出电位,在控制电位的条件下使不同离子还原(氧化),随后以单质或化合物的形式沉积于电极表面,再逆向控制电位使单质或化合物在另外的电解槽中电解氧化(还原)为离子形式,达到分离物质的目的。电解分离依据的主要原理是法拉第电解定律,通过电解分离,待分离物质在电极上所析出的量与通过体系的电量成正比。电解分离装置如图 8.1 所示。

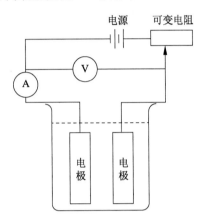

图 8.1　电解分离装置示意图

例如,在含有 0.01 mol/L 银离子和 1.0 mol/L 铜离子的硝酸盐溶液中采用电解分离法分离铜和银,当银离子由此溶液开始析出时,银极(阴极)的电极反应为

$$Ag^+ + e^- \longrightarrow Ag$$

银极的电势(Ag 本身的超电压很小,可以忽略不计)为

$$E_{Ag} = E^\ominus + \frac{0.059\ 1}{n}\lg[Ag^+] = 0.800 + \frac{0.059\ 1}{1}\lg 0.01 = 0.682\ V$$

若溶液中的 H^+ 浓度为 1 mol/L,氧极的超电压为 0.47 V,此时产生氧气的氧极(阳极)的电极反应为

$$H_2O \longrightarrow \frac{1}{2}O_2 + 2H^+ + 2e^-$$

氧极的电势为

$$E_O = 1.229 + 0.47 \approx 1.70\ V$$

在该条件下,电解产物组成的原电池自发反应是

$$Ag + \frac{1}{2}O_2 + H^+ \longrightarrow Ag^+ + H_2O$$

该原电池的电动势为

$$E_{原电池} = E_O - E_{Ag} = 1.70 - 0.682 \approx 1.02\ V$$

由于原电池内发生的反应与电解过程中发生的反应方向相反,所以称此电动势为反电动势。当外加电压与反电动势大小相等时,每一个电极反应处于可逆状态,此时的电解

电压称为可逆分解电压,也称理论分解电压。

当外加电压大于 1.02 V 时,Ag^+ 开始在阴极上析出。当 Ag^+ 浓度降低到极小值(如 10^{-7} mol/L)时,认为其已经完全析出,此时银极的电位为

$$E_{Ag} = E^{\ominus} + 0.059\ 1 \lg 10^{-7} \approx 0.800 - 0.414 = 0.386 \text{ V}$$

此时电解池的电动势为

$$E_{电解池} = E_O - E_{Ag} = 1.70 - 0.386 \approx 1.31 \text{ V}$$

溶液中的铜开始析出,铜极(阴极)发生的电极反应为

$$Cu^{2+} + 2e^- \longrightarrow Cu$$

铜极的开始析出电势为

$$E_{Cu} = E^{\ominus} + \frac{0.059\ 1}{2} \lg[Cu^{2+}] = 0.337 + \frac{0.059\ 1}{2} \lg 1 = 0.337 \text{ V}$$

铜析出时的分解电压为

$$E_{电解池} = E_O - E_{Cu} = 1.70 - 0.337 = 1.363 \text{ V}$$

所以,当外加电压为 1.02 V 时,银开始析出;当外加电压为 1.31 V 时,银已基本上完全析出,而铜还未析出;当外加电压为 1.363 V 时,铜完全析出,从而实现了银和铜的分离。

根据电解过程的不同,电解分离法可分为控制电势电解分离、控制电流电解分离、汞阴极电解分离及内电解分离。

(1)控制电势电解分离

由于各种金属离子具有不同的析出电位,如果想要达到精确分离的目的,就必须调节外加电压,使得工作电极的电势控制在某一范围内或某一电势值,被测离子以单质形式在工作电极上析出,而其他离子则留在溶液中。机械式自动控制阴极电势的电解分离装置如图 8.2 所示。电势的自动调节依靠如下方式进行:用一辅助电压控制阴极电势 E_- 在某一电势(如 -0.35 V)下对待分离样品进行电解,由于电解不断进行,电流逐渐减小,使 E_- 小于 -0.35 V,这时就有电流 i 流过电阻 R,产生电势降 iR,经放大器放大后,推动可逆电动机,从而移动滑动键 B 调节自耦变压器的输出电压以自动补偿 E_-,使其恢复为 -0.35 V。同样,当 E_- 较 -0.35 V 大时,R 上的电流改变方向,滑动键 B 则反向移动,也使 E_- 补偿到 -0.35 V,从而实现工作电极电势的自动控制。

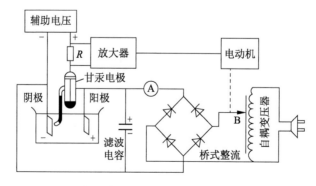

图 8.2　机械式自动控制阴极电势的电解分离装置图

在控制电势电解过程中,开始时被分离的物质浓度很高,所以电解电流很大,物质析出速度快。随着电解的进行,被分离物质的浓度越来越小,因此电解电流越来越小,电极反应的速度也就逐渐变慢,当电流趋近于零时,表明电解已完全。由于工作电极的电势被控制在一定范围或某一个值上,所以被分离物质未完全析出前,共存离子不会析出,分离的选择性较高,因此这种电解分离在冶金分离与测定中被广泛应用。另外一些通过控制阴极电势电解分离目标离子与共存离子的应用实例如表 8.1 所示。

表 8.1　控制阴极电势电解分离的应用

目标离子	共存离子	目标离子	共存离子
Ag^+	Cu^{2+} 和碱金属离子	Pb^{2+}	Cd^{2+},Sn^{2+},Ni^{2+},Zn^{2+},Mn^{2+},Al^{3+},Fe^{3+}
Cu^{2+}	Bi^{3+},Sb^{3+},Pb^{2+},Sn^{2+},Ni^{2+},Cd^{2+},Zn^{2+}	Cd^{2+}	Zn^{2+}
Bi^{3+}	Cu^{2+},Pb^{2+},Zn^{2+},Sb^{3+},Cd^{2+},Sn^{2+}	Ni^{2+}	Zn^{2+},Al^{3+},Fe^{3+}
Sb^{3+},Sb^{5+}	Pb^{2+},Sn^{2+}	Rh^{3+}	Ir^{3+}
Sn^{2+}	Cd^{2+},Zn^{2+},Mn^{2+},Fe^{3+}		

（2）控制电流电解分离

控制电流电解分离装置如图 8.3 所示,该方法通过调节外加电压,使电解电流维持不变。通常,加在电解池两极的初始电压较高,可使电解池中产生一个较大的电流,在该电解过程中,被控制的对象是电流,而电极电势在不断发生变化,工作电极的电势决定了在电极上反应的体系及其浓度。在阴极处,随着反应时间的延长,氧化态物质逐渐减少,还原态物质逐渐增多,阴极电势随时间向负方向改变,因此可能导致在待测离子未电解完全之前,其他共存金属离子就发生还原反应,分离选择性变差。若电解在酸性水溶液中进行,氢气在阴极上析出,使阴极电势稳定在氢离子的析出电位上,此时控制电流电解法可以使电极电势处于氢电极电势以上和以下的金属离子分离。此法还应用于从溶液中预先除去易还原的离子,以利于其他物质的测定,如在测定碱金属之前,预先用电解法除去重金属,这便是一个很好的分离实例。再如,为了采用电感耦合等离子体发射光谱法测定砷铜合金中的微量磷,因铜对磷的谱线干扰严重,可以采用控制电流电解法分离基体铜。

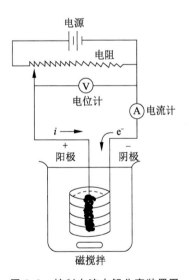

图 8.3　控制电流电解分离装置图

（3）汞阴极电解分离

如果使用汞作为阴极,那么该分离方法称为汞阴极电解分离法。与铂电极相比,汞阴极具有一些独特的优势。氢在汞阴极上析出的超电势很大（大于 1 V）,有利于金属元素特别是那些活泼性顺序在氢以前的金属在电极上析出。而且很多金属都能与汞生成汞齐,降低了它们的析出电位,使那些不能在铂电极上析出的金属能在汞阴极上析出。同时,由于析出物能溶于汞,降低了汞电极上金属的活度,可以防止或减少金属再被氧化和腐蚀。鉴于以上原因,即使在酸性溶液中也能使 20 余种金属(如铁、钴、镍、铜、银、金、铂、锌、镉、汞、镓、铟、铊、铅、锡、锑、铋、铬、钼等)被电解析出,从而使它们与留在溶液中的另外 20 种金属元素(如铝、钛、锆、碱金属和碱土金属等)相互分离。在碱性溶液中,甚至可使碱金属在汞阴极上析出,大大拓宽了电解分离法的应用范围。

汞阴极电解分离常用的装置如图 8.4 所示。此装置由电解池和水平瓶两部分组成,其中电解池的底部呈圆弧形,下接一个三通旋塞阀,旋塞阀的一臂同控制电解池内汞面位置的水平瓶连接,另一臂作排放电解液用。阳极是螺旋形铂丝,试液采用机械搅拌。所用电解液一般是 $0.1\sim0.5$ mol/L 的硫酸或高氯酸溶液,避免使用硝酸和盐酸,因为硝酸根在电极上的还原会降低有关反应的电流效率,而氯离子则可能会腐蚀阳极。电解时,电流密度一般为 $0.1\sim0.2$ A/cm^2,电流密度太大会使溶液温度升高,对汞的操作不利。

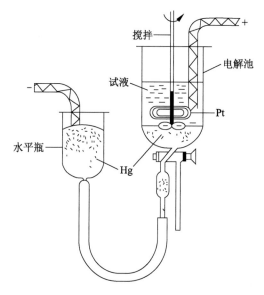

图 8.4　汞阴极电解分离装置图

目前,汞阴极电解分离法在冶金分析中得到了广泛应用。当溶液中有大量易还原的金属元素,而要测定微量难还原的元素时,汞阴极电解分解法能很好地分离共存元素而消除干扰。如钢铁或铁矿中铝的测定、球墨铸铁中镁的测定,事先用汞阴极电解分离法除去样品溶液中的大量铁及其他干扰元素后再进行测定,可得到十分准确的结果。有时,这种方法也用于沉积微量易还原元素,使这些元素溶于汞而与其余难还原元素分离,然后把溶有被测金属的汞蒸发除去,将残余物溶于酸后即可测定。该法已应用于铀、钡、铍、钨、镁等金属中微量杂质铜、镉、铁、锌的分离与测定。此外,汞阴极电解分离法也常用于提纯分析试剂。

(4)内电解分离

内电解分离是在一个短路原电池内进行的,只要把原电池的两极接通,无须外加电源,依靠电极自身反应的能量就可以使被测金属在阴极上定量析出,称这种方法为内电解法或自发电解法。内电解法是一种可侵蚀阳极的控制电势的电解分离法,它根据各种金属离子/金属电对的可逆电势数值来选择阳极材料。此法的一种典型用途是从生铅中除去少量杂质铜和铋,因为铅的还原电势与铜和铋的还原电势有足够大的差异,故可用螺旋形纯铅丝作阳极,这种内电解装置如图 8.5 所示。它常采用双阳极,以取得较大的电极面积,将阳极插在多孔性膜(氧化铝套管)内以便同试样分开。网状铂阴极设在两支阳极之间,使阴极同阳极间短路,便开始电解,这里发生的阳极反应是铅的溶解,即

$$Pb - 2e^- \longrightarrow Pb^{2+}$$

阴极反应是铜的沉积,即

$$Cu^{2+} + 2e^- \longrightarrow Cu$$

因电解自发进行,故阴极为正极,电池表示为

$$(-)\ Pb\,|\,Pb^{2+}\ \|\ Cu^{2+}\,|\,Cu(Pt)\,(+)$$

阳极并不是必须用构成试样基体的材料。例如,为了选择性地还原锌中的几种组分,可以溶解四份试样,分别用于分离银、铜、铅和镉。在第一份试样中,用铜作阳极,就能完全除掉银,并控制阴极电势使其余三种金属组分不会析出;在第二份试样中,利用铅作阳极能除去银和铜;在第三份试样中,用镉作阳极能除去银、铜和铅;在第四份试样中,用锌作阳极能将这四种元素都沉积除去。

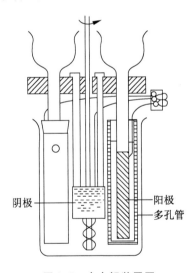

图 8.5　内电解装置图

在内电解分离过程中,电解的动力是原电池的电动势,一般都很小(在 1 V 左右),而能量消耗的唯一形式是电池的电阻,正是这个电阻限制了流过电解池的最大电流,因此金属沉积速度取决于电池的电阻大小。降低电池电阻的方法是尽可能增加电极的面积,增大电解质溶液的浓度,并且充分搅拌,使电解在较短的时间内完成。

内电解分离方法简单,不需要外电源。一般情况下,只要将电池装好,接上两极后就不用操作人员一直关注了。在工业生产中,内电解分离方法已用来提炼银、铜、铅、锌、铝

等,在分析化学中也有广泛的应用。

8.2.2　应用案例

电化学技术被广泛用于金属合成、金属提取、能量转换和物质的分离,通常具有效率高、产品纯、成本低等优点。在典型的电化学分离中,控制阴极电位以选择性地沉积所需产物,而其他组分保持溶解在电解质中,分离效率取决于所需产物和其他组分的还原电位差。然而,传统的电化学分离方法对于铝合金来说通常具有较大的挑战性或不切实际。通常,这些活泼金属会优先在阳极溶解形成金属离子,并与 Al^{3+} 共同还原,且由于这些活泼金属的沉积电位差很小,它们在阴极再次形成铝合金,难以分离。中国科学院高能物理研究所石伟群研究员团队报告了一种不同的阳极过程,即原位阳极沉淀(in-situ anodic precipitation,IAP),即将目标金属与铝合金部件分离,这是一种改进的电解精炼工艺,可从更具反应性的污染物中纯化铝。图 8.6a 所示为 $NaAlCl_4$ 熔盐电解液中原位阳极沉淀过程的示意图;图 8.6b 所示为用不同的阳极电解,在坩埚底部析出各种合金和相应的金属氯化物,最终得到金属氯化物。在 IAP 中,研究者选用 $NaAlCl_4$ 熔盐作为电解液,阳极选用铀铝合金,阴极选用铝棒,目标金属可以在氧化后立即在阳极沉淀,并与 $NaAlCl_4$ 熔盐电解质中的氯化物结合。这与典型的电化学方法相反,其中可溶性离子或气体如 O_2,Cl_2 或 CO_2 在阳极产生。因此,IAP 分离的关键是金属离子溶解度的差异,而不是金属还原电位的差异。IAP 能够高效、简单地分离铝合金成分,具有快速动力学和高回收率的特点,也是一种有价值的低氧化态金属氯化物合成方法。

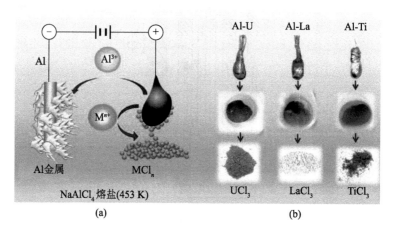

图 8.6　Al - M 合金中 M 与 Al 分离示意图

再如,电解冶金技术(electrowinning)是一种基于铁矿石电解的突破性技术,将炼铁工艺与电化学工艺结合在一起,可直接从铁矿石中分离铁和氧。具体来说,铁矿石浸没在1 600 ℃的二氧化硅和氧化钙溶液中,当电流通过电解质溶液时发生分解,带负电的氧离子迁移到带正电的正极后,以气泡形式分离出去,带正电的铁离子迁移到带负电的负极后,被还原成铁,这种方法分离出的铁的化学纯度很高,由 100% 铁元素构成。在该工艺过程中,如果使用无碳电力,铁的生产过程将完全实现"零"二氧化碳排放。2014 年,麻省理工学院设立的波士顿金属公司开发了首个原形高温(1 500 ℃)熔盐电解槽,目前已经产出共计超过 1 t 的金属。截至目前,已有多个批次的千克量级铁产品使用电解炼铁工艺制造。

　　此外,熔盐电解提取和分离稀土金属也是研究的热点,这一方法是把稀土氯化物等稀土化合物加热熔融,然后进行电解,在阴极上析出稀土金属,如图 8.7 所示。目前熔盐电解分离稀土金属主要有氯化物电解和氧化物电解两种方法:氯化物电解是生产金属最普遍的方法,特别是混合稀土金属工艺简单,成本低,但最大的缺点是有氯气放出,污染环境;氧化物电解没有有害气体放出,但成本稍高些,生产价格较高的单一稀土金属如钕、镨等一般都用氧化物电解法。但是,单一稀土金属的制备方法因元素不同而异,如钐、铕、镱、铥因蒸气压高,不适合用电解法制备,而采用还原蒸馏法,其他元素均可用电解法制备。近年来,哈尔滨工程大学颜永得教授团队系统地总结了过去关于熔盐电解法提取和分离稀土金属的相关工作,这对实现核燃料的循环利用具有重要的科学价值和实际意义。正是研究者们对熔盐的性质进行不断地探究,才使得熔盐电解提取和分离稀土金属离实际产业化越来越近。

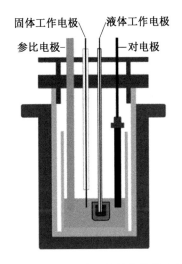

图 8.7　熔盐中稀土金属的分离的电化学池结构示意图

8.3　电泳分离法

　　1807 年,俄罗斯莫斯科国立大学的 Peter Ivanovich Strakhov 和 Ferdinand Frederic Reuss 教授首次观测到利用稳恒电场能使分散在水中的黏土颗粒发生迁移的现象。1909 年,Michaelis 首次将胶体离子在电场中的移动称为电泳,并用不同 pH 的溶液在 U 形管中测定了转化酶和过氧化氢酶的电泳移动过程中的等电点。1937 年,瑞典乌普萨拉大学的 Tiselius 对电泳仪器进行改进，创造了 Tiselius 电泳仪，建立了研究蛋白质的移动界面电泳方法，并首次证明了血清是由白蛋白及 α,β,γ 球蛋白组成的。Tiselius 在电泳技术方面作出了开拓性的贡献，因此荣获 1948 年的诺贝尔化学奖。1948 年，Wieland 和 Fischer 重新发展了以滤纸为支持介质的电泳方法，对氨基酸的分离进行了研究。自 20 世纪 50 年代以来，各种电泳技术及仪器相继问世，琼脂糖凝胶电泳、聚丙烯酰胺凝胶电泳、等电聚焦电泳、等速电泳、双向电泳、脉冲电场凝胶电泳、蛋白质印迹电泳、免疫电泳等一系列高分辨电泳体系相继建立。特别是 20 世纪 80 年代后期迅速发展起来的高效毛细管电泳技术，具有高灵敏度、低检测限、快速、重复性好、应用范围广、可进行定量分析和自动化程度高等显著优点，将电泳技术推向一个新的阶段。

电泳(electrophoresis)是指带电颗粒在电场中向着与它电性相反的电极移动的现象，利用电泳现象对某些化学或生物物质进行分离的技术称为电泳分离(electrophoretic separation)或电泳技术。在自然界中，许多重要的生物分子如氨基酸、多肽、蛋白质、核苷酸、核酸等都带有可电离基团，在非等电点条件下可解离成带有电荷的粒子，在电场力的作用下，带电荷的粒子会向着与其所带电荷相反的电极移动。电泳分离就是利用样品中各种粒子带电性质、粒径大小、形状等性质的差异，以及在外加电场中的移动方向和迁移速度不同，实现对样品中不同物质的分离、纯化和鉴定。带电粒子在电场中的移动方向取决于它们所带电荷的种类，带正电荷的颗粒向阴极移动，带负电荷的颗粒向阳极移动，净电荷为零的颗粒在电场中不移动。电泳分离、离心分离和色谱分离为生物高聚物分离中最有效和应用最广泛的三大方法，在生物化学的发展进程中起了重要的作用。电泳分离的特点是适用于带电荷组分的分离及定性定量分析，样品用量极少、设备简单、分离快速、操作方便、分离效率高，广泛应用于生物化学、分子生物学、食品、环境等基础理论的研究、医学临床研究及工业生产等领域。

8.3.1　分离原理

在直流电场中，带电粒子能够根据粒子移动的物理化学理论向与之电性相反的电极移动。电泳分离的对象一般以颗粒的形式在溶液或胶体中分布，它们所带的净电荷的多少不仅和电泳缓冲溶液的 H^+ 浓度有关，而且受到分子运动的影响。在电场中，带电粒子的移动形式主要与被分离物质的结构、化学特性及粒子的外形和尺寸有关。当带电粒子尺寸较大、溶液中的离子浓度较高时，电泳速度较快，电泳现象较明显；当带电粒子尺寸较小，溶液中的离子浓度较低时，电泳速率较慢，电泳现象不易被观察和检测到。电泳分离正是依据带电粒子迁移率(单位电场强度下粒子的运动速度)的差别而进行的。与电迁移不同的是，电泳通常需要一种多孔材料作为电解质的支持体，以避免电解质的非定向运动所引起的电泳带的变宽，这样便于取样测定和获得分离后的组分。由于这种支持体的种类的多样性，电泳分离技术也有很多分类，但至今仍没有统一的分类方法。按照分离原理的不同，电泳可分为等电聚焦电泳、双向电泳、蛋白质印迹电泳和毛细管电泳等。按照有无固体支持体(载体)，电泳可分为自由电泳和区带电泳。自由电泳是没有固体支持体的

300

在溶液中自由进行的电泳,如等速电泳和等电聚焦电泳。区带电泳是以各种固体材料为支持体的电泳,它是将样品负载在固体支持体上,在外加电场的作用下,不同组分以不同的迁移率或迁移方向进行迁移。区带电泳按照支持体的形状不同,又可分为薄层电泳、板电泳和柱电泳等;按照支持体的种类不同,可分为以滤纸为支持体的纸电泳,以离子交换膜、醋酸纤维薄膜等为支持体的薄膜电泳,以琼脂凝胶、交联淀粉凝胶和聚丙烯酰胺凝胶等为支持体的凝胶电泳,以毛细管为分离通道的毛细管电泳,等等。此外,电泳还可按照用途不同分为分析电泳、制备电泳、定量免疫电泳和连续制备电泳等;按照电泳装置形式分为平板电泳、垂直电泳、垂直柱形电泳和连续液流电泳;按照外加电压不同分为常压电泳(100~500 V)和高压电泳(大于 500 V)。

当带电粒子以速度 v 在电场中移动时,受到大小相等、方向相反的电场推动力 F_E 和平动摩擦阻力 F 的作用。已知电场力 $F_E = qE$,摩擦阻力 $F = fv$,即

$$qE = fv \tag{8.1}$$

式中,q 为粒子所带的有效电荷;E 为电场强度;v 为粒子在电场中的迁移速度;f 为平动摩擦系数,其大小与带电粒子大小、形状及介质黏度等有关。对于球形粒子有 $f = 6\pi\eta r$,其中,η 为介质黏度,r 为带电粒子的表观液态动力学半径。

由式(8.1)得迁移速度为

$$v = \frac{qE}{f} = \frac{q}{6\pi r\eta}E \tag{8.2}$$

即带电粒子的电泳速度与其电荷数、电场强度成正比,与其表观液态动力学半径、介质黏度成反比。不同带电粒子的有效半径、形状和大小各不相同,在电场中的迁移速度也不同,即存在差速迁移,这是电泳分离的基础。

迁移率 μ 是指单位电场强度下粒子的平均电泳速度,即

$$\mu = \frac{v}{E} = \frac{q}{6\pi r\eta} \tag{8.3}$$

实验条件一定时,带电粒子的迁移率是定值。

由粒子迁移率定义得

$$\mu = \frac{v}{E} = \frac{S/t}{U/L} = \frac{SL}{Ut} \tag{8.4}$$

式中,S 为带电粒子在时间 t 内迁移的距离;U 为外加电压;L 为两电极之间的距离。

可见,带电粒子在时间 t 内迁移的距离为

$$S = \mu t \frac{U}{L} \tag{8.5}$$

那么,A,B 两带电粒子在时间 t 内迁移后分离的距离为

$$\Delta S = S_A - S_B = \mu_A t \frac{U}{L} - \mu_B t \frac{U}{L} = (\mu_A - \mu_B) t \frac{U}{L} = \Delta\mu t \frac{U}{L} \tag{8.6}$$

由此可见,$\Delta\mu$,t,U/L 三者的值越大,ΔS 越大,A 和 B 两个粒子之间分离得越完全。在电场中,粒子的移动速度主要取决于其本身所带的净电荷量,同时也受粒子形状和粒径

的影响。此外,还受到电场强度、溶液 pH、离子强度、支持体的特性和温度等外界条件的影响,因此,影响电泳分离的主要因素有以下几个方面。

① 带电粒子的迁移率。带电粒子的迁移率取决于带电粒子自身的性质,即粒子所带电荷的多少、性质、粒子半径和形状、介质黏度等。在一定电场和介质条件下,带电粒子的迁移率与所带电荷成正比,与其粒子半径成反比。因此,可根据不同粒子所带净电荷的种类和大小以及粒子体积的差异而产生不同的电泳速度,从而达到分离的目的。一般来说,阳离子与阴离子最容易分离,因为它们的迁移方向相反;当其他条件相同时,二价离子的迁移率为一价离子的两倍;迁移率与离子半径成反比,溶液中共存的两种离子所带电荷及半径相差越大,越容易用电泳法分离。

② 电解质溶液的组成。电解质溶液的组成直接影响溶液的黏度,从而导致离子的迁移率不同。电解质组成的不同,有时会改变测定物的电荷及半径,有可能将中性分子变为离子,也可能改变离子的电荷符号。例如,金属离子可以与像氯离子那样的阴离子配位形成配合物,特别是当氯离子浓度较高时,溶液中配阴离子占优势。溶液中的两种金属离子由于加入配位试剂,可能形成不同电荷的粒子而使其容易分离。某些性质非常相似的元素(如稀土元素)与一些氨基羧酸(如 EDTA)或羟基酸(α-羟基异丁酸)形成配合物的稳定常数有比较明显的差别,因此能用电泳法进行分离。此外,溶液的 pH 也影响物质的电离度,并影响物质的存在形式及电荷,这在分离有机酸和有机碱时尤为重要。

③ 电场强度。电场强度是指每厘米距离的电势梯度,又称为电位梯度或电压降,是影响电泳分离的重要因素。一般而言,电场强度越大,电泳速度越快,所需的分离时间越短,分离也越完全。但随着电场强度的增大,通过介质的电流强度也增大,从而导致电泳过程产生的热量增多,最终导致介质温度升高。降低电流强度可以减少产热,但会延长电泳的时间,使得分子扩散增加,同样影响分离效果。所以在采用电泳分离时,要选择适当的电场强度,既要保证分离时间又要保证能达到满意的分离效果。根据电场强度的大小可将电泳分为常压电泳和高压电泳。常压电泳的电场强度一般为 2~10 V/cm,电压为 100~500 V,电泳时间从几十分钟到几十小时,多用于带电荷的大分子物质的分离;高压电泳的电场强度为 20~200 V/cm,电压大于 500 V,电泳时间从几分钟到几小时,多用于带电荷的小分子物质的分离。例如,分离性质极为相似的元素时,多半使用高压电泳,其电压强度达 100 V/cm 以上。

④ 电泳时间。通常情况下,电泳时间越长,离子迁移距离越大,对分离越有利。但是随着迁移距离的增加,电泳带会相应地变宽,对分离不利。因此,对于性质相似的元素的分离,不能依靠增加电泳时间来改善分离效果。

⑤ 支持体的特性。支持体的特性主要指支持体的筛孔大小,它对生物大分子的电泳迁移速度有明显的影响。生物大分子在筛孔大的支持体中迁移速度快,在筛孔小的支持体中迁移速度慢。

⑥ 温度。温度影响着电泳分离的重现性和分离效率。电泳时电流通过支持体会产生热量,按焦耳定律,电流通过导体时的产热与电流强度(I)的平方、导体的电阻(R)和通电

的时间(t)成正比$(Q = I^2Rt)$。因此,控制合适的温度才能保证最佳的分离效果。

8.3.2　应用案例

电泳分离现已成为生物化学、分子生物学、免疫化学等学科中各种带电物质分离鉴定的重要方法和手段。目前,电泳分离主要用于氨基酸、多肽、蛋白质、酶、脂类、核苷酸和核酸等各种有机物的分离,以及无机盐的定量分析和分子量的测定等,是医药学研究及药品生产、质量检验的重要手段。此外,电泳分离法和色谱法等分离技术联用可以分析蛋白质的结构;电泳分离法结合酶学技术可应用于酶催化和调节功能的研究等。因此,电泳分离法是化学、医学和药学等研究领域的重要应用技术。其中,毛细管电泳和凝胶电泳因其技术成熟,是目前应用最广泛、最重要的电泳分离技术。

（1）毛细管电泳在手性化合物分离中的应用

手性化合物的分离分析一直都是药物分析、分离纯化领域研究的重点和难点,而新药的研发和应用亦需要研究人员继续开发新的高效手性拆分分析方法,以实现高选择性和高灵敏度的手性化合物定量和定性分析。毛细管电泳（capillary electrophoresis,CE）是一类以毛细管为分离通道,以高压电场为驱动力,依据样品组分之间电泳淌度和分配行为的差异而实现分离的新型液相分离技术。相比于高效液相色谱（HPLC）、气相色谱（GC）等传统色谱分析方法,毛细管电泳技术凭借其高效、低样品消耗、分析快速、分离模式多样化等诸多优势,已经发展成为手性分离研究领域极具吸引力和应用前景的方法之一,其装置如图 8.8 所示。CE 的分离模式主要包括:毛细管区带电泳（CZE）、毛细管电色谱（CEC）、胶束电动毛细管色谱（MEKC）。CZE 是 CE 最基本、最常用的分离模式,其用于手性分离的主要原理是:在背景缓冲液中加入不同类型的手性选择剂,两种对映体与手性选择剂形成的络合物稳定性不同,使得它们的表观迁移率产生差异,从而实现手性化合物的分离。

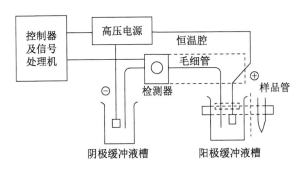

图 8.8　毛细管电泳装置示意图

近年来,用于 CZE 分离的手性选择剂越来越多样化,除了环糊精（CD）、冠醚、大环抗生素等传统手性选择剂外,手性离子液体、手性功能化纳米颗粒、生物分子等也在 CZE 手性分离领域发挥了重要作用。CEC 是毛细管电泳与液相色谱相结合形成的一种微分离技术,该技术在手性分离领域发挥着重要作用。通过在毛细管柱内填充或键合手性固定相,以电渗流为驱动力,根据对映体在手性固定相和流动相之间分配系数及电泳淌度的不同实现分离。CEC色谱柱是该分离模式的核心,根据固定相在毛细管内的存在机制可分为填充柱、整体柱和开管柱。MEKC是毛细管电泳的重要分离模式之一,利用其进行手性分离时,被分离的对映体在手性胶束或非手性胶束与手性选择剂形成的准固定相上进行多次分配,从而达到分离的目的。近年来,研究人员基于电泳模式不断地对传统手性分离体系进行优化和改进,如利用各类功能化离子液体以"手性离子液体协同拆分""手性离子液体配体交换""离子液体手性选择剂"等模式设计出多种基于离子液体的CE手性分离体系;利用纳米材料独特的尺寸效应、多样性、可设计性等特点,直接或与传统手性选择剂有机结合构建CE手性分离体系;将金属有机骨架材料、低共熔溶剂等各式新颖的材料引入CE分离技术中,构建出许多新型、高效的手性化合物分离体系;等等。很多科研工作者对CE的手性分离的机理、应用、分离模式进行了综述,感兴趣的读者可以自行查阅。

近年来,毛细管电泳-质谱联用技术(CE-MS)成为实现手性化合物高效分离的重要手段,尤其是在提高复杂生物基质中手性化合物分析的灵敏度和分辨率方面,为分析药物、医学及食品科学等领域重要手性分子提供了新视角。CE-MS在一次分析中能同时得到样品的迁移时间、相对分子质量和离子碎片等定性信息,解决了实际样品中未知手性化合物(包括无紫外吸收基团或荧光基团的手性化合物)的识别问题,在减少生物样品基质效应的同时,可以对多组手性对映体实现高通量分析。

(2)凝胶电泳在核酸分离中的应用

凝胶电泳(gel electrophoresis,GE)是指以凝胶状高分子聚合物为支持体的电泳方法,主要分为琼脂糖凝胶电泳和聚丙烯酰胺凝胶电泳两种类型。凝胶不仅可以作为支持体,而且凝胶网孔产生的分子筛效应对分离起重要作用,即物质的分离程度取决于各物质电荷和尺寸两方面性质差异的大小。当待分离的核酸或蛋白质样品被加载到置于离子缓冲介质中的多孔凝胶上,施加电荷时,具有不同尺寸和电荷的分子将以不同的速度穿过凝胶,如图8.9所示。琼脂糖凝胶是以琼脂二糖和新琼脂二糖为单体形成的一种共聚高分子凝胶,在热溶液中易融、常温下凝固,即使在很低的浓度,凝胶质地也比较均匀。琼脂糖凝胶的孔径大小可以通过控制琼脂糖的浓度来改变,浓度越高,孔径越小。不过通常使用的琼脂糖凝胶中的琼脂糖浓度都较低(如2%),所以孔径比较大,物质在凝胶中的弥散作用更明显,即分子筛效应比较弱,其适合分离的物质的体积通常比聚丙烯酰胺凝胶大。因为琼脂糖凝胶含水量非常高(如98%),所以一些分子在其中的电泳非常接近自由电泳。因此,琼脂糖凝胶电泳在蛋白质、DNA、肝素钠等生物医药大分子的分离中有广泛的应用。聚丙烯酰胺凝胶是以丙烯酰胺为单体,以N,N'-亚甲基双丙烯酰胺为交联剂或共聚单体,交联聚合形成的具有三维网状结构的凝胶状高分子聚合物,其表面布满大小不一、形状各异的孔道,通过控制凝胶浓度等反应条件可以调节孔径大小。当待分离物质的分子大小与聚丙烯酰胺凝胶的孔径接近时,孔道会对物质分子的迁移产生明显的阻滞作用(分子筛效应),不同体积的分子受到的阻滞作用大小不同。也就是说,以聚丙烯酰胺凝胶为支持体时,即使是净电荷非常相近的带电物质(分子或离子),只要大小有差异,它们在电场作用下的迁移率就不相同,相互之间也能完全分离。聚丙烯酰胺凝胶电泳已被广泛应用于生物和医药样品中蛋白质、多肽、核酸、病毒、胰岛素、植物药等的分离。

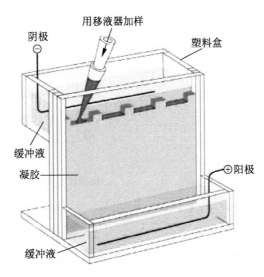

图 8.9　凝胶电泳分离装置图

以核苷酸分子为例,它在电泳中的移动是靠其骨架中磷酸所携带的负电荷来实现的,而这个磷酸分子又是每一个核苷酸中都有的。在 pH>7 范围内,核酸中核苷酸骨架上的磷酸基团带负电(见图 8.10a),而核酸分子所携带的负电荷数是由其核苷酸总数决定的,因此,核酸分子(DNA 或 RNA 分子)的荷质比是恒定的,它们在凝胶电泳中的迁移率主要取决于荷质比的大小。不仅如此,当受到电场作用时,核酸从负极(阴极)向正极(阳极)迁移,较短的碎片比较长的碎片移动得更快,导致基于核酸片段长度的分离发生(见图 8.10b)。此外,凝胶电泳中核酸的迁移距离通常与其大小具有可预测的相关性,从而能够计算给定样本中核酸的大小。对于线性双链 DNA 片段,在一定范围内,迁移距离与分子量的对数成反比(见图 8.10c)。通过比较已知分子大小的样品(分子量标准品,有时被称为"分子量标准")与待测物的迁移距离,可测出待测物的大小。被广泛接受的核酸通过凝胶迁移的模型为"偏爬行"模型(见图 8.10d)——偏移偏向于施加的电场力,并呈蛇形运动,前面部分拉动其余部分,该模型已通过荧光显微镜观测。例如,Yamaguchi Y 团队开发了基于生物芯片的平板凝胶电泳系统,解析了 DNA 片段并记录其分离过程,通过 50 bp DNA 阶梯电泳,发现 16 个 DNA 片段在 14 min 内有效分离;以牙周病原体[如牙龈卟啉单胞菌(Pg)、连翘坦氏菌(Tf)和密螺旋体(Td)]为例,通过分离它们的聚合酶链反应产物,在 12 min 内分离出 Pg,Tf 和 Td, Pg 的检出限约为 6.4 ng/μL。与传统的固相微萃取实验相比,凝胶电泳分离具有运行时间短、化学试剂消耗少和光谱分辨率高等优点。

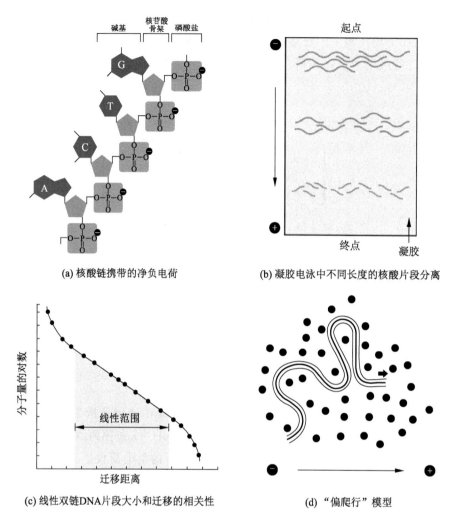

(a) 核酸链携带的净负电荷　　　　(b) 凝胶电泳中不同长度的核酸片段分离

(c) 线性双链DNA片段大小和迁移的相关性　　　　(d) "偏爬行"模型

图 8.10　凝胶电泳分离核苷酸的实例

8.4　电沉积分离法

电沉积分离法(electrodeposition separation)也叫电解沉积分离法,是利用直流电通过电解质溶液,使得溶液中的金属或合金从其化合物水溶液、非水溶液或熔盐中电化学沉积的过程,因此又称为电结晶过程。金属电沉积不仅包括发生在电极/离子导体界面上的电荷传递过程,而且包含了在外电场影响下的成核和晶体生长等一系列成相过程。电沉积是金属冶炼、电解精炼、电镀、电铸过程的基础。电沉积过程在一定的电解质和操作条件下进行,金属电沉积的难易程度及沉积物的形态不仅与沉积金属的性质有关,也依赖于电解质的组成、pH 值、温度、电流密度等因素。

8.4.1 分离原理

电沉积通过在两个电极之间施加电压来诱导溶液中离子之间的氧化还原反应,利用各种元素的电沉积电位不同,调节电压对不同金属离子进行电沉积以获得高纯度的金属单质或金属合金(即体系中金属离子在阴极被还原成单质形态,并且由于化学反应沉积在阴极表面),从而达到分离的目的,其原理如图 8.11 所示。

以用电沉积分离法从碘化浸出液中回收金为例,它是利用电化学原理,通过稳压电源将阳极板连接正极、阴极板连接负极,接通电

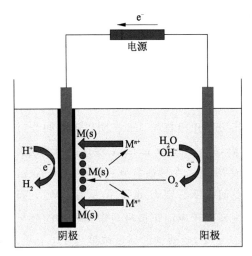

图 8.11 电沉积原理示意图

源后在电流作用下阴极区的金碘络合离子发生还原反应并向阴极板迁移,最终被还原为单质金,从而达到回收金的目的。具体反应是:① 阴极反应。阴极区发生还原反应使金碘络合离子形成单质金和碘离子,同时,水电解产生氢气和氢氧根离子。② 阳极反应。阴极区的碘离子选择性进入阳极区,发生氧化反应生成碘单质,同时水电解产生氧气和氢离子。阴阳两极之间形成电位降 E,若要满足电沉积反应的发生条件,须增加外加直流电压且电压值大于 E。

8.4.2 应用案例

(1) 对电池进行回收

锂离子电池以其优越的性能在全球市场上受到了广泛青睐,但随着全球电池需求量的增长,废弃电池造成的环境污染也日益加重。因此,从清洁生产与绿色化学的角度出发,对锂离子电池进行回收与再利用是十分必要的。由于锂电池中包含大量稀贵金属如锂、镍、钴、锰,对其进行合理资源化利用可实现巨大经济效益,有利于实现可持续发展。通常情况下,利用溶剂萃取、沉淀、吸附、插层和渗析可以对锂电池中的金属进行化学分离,其中溶剂萃取和沉淀具有较高的选择性,但是热能消耗和化学成本较高,会产生废弃物,并且可能面临复杂的溶液组成挑战。在各类电化学驱动技术中,电沉积是一种简单而通用的方法,可以控制成核和生长、沉积形态和沉积物成分。对于从多组分混合物中选择性分离和回收金属,组分金属的还原电位是电沉积中最关键的参数。

美国伊利诺伊大学香槟分校的 Xiao Su 等通过一种电解质控制和界面设计的协同策略实现了电位依赖电沉积过程中对钴和镍的选择性分离。他们通过电解质工程进行形态控制,结合使用带电聚合物的表面功能化,在电化学沉积过程中协同调节金属选择性,使用浓氯化物赋予钴和镍相反的电荷,从而区分具有相似还原电位和离子特性的金属,通过利用异常沉积实现与电位相关的选择性。这一策略适用于从商业来源的锂镍锰钴氧化物

的电极中回收多组分金属,因此,选择性电沉积分离技术在电池回收领域具有很好的应用前景。

近年来,选择性电沉积分离已成为电池回收的有效分离方法之一。例如,Diaz 等在以 Fe^{2+} 为还原剂,电化学浸出还原回收正极材料 $LiNi_xCo_yMn_zO_2$ 时,Li^+,Ni^{2+},Co^{2+} 和 Mn^{2+} 富集在浸出液中,Cu 在阴极沉积回收。Prabaharan 等在 2 mol/L 硫酸溶液中电解浸出废旧正极材料,Cu 在阴极沉积回收,浸出液除铝后为 Co^{2+} 和 Mn^{2+} 的富集液(Co^{2+} 为 46 g/,Mn^{2+} 为 24 g/L),使用电沉积分离钴和锰,钴还原沉积在阴极上,而锰在阳极被氧化成 MnO_2,在最适宜分离条件(200 A/m^2,pH 值 2.0~2.5,90 ℃)下,整个流程钴、铜、锰的总回收率分别为 96%,97% 和 99%。西南科技大学彭腾等采用柠檬酸浸出-电沉积工艺从废锂离子电池正极材料中回收钴的效果较好,最佳工艺条件为:电解液中钴的质量浓度为 45 g/L,硫酸钠的质量浓度为 150 g/L,电沉积温度为 65 ℃,电解液 pH 为 4,电流密度为 435 A/m^2,电解时间为 150 min,电沉积电流效率为 90.56%。在此条件下,电沉积钴表面致密平整,具有金属光泽,钴的质量分数高达 99.76%。上海交通大学许振明教授团队提出应用绿色电沉积技术实现从 Ni,Cu,Ag,Pd,Bi 多金属电子废弃物浸出液中选择性回收 Ag－Pd 合金,通过线性扫描伏安法以确定靶向提取的可行性。他们应用的装置如图 8.12 所示。Ag－Pd 合金的高纯度是通过控制电位实现的。Ag 和 Pd 在 0.5 mol/L HNO_3 中 5 h 后的回收率分别为 97.72% 和 98.05%,外加电位为 0.35 V。结果表明,单相 Ag－Pd 合金形成。此外,他们还分析了酸度和电位对合金粒度的影响,采用计时电流法研究电沉积机理。Ag－Pd 电沉积遵循三维瞬时成核和生长机制,成核位点随着过电位的增加而增加。该研究为从电子废弃物的复杂多金属系统中靶向回收银和钯提供了一种新颖、高效和绿色的方法。

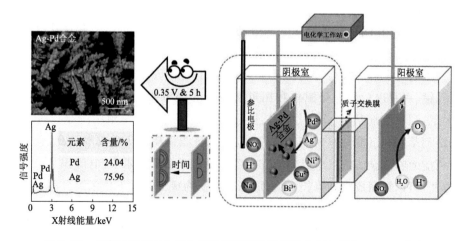

图 8.12　用电沉积技术从多金属电子废弃物浸出液中靶向回收 Ag－Pd 合金

(2)对重金属废水进行处理

电沉积技术由于具有设备化程度高、占地面积小、简单易控、经济可行和环境友好等优势而被广泛应用于重金属废水的处理。在电沉积还原过程中,重金属离子电还原能力强,且不需要添加大量的还原剂,杂质离子少,形成的金属沉积物纯度高,分离提纯操作简便,尤其是对高纯度贵金属如金、银等的回收具有很高的经济价值。Choi 等采用电沉积处理硝酸铜蚀刻的废液,分离得到 99.9% 的超高纯度铜。Liu 等采用交流电沉积法处理高浓度重金属工业废水,以氧化石墨烯修饰碳纤维为电极材料,发现与相同材料的物理吸附相比,电沉积容量高出两个数量级,每克氧化石墨烯可分离回收 29 g 以上重金属,回收率显著高于传统吸附过程。电沉积分离法由于大量削减了化学试剂,有毒污泥等危险废物的产生量大幅降低,节约了危险废物的处理费用,重金属废水的综合处理成本显著降低。一些采用电沉积法处理典型重金属废液的案例如表 8.2 所示。从表中可以看出,Pb^{2+},Ni^{2+},Zn^{2+},As^{3+},Cu^{2+},Ag^+ 去除率均可达到 95% 以上,甚至更高,但 Cd^{2+} 去除率较低,可能与其在混合重金属废水中的浓度较低有关。

表 8.2　采用电沉积法处理典型重金属废液的案例

废水分类	名称	重金属浓度/$(mg \cdot L^{-1})$	电极材料		反应条件	去除率/%
			阴极	阳极		
合成行业废水	合成 $Pb(NO_3)_2$ 溶液	Pb^{2+}:20~150	单层碳纳米管涂层不锈钢网	单层碳纳米管涂层不锈钢网	pH=6.5 −2 V (饱和甘汞电极) 0.35 mA/cm²	97.2~99.6
	合成 $Pb(NO_3)_2$ 溶液	Pb^{2+}:1 500	不锈钢	RuO_2 及 IrO_2 包覆钛网	pH=4 35 ℃ 3.3 V	91.0
	Ni-EDTA 溶液	Ni^{2+}:21	不锈钢	TiO_2/Ti	pH=6.6 25 ℃ 0.3 mA/cm²	90
冶金行业废水	电解锌漂洗废水	Zn^{2+}:4 000	石墨	铝板	pH=2 6 V	95.2
	炼铜废水	As^{2+}:1 979 Cu^{2+}:165 Cd^{2+}:76 Zn^{2+}:456	不锈钢	RuO_2 及 IrO_2 包覆钛网	pH=0.64 4.13 V 20 mA/cm² 20 L/h	As^{2+}:98 Cu^{2+}:87.5 Cd^{2+}:70.0 Zn^{2+}:69.2
					pH=0.64 2.24 V 7.5 mA/cm² 20 L/h	As^{2+}:94.8 Cu^{2+}:98.8 Cd^{2+}:48.3 Zn^{2+}:63.6
电镀行业废水	镀镍废水	Ni^{2+}:2 156±50	不锈钢	RuO_2/Ti	pH=9 32 mA/cm² 60 ℃	99.0
	镀银废水	Ag^{2+}:1 000	不锈钢	石墨	pH=9 0.5 mA/cm² 45 ℃	99.0
	镀锌废水	Zn^{2+}:20 000	不锈钢	RuO_2/Ti	1.4 A/dm² 40 ℃	98.6
其他	工业级磷酸（含 As^{3+}）	As^{3+}:57	旋转铜圆柱电极	—	100 r/min 80 ℃ −0.2 V	94.7

不过,单独应用电沉积法还存在很多局限性,如低浓度重金属废水处理效果较差,所以常将电沉积技术与其他分离技术如吸附、离子交换、膜等联合使用。在工业应用领域,清华大学和深圳大学等单位研发了高效回收电镀废水中的镍和铜的吸附-再生技术,该技术集成功能树脂吸附和电化学技术,优选出高效的吸附材料,形成高效回收废水中的镍和铜的吸附工艺,通过电化学沉积实现对吸附再生液中镍和铜的回收,得到了高纯度镍板(纯度大于99%)和铜板(纯度大于95%)。该技术称为树脂吸附-电化学沉积关键技术,简称吸附-电沉积技术,如图8.13所示。

利用传统的碱沉淀法处理镍废水和铜废水,每吨的成本分别高达52.9元和29.5元,且重金属资源无法回收。以吸附-电沉积技术为核心建造的电镀废水处理工程可使污水中重金属铜和镍的回收率高达90%以上。当含镍原水的镍初始浓度为600 mg/L,含铜原水的铜初始浓度为1 000 mg/L时,吸附和电沉积处理每立方米原水的直接成本分别为23.5元和23.6元。高纯度铜板和镍板目前的市场价为5万元/t和10万元/t,以此核算,一个处理能力为100 t/d的含镍和含铜废水资源化装置每日处理铜和镍的净收益可达2 510元和1 920元。

吸附-电沉积技术不仅可以高效回收重金属,还具有技术运营成本低、经济效益高等特点,具有很高的推广应用价值,可广泛应用于电镀行业,推动电镀废水资源化的高效发展,真正做到电镀废水"变废为宝"。

(a) 树脂吸附系统   (b) 电沉积系统

(c) 传统技术处理电镀废水产生的固体废弃物   (d) 吸附-电沉积技术处理电镀废水得到的镍板、铜板

图8.13 吸附-电沉积技术示意图

8.5　电渗析分离法

电渗析技术的研究最早始于德国，1903 年 Morse 和 Perce 把两根电极分别置于透析袋内部和外部的溶液中，无意中发现带电杂质能迅速地从凝胶中除去。1924 年，Pauli 对 Morse 的实验装置进行了改进，以便解决极化、传质速率等问题。1940 年，Strauss 和 Meyer 又进一步提出了多隔室电渗析装置的概念。20 世纪 50 年代，美国科学家 Juda 成功试制了具有较高选择透过性的阴阳离子交换膜。1952 年，美国 Ionics 公司设计制造了第一台电渗析装置。电渗析技术率先在美国、英国等国家得到推广，主要应用于海水淡化、饮用水制取等。近年来，电渗析技术取得飞速发展。发展至今，它已经被广泛应用于脱盐、海水淡化预处理和浓盐水处理等领域。现如今，应用最多的是北美、中国和日本等国家和地区，其中日本是目前世界上唯一一个使用电渗析技术大规模海水制盐的国家。

电渗析分离（electrodialysis separation）是在直流电场作用下对溶液中的离子、胶体粒子等带电溶质粒子进行物质提纯和分离的渗析方法。随着膜分离技术的快速发展，电渗析分离也被广泛应用于化工、冶金、医药、造纸和环境保护等领域，是工业生产中大规模的化工单元过程，特别是在纯水的制备和在"三废"的处理中占有重要地位，例如酸碱回收、电镀废液处理以及从工业废水中回收有用物质等。与传统分离方法相比，电渗析分离具有无可比拟的优势，如无须引入化学药剂，能耗低，预处理简单，装置系统设计灵活、使用寿命长，环境污染少等，具有显著的经济效益。

8.5.1　分离原理

与渗析一样，电渗析分离也是利用半透膜的选择性进行分离，但是电渗析的驱动力是直流电场，以电位差为推动力，利用半透膜的选择透过性把电解质从溶液中分离出来，即电渗析结合了溶液中溶质的电化学过程和半透膜的选择渗透扩散过程来进行溶液的分离、淡化、浓缩、精制或纯化。实际上，电渗析分离属于膜分离，本质上是一种脱盐技术，其原理如图 8.14 所示。电渗析装置通常由离子交换膜、电源、辅助材料（垫片、电极、密封垫片、夹紧装置）三部分构成。在装置中，阳离子膜和阴离子膜交错放置，中间通过隔板分开，并在其两端分别配置一对电极。阳极侧的阳离子交换膜和阴极侧的阴离子交换膜所隔开的空间叫作浓缩室（C 室）；阳极侧的阴离子交换膜和阴极侧的阳离子交换膜所隔开的空间称为脱盐室（D 室）。在电渗析槽中，D 室和 C 室交错配置，向脱盐室供给原液时阳离子向阴极移动并透过阳离子交换膜移动至右侧相邻的 C 室，由于 C 室的阴极侧被阴离子交换膜隔开，因此可以阻止阳离子继续向右侧 D 室移动；阴离子以同样的方式从 D 室向左侧相邻的 C 室移动，这样就形成了在 D 室脱盐、在 C 室浓缩的电渗析效果，最终在两膜之间的中间室盐的浓度降低，靠近阴极和阳极的室内为浓缩液，从而实现水的分离纯化。

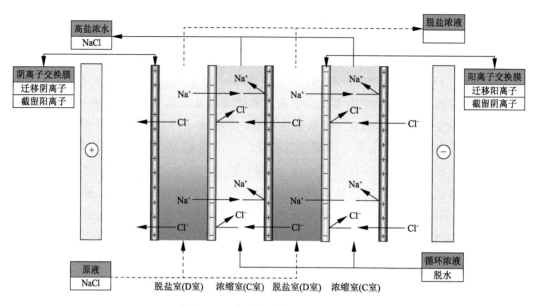

图 8.14　电渗析分离原理示意图

　　电渗析分离以直流电为驱动力，对离子型物质进行脱盐、浓缩、精制及回收，无须进行像离子交换树脂那样的再生作业，能够大量减少药剂的使用和废水的排放，装置操作简单，可长期连续、全自动运行。整个过程中不需要加热或加压，所以原液的成分不会发生变化。此外，电渗析分离还可以选择性分离单价和多价的离子型物质，其脱盐率和浓缩率可以控制。

　　近年来，人们相继开发了多种电渗析工艺，如双极膜电渗析、倒极电渗析、填充床电渗析、选择性电渗析、复分解电渗析、逆电渗析等新型电渗析技术，每一种电渗析工艺都具有各自的优势。下面重点介绍这几种电渗析工艺。

　　（1）双极膜电渗析工艺

　　双极膜电渗析（bipolar membrane electrodialysis，BMED）工艺是一种独特的电渗析过程，是实际生产中最常用的电驱动膜分离工艺。它通常由阳离子交换膜和阴离子交换膜叠合在一起形成，这两种膜的通道构成一个含水的中间层，在电场的作用下，首先将可能存在的离子迁移出中间层，然后通过解离水的作用分别在膜的阴、阳两侧产生氢离子和氢氧根离子，其原理如图 8.15 所示。该工艺最大的特点是可与其他阴离子交换膜、阳离子交换膜巧妙组合，组成许多具有独特性能的电渗析工艺。与电解脱水法相比，双极膜电渗析工艺的能耗大大降低，并能从盐溶液中生成等摩尔的酸和碱，因此，它可用于废酸、废碱等物质的再生，降低物质和能源的消耗，减少废物排放和环境污染，为酸和碱的分离与制备提供新途径。

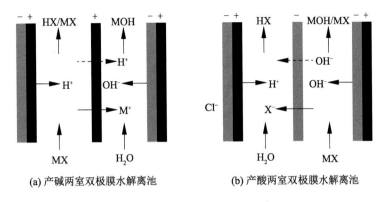

(a) 产碱两室双极膜水解离池　　　(b) 产酸两室双极膜水解离池

图 8.15　双极膜电渗析原理示意图

（2）倒极电渗析工艺

倒极电渗析（electrodialysis reversal，EDR）工艺是将阴、阳离子交换膜交替排列于正负电极之间，并用特制的隔板将其隔开，组成除盐淡化和浓缩两个系统。在运行时不断地倒换正负电极极性（即频繁倒极），在去除水中污染离子的同时降低二价离子对膜的污染，延长离子交换膜的使用寿命。EDR 技术采用高效扩散膜，可使盐分高度浓缩至 20%，大大降低了后续蒸发所需的能耗。同时，可根据用户的需要定制一价离子选择透过膜实现一二价离子的分离，从而实现盐的分类回收，其原理如图 8.16 所示。

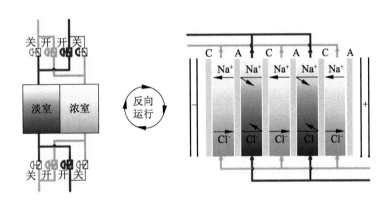

C—阳离子交换膜；A—阴离子交换膜。

图 8.16　倒极电渗析原理示意图

（3）填充床电渗析工艺

填充床电渗析（electrodeionization，EDI）又称电去离子技术，是将离子交换膜与离子交换树脂有机地结合在一起，在直流电场的作用下实现除去水中已电离的或可电离的物质的一种新型渗析处理技术。它利用电渗析过程中的极化现象对离子交换填充床进行电化学再生，巧妙地集中了电渗析连续脱盐与离子交换树脂深度脱盐这两种方法的优点，并且克服了电渗析过程浓差极化的影响和离子交换树脂需要酸碱再生的缺点。这种方法基本能够除去水中的全部离子，所以它在制备高纯水及处理放射性废水方面有着广泛的用途，其原理如图 8.17 所示。

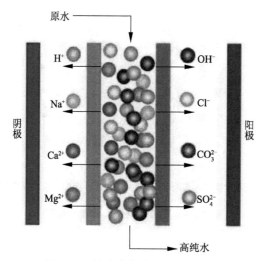

图 8.17　填充床电渗析原理示意图

（4）选择性电渗析工艺

选择性电渗析（selective electrodialysis，SED）是将具有分离单价和多价离子性能的离子交换膜引入电渗析装置中，实现不同价态同种电荷离子的分离效率的技术。下面以选择性电渗析工艺分离废水中氯化钠和硫酸钠为例：在电场作用下，SO_4^{2-} 向阳极迁移，途中被阴离子选择性交换膜阻挡，富集于阴离子选择性交换膜和阴离子交换膜间的隔室中，Cl^- 则富集于阳离子交换膜和阴离子选择性交换膜间的隔室中，阴、阳离子交换膜间的隔室中离子浓度降低，成为淡水室，成功实现了不同价态阴离子的分离（见图 8.18）。选择性电渗析工艺常被用于单价和多价离子的分离，还可用于元素的回收富集。

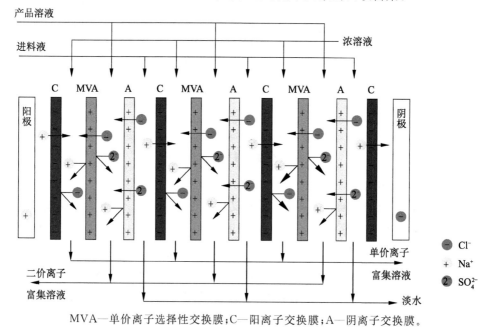

MVA—单价离子选择性交换膜；C—阳离子交换膜；A—阴离子交换膜。

图 8.18　选择性电渗析原理示意图

（5）复分解电渗析工艺

复分解电渗析（electrodialysis metathesis，EDM）工艺是通过离子重组发生类似复分解的反应，具有重组和浓缩离子的独特性能。图 8.19 所示为复分解电渗析原理示意图，基于其四隔室的结构特点，该工艺可以将少量的溶解度低或不溶的盐类转化为高溶解度的盐。复分解电渗析工艺通过将两种原料 AX、BY 和两种产品液 BX、AY 分别投入四个隔室，在电场力的作用下，离子定向迁移过膜后被同性离子交换膜阻挡，之后停留在不同隔室，从而完成 AX＋BY→AY＋BX 复分解反应，达到浓缩的目的。

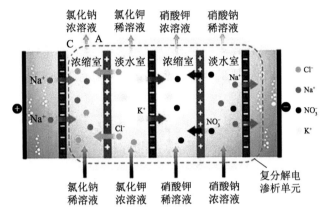

C—阳离子交换膜；A—阴离子交换膜。

图 8.19　复分解电渗析原理示意图

（6）逆电渗析工艺

逆电渗析（reverse electrodialysis，RED）工艺在不同浓度盐溶液间放置离子交换膜，利用离子浓度差导致的离子迁移将化学能转化为电能。如图 8.20 所示，在阴、阳离子交换膜交替间隔形成了浓水室（HS）和淡水室（LS），在浓度差作用下，浓水室中的阴、阳离子分别透过阴、阳离子交换膜进入淡水室，离子的定向迁移形成内电流，再通过阴、阳极的电化学反应将离子迁移内电流转化为电子迁移外电路电流，将化学势转化为电能。逆电渗析可从两个不同盐度梯度的溶液中提取能量且不产生二次污染，是一

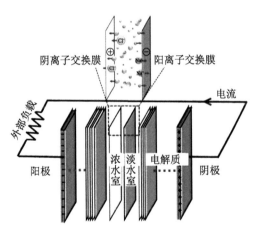

图 8.20　逆电渗析原理示意图

种新型的可持续发展的技术，具有较好的应用前景。

8.5.2　应用案例

电渗析是膜分离过程中较为成熟的一项技术，具有节能、环保、高效等优点，被广泛用

于化工产品脱盐提纯、废水资源化利用与化工过程中的物质分离、浓缩、提纯、精制等,是一种清洁能源生产技术。与其他分离技术不同,电渗析分离不需要使用危险化学试剂,而且能耗很小。目前,电渗析已被广泛应用于糖类及醇类分离提纯、氨基酸类分离提纯、农药化工类中间物分离提纯、石油化工类中间物分离提纯、生物医药类中间物分离提纯等领域。下面介绍一些近年来的应用案例,仅供参考。

南开大学王建友教授团队提出了一种复分解电渗析离子重组工艺,实现了谷氨酸钠的清洁生产,该工艺可实现原料液的一步转化,直接获得高浓度的谷氨酸钠产品溶液(见图 8.21)。在优化条件下,最终产品溶液浓度为 1.79 mol/L(质量分数约为 30.2%),转化率为 91.2%,能耗为 2.98 kW·h/(kg NaGA),副产物 $(NH_4)_2SO_4$ 可作为生产氨肥的原料。该工艺具有流程短、酸碱零消耗、无二次污染的优点,而且所得谷氨酸钠产品溶液浓度达到了结晶工艺的浓度要求,这对电驱动膜过程在味精产业的应用具有重要意义。

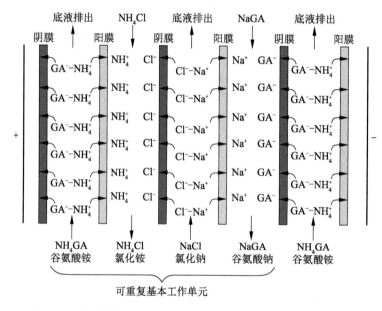

图 8.21 复分解电渗析离子重组工艺制备谷氨酸钠的原理示意图

浙江工业大学高从堦院士和沈江南教授团队基于单价阴离子选择性膜的选择性电渗析技术实现了混盐中 Cl^- 和 SO_4^{2-} 的分离,如图 8.22 所示。他们采用具有单价选择性阴离子交换膜和传统阳离子交换膜的电渗析体系来分离混合盐水溶液($NaCl$ 和 Na_2SO_4),研究发现,当 $NaCl$ 和 Na_2SO_4 的质量比为 95:5,电流密度为 40 mA/cm² 时,电流效率为 72%,能耗为 1.6 kW·h/(kg NaCl),Cl^- 和 SO_4^{2-} 质量浓度比为 67.5:3.5,为工业领域分离 $NaCl$ 和 Na_2SO_4 提供了有价值的参考。

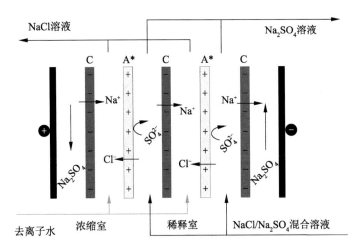

C—传统阳离子交换膜；A*—单价阴离子选择性交换膜。

图 8.22　电渗析分离混合盐水溶液（NaCl 和 Na₂SO₄）原理示意图

加拿大多伦多大学 Azimi 团队开发了一种三阶段电渗析工艺，从废弃锂离子电池 $LiNi_{0.33}Mn_{0.33}Co_{0.33}O_2$（NMC111）中分离出锂、镍、锰、钴四种金属（见图 8.23 和图 8.24）。

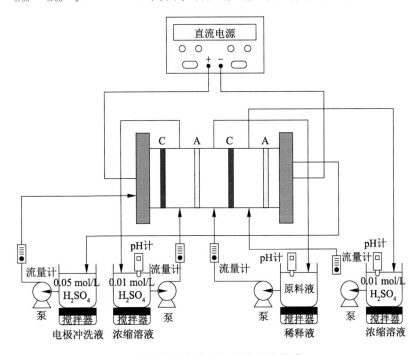

C—阳离子交换膜；A—阴离子交换膜。

图 8.23　从废弃电池中分离锂、镍、锰、钴的电渗析实验装置示意图

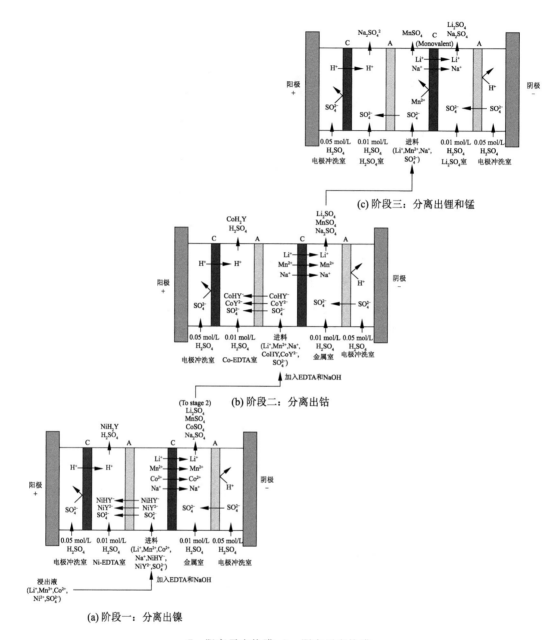

(c) 阶段三：分离出锂和锰

(b) 阶段二：分离出钴

(a) 阶段一：分离出镍

C—阳离子交换膜；A—阴离子交换膜。

图 8.24　三阶段电渗析分离法从 NMC111 中分离锂、镍、锰、钴的原理示意图

　　在电渗析之前，首先用 UV‑Vis 光谱对 EDTA 的络合作用进行评估，在 pH＝2 和 pH＝3 时，EDTA 分别可与镍和钴形成络合阴离子。在电渗析过程中，当 EDTA 与 Ni 的摩尔比为 1.1 时，阶段一分离出 99.3% 的镍；当 EDTA 与 Co 的摩尔比为 1.2 时，阶段二分离出 87.3% 的钴。在阶段三中，使用单价阳离子交换膜 CEM 会分离出约 99% 的锂与锰。电渗析实验后，再在 pH＜0.5 的条件下实现镍、钴从 EDTA 中解离，锂、镍、锰、钴这四种金属均以大于 99% 的高纯度被分离回收。

美国加利福尼亚大学伯克利分校制备出多孔芳香骨架(PAFs)纳米颗粒掺杂离子交换聚合物膜,再将柔性膜集成到膜法电渗析脱盐工艺中,开发出一种离子捕获电渗析(Ion-capture electrodialysis)技术,该技术不仅可以脱除海水盐分与重金属元素,还可以捕获金等贵金属元素以供后续回收利用,如图 8.25 所示。1 kg 膜材料可处理 3.5 万 L 含汞废水(Hg^{2+} 浓度为 5 mol/L),汞去除效率接近 100%。对 PAFs 纳米颗粒进行修饰还能选择性吸附铜、铁、硼等元素离子。该膜材料重复使用 10 次以上也能保持高吸附性,在水和高温下的稳定性也高于金属有机骨架材料。

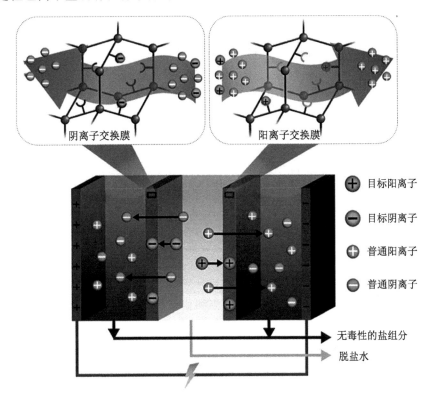

图 8.25　离子捕获电渗析原理示意图

电渗析分离的应用案例非常多,虽然大多数还处于实验室规模,但研究进展很快,一些电渗析工艺已用于工业化生产。例如,在盐湖提锂系统浓缩工艺段中,电渗析技术似乎占据了主要地位。据了解,青海锂业、五矿盐湖、金海锂业、锦泰锂业、藏格锂业等的相关项目中均使用了电渗析浓缩技术。该技术主要用于分离镁、锂质量比为 1∶1 到 200∶1 的盐湖卤水,经过一级或多级电渗析,利用一价阳离子选择性交换膜和一价阴离子选择性交换膜进行循环式(连续式、连续部分循环式或批量循环式)工艺来分离并浓缩锂。该工艺不仅适用于在相对高镁、高锂的卤水中对锂与镁和其他离子进行分离,同时也可以实现对镁、硼及其他微量多价离子的截留,从而得到高品质的氯化锂产品。双极膜电渗析技术可以直接将氯化锂溶液通过一步法制备成氢氧化锂,同时生产的盐酸可以用于吸附剂的再生。此外,我国盐湖条件有限,生态环境脆弱,酸碱资源、水资源非常匮乏,海拔高,交通不便,运输成本高。电渗析技术可有效地实现对资源的高效利用,降低产品的单位生产成本,具有很好的应用前景。

随着国家对环保要求的日益提高,电渗析技术在工业废水回收利用和特种分离中又获得了较多关注。国内陆续成立了一些新的电渗析企业,包括 2003 年成立的山东天维、2009 年成立的杭州蓝然、2010 年成立的北京廷润等公司。在向着可持续发展目标前进的道路上,实现废弃物零排放是目前的主要目标之一,电渗析技术也需要顺应国家要求,将可持续发展作为技术目标继续发展。

8.6 溶出伏安分离法

溶出伏安分离法(stripping voltammetry separation)是指在大体积溶液中,使痕量待测物在待测离子极谱分析产生极限电流的电位下电解一定时间后,浓缩在微小体积的工作电极上,然后再改变电极电位使沉积在电极表面的目标组分溶解而重新进入溶液中,最后利用溶出过程的伏安曲线完成定量分析。该方法主要包括电解富集、静置和电解溶出三个阶段,又称为反向溶出极谱法。该方法具有操作简便、灵敏度高、检测成本低、分析速度快和选择性优异等优点,在环境监测、生物分析检测和食品科学等诸多领域应用潜力巨大。

8.6.1 分离原理

溶出伏安分离实际上是将恒电位电解富集和伏安法测定相结合的一种电化学分离方法,它分为以下三个阶段。

① 富集阶段:将电极电位控制在一个恒定电位下电解一段时间,使溶液中的离子发生化学反应富集在电极的表面。富集过程中的恒定电位被称为富集电位,离子富集在电极表面的时间被称为富集时间。

② 静置阶段:在富集结束后,一般静置 30 s 或 60 s,静置的目的是使溶液中的对流作用基本静止,保证富集在电极上的待测离子处于稳定状态。

③ 溶出阶段:在工作电极上施加一个反向电压,使沉积在工作电极上的痕量物质重新溶出成为离子,该过程变化的过程电压被称为扫描电压,电极经过扫描电压后,富集在电极表面上的金属就会发生化学反应而溶出。溶出过程电流随电压变化的曲线称为伏安(I-E)曲线或溶出极谱图,如图 8.26 所示。在伏安曲线中,溶出峰电位与物质种类有关,溶出峰电流和离子的含量有关,所以可以根据伏安曲线上的溶出峰电位大小确定是哪种离子,根据溶出峰电流大小确

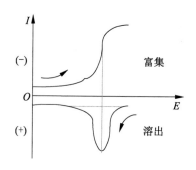

图 8.26 富集和溶出过程的伏安曲线

定该离子的含量。

根据电解浓缩及溶出方式的不同,溶出伏安分离法可分为阳极溶出伏安法、阴极溶出伏安法和电位溶出分析法。阳极溶出伏安法(anodic stripping voltammetry,ASV)是指在一定的电位下,样品溶液中的痕量待测组分进行恒电位电解,选择性被还原富集在工作电极上,静置片刻后使工作电极电位由负向正方向变化,使得已经还原在电极上的物质重新被氧化溶解,称为"阳极溶出",溶出过程中所产生的峰电流在一定条件下与原样品溶液中待测物的浓度成正比。阴极溶出伏安法(cathodic stripping voltammetry,CSV)与阳极溶出伏安法的两个电极过程刚好相反,在预电解阶段选择合适的电极电位,使工作电极(如悬浮电极)发生氧化反应,生成的离子与溶液中的待测离子(如卤素离子、硫离子等)反应,形成难溶化合物沉积在工作电极表面,使得大体积溶液中的痕量待测物得到选择性富集。静置片刻后,使电极电位向负方向变化,富集在电极上的难溶化合物被还原,待测离子重新进入溶液中,称为"阴极溶出",溶出过程中所产生的峰电流在一定条件下与待测物的浓度成正比。电位溶出分析法(potentiometric stripping analysis)是在恒电位下将待测物预先还原而富集在工作电极上,然后断开电解电路,此时溶液中的溶解氧或加入的氧化剂将电极上的沉积物氧化,在电位-时间($E-t$)关系曲线上呈现平台"过渡时间 τ",在一定条件下,τ 与待测物在溶液中的浓度成正比。

在溶出伏安分离法中,若预电解和溶出两个阶段采用不同的介质(即介质交换法),则可以使不同物质原本重叠的溶出峰分开;通过加入表面活性剂等可改变某些离子的电化学性质,也能使某些重叠峰分开;采用化学修饰电极、控制电极电位分步沉积、分步溶解的方法,也能排除某些干扰,提高测定的选择性。

8.6.2　应用案例

溶出伏安分离法常用于金属离子的富集分离与检测分析,其富集效果与溶液中的离子初始浓度无关,但可以通过减小溶液体积、增大电极面积、加快搅拌速度及减小扩散层厚度来缩短富集时间。Sb(Ⅲ)、Bi(Ⅲ)、Cu(Ⅱ)由于化学性质相似,一般情况下溶出峰重叠,给测定带来困难。为了同时测定这三种元素,在 0.3 V 预电解电位下,将含有这三种离子的 1.0 mol/L HCl 溶液以 1.5 mL/min 的流速通过流通池 40 s 电解预浓缩,保持电位不变,改变流通池的介质交换方向,使已除 O_2 的 0.25 mol/L 丙二醇-1.0 mol/L 盐酸溶液通过流通池,将试样溶液全部清洗出去,停止溶液流动,静止 30 s,记录脉冲阳极溶出伏安图,得出彼此分离的峰,相邻溶出峰电位之差 $\Delta E_{\mathrm{p}} > 80$ mV。

将用阴离子交换剂 Amberlite LAZ 修饰的碳糊电极浸入 1.5 mol/L HCl 介质中,Au 以四氟金酸盐形式吸附在碳糊电极上,搅拌吸附一定时间后,取出电极,浸入新的 0.1 mol/L HCl 介质中,以 +0.6 V 至 -0.20 V 电压进行阴极化扫描。这样,用化学修饰电极法结合介质交换使 Au 与 Ag 等其他金属离子分离,选择性大为提高。

用通常的伏安法进行地下水中的 Pb,Cd,Sn 测定时,元素之间会互相干扰。应用流动注射和介质交换技术进行电位溶出分析,即可克服这个困难。在 1.2 mol/L HCl - 50 μg/mL

$HgCl_2$ 介质中,在 -1.4 V 电压下电解 140 s,水样中这三种离子以金属形式沉积在工作电极上。然后以 1.3 mL/min 的速度将 0.1 mol/L 酒石酸钠 $-$ 0.1 mol/L NaCl $-$ 50 μg/mL $HgCl_2$ 混合介质放入测定池中,把预沉积的介质置换出来,新换入的混合介质中的 $HgCl_2$ 将沉积的金属氧化,记录电位-时间曲线,得到三个彼此分离的"平台"。

此外,溶出伏安分离法还有众多应用,如表 8.3 所示。

表 8.3　溶出伏安分离法的部分应用案例

电极	溶出介质	溶出方式	被分离的物质
玻璃碳	pH=4.5,0.1 mol/L 乙酸盐缓冲液	脉冲阳极	Hg(Ⅱ)、Cu(Ⅱ)、Pb(Ⅱ)和 Cd(Ⅱ)
玻璃碳汞	pH=6.1,吗啉乙磺酸缓冲液	脉冲阳极	Cr(Ⅵ)和 Cr(Ⅲ)
玻璃碳	pH=4.5,0.1 mol/L 乙酸盐缓冲液	脉冲阳极	Cd(Ⅱ)和 Pb(Ⅱ)
悬汞	pH=8.0,0.1 mol/L NaOH $-$ H_3BO_3 缓冲液	脉冲阴极	Cd(Ⅱ)和 Pb(Ⅱ)
玻璃碳	pH=5.0,0.2 mol/L 乙酸盐缓冲液	脉冲阴极	Mn(Ⅱ)和 Fe(Ⅱ)
玻璃碳汞膜	0.08 mol/L 盐酸	电位	Cd(Ⅱ)和 Pb(Ⅱ)
碳纤维修饰	0.2 mol/L 高氯酸钠	电位	Cd(Ⅱ)和 Pb(Ⅱ)

8.7　化学修饰电极分离法

化学修饰电极分离法(chemically modified electrode separation)是指利用化学修饰电极表面上的微结构所提供的多种能利用的势场,通过控制电位有效提高选择性,使待测物进行有效富集、分离的方法。化学修饰电极(chemically modified electrode,CME)自 1975年问世以来发展迅速,是电化学领域公认的活跃研究方向之一。它通过化学、物理化学的方法对电极表面进行修饰,在电极表面形成某种微结构,赋予电极某种特定性质,以选择性地在电极上进行所期望的氧化还原反应。CME 现已成为一种融分离、富集和测定三者为一体的分离分析方法,具有广阔的应用前景,在分离、富集领域已取得较好的成果。

在富集、分离过程中,待测物通过化学反应在其稀的水溶液和修饰层间进行分配。为了获得灵敏、方便与高选择性的测定效果,采用化学修饰电极作为富集表面有如下几点要求:首先,富集步骤对待测物应是有选择性的;其次,富集步骤中,电极表面修饰的交换中心不能达到饱和;最后,伏安扫描后,应能很方便地再生新鲜和重现性的修饰电极表面,这就要求氧化还原反应的产物能在完成伏安扫描后很快从电极表面消除(溶出),使得新鲜的修饰表面可立即重复使用。

目前,化学修饰电极的制备方法主要有滴涂法、共价键合法、电化学法、吸附法(包括自组装法)和组合法等,一般需要根据电极基体性质和制备目的选择合适的修饰方法。滴涂法是指在抛光处理基体电极表面后,将均匀分散在溶剂中的聚合物或纳米材料滴涂于电极表面,溶剂蒸发后,电极表面形成修饰的涂膜。其修饰过程既可以将电极浸于修饰液中,也可以用微量注射器取一定量的修饰液均匀滴加在电极表面或者让电极在修饰液中旋转,最后溶剂挥发成膜。共价键合法是首先对基体电极进行表面预处理以引入键合基团,然后在电极表面进行有机合成反应,使电极表面键合预定的官能团。通过共价键修饰的电极稳定性高、选择性好,是最早应用的电极表面修饰方法。电化学法是以电化学氧化法、电化学沉积法和电化学聚合法制备化学修饰电极。其中,电化学氧化法是指反应物在电极表面发生电化学氧化反应,其产物在电极表面通过吸附、组装、共价或非共价键合等作用而被固定;电化学沉积法是将电极浸于含有修饰材料的电解液中,以恒电位或恒电流等方式在电极表面沉积成膜;电化学聚合法是以电化学氧化还原反应引发单体聚合于电极表面成膜,主要用于制备聚合物薄膜修饰电极。吸附法是通过修饰剂与基体电极之间的非共价作用成膜,包括化学吸附法、自组装膜法、欠电位沉积法和 LB 拉膜法等。组合法则是将化学修饰剂和电极材料碾磨混合,制备成修饰电极,常用的是碳糊修饰电极,即由黏合剂、石墨粉和化学修饰剂一起研磨制得。

8.7.1　分离原理

采用化学修饰电极富集、分离物质时,在电极表面修饰上带特定功能基团的功能分子利用这些功能基团与待测物发生离子交换、配合、共价键合等反应,从而实现待测物的富集或分离。具体来说,CME 的分离机理主要有以下几种。

① 离子交换型:CME 通过表面的静电作用,吸引带相反电荷的离子富集。根据离子交换剂对各种离子的相对亲和性,修饰电极将优先同具有高电荷、小溶剂化体积及高极性的离子进行离子交换。常见的阴离子交换剂有聚 4 - 乙烯基吡啶等,它们在酸性溶液中质子化,吸引溶液中的阴离子而具有富集功能。最常用的阳离子交换剂是美国杜邦公司生产的 Nafion 以及美国 Eastman Kodak 公司生产的 Eastman - AQ,它们适合对憎水性较大的阳离子进行富集、分离,例如对 $Ru(NH_3)_6^{2+}$ 和 $Ru(bpy)_3^{2+}$ 的分离系数达 $10^6 \sim 10^7$。除了上述有机聚电解质已广泛应用于离子型待测物的静电键合与富集外,无机物质也具有这种重要的作用。近年来的研究表明,覆盖薄层蒙脱土、沸石、皂土、海泡石等无机物质的修饰电极表面对离子型待测物可进行选择性静电富集与分离,电极表面的黏土及其他无机涂层具有较高的化学和机械稳定性,以及结构特殊等优点。

② 配位反应型:即待测离子与修饰电极表面的物质发生配位反应而被富集和分离。对于配位反应,大多数化学分析上应用的螯合剂可成功地用作电极表面修饰剂,可以通过调节测试溶液的组成,特别是从调节 pH 和掩蔽两方面来提高方法的选择性。碳糊与修饰剂分子制得的混合碳糊修饰电极被富集/伏安分析普遍采用,这是因为很多有机试剂可很快地掺入碳糊中,不需要对每一种修饰剂分别设计附着方案。现有的研究证实了混合碳糊修饰电极具有多用性、稳定性及易操作性等特点,可以通过改变碳糊混合物中修饰剂的质量来改变有效的电极表面覆盖量;另外,电极表面可消除或更新,以便进行下一次测量,误差为 $5\% \sim 10\%$,这样的重现性要求修饰剂具有均匀的表面覆盖量。手工混合或超声分

散的方法可以使修饰剂与有机糊状物充分混合,采用这种修饰方法时,要求所用溶剂中修饰剂的溶解度足够小,以保证修饰剂分子在碳糊基底中的稳定性。

③ 共价键合型:待测物与修饰剂活性中心发生共价键合而被富集、分离到电极表面。

④ 疏水性富集:当基底电极表面修饰一层疏水性类脂物质时,该类脂层可以从接触的溶液中富集疏水性有机化合物并阻碍亲水性分子的传输。

⑤ 修饰膜:利用电极表面修饰膜的渗透性,有选择地使某种离子或分子透过膜孔。修饰膜起到分子筛的作用,它是基于溶液中离子或分子的大小、电荷性质、空间结构的差异进行分离的。对于共价聚合、电聚合及等离子体聚合的膜,离子的透过主要取决于其体积的大小;而对于离子交换型的聚合物膜,离子的透过主要取决于其所带的电性,即靠电荷排斥将干扰离子阻隔在膜外。

8.7.2 应用案例

化学修饰电极对特定组分具有选择性分离、富集的作用,可以有效提高分离的选择性和灵敏度,在无机物、有机物和生物样品测定中发挥的作用越来越大。如阴离子修饰电极分离、富集和检测多巴胺阳离子;聚酰胺修饰碳糊电极分离检测色氨酸和酪氨酸。因此,根据实际需要研制出各种高选择性、高灵敏度的修饰电极用于测定在常规电极上无响应的某些分子是未来的发展方向。

近年来,在利用化学修饰电极选择性富集、分离的应用中,对阳离子交换剂研究得比较多,其中以 Nafion 修饰电极为主,表 8.4 列举了一些以 Nafion 为修饰剂的应用案例。Nafion 是一种全氟磺酸高聚物,含有亲水畴和疏水畴,亲水部分是一个离子化的磺酸基,是发生阳离子交换的位置,可以与金属离子尤其是粒径大的阳离子结合。Nafion 修饰电极属于离子型聚合物修饰电极,具有优异的富集、电催化和选择性透过的特性,被广泛应用于分析、传感、催化等领域。例如,以 Nafion 修饰的玻璃碳电极为工作电极,在醋酸盐溶液中,Eu^{3+} 与二甲酚橙(XO)形成大阳离子,与 Nafion 膜中阳离子交换剂交换而被选择性地富集在膜中,而 Cl^-,ClO_4^- 等阴离子无法与阳离子交换剂进行交换反应,La^{3+},Er^{3+} 等其他稀土金属离子对 Eu^{3+} 的交换反应影响很小,这样,Eu^{3+} 就可以与其他离子实现分离;选取 pH 为 2.9 的 0.1 mol/L HAc - NaAc 及 1.0×10^{-4} mol/L XO 作为介质,在 -0.2 V 下富集 1 min,然后以 200 mV/s 的速度进行阴极溶出,可将 Eu^{3+} 的检出限降低至 1.0×10^{-7} mol/L。

表 8.4　以 Nafion 为修饰剂的应用案例

待测物	电极	检出限/$(mol \cdot L^{-1})$
Mn	钨丝	8.74×10^{-9}
Pb	玻璃碳	5.80×10^{-9}
Cd	玻璃碳	5.0×10^{-10}
Pb,Cd	玻璃碳	Cd^{2+}:7.12×10^{-10};Pb^{2+}:1.45×10^{-9}
Cu	玻璃碳	1.41×10^{-6}

续表

待测物	电极	检出限/(mol·L^{-1})
Fe	铂芯片	3.1×10^{-8}
Ag	钨丝	3.71×10^{-10}
In,Sn	玻璃碳	In：7.5×10^{-10}；Sn：2.46×10^{-10}
Bi	玻璃碳	1.44×10^{-9}
尿酸	玻璃碳	1.0×10^{-8}
尿酸	碳糊	2.5×10^{-7}
多巴胺	四面体无定形碳	PBS 中：6.5×10^{-8}
地尔硫草	玻璃碳	6.2×10^{-8}

化学修饰电极对痕量金属离子的富集、分离有着重要的意义,这种功能在实际应用中越来越广泛。中国工程物理研究院的窦天军等于 2002 年报道了利用化学修饰电极富集痕量铀技术,该技术选用对铀酰离子具有选择性络合能力的磷酸三丁酯(TBP)、三正辛基氧膦(TOPO)作为修饰剂制备了铜片修饰的电极,再以银-氯化银电极作参比电极,以铂电极作对电极,组成了三电极系统,对废水样品中痕量铀实现富集、分离,即使在 100 倍铀离子浓度的铅、铬、钴、铁和镍等离子体系中,修饰电极仍然具有较好的选择性。武汉大学纪效波利用杯芳烃具有多个紧密相邻的羟基和一个 π 体系空穴,可以与多种金属形成配合物的特性,将杯[6]芳烃作为修饰剂掺杂于碳糊电极中,高效地实现了选择性富集铅和镉离子,开发了一种高灵敏度、高选择性的测定铅和镉的电分析方法,并成功用于实际水样中铅和镉离子的测定。同时,他还制备了蒙脱石修饰的碳糊电极,该电极对铈离子具有特定、高效的富集能力,大大提高了测定铈离子的灵敏度;蒙脱石的特异空腔结构特性,大大提高了铈在修饰电极表面的吸附量;利用蒙脱石有限的反应空间,有效地排除了其他多种有机物和无机物的干扰。

除了上述提到的应用于金属离子的富集、分离之外,化学修饰电极法在其他有机物的富集方面同样具有作用。例如,在哺乳动物大脑组织神经递质的测定中,抗坏血酸(AA)、多巴胺(DA)是常见的被测物质,但由于两者的氧化峰靠得太近,测定时往往互相干扰,不能实现分离。利用聚苯胺(PA)修饰的铂电极对 AA 和 DA 有不同的催化性能,可使它们在 PA 膜电极上的氧化峰分开 140 mV。用金相砂纸将铂电极表面磨光,用三氧化二铝将电极抛光成镜面,用亚沸蒸馏水反复清洗电极表面,在 1.0 mol/L 苯胺和 2.0 mol/L HCl 混合介质中除去氧气,在静止条件下,以 42 μA/cm^2 的电流密度氧化聚合,制得 PA 修饰电极。在酸性介质中,PA 膜上的—NH$_2$、=NH 和—N= 基团分别变成—NH$_3^+$、=NH$_2^+$ 和—NH$^+$=,有利于 PA 膜与富电子的具有不饱和 π 键的 AA 相互作用,富集 AA;而 DA 带正电,不利于与质子化的 PA 膜作用,富集效果差,以此实现 AA 与 DA 的分离。

目前,化学修饰电极分离还存在稳定性、重复性差等不足,但化学修饰电极可利用丰富的有机物、无机物、金属、聚合物和生物物质等材料在电极表面进行特异性的设计,使得化学修饰电极逐渐向着多元化、多层次、多组分、微型化,缩短响应时间,提高准确度、灵敏度等方向发展,在未来分离领域具有广阔的应用前景。

8.8　控制电位库仑分离法

一般情况下,在待测样品中经常同时存在两种以上的离子,若将工作电极的电位控制在特定的范围内,就可以防止在测定某种离子时其他共存离子发生干扰反应,从而提高分析结果的准确性。控制电位库仑分离法(controlled potential coulometric separation)是在电解过程中将工作电极电位调到设定值,利用恒电位电解直至电解电流为零,通过这一过程实现待测物与溶液中其他组分的分离。在电流效率为100%的前提下,电解消耗的电量就是待测物所需的电量,据此可计算待测物的含量,故该方法又称为控制电位库仑滴定法。由于这种方法是根据测定的电量来计算的,而电量的测定可以达到很高的精度,所以它不需要使用基准物质且准确度高,同时还具有较高的灵敏度,物质检出限可达 10^{-2} μg。总之,控制电位库仑分离法具有准确、灵敏、选择性高等优点,特别适用于混合物的分离测定,可用于五十多种元素及其化合物的分离测定,其中包括氢、氧、卤素等非金属,锂、钠、钙、镁、铋、铁、铅、镉、镍、铜、银、金、铂族金属、铀、钇、镅、锆及稀土元素等金属。该方法在有机和生化物质的合成和分析方面的应用也很广泛,涉及的有机化合物达五十多种,比如三氯乙酸的测定、血清中尿酸的测定,以及在多肽合成和加氢二聚作用中的应用等。

8.8.1　分离原理

控制电位库仑分离的仪器装置主要由电解电池、控制阴极电位的电位计和库仑计三部分组成,如图8.27所示。其中,前两部分装置与控制阴极电位电解装置相似,可以100%电流效率进行电解,阴极和库仑计串联,由库仑计可精确读取电量值。在实际工作中,为保持电流效率为100%,往往需要向电解液中通氮气数分钟除去溶解氧,或在隔绝空气的条件下进行电解。为了除去电解液中可能存在的电解活性物,在加试样

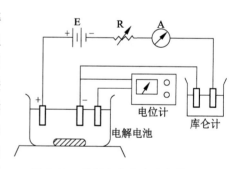

图8.27　控制电位库仑分离装置图

前,一般在阴极以较测定电位低0.3~0.4 V的条件下预电解,使电解电流降至本底电流后,再将电位调至测定要求值,不切断电流,加一定体积的试样,接上库仑计电解到本底电流,最后由库仑计测得的电量算出待测物的含量。

8.8.2　应用案例

一般情况下,在测定铝铂铁催化剂中的铂和铁含量时,铂、铁互相干扰,电还原峰重叠。以铂电极为工作电极,以饱和氯化银电极为参比电极,在0.1 mol/L乙二胺和1 mol/L HCl介质中,控制工作电极的电位为0.1 V,电解10 min,使Fe(III)还原为Fe(II)、Pt(IV)还原为

Pt(Ⅱ),再在 0.5 V 下电解 15 min,Fe(Ⅱ)完全氧化为 Fe(Ⅲ),记下所消耗的电量,从而计算铁的含量。然后使工作电极电位为+0.8 V,电解 Pt(Ⅱ)使其完全氧化为 Pt(Ⅳ),这一步所消耗的电量为电解 Pt(Ⅱ)所用,这样本来互相干扰的两种元素变得互不干扰,可以分别测定。

在 0.5～1.0 mol/L 的 NaOH 介质中,插入铂网工作电极,并将电位控制在+0.39 V 进行极化,电解到残余电流为 20 μA 后,加入 Rh(Ⅲ),Pd(Ⅱ),Ir(Ⅳ),Pt(Ⅳ)的试液,在+0.39 V 下电解至电流为 20 μA,记录电流-时间曲线,利用作图法可求得电解所消耗的电量。由于在此介质和该电位下,Pd(Ⅱ),Ir(Ⅳ),Pt(Ⅳ)均未被氧化,仅 Rh(Ⅲ)被定量氧化为 Rh(Ⅳ),因此可以实现 Rh(Ⅲ)与其他离子的分离并能准确测定其含量。

近年来,中南大学刘伟锋等提出了一种通过控制电位来选择性分离酸性废水中相似金属的方法,他们研究了溶液电位对沉淀率和分离效率的影响,通过添加硫化钠或黄原酸盐来控制电位,并通过带有 Pt 电极和甘汞电极的 MT320 - SpH 仪器进行监测,利用热力学计算绘制了 Me - S - H_2O 体系的 E - pH 图(见图 8.28)。

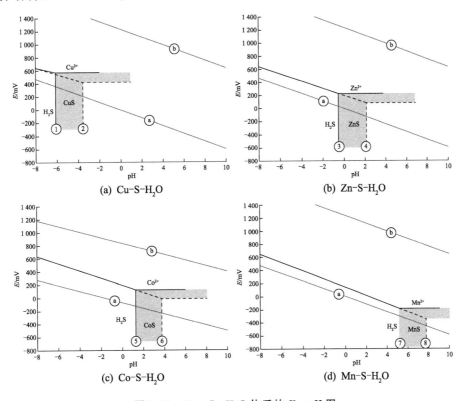

图 8.28 Me - S - H_2O 体系的 E - pH 图

注:a 为 O_2 线;b 为 H_2 线。① $[Cu^{2+}]=1.0$ mol/L;② $[Cu^{2+}]=10^{-5}$ mol/L;③ $[Zn^{2+}]=1.0$ mol/L;④ $[Zn^{2+}]=10^{-5}$ mol/L;⑤ $[Co^{2+}]=1.0$ mol/L;⑥ $[Co^{2+}]=10^{-5}$ mol/L;⑦ $[Mn^{2+}]=1.0$ mol/L;⑧ $[Mn^{2+}]=10^{-5}$ mol/L。

研究结果表明:① 在硫化铜析出的研究中,金属析出率随电位的降低而增大,铜主要在 $330～530$ mV 的电位范围内析出,在电位 $E_T=330$ mV 时,铜钴比达到最大值 224,铜离子沉淀率达到 99.56%,铜完全沉淀并得到有效分离。② 分别以 Na_2S 和 $C_3H_5OS_2Na$

为钴选择性分离的沉淀剂,通过控制电位下的硫化钴沉淀,很难实现钴和锌的分离,通过黄原酸钴沉淀,金属的沉淀率随电位的降低而增加,在 $E_T = 125$ mV 的最佳电位下,钴的析出率高达 99.10%,此时钴锌比为 28,钴与锌可以完全析出并实现有效分离。③ 锌硫化物沉淀结果表明,随着电位的降低,锌的沉淀率增加。在 $E_T = 30 \sim 217$ mV 的电位范围内,主要为锌析出,在 30 mV 的最佳电位下,锌的析出率达到 99.10%,而锰的析出率仅为 3.37%,最大锌锰比接近 1.4,是未处理溶液的 16 倍。此外,通过调节 pH 值,以及在除锌溶液中加入 Na_2CO_3,可以将 Mn^{2+} 转化为 $MnCO_3$ 沉淀并大量回收。综上,随着溶液电位的降低,金属的析出率增加。Cu^{2+},Co^{2+} 和 Zn^{2+} 可以分别在 330 mV,125 mV 和 30 mV 的控制电位下进行选择性分离和完全沉淀,去除锌后,可通过碳酸盐沉淀从残留溶液中回收 Mn^{2+}。Cu^{2+},Co^{2+},Zn^{2+} 和 Mn^{2+} 的析出率高达 99%。该技术不仅能快速、高效地选择性分离废水中的有价金属,并且能对整个过程进行精确控制。

将控制电位库仑分析用于流动体系即得到一种新型的分离和测定金属离子的方法——电解色谱法。电解色谱法原理如图 8.29 所示,在一根流通管 AB 中装有导电物质,在电极 C 和 D 间加上一直流电压,使 C 为正极,D 为负极,利用电压降在管内从 C 电极到 D 电极形成均匀的电位梯度。若含有电还原性物质的载液自 A 口流向 B 口,则这些物质将按其电动势顺序定域沉积在电极上,易还原的靠近 C 电极沉积,难还原的靠近 D 电极沉积。当沉积完全后,在载流流动下,将所加电压降低,沉积的金属又将依次溶解,在 B 口处得到各个分离的离子并用库仑法测定。

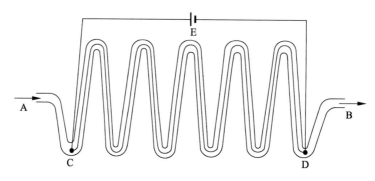

图 8.29 电解色谱法原理

8.9 新型电化学分离法

近年来,电化学分离技术的发展始终围绕着科研、生产、环境三大领域的需求,向综合、联用、信息网络化发展,同时更趋微型化、集成化、模块化、自动化和智能化,主要用于水质净化、化工产品分离、食品和药品检测、产品质量控制、人类健康和环境监测等多领域。快速、准确、稳定、安全、环保、便携、简单等特点已成为新型电化学分离技术设计的宗旨,下面对最新的一些电化学分离技术进行简要介绍。

流动电极电容去离子(flow-electrode capacitive deionization,FCDI)是近几年发展起来的一种用于带电物质分离的电化学驱动分离技术,是海水淡化领域的"新秀",与其他电化学分离技术有相似之处,它的性能与流电极的特性密切相关,因具有吸附容量大、制备简单、回收率高等优点而越来越受到欢迎,被广泛用于离子分离领域如海水淡化、微咸水软化、土壤修复等。

2021 年,同济大学吴德礼教授团队采用 FCDI 技术选择性地从含有高浓度 Cl^- 的模拟尿液中提取分离高纯度磷酸,其回收 164 mg/L,他们设计了一个由三个方形垫圈框架、两个带流道的亚克力板和两个离子交换膜组成的三室反应器,如图 8.30 所示。流动电极碳颗粒由活性炭和导电炭黑以质量比 9∶1 制备,尿液则是通过 NaCl 和 $Na_2HPO_4 \cdot 12H_2O$ 模拟而成。与普通的电渗析不同,FCDI 技术通过电场作用在电极和溶液之间形成双电层,极性分子或离子被存储在双电层中。因此,在给装置充电的过程中,P^{n-} 和 Cl^- 都会迁移到阳极室,并被带电的流动碳颗粒吸附,而 $H_2PO_4^-$ 则与 H^+ 结合,转化为不带电的 H_3PO_4。随后,在放电过程中,施加反向电流,Cl^- 从碳电极上完全解吸,返回中间的隔室。而约 2/3 的含磷微粒(主要是 H_3PO_4)则留在了之前的阳极室,从而成功实现了高纯度磷酸与废水的分离。

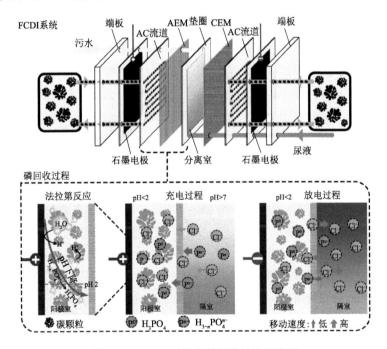

图 8.30　FCDI 系统和磷回收过程示意图

四川大学肖丹教授团队采用 FCDI 技术分离和回收废水中的低浓度碘,实现了碘的可持续利用,如图 8.31 所示。在最佳的 FCDI 条件下,碘的回收率可达 97.5% 以上,电荷利用率可达 83.4%。FCDI 技术能有效浓缩低浓度含碘溶液,可将浓度为 100 mg/L 的含碘溶液浓缩 18 倍,给水室最终碘浓度降至 8.2 mg/L,浓缩室最终碘浓度升至 1 818.5 mg/L。该技术具有准无限吸附、循环稳定性高、连续运行、待分离物富集后不与流动电极接触等特点,是一种很有前途的分离回收海水和放射性废水中碘的方法。

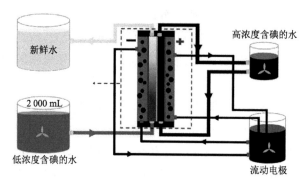

图 8.31 用 FCDI 技术分离回收碘的示意图

离子捕获电化学系统(ion-capture electrochemical system, ICES)是一种基于带电特性差异实现目标物质在电场中选择性分离的新方法,将液膜室(LMC)引入 FCDI 中,构建完全由商用电极、膜等部件组成的 ICES,以实现高效选择性一步分离的策略。

同济大学吴德礼教授团队基于 ICES 技术成功地从含有高浓度 Cl^- 的废水中回收甲酸,如图 8.32 所示。在充电过程中,带负电荷的 $HCOO^-$ 进入 LMC 后,通过从酸性提取液中获得自由质子,转化为不带电荷的 HCOOH,从而实现甲酸与共存离子的选择性分离。该工艺可以更广泛地应用于分离回收各种羧酸,如乙酸和丙酸。

同时,该团队利用 ICES 技术还实现了从新鲜人尿中选择性回收磷和尿素。在 ICES 运行过程中,不带电的尿素分子随着盐分的去除而完全保留在处理后的尿液中,带负电荷的 HPO_4^{2-} 和 $H_2PO_4^-$ 进入 LMC 后被酸性提取液捕获,含磷离子转化为不带电的 H_3PO_4,而杂离子 Cl^- 和 SO_4^{2-} 与提取液本身的阴离子将穿过 LMC 进入阳极室中。最终,高纯磷酸和尿素溶液分别在 LMC 和分离室中获得,尿液中的无机盐转移到电解液中,实现新鲜尿液中的磷、氮(尿

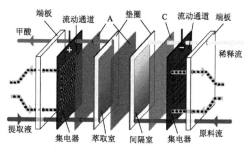

(a) 离子捕获电化学系统(ICES)结构图

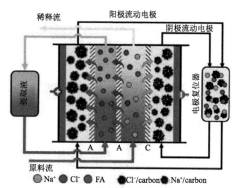

(b) ICES 操作模式和离子转化过程

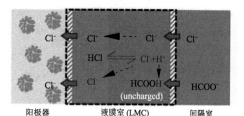

(c) 甲酸在液膜室(LMC)的选择捕获机制示意图

C—阳离子交换膜;A—阴离子交换膜。

图 8.32 基于 ICES 技术从含有高浓度 Cl^- 的废水中回收甲酸

素)和杂盐在不同腔室内同步回收,并得到高品位液态产品。这一概念可以扩展到其他电化学系统及各类废水处理中,用于废水脱盐与资源回收,它是一种很有前途的碳负排放技术,是实现碳中和的有效策略之一。

半波整流交流电化学法(half-wave rectified alternating current electrochemical,HW-ACE)是一种利用二极管的单向导通特性将交流电转换为直流电的整流策略。在交流电的半个周期有电流输出,在另半个周期没有电流,即 50 Hz 的交流电经半波整流以后输出的是 50 Hz 的脉动电流。

美国斯坦福大学的崔屹团队报道了基于酰胺肟功能化碳电极的半波整流交流电化学法来提取海水中的铀矿。如图 8.33 所示,步骤 Ⅰ,海水中所有离子随机分布;步骤 Ⅱ,外电场导致离子定向移动,形成双电层(EDL),被吸附的铀酰离子能够特异性地结合在电极表面;步骤 Ⅲ,被吸附的铀酰离子能够被还原成如 UO_2 之类的中性物质;步骤 Ⅳ,电场被撤掉后,没有被特异性结合的其他离子将被再次遗留在溶液中;步骤 Ⅴ,铀酰离子的吸附和电化学沉积继续进行,生成的 UO_2 颗粒不断长大。HW - ACE 利用电场来引导铀酰离子移动,增加了其与吸附材料接触的概率,利用电沉积中和带电的铀酰离子,从而避免了同电荷排斥,利用交流电避免了吸附过程中的杂质吸附或水电解的副作用。这种方法能够在加标海水中实现高达 1 932 mg/g 的吸附量而无吸附饱和趋势。HW - ACE 相比于传统的物理化学吸附方法,能够在未加标的海水中三倍吸附铀。在该项技术中,如果采用一般恒流恒压电化学方法在水环境中提铀,那么在提取过程中电流能耗会全部供给于产氢、

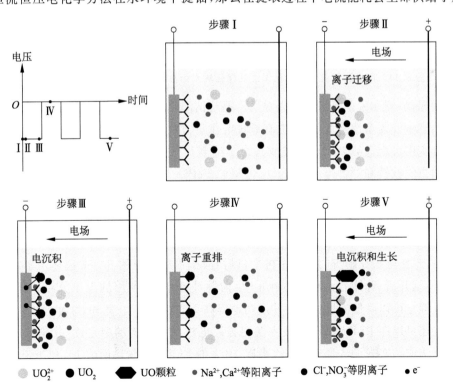

图 8.33　半波整流交流电化学法提铀的示意图

产氧,相当于在电解水,根本无法提取到铀。采用 HW - ACE,通过限制电子传输到电极的时间,在产氢反应发生之前竞争铀的分离时间,完成电化学沉积,从而实现铀的提取。HW - ACE 还能有效减少副反应,提取铀的容量是传统吸附的 10 倍,动力学速度是其 5 倍。通过 HW - ACE 提取的铀氧化物还需要进行同位素分离,并在后期不断提纯,从而达到核能、电能的元素使用标准。该分离技术在不破坏海洋中海洋生态的条件下实现了海洋中矿物资源的高效提取,将成为未来能量元素提取的关键技术,为资源可持续利用创造更多的可能。

吉林大学冯威教授团队基于半波整流交流电化学方法组装了新型器件(见图 8.34),构建了自支撑壳聚糖改性碳毡(壳聚糖/ CF)电极,从废水中选择性电容去除铅离子。在最优的条件下,对含有 50 mg/L Pb^{2+} 和 100 mg/L Na^+ 的二元溶液实现了几乎完全去除 Pb^{2+},最大去除率达到 99.4%,几乎没有改变 Na^+ 的浓度。该技术为从稀释废水中选择性电容去除有毒但有价值的铅离子提供了一种新途径。

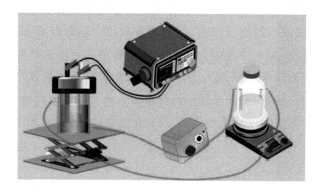

图 8.34　用半波整流交流电化学法从稀释废水中高容量提取 Pb^{2+} 的装置示意图

与铀相比,锂元素在海水中较为常见。锂与钠的化学性质相似,这也造成了锂提取过程中与钠竞争的复杂性。此前,业内有通过电化学方法从盐湖中提取锂的案例,但在浓度更低的海水中实现锂的提取更具挑战。为了抑制与化学上相似的钠离子的竞争,美国斯坦福大学崔屹教授和刘翀等使用 TiO_2 包覆的 $FePO_4$ 电极的脉冲静止和脉冲静止-反向脉冲静止电化学嵌入方法实现从海水中提取 Li,如图 8.35 所示。图 8.35b 反映了 Li 的提取步骤,首先,采用 $FePO_4$ 电极和 $NaFePO_4$ 电极分别作为工作电极和对电极,在海水中对 Li 进行插层,该方法对 Li 的选择性高于对 Na 的选择性。

然后,工作电极在新鲜的溶液中再生,以回收提取的锂。图 8.35c 还显示了不同电化学方法(连续开启、脉冲静止和脉冲静止-反向脉冲静止)中使用的电压分布。脉冲静止-反向脉冲静止可以降低插层过电势并成功地提高 Li 的选择性。此外,脉冲静止-反向脉冲静止方法还可以在 Li 和 Na 的共嵌入期间提高电极晶体结构的稳定性,并延长电极的寿命。此方法成功实现了从真实的海水中以 1∶1 的 Li/Na 摩尔比回收 Li,相当于 Li 对 Na 的海水选择性为 1.8×10^4。对于有较高初始 Li/Na 摩尔比(1.6×10^{-3})的湖水,此方法实现了回收后 Li/Na 摩尔比超过 50∶1。该工作实现了从海水直接以固体形态提取锂,为以新能源为驱动力的可持续资源开发提供了创新解决方案,为电化学在海水采矿领域的应用及发展奠定了基础。然而,要将这些新技术真正落实到实际应用中还面临很多挑战。

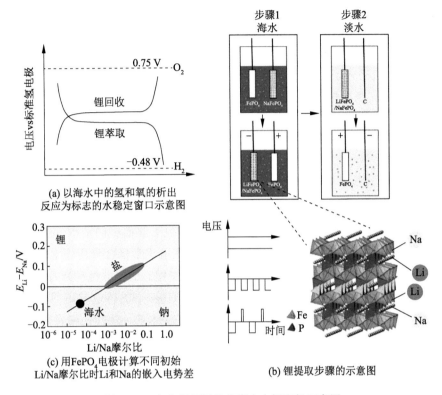

(a) 以海水中的氢和氧的析出反应为标志的水稳定窗口示意图

(c) 用 $FePO_4$ 电极计算不同初始 Li/Na 摩尔比时 Li 和 Na 的嵌入电势差

(b) 锂提取步骤的示意图

图 8.35 电化学插层法从海水中提取锂示意图

中南大学赵中伟教授团队基于电化学插层/去插层方法实现了从盐湖卤水中高效提取锂,他们构建了"$LiMn_2O_4$(阳极)|支持电解液|阴离子膜|盐水|$Li_{1-x}Mn_2O_4$(阴极,$0 < x < 1$)"新型锂离子电池体系,实现了锂在 $Li_{1-x}Mn_2O_4/LiMn_2O_4$ 中的插层/脱层,该体系表现出良好的提锂性能和稳定性,对不同的盐水体系均具有很强的适应性,图 8.36 所示为卤水提锂电解槽结构示意图。在处理低 Li^+ 浓度卤水时,Mg/Li 摩尔比值由卤水的

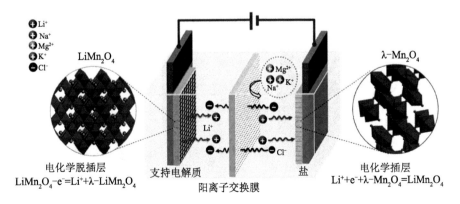

电化学脱插层
$LiMn_2O_4 - e^- = Li^+ + \lambda\text{-}LiMn_2O_4$

支持电解质

阳离子交换膜

盐

电化学插层
$Li^+ + e^- + \lambda\text{-}Mn_2O_4 = LiMn_2O_4$

图 8.36 卤水提锂电解槽结构示意图

147.8 降至阳极液的 0.37,阳极液中的 Li^+ 浓度为 1.2 g/L;在处理高 Li^+ 浓度盐水时,Mg/Li 摩尔比值由卤水的 58.8 降至阳极液的 1.7,对 Mg^{2+},SO_2^{2+},B_2O_3 等杂质的截留率达 97.8% 以上,卤水中 Li^+ 的回收率可达 83.3%。

2022 年,香港城市大学曾志远教授联合美国卡内基梅隆大学 Amir Barati Farimani 教授和清华大学王海辉教授通过电化学插层锂离子获得插层锂离子均匀分布的 MoS_2,然后将 Li_xMoS_2 在有机碘分子的水溶液中进行超声,剥离得到单层 MoS_2 纳米片,从而获得一种高染料截留率、高脱盐性能、稳定的 MoS_2 膜材料,大大缩短了制膜工艺的时间。

8.10　电化学耦合分离法

为了克服单一分离技术的局限性,将具有协同效应的分离技术耦合成一项新技术,是提高反应与分离过程效率、降低过程能耗以及缓解过程工业面临的资源、能源与环境瓶颈问题的重要手段之一。下面对近年来发展起来的一些电化学耦合分离技术做简要介绍。

电化学脱嵌法(electrochemical de-intercalation)以富锂态的锂电材料为阳极,以欠锂态的锂电材料为阴极,徐文华等构建了"富锂态电极材料(阳极)｜支持电解质 ｜阴离子膜｜卤水｜欠锂态电极材料(阴极)"电化学脱嵌法盐湖提锂新体系。磷酸铁锂在 LiCl,NaCl,KCl 和 $MgCl_2$ 溶液中的循环伏安结果表明,离子半径较小的 Na^+,Mg^{2+} 可嵌入磷酸铁锂中,离子半径较大的 K^+ 则不嵌入磷酸铁锂中。通过合理控制电位,可实现高镁锂比盐湖卤水中锂与杂质离子(K^+,Na^+ 和 Mg^{2+})的分离。用电化学脱嵌法来进行盐湖提锂是目前盐湖提锂领域的一个新型开创性方法,该方法主要由江苏中南锂业有限公司进行锂提取应用。他们采用电化学脱嵌法进行盐湖提锂的具体思路是:将锂离子电池的工作原理应用于盐水卤水中选择性提锂,即将溶液中的锂离子嵌在阴极材料中再进行后续处理,采用对锂离子具有"记忆效应"的脱锂电池正极材料为电极材料,盐湖卤水为阴极电解液,不含镁的支持电解质为阳极电解液,组成一个"富锂态吸附材料｜支持电解质｜阴离子膜｜卤水欠锂态吸附材料"的电化学脱嵌体系。在电解过程中,阴极得电子发生还原反应,使得盐湖卤水中锂离子嵌入阴极材料中,进而实现分离,再通过后续的处理操作,最终实现高效提锂的效果(见图 8.37)。

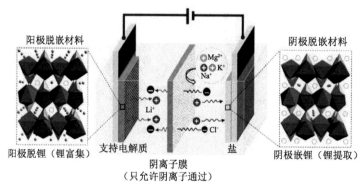

图 8.37　用电化学脱嵌法提锂原理示意图

　　经中国有色金属工业协会组织的专家委员会鉴定,与传统技术相比,该技术能够有效处理高镁锂比盐湖卤水、锂综合回收率提高 $30\%\sim50\%$、拓展了可处理的卤水品位;操作简单、环保,提锂装置模块化、智能化,可组建不同规模的生产线并快速投产。需要指出的是,该方法对电力设备及装置搭建要求较高,不适合西藏高海拔地区及南美电力资源短缺地区的盐湖。但是它具有选择性好、提取率高、环境友好等优点,对盐田依赖性低,对卤水适应性强,不会造成资源浪费,而且建设周期短,后期维护成本低。

　　当前,在我国加速城市化与工业化进程的新常态背景下,工业生产不可避免地产生了大量重金属废水。传统重金属废水处理以化学沉淀法为主,但其化学药剂消耗量大、废物产量多、沉淀效率低,已难以满足废水处理的经济性需求。因此,研发高效、环境友好的废水资源化与能源化技术,最大化地从重金属废水中回收可再利用的有价资源已成为环境工程领域的一个重要研究方向,这也是实现废水处理可持续发展的有效途径之一。清华大学曲久辉院士和耶鲁大学 Menachem Elimelech 团队利用自发、可持续电化学-渗透耦合系统(electrochemical-osmotic system,EOS)实现废水金属回收与水、能量共生(见图 8.38)。该系统利用自发的电化学氧化还原反应将产生的化学能转化为电能。位于 EOS 驱动液腔室内的阳极氧化产物 Fe^{2+} 可继续增加驱动液渗透压,水利用渗透膜两侧渗透压差自发地从 EOS 原料液(模拟废水)侧透过正渗透膜流向驱动液侧,实现水再生和废水减量化。阳极自发氧化释放的电子通过外接导线流向原料液腔室内的碳毡阴极,金属阳离子在碳毡阴极表面接受电子发生还原反应,实现了自发的金属回收。自发的氧化还原电对使得 EOS 阴、阳极两侧继发形成了 $0.78\ V$ 开路电压。原料液中的金属离子不断被还原,致使原料液中的 Cu^{2+} 浓度持续降低,渗透压持续降低,从而增大了两腔室间的渗透压差,进一步促进正渗透膜从废水中汲取水。该系统巧妙地将自发 Fe/Cu^{2+} 电化学氧化反应和正渗透过程相结合,在无能量输入和药剂消耗条件下实现了电镀废水自主资源回收,以及能源再生和废水减量化,显示了较好的应用前景,为可持续、环境友好的废水资源化和能源化技术的发展提供了理论基础。

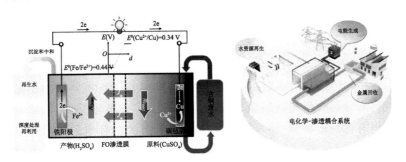

(a) 电化学-渗透耦合系统(EOS)工作原理图　　　(b) 电化学-渗透耦合系统实现废水
　　　　　　　　　　　　　　　　　　　　　　　金属回收与水、能量共生示意图

图 8.38　电化学-渗透耦合系统

　　在前面研究的基础之上,科研人员用聚电解质多层纳滤(PMNF)膜替代正渗透(FO)膜,提升了 EOS 的输出效能,开发出一种电化学-纳滤耦合系统(见图 8.39)。研究发现,用 1.5 层 PMNF 膜组装的 EOS 处理合成电镀废水,实现了 6.06 L/(m² · h)的产水率和 1.18 mW/cm² 的最大功率密度,分别是传统 EOS 的 2.63 和 1.21 倍,这为开发高性能 EOS、以期从电镀废水中实现多种资源回收提供了新途径。

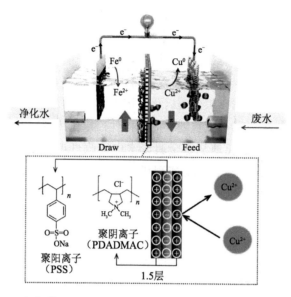

图 8.39　电化学-纳滤耦合系统提升含金属废水资源化效率的示意图

电渗析-超滤耦合(electrodialysis with ultrafiltration membranes,EDUF)技术也是近几年发展起来的一项分离带电有机物的新型技术,它根据有机物的带电性和分子量进行选择性分离。EDUF 技术并不是简单地将电渗析和超滤进行工艺组合,而是在传统的电渗析器中加入超滤膜,或用超滤膜替换一些离子交换膜,是电渗析和超滤膜内部结合的技术。该技术一方面利用电驱动原理减轻传统压力驱动对超滤膜的污染,另一方面利用超滤膜的孔径差异分离不同分子量的带电有机物,在营养食品、生物制药等领域用于分离提纯活性有机物组分,展示出了良好的应用优势。

由于单一电沉积法还存在很多局限性,特别是对低浓度重金属的废水处理效果较差,所以通常将电沉积技术与离子交换技术、膜技术、生物膜技术等其他分离技术耦合,以提高分离效果。例如,原位电沉积与支撑液膜(SLM)耦合分离技术通过将电极表面上沉积的重金属与电势耦合来增强对水中重金属的分离和回收,其中 SLM 的膜相是具有选择性的载体-溶剂组合,分离的金属碳酸盐通过电沉积产生纯金属,这种耦合分离技术有助于从废水中分离出有毒的重金属,还可以生成电镀材料形式的有用的最终产品。电沉积与扩散渗析耦合分离技术可回收酸性含铜树脂脱附液,通过扩散渗析回收 80.2% 的废酸,扩散渗析的出水再通过电沉积处理,在 9 V 电压下反应 300 min,可使铜的回收率达到 98.2%,纯度达到 98.9%。生物膜分离与电沉积法耦合不仅对成分复杂的废水有较高的金属离子去除率,还可以有效降低能耗。天津大学李鑫钢教授团队采用生物膜法与电沉积法耦合技术实现了废水中有机物的降解和重金属离子的去除,他们还发现用耦合技术处理时,废水中 Cu^{2+} 和 Cr^{3+} 的去除率分别比单独电沉积法处理提高了 15% 和 25%,同时有机物去除率也达到 90%。同济大学金伟团队针对大规模低浓度含铜废水难以分离回收的困境,提出了一种电吸附-电沉积耦合的方法(见图 8.40),这种方法首先利用改性活性炭纤维电极进行低浓度铜离子吸附/脱附,将低浓度废水(铜离子浓度 30 mg/L)浓缩至较高浓度(铜离子浓度 500 mg/L),再引入旋流电解设备进行铜离子快速电沉积,在电压 0.25 V、电流密度 150 A/m² 下,99% 的铜离子以铜产品形式得到回收,且能量消耗仅为 1.35×10^{-2} kW/h。这种两种电化学方法联用的思路在处理低浓度金属废水及回收金属离子方面具有良好发展前景,可以实现废水中有价金属的高值化回收。芬兰阿尔托大学的一个研究小组发展了一种电沉积-氧化还原置换(EDRR)的新工艺,用于从矿石中提取关键成分——金。该工艺结合了电解和络合,其中的电解使用电流来还原浸提液中存在的金或其他金属,而络合则将其他金属的颗粒添加到溶液中与金反应,从而促使金被置换出来。研究表明,较长的 EDRR 工艺持续时间是有益的,因为它增加了每个阶段的金的回收率并降低了 EDRR 的特定能耗。通过 EDRR 工艺,利用短脉冲电在电极上形成薄金属层(铜层)并引起反应,促使金一层一层地取代铜层,该方法能耗低,不需要添加任何其他元素。研究表明:浸出液中 1 mg/L 的金浓度被确定为有效运行 EDRR 工艺所需的最低浓度。在整个中试过程中从矿石到溶液的回收率达到了 90%,而传统工艺的金的回收率仅为 64%。总体而言,经过 150 h 的中试实验,阴极溶液中溶出金的回收率为 83%,矿石中金的总回收率为 68.5%。

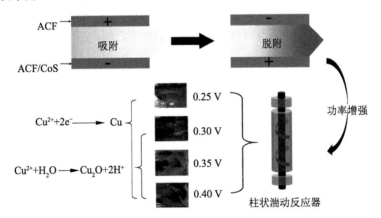

图 8.40　电吸附-电沉积耦合系统示意图

与单一技术相比,电化学耦合技术显示出协同优势,在分离提纯领域有着良好的应用前景。未来,随着其他分离技术的发展,电化学耦合分离技术将会有更大的应用空间。

 **大师风采**

汉弗里·戴维

汉弗里·戴维(1778 年 12 月 17 日—1829 年 5 月 29 日)出生于英国康沃尔郡彭

赞斯,英国化学家、发明家,是电化学的开拓者之一。他从小就是个聪明的孩子,总是喜欢探索一些新鲜的小玩意,读完小学后,父亲就送他到彭赞斯城读书,寄住在外祖父家。自从他在城中看到医师配制药物的过程后,就被各种物质产生的奇异变化吸引住了,此后他经常把锅碗瓢盆拿来,躲在楼顶模拟做实验。戴维 16 岁那年,父亲不幸去世,家里的经济更加困难,他的母亲带着兄妹五人,更是难以生存,戴维不得不把所有实验仪器收起来,因为他的母亲已经无法支付昂贵的化学药品了,母亲知道戴维喜欢化学,便把他送到药房做学徒。他一方面充当医生的助手护理患者,学习行医的本领,另一方面他必须天天调配各种药物,用溶解、蒸馏的方法配制药丸和药水,真正地操作化学实验仪器。这时他才明白自己的知识太浅薄了,于是开始勤奋地学习,利用空余时间认真阅读拉瓦锡的《化学概论》等化学著作。戴维疯狂地爱上了化学,在工作之余,他孜孜不倦、全力以赴地学习化学知识和做化学实验,不久,他便在当地变得小有名气。通过学习,他做实验的内容和目的更加明确,凡是著作中讲过的实验,他都尽可能地一一尝试,凡是好书他都设法借来,如饥似渴地阅读。遇到学识渊博者,他就主动请教。恰好那时有个叫格勒哥里·瓦特(发明家詹姆斯·瓦特的次子)的人来到彭赞斯考察,小戴维闻讯后,登门求教。瓦特很喜欢这个聪明好学的年轻人,热情地给他答疑解惑。就这样,在四年的学徒生活中,戴维积累了丰富的知识。1798 年经瓦特介绍,戴维来到布里斯托尔,在帕多斯医生开设的气体疗病研究所的实验室里当管理员。帕多斯既懂化学,又擅长医术,戴维对这里有更好的学习和实验机会很满意。共事一段时间后,帕多斯发现戴维有精湛的实验技术,是个有前途的人才,于是提出资助戴维进大学学医。但是这时的戴维对化学兴趣日益浓厚,已下定决心要一辈子从事化学研究,所以谢绝了帕多斯的好意。1799 年 4 月,戴维制取了一氧化二氮(又名"笑气")。有人认为它是一种有毒气体,而帕多斯认为它能治疗瘫痪患者。究竟怎样,戴维决心亲自试验一下。许多朋友都劝他,认为这样做太危险。勇于探险的性格使戴维立即投入了实验,事后他在记录上写道:"我是知道进行这实验是很危险的,但从性质来推测可能不至于危及生命……当吸入少量这种气体后,觉得头晕目眩,如痴如醉,再吸四肢有舒适之感,慢慢地筋肉都无力了,脑中外界的形象在消失,而出现各种新奇的东西,一会儿人就像发了狂那样又叫又跳……"醒来后,他觉得很难受。通过亲身体会,他知道这种气体显然不能过量地吸入人体内,但可少量用在外科手术中作为麻醉剂。随后他将实验的过程和亲身感受及笑气的性质写成小册子。许多人读到这小册子后,被戴维的实验介绍所吸引,好奇地以吸入"笑气"为时髦。戴维的名声就随着"笑气"而宣扬开了,许多人不约而同地来结识戴维。此时他仅 22 岁。

戴维始终都在勤奋地进行化学研究,每天很早起床,早饭前进行 2 小时的阅读和写作,上午 10 点进入实验室工作到下午 4 点,晚上参加讲座或各种社交活动。日复一日,成绩和荣誉没有辜负这位勤奋的年轻人,12 年里戴维先后在电化学、建立酸的氢学说、发现碘元素、发明矿用安全灯、创制电弧灯等方面作出了突出贡献。在化学上，他的最大贡献是开辟了用电解法制取金属元素的新途径：用伏打电池来研究电的化学效应，他电解了之前不能分解的苛性碱，从而发现了钾和钠，后来又制得了钡、镁、钙、锶等碱土金属，用强还原性的钾制取了硼。戴维被认为是发现元素最多的科学家，1803 年当选为英国皇家学会会员，1807 年出任皇家学会秘书，1820 年当选为皇家学会会长。1826 年他积劳成疾，于 1829 年 5 月 29 日逝世于日内瓦，终年 51 岁。

戴维是一位没有读过大学而自学成才的杰出化学家，他开辟了电化学这一领域，并且发现了很多新元素。可以说戴维的成功是在拥有天赋的基础上用勤奋和刻苦换来的。他矢志真理、勇于探索的科学精神值得我们好好学习，他的成功给我们年轻一代很大的启发：失败是成功之母，世界上的每一个人都不可能从不失败，对于自然科学工作者来说，失败更是司空见惯。自然科学工作者的使命在于探索世界的一切未知，用规律去解释未知，而自然科学工作者往往经历成百上千次失败才能揭开那隐藏的规律。戴维曾说："我的那些最重要的发现都是受到失败的启发而获得的。"戴维之所以能够如此成功，很大一部分原因就是，他能够从失败之树上摘取胜利之果。

戴维能够成功的另一个重要原因是他良好的实验能力。在 19 世纪，世界上大部分实验并不是那么精确，戴维能从简陋的实验台上分离出纯净的、在空气中极易氧化的钾单质，不要说是在 19 世纪，即便在现在，这也不是件很容易的事。所以说，良好的实验能力是戴维成功的基础。

坚持的毅力很重要。戴维在做实验时，经常一做就是好几天，姑且不说身体上的疲惫，仅是精神上的疲劳就足以将一般人击败，要想完成实验，就需要非凡的毅力作支撑。

张树政

张树政（1922 年 10 月 22 日—2016 年 12 月 10 日），出生于河北省辛集市（原束鹿县）双井村。1945 年毕业于北京大学理学院化学系，获理学学士学位，同年到北京大学任教，先后担任补习班第一分班化学系助理、医学院医学系生化科技佐，理学院化学系助教。1950 年 1 月任重工业部综合工业研究所技师，1954 年 1 月调入中国科学院菌种保藏委员会（中国科学院微生物所的前身）从事科学研究工作，历任助理研究员、副研究员和研究员。1991 年当选为中国科学院学部委员（院士）。张树政是我国生物化学领域的首位女院士、生物化学家，一生致力于工业微生物领域的科学研究与技术研发，是我国酶工业领域的先驱。她主导研发的黑曲霉菌种生产酶制剂，每年可为国家节约资金近 2 亿元、粮食 22 万 t，于 1985 年获得国家科学技术进步一等奖。她成就斐然，长期致力于生物化学领域的开放合作，在国际学术舞台彰显了中国实力。

1954年,张树政进入中国科学院工作后,被导师方心芳安排从事工业微生物的生理生化研究。她参与了以麸皮为原料,人工培养曲霉和酵母菌制成麸曲酿酒的试验,此种技术在全国推广后,为国家节约了大量粮食。他们曾筛选了一批糖化酶活性很强的曲霉菌种应用在酒精生产中,提高了酒精产量,节约了粮食,这些菌种在很长一段时间内曾是我国酿酒和酒精行业应用的首选菌种。在此基础上,张树政在微生物酶学方面进一步深入工作,此后数十年中,在这一领域取得了突出的成就。

1957年,张树政和她的同事们克服困难,仅用一台报废汽车的电瓶和发报机用直流电源自制了电泳仪,这项简易而好用的"创新"成果在她日后的科研工作中发挥了重要作用,丝毫不比国外的先进仪器差,她的第一篇论文《霉菌淀粉酶的纸上电泳分离和鉴定》就是在这个"汽车电瓶电泳仪"分析的基础上撰写出来的。这篇篇幅不长、在当时颇具创新性的论文是我国最先公开发表的有关曲霉产生的淀粉酶种类的研究报告。

化学教育家方乘教授曾是张树政的导师方心芳先生的老师,听说张树政做出了电泳仪,很是兴奋,专门派人从西北大学到北京学习电泳仪的制作技术,于是当时流传这样一句话——"老师的老师请教学生的学生"。

1960年,微生物所为应对全国性的大饥荒,开展了以无法直接利用的农作物秸秆为原料,培养白地霉生产单细胞蛋白以补充居民营养的工作。这一工作告一段落后,张树政开始带领一批年轻科研人员研究白地霉的戊糖代谢途径。他们阐明了木糖和阿拉伯糖的代谢途径,纯化了木糖醇脱氢酶,并证明其为诱导酶。他们在测定白地霉菌丝的无细胞提取液中有关酶的活力时,发现了D-甘露醇,并且证明了甘露醇的形成途径。

1970年初,国家曾一度提倡开展基础研究,考虑到红曲菌是我国独有的酿造用菌,张树政便以红曲菌葡萄糖淀粉酶为对象从事酶的结构与功能研究。在实验中,张树政研究组需要一台等电点聚焦仪,他们自主攻关,自力更生,协调各方力量,制备了具有同等功效的设备。基于此,她带领学生们在国内首先建立了等电聚焦和聚丙烯酰胺凝胶电泳等新技术,并应用于红曲糖化酶的研究,在世界上首次得到了这种酶的结晶,并对该酶进行了一系列酶学研究。

20世纪80年代,张树政领导的科研团队选育出 β-淀粉酶高产细菌,其活力在当时国际上领先。在近20年的时间里,张树政领导的科研团队研究过20多种糖苷酶,其中有 α-淀粉酶、葡萄糖淀粉酶、生淀粉酶、β-淀粉酶、麦芽四糖淀粉酶、异麦芽三糖水解酶、异淀粉酶、纤维素酶、β-葡萄糖苷酶、果胶酶、α-半乳糖苷酶、β-甘露聚糖酶、右旋糖苷酶、红曲菌 α-葡萄糖苷酶(麦芽糖酶)、环状糊精葡糖基转移酶、海枣曲霉的糖苷酶类、酸性木聚糖酶、几丁质酶、肝素酶等,这些酶中有些后来被应用到生产实践中。他们首先在真菌海枣曲霉中发现了有严格底物专一性的 β-D-岩藻糖苷酶,从嗜热菌获得了8种酶。由张树政开创并由其学生继续完成的黑曲糖化酶的应用取得了巨大经济效益,并于 1986 年获得国家科技进步一等奖等多个国家级奖项。上述科研成果先后获得中国科学院重大科技成果奖及不同等级的奖励。

张树政先生毕生保持纯真个性,不计名利,热心公益事业,是一位优秀的科学家,也是一位优秀的教育家,她非常重视青年科技人才队伍建设,先后培养了近百名优秀科研人员,其中许多人已经成为我国生物化学和糖生物学的中坚力量。她也为我国国际科学交流、科学编辑出版事业和科普工作作出了重要贡献。她是院士中少数没有留学经历的人之一,但她天资聪慧、乐观向上,自幼要强的个性,严谨求实的科学态度,造就了她在科研中坚韧不拔、百折不挠的意志,也是她取得非同凡响的事业成就的主观基础。张树政先生把毕生精力奉献给了我国科学事业,她为中国生物化学和工业微生物发展作出的贡献将永垂史册,她艰苦奋斗、勇攀高峰的科学精神和强烈的爱国情怀,永远激励着年轻的科技工作者,让他们明白在拥有的优越的科研条件下,应该树立创新科技、服务国家、造福人民的思想,要把科技成果应用在实现社会主义现代化的伟大事业中,更要把人生理想融入为实现中华民族伟大复兴的中国梦的奋斗中。

汪尔康

汪尔康,1933 年 5 月 4 日,出生于古城镇江,是我国电分析化学家、分析化学家。他最先在中国使用极谱法研究络合物的电极过程和均相动力学,率先在我国开展了油/水界面电化学、液相色谱电化学的研究,首次提出循环电流扫描法研究油/水界面电化学。

1937 年,日本侵略军占领镇江,汪尔康的父亲誓不为侵略者做事,毅然离开了电报局,全家失去了经济来源。到了入学年龄的汪尔康因经济困顿无法到学堂读书,时常到距家不远的"镇江立人学堂"外面偷偷听先生讲课。汪尔康强烈的求知欲感动了"镇江立人学堂"的教书先生,学堂决定破例允许汪尔康入学,让他做些扫地、打水、擦桌椅等杂活来换取旁听资格,汪尔康终于成为学堂的一名学生。抗战胜利后,父亲在电报局的工作得以恢复,汪尔康凭着天赋和刻苦考入镇江新苏中学,未满 16 岁时,就以优秀的成绩考入上海沪江大学理学院化学系。

1952 年,汪尔康大学毕业,很多同学都留在了南方,但年仅 19 岁的汪尔康来到条件艰苦的中国科学院长春应用化学研究所,从此踏上了科研之路。

1955 年,汪尔康被派往捷克斯洛伐克科学院极谱研究所学习深造,师从著名分析化学家、诺贝尔化学奖得主海洛夫斯基教授,主攻当时新兴的、中国科技界少有人问津的极谱学。他立志要在极谱这个崭新的领域做出成绩,报效祖国。1959 年,汪尔康获得了化学副博士学位,婉言谢绝了导师的再三挽留而回国。回国后,汪尔康把目光聚焦在电分析仪器的研发上,开始了他攀登科学高峰的新里程。

20 世纪 70 年代,汪尔康成功研制出我国第一台大型脉冲极谱仪,其灵敏度和稳定性均达到当时国际先进水平。

20 世纪 80 年代,他成功研制出国内首创、达到国际商品水平的多功能新极谱仪,获得了实际应用。当液-液界面电化学刚刚问世时,汪尔康又敏锐地预见到这一方向的发展前景,率先开展系统研究,发展了线性电流扫描法研究液-液界面的方法和仪器,系统探讨了离子转移机理,概括提出了离子转移普遍规律的理论,并被国际同行权威所公认。

1990 年起,汪尔康又在国内较早地开展了扫描探针和电化学扫描探针显微学的研究,在界面电化学研究方面取得了突破性进展。

1997 年,汪尔康以他在电分析化学领域的突出成绩和重要贡献,荣获世界知识产权组织创新发明奖和第十届霍拉子米国际科学优秀研究奖两项国际奖,为祖国和人民赢得了荣誉。

针对我国环境保护监测及人民健康、生命科学等诸多领域中的重大分析问题,从 20 世纪末开始,汪尔康就开展了"毛细管电泳/电化学发光检测仪"的研发。他创新性地将毛细管电泳分离技术与电化学发光检测技术相结合,在此基础上成功地将毛细管电泳分离和电化学发光检测各自的特点集为一体,研制出国际首创、具有我国自主知识产权的"毛细管电泳/电化学发光检测仪"。

汪尔康是"七五""八五""九五"国家自然科学基金委员会委员,是分析化学方面重大、重点项目的参加者和负责人。

1982 年起,汪尔康先后担任中国科学院长春应用化学研究所所长助理、副所长、所长。1983 年当选吉林省劳动模范。1986 年被国家授予"有突出贡献的中青年科学家"称号。1991 年当选中国科学院学部委员(院士)。1992 年荣获全国"五一劳动奖章",并当选中共"十四大"代表。1993 年当选第三世界科学院院士。

在充满艰辛和挑战的科学之路上,汪尔康院士把分析化学作为自己毕生的追求,勇敢而坚定,日夜不敢懈怠,不断发现、发明、创新和开拓,填补了国内多项技术的空白,将一个又一个高端科技项目推向世界最前沿。作为一位共产党员,汪尔康院士时刻践行艰苦朴素的优良作风,他不仅是分析化学领域内的领头者,也是优秀的科研组织管理者,更是严谨治学、甘为"人梯"的优秀导师。

汪尔康院士诠释的科学精神主要有"增强创新思维,深化创新实践,推动创新发展"和"国家的需求就是我的奋斗坐标"。他不仅把"创新"的理念树立在自己的事业轨迹中,而且把"创新"的理念深深地种在团队成员和学生们的心里,他希望一个又一个科技团队、一代又一代科技工作者以"创新"为第一动力,推动科技成果转化,积极为国家需求服务、为社会经济发展服务。

朱秀昌

朱秀昌(1917 年 9 月 28 日—1993 年 10 月 23 日),出生于贵阳,祖籍福建晋江,高分子化学家,是我国高分子科学研究的开拓者之一,曾从事离子交换树脂、液晶材料和膜科学技术的研究工作。他率先用电渗析法和反渗透法进行海水淡化和水处理方面的研究,对中国膜科学技术的创立和发展作出了重大贡献。

朱秀昌先生从小就爱钻研,并养成了吃苦耐劳、坚韧不拔的性格。1943 年于浙江大学化学系毕业后,他放弃了留校任助教的机会,到中央电工器材厂(昆明电缆厂)当了技术员。1944 年,朱秀昌应中央大学的聘请,到重庆柏溪中央大学(现南京大学)化学系任助教。1945 年抗战胜利后,他随学校迁回南京。1947 年朱秀昌先生回到母校浙江大学化学系任助教,1950 年调至中国科学院系统。朱秀昌先生是我国从事高分子科学研究的先驱之一,他最早在我国开展离子交换树脂及膜的研究,以及电渗析法和反渗透膜的研究。1958 年,朱秀昌先生在《高分子通讯》(现《高分子学报》)杂志上发表了题为《离子交换膜的制造及电渗析法溶液脱盐与浓缩》的论文,介绍离子交换膜的原理、制备方法和电渗析原理,并报道了他们试制离子交换膜和电渗析隔板的初步成果,这是我国学者开展电渗析技术研究的起点。1963 年朱秀昌制成具有 20 层橡胶离子交换膜的电渗析器装置,1965 年聚乙烯醇缩乙醛超滤膜问世。1966 年朱秀昌先生又考虑到燃料电池用的隔膜,他与当时的四机部十八所协作,研究氟塑料膜与聚乙烯醇均相膜的放电性能,成功研制出卫星用银锌电池、燃料电池用隔膜。纸质离子交换膜研究始于 1961 年,1966 年朱秀昌制备出大型全纸质离子交换膜,该膜可大大降低成本。1966 年,朱秀昌先生来到北京啤酒厂,协助啤酒厂制成了净水装置,解决了地下水淡化为发酵水的问题,成功开创了膜技术应用于食品工业的先例。同年,朱秀昌先生还制成二醋酸纤维素反渗透膜与反渗透析器,装置移交给国家海洋局第二研究所(现自然资源部第二海洋研究所)。1979 年,朱秀昌先生提出了一种双极性金属络合高分子膜的设想,并于 1982 年开始进行双极性膜和气体分离膜(主要是富氧膜)的研究。1984 年,他指导学生做了"双极性膜在二组分溶液中的电压电流关系"及"聚四苯基卟啉光化学"方面的研究。

朱秀昌先生在其五十年的科研生涯中,孜孜不倦、克勤克俭、无私奉献;他学识渊博,会英、德、日、俄四国文字;他学术思想活跃、学风正派、治学严谨;他平易近人、待人诚恳;他淡泊名利、乐观大度,受到同事和后辈们的尊敬。朱秀昌先生始终把国民经济发展和国防建设的需要看成是一名科学家的职责而放在首位。他虽一生坎坷,却心怀坦荡,为祖国的科学事业发展、经济繁荣和国防事业发展无私奉献了自己的一生。

参考文献

[1] Zhong Y K, Liu Y L, Liu K, et al. In-situ anodic precipitation process for highly efficient separation of aluminum alloys[J]. Nature Communications, 2021, 12(1): 1−6.

［2］ Kuriyama A，Hosokawa K，Konishi H，et al. Electrochemical formation of RE－Sn （RE＝Dy，Nd）alloys using liquid Sn electrodes in a molten LiCl－KCl system［J］. ECS Transactions，2016，75（15）：341－348.

［3］ Yin T Q，Xue Y，Yan Y D，et al. Recovery and separation of rare earth elements by molten salt electrolysis［J］. International Journal of Minerals，Metallurgy and Materials，2021，28（6）：899－914.

［4］ Li Z Q，Huang J X，Yang B，et al. Miniaturized gel electrophoresis system for fast separation of nucleic acids［J］. Sensors and Actuators B：Chemical，2018，254：153－158.

［5］ 程光胜. 梦想成真：张树政传［M］. 上海：上海交通大学出版社，2013.

［6］ 于栋，罗庆，苏伟，等. 重金属废水电沉积处理技术研究及应用进展［J］. 化工进展，2020，39（5）：1938－1949.

［7］ Kim K，Raymond D，Candeago R，et al. Selective cobalt and nickel electrodeposition for lithium-ion battery recycling through integrated electrolyte and interface control ［J］. Nature Communications，2021，12（1）：1－10.

［8］ Diaz L A，Strauss M L，Adhikari B，et al. Electrochemical-assisted leaching of active materials from lithium ion batteries［J］. Resources，Conservation and Recycling，2020，161：104900.

［9］ Prabaharan G，Barik S P，Kumar N，et al. Electrochemical process for electrode material of spent lithium ion batteries［J］. Waste Management，2017，68：527－533.

［10］ 彭腾，冉雪玲，杨宁，等. 采用柠檬酸浸出—电沉积法回收废锂电池中的钴［J］. 湿法冶金，2021，40（3）：196－201.

［11］ Liu Y，Song Q M，Zhang L G，et al. Targeted recovery of Ag-Pd alloy from polymetallic electronic waste leaching solution via green electrodeposition technology and its mechanism［J］. Separation and Purification Technology，2022，280：118944.

［12］ Choi J Y，Kim D S. Production of ultrahigh purity copper using waste copper nitrate solution［J］. Journal of Hazardous Materials，2003，99（2）：147－158.

［13］ Liu C，Wu T，Hsu P C，et al. Direct/alternating current electrochemical method for removing and recovering heavy metal from water using graphene oxide electrode ［J］. ACS Nano，2019，13（6）：6431－6437.

［14］ Liu Y X，Yan J M，Yuan D X，et al. The study of lead removal from aqueous solution using an electrochemical method with a stainless steel net electrode coated with single wall carbon nanotubes ［J］. Chemical Engineering Journal，2013，218：81－88.

[15] Abou—Shady A,Peng C S,Bi J J,et al. Recovery of Pb（Ⅱ）and removal of NO_3^- from aqueous solutions using integrated electrodialysis,electrolysis,and adsorption process[J]. Desalination,2012,286：304—315.

[16] Zhao X,Guo L B,Hu C Z,et al. Simultaneous destruction of Nickel（Ⅱ）—EDTA with TiO_2/Ti film anode and electrodeposition of nickel ions on the cathode[J]. Applied Catalysis B：Environmental,2014,144：478—485.

[17] Li Y J,Su S S,Yue X P,et al. Electro-deposition experiment of electrolytic zinc rinsing wastewater[J]. Huanjing Gongcheng Xuebao,2012,6(2)：429—434.

[18] Ahmed B C,Bhadrinarayana N S,Anantharaman N,et al. Heavy metal removal from copper smelting effluent using electrochemical cylindrical flow reactor[J]. Journal of Hazardous Materials,2008,152(1)：71—78.

[19] Guan W,Tian S C,Cao D,et al. Electrooxidation of nickel-ammonia complexes and simultaneous electrodeposition recovery of nickel from practical nickel-electroplating rinse wastewater[J]. Electrochimica Acta,2017,246：1230—1236.

[20] Su Y B,Li Q B,Wang Y P,et al. Electrochemical reclamation of silver from silver-plating wastewater using static cylinder electrodes and a pulsed electric field[J]. Journal of Hazardous Materials,2009,170(2/3)：1164—1172.

[21] 陈银,杨敬东,赵芳霞,等. 超声波脉冲电沉积法回收电镀废水中锌离子的研究[J]. 电镀与环保,2014,34(1):46—49.

[22] Bisang J M,Bogado F,Rivera M O,et al. Electrochemical removal of arsenic from technical grade phosphoric acid[J]. Journal of Applied Electrochemistry,2004,34(4):375—381.

[23] 余超,刘飞峰,徐龙乾,等. 新型电渗析工艺的技术发展与应用[J]. 工业水处理,2021,41(1):30—37.

[24] Xu T W. Electrodialysis processes with bipolar membranes（EDBM）in environmental protection：a review[J]. Resources,Conservation and Recycling,2002,37(1)：1—22.

[25] 李帅,王建友,冯云华. 复分解电渗析清洁生产谷氨酸钠新工艺[J]. 化工进展,2018,37(9)：3682—3690.

[26] Pan J F,Zhang W,Ruan H M,et al. Separation of mixed salts（Cl^- / SO_4^{2-}）by ED based on monovalent anion selective membranes[J]. Chinese Journal of Chemical Engineering,2019,27(4)：857—862.

[27] Chan K H,Malik M,Azimi G. Separation of lithium,nickel,manganese,and cobalt from waste lithium-ion batteries using electrodialysis[J]. Resources,Conservation and Recycling,2022,178：106076.

[28] Uliana A A, Bui N T, Kamcev J, et al. Ion-capture electrodialysis using

multifunctional adsorptive membranes[J]. Science,2021,372(6539)：296—299.

［29］纪效波．化学修饰电极及其在痕量元素分析中的应用研究[D].武汉：武汉大学,2004.

［30］Liu W F,Sun B Q,Zhang D C,et al. Effect of solution potential on selective separation of metals from acid wastewater by controlling potential[J]. Separation and Purification Technology,2018,204：98—107.

［31］Xu L Q,Yu C,Tian S Y,et al. Selective recovery of phosphorus from synthetic urine using flow-electrode capacitive deionization （FCDI）-based technology［J］. ACS ES&T Water,2021,1(1)：175—184.

［32］Liu Q L,Xie B,Xiao D. High efficient and continuous recovery of iodine in saline wastewater by flow-electrode capacitive deionization[J]. Separation and Purification Technology,2022,296：121419.

［33］Xu L Q,Yu C,Zhang J M,et al. Selective recovery of formic acid from wastewater using an ion-capture electrochemical system integrated with a liquid-membrane chamber[J]. Chemical Engineering Journal,2021,425：131429.

［34］Xu L Q,Ding R,Mao Y F,et al. Selective recovery of phosphorus and urea from fresh human urine using a liquid membrane chamber integrated flow-electrode electrochemical system[J]. Water Research,2021,202：117423.

［35］Liu C,Hsu P C,Xie J,et al. A half-wave rectified alternating current electrochemical method for uranium extraction from seawater［J］. Nature Energy,2017,2(4)：1—8.

［36］Yue T T,Li B Z,Lv S,et al. Half-wave rectified alternating current electrochemical-assembled devices for high-capacity extraction of Pb^{2+} from dilute wastewater[J]. Journal of Cleaner Production,2022,363：132531.

［37］Liu C,Li Y B,Lin D C,et al. Lithium extraction from seawater through pulsed electrochemical intercalation[J]. Joule,2020,4(7)：1459—1469.

［38］Xu W H,He L H,Zhao Z W. Lithium extraction from high Mg/Li brine via electrochemical intercalation/de-intercalation system using $LiMn_2O_4$ materials[J]. Desalination,2021,503：114935.

［39］Mei L A,Cao Z L,Ying T,et al. Simultaneous electrochemical exfoliation and covalent functionalization of MoS_2 membrane for ion sieving［J］. Advanced Materials,2022,34(26)：2201416.

［40］徐文华,刘冬福,何利华,等. 电化学脱嵌法盐湖提锂电极反应动力学研究[J]. 化工学报,2021,72 (6)：3105—3115.

［41］Sun M,Qin M H,Wang C,et al. Electrochemical-osmotic process for simultaneous recovery of electric energy, water, and metals from wastewater[J]. Environmental

Science & Technology,2020,54(13)：8430－8442.

［42］ Wang C,Sun M,Wang X Z,et al. Enhanced resource recovery from wastewater using electrochemical-osmotic system with nanofiltration membranes ［J］. Resources,Conservation and Recycling,2022,186：106555.

［43］ Li T,Jiang B,Feng X,et al. Purification of organic wastewater containing Cu^{2+} and Cr^{3+} by a combined process of micro electrolysis and biofilm[J]. Chinese Journal of Chemical Engineering,2003,11(2)：146－150.

［44］ 胡美清,金伟. 电吸附-电沉积联合作用下的低浓度铜离子分离[J]. 过程工程学报, 2021,21(8)：976－984.

［45］ Korolev I,Altinkaya P,Haapalainen M,et al. Electro-hydrometallurgical chloride process for selective gold recovery from refractory telluride gold ores：A mini-pilot study[J]. Chemical Engineering Journal,2022,429：132283.

第9章

分子印迹识别分离

分子印迹技术能够对某一特定的印迹分子产生特异性识别,在生物大分子等物质的选择性分离上具有重要的应用,它有利于提高人们对病毒的认识,促进抗病毒药物的研发。例如,Raziq 等以 SARS-CoV-2 核蛋白抗原(nCovNP)为模板分子,以间苯二胺为功能单体,在金(Au)薄膜电极上聚合得到分子印迹聚合物(nCovNP-MIP),该分子印迹聚合物对裂解缓冲液中的 nCovNP 在浓度 $2.22\sim111$ fmol/L 范围内具有线性响应功能,能够在新冠病毒感染阳性患者的鼻咽拭子样本中检测出 nCovNP 的存在。那么什么是分子印迹识别? 发生分子印迹识别的机理是什么? 分子印迹材料有哪些? 如何表征分子印迹材料? 分子印迹识别技术可以应用在哪些领域? 本章将对这些问题逐一展开阐述。

9.1 概 述

分子印迹识别也叫分子烙印识别,是指对某一特定的印迹分子具有特异预定选择性识别的一种分离方法,能够提供具有特定结构和性质的分子聚合体。在分子印迹识别的基础上发展起来的分子印迹技术(MIT)也称为分子模板技术,是一种涵盖了材料、高分子、超分子及分析等学科领域知识的新型分离技术。该技术以目标分子为模板分子,与功能单体在特定条件下进行交联聚合,合成与该模板分子在结合位点和空间结构上相互匹配的具有特异性识别能力的分子印迹聚合物(MIP)。其基本原理为(见图9.1):① 在特定溶剂中,目标分子与功能单体通过官能团之间的共价与非共价作用形成稳定可逆的络合物;② 在单体溶液中加入交联剂,使络合物与交联剂在引发剂的作用下通过自由基共聚反应,在目标分子周围形成具有一定刚性的聚合物;③ 通过特定的洗脱剂洗脱模板分子,从而在聚合物表面留下与目标分子在尺寸、大小、空间结构方面相匹配的结合位点,这些结合位点能够在复杂的环境介质中选择性识别目标分子。分子印迹聚合物具有稳定性强、使用寿命长、对模板有特异吸附选择性等特点,在天然药物分离和纯化、固相萃取、手性拆分、生物传感器等领域具有重要的应用。

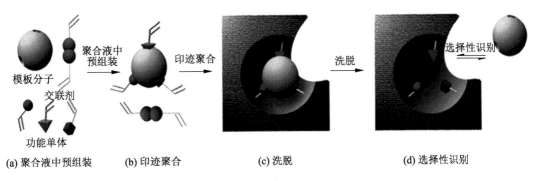

(a) 聚合液中预组装　　**(b) 印迹聚合**　　**(c) 洗脱**　　**(d) 选择性识别**

图 9.1　分子印迹识别原理示意图

　　分子印迹识别源于人们对抗原-抗体以及酶-底物的专一性识别的启发,在应用分子印迹识别之前,研究者已经熟悉了模板效应。1931 年,Polyakov 等制备了具有特异性吸附能力的硅胶,并首次提出"分子印迹"的概念。20 世纪 40 年代,Pauling 等提出的抗原反向制备抗体的"抗体形成"理论为分子印迹技术的发展提供了理论基础。1972 年,Wulff 等首次报道了人工合成分子印迹有机聚合物,这被认为是分子印迹技术形成的标志。1993 年,Mosbach 等以茶碱为模板分子,成功制备出非共价型的分子印迹聚合物。之后分子印迹技术开始蓬勃发展。1997 年,分子印迹学会的正式成立进一步促使分子印迹技术成为 21 世纪超分子结构的研究热点之一。

　　迄今,分子印迹识别在各个领域的应用研究都取得了很大进展,分子印迹技术的飞速发展和应用主要基于它的三个特点。

　　① 预定性:人们可以根据自己的需要来制备不同的聚合物,具有针对性。

　　② 识别性:MIP 是根据模板分子制备的,洗脱后会留下和模板分子相匹配的孔穴,所以对模板分子具有特异选择性。

　　③ 实用性:相比于天然的生物分子识别系统,MIP 有着更强的耐酸碱性和热稳定性、高度的稳定性和较长的使用寿命,在恶劣的环境中也有很好的识别性。

9.2　分子印迹识别机理

　　根据印迹模板分子和功能单体之间的作用力不同,分子印迹识别主要基于共价机理、非共价机理及共价-非共价机理,如图 9.2 所示。

9.2.1　共价机理

　　共价机理是由德国科学家 Wulff 等创立发展起来的,主要是指模板分子和功能单体以共价键的形式先结合成模板-单体复合物,再在交联剂和引发剂的帮助下聚合生成分子印迹聚合物,可逆的共价键在一定条件下可以断开而使印迹分子脱离。通过共价机理制备的分子印迹聚合物对目标分子的结合能力较强,专一性较高。但由于共价键作用比较牢固,在分子识别和再生过程中的结合及解离速度比较慢,需要较长的时间才能达到热力学平衡,因此它较适用于非快速识别,且由于识别机理与生物识别机制相差较远而发展缓慢。共价型印迹在聚合结束后,90%~95%的模板分子可以从交联网络中去除,且去除模板分子后,可以引起印迹空穴的溶胀,使孔体积膨胀,有利于促进传质过程。

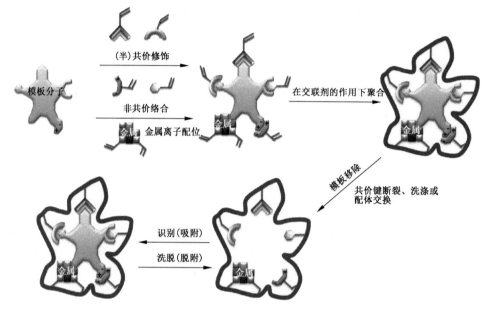

图9.2 分子印迹识别机理示意图

9.2.2 非共价机理

非共价机理是由瑞典的 Mosbach 等在20世纪80年代后期创立的,主要是指模板分子与功能单体通过静电作用、疏水作用、氢键作用、π-π作用、范德华力作用、金属螯合作用、电荷转移作用等以非共价键相互结合的形式形成主客体配合物。通过非共价机理制备分子印迹聚合物操作简单,应用范围广;模板分子与功能单体间的非共价键比较弱,在分子识别和再生过程中结合及解离的速度很快,在较短的时间内就可以达到热力学平衡,有利于快速识别与分析,而且模板分子容易去除,使用较简单的有机溶剂就可洗脱模板分子。在非共价机理中,分子识别特性主要取决于目标分子与分子印迹聚合物内功能基团的离子作用、氢键及选择性疏水作用等,识别机理类似于天然生物分子,因此非共价机理是分子印迹技术的研究热点,发展较快。此外,金属螯合作用先利用金属与功能单体之间形成配位键,再通过聚合反应得到印迹聚合物;形成的配位键强度可通过实验条件来控制,发生聚合反应时功能单体和模板分子有固定的化学计量比,不需要过量的结合基团。然而,基于非共价识别机理制备的分子印迹聚合物在除去模板分子后,一般仅有15%左右的孔穴可以选择性地识别印迹分子,因此有效位点的数量大大减少,且在制备过程中,需要过量的功能单体与目标分子作用,这样易于形成较强的非特异性吸附。

9.2.3　共价-非共价机理

共价-非共价机理主要是将共价识别中聚合物结构性能稳定的优点与平衡时非共价作用快速的长处有机地整合应用在一起。在制备分子印迹聚合物时,模板分子与功能单体以共价键进行结合,再加入交联剂和引发剂聚合。在去除模板分子的过程中,共价键在一定条件下被破坏而使模板分子脱离;在对模板分子进行识别时,模板分子和分子印迹聚合物则通过非共价键进行结合。因此,通过共价-非共价机理获得的分子印迹聚合物既有共价作用稳定的优点,又有平衡时非共价作用快速的优点,有利于提高专一亲和性和快速识别能力,可与模板分子形成精确匹配的空间结构,有较高的选择性,具有较快的洗脱和识别速度。

Fan 等以染料木黄酮为模板分子与丙烯酰氯(AC)反应制备出印迹分子前驱体(GENP),以丙烯酰胺(AM)为功能单体,运用共价-非共价机理,采取冷冻聚合法制得具有多层次孔结构的木黄酮分子印迹膜,其制备过程如图 9.3 所示。

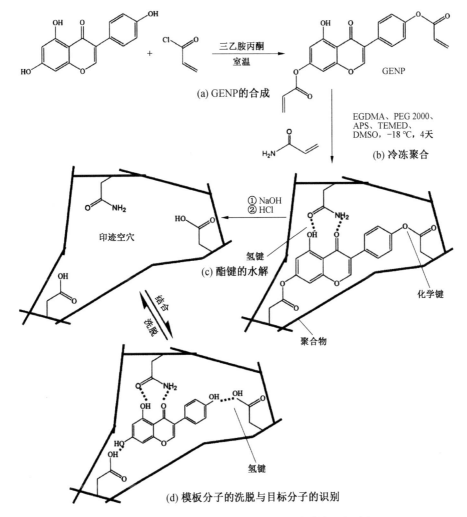

图 9.3　多层次孔结构的木黄酮分子印迹膜的制备过程

木黄酮与 AC 先通过酯化反应生成 GENP,GENP 再通过氢键与 AM 交联;在形成印迹结构后,酯键水解,木黄酮模板分子从印迹结构中洗脱出来形成印迹空穴,印迹空穴再以氢键作用识别目标分子。在制备过程中,酯键的生成有助于形成稳定的印迹结构;在识别过程中,酯键水解后印迹空穴通过氢键与目标分子相互作用,有助于对目标分子的快速识别。

9.3　分子印迹材料的种类及制备方法

9.3.1　分子印迹纳米材料

纳米技术作为科技产业革命的重要内容之一,是从 20 世纪 90 年代初发展起来的,是一门使用单个原子、分子制备物质的科学技术,是许多现代先进科学技术的基础。该技术自出现后发展迅猛,为解决分子印迹技术在传统研究中遇到的难题带来了新希望。发展至今,零维、一维及二维的纳米结构材料已能够方便地合成出来。由于颗粒尺寸在纳米级,比表面积很大,纳米材料具有普通材料所不具备的表面效应、小尺寸效应、量子效应及宏观量子隧道效应等,这些使得纳米材料具有独特的理化性能,如熔点低、体积小、化学活性强,以及催化活性强、特殊的光电性能和力学磁学性能等。

以纳米材料为模板,目前已经成功合成了许多具有纳米结构尺寸的分子印迹聚合物,将纳米材料与分子印迹技术相结合,可以有效改善传统印迹所存在的聚合物形状不规则、有效结合位点少和传质速度慢等缺点。目前,应用于分子印迹聚合物的纳米材料主要有纳米粒子、纳米管和纳米膜,图 9.4 所示为邻苯二甲酸二辛酯碳纳米管分子印迹聚合物的制备过程示意图及其表面形态。分子印迹纳米材料的特点是:无须研磨、筛分等工序;机械强度高,识别位点不易破坏;具有极大的比表面积,模板分子几乎可以完全除去,能够最大限度地提高有效结合位点的比例;结合位点大多位于材料的表面或接近表面,表现出较高的结合容量,可接近性提高,大大减小了吸附过程中的传质阻力,提高了吸附性能和选择性能。同时,由于模板分子容易接近材料的结合位点,从而表现出快速结合动力学的特性。

碳纳米管具有良好的化学稳定性和机械强度,以及独特的电学、热学和光学性质,在碳纳米管表面接枝分子印迹聚合物,能够大大增加有效吸附面积,以及较好地提升机械强度、热稳定性及导电性等性能。磁性纳米粒子种类繁多,通常都有很高的超顺磁性和矫顽力。Fe_3O_4 纳米粒子是应用于分子印迹技术最广泛的磁性纳米粒子。以 Fe_3O_4 纳米粒子为载体制得的分子印迹聚合物在吸附完成后只需外加一个磁场就能在几秒内实现分子印迹聚合物和吸附液的分离,无须进行离心或过滤等复杂的程序,操作简便高效。此外,将磁性材料易于分离的特性与其他材料的特性相结合而得到的新型复合材料兼具每种材料各自的优势,再与分子印迹技术相结合,可制得分子印迹复合纳米材料,如磁性纳米管分子印迹聚合物和磁性纳米线分子印迹聚合物等。

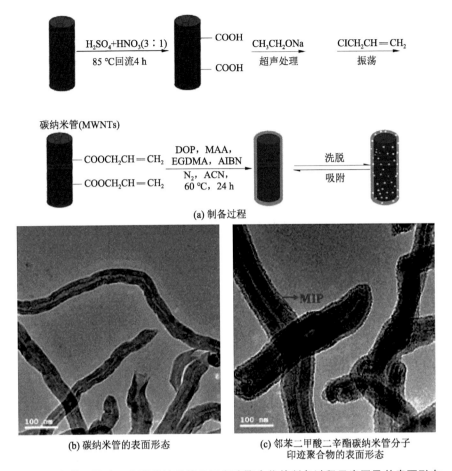

图 9.4 邻苯二甲酸二辛酯碳纳米管分子印迹聚合物的制备过程示意图及其表面形态

9.3.2 分子印迹颗粒材料

分子印迹颗粒材料主要指聚合后的块状固体经研磨得到的颗粒材料及分子印迹聚合物微球。传统的分子印迹聚合物常通过本体聚合得到块状固体,块状的分子印迹聚合物需要经过研磨、筛分才能使用,该过程操作烦琐,不利于大规模生产,而且研磨会破坏部分结合基团,使分子的选择性能下降,识别效率降低。随着分子印迹技术的发展,直接制备粒径均一、大小可控的分子印迹聚合物微球引起了人们的广泛关注。这种球形的分子印迹聚合物具有单分散性好、识别效率高、便于功能设计等优点。

9.3.3 分子印迹膜材料

分子印迹膜材料主要是指通过分子印迹技术与膜分离技术相耦合制备的带有特殊识别位点的膜材料,该膜材料兼具分子印迹聚合物的高选择性和膜分离技术的可连续操作、易于放大、能耗低和能量利用率高等特点。分子印迹膜按照材料的性质可以大体分为有机膜、无机膜和有机-无机杂化膜。有机膜是由一些含有功能单元的单体发生聚合反应或直接由天然高分子制备的聚合物膜。有机分子聚合形成的高聚物膜具有柔韧和延展性好、优良的加工性等优点。聚合物膜的机械性能、渗透性能、化学性能和热性能等取决于聚合物分子的链长、分子链之间的相互作用、分子的构象和构型等因素。通常构成聚合物膜的物质主要有聚丙烯酸、聚甲基丙烯酸、聚砜、聚丙烯、聚（丙烯酸-丙烯腈）、聚（多巴胺）、聚（酰胺-酰亚胺）、聚脲等。无机膜的化学稳定性好，能够耐酸、耐碱、耐高温、耐有机溶剂，而且抗微生物能力强；无机材料制备的膜还具有机械强度大、可反复冲洗的特点；无机膜的孔径分布窄，分离效率高。陶瓷、沸石、多孔玻璃、无机高分子材料、金属及金属氧化物等都可以作为生产无机膜的材料。目前，无机分子印迹膜材料主要有 TiO_2 和 SiO_2，但无机膜脆性较大且柔韧性小，在一些实际生产应用中也有不足。有机-无机杂化膜是一种有机和无机复合的材料，兼具有机膜优良的柔韧性、延展性和加工性，以及无机膜的热稳定性好、溶胀小等特点，具有较好的成膜性、稳定性和选择性，在分离领域有重要的用途。

9.3.4 分子印迹聚合物的制备方法

分子印迹聚合物的制备通常包括模板分子、功能单体、交联剂和溶剂的选择，以及模板分子的去除。模板分子要既能够参与聚合反应，又能够在聚合之后容易被去除。目前可使用的模板分子种类有很多，如糖类、维生素、氨基酸、蛋白质、核酸、生物碱、抗原、酶和辅酶、神经递质、二醛、除草剂、杀虫剂、染料、药物等。对功能单体的选择主要是根据模板分子的特性来决定的，功能单体既要能与模板分子发生键合作用，又必须能够与交联剂发生聚合反应。目前，非共价聚合法应用更为广泛，常用的非共价单体主要有丙烯酸、甲基丙烯酸、丙烯酰胺、三氟甲基丙烯酸、乙烯基苯甲酸、亚甲基丁二酸、2-丙烯酸胺-2-甲基丙磺酸等，一些常见的功能单体的结构如图 9.5 所示。

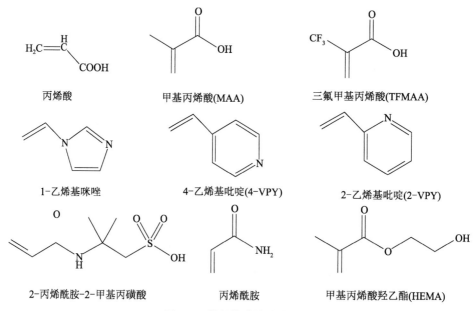

图 9.5 常见的功能单体结构

其中最常用的功能单体是甲基丙烯酸,它能和模板分子形成较多的氢键结合位点,并且在一定条件下能与胺类物质发生离子作用,因而制得的分子印迹聚合物具有较高的选择性。交联剂在印迹聚合过程中起着相当关键的作用,在交联剂的作用下应能聚合得到不易变形的刚性结构,使得聚合物中留下与模板分子形状大小相匹配的空穴。但为了保证把模板分子从印迹空穴中洗脱出来且在识别过程中模板分子能够扩散进入印迹空穴,就要求交联后的结构必须具有一定的柔性。目前为止,常用的交联剂有乙二醇二甲基丙烯酸酯(EGDMA)、三羟甲基丙烷三甲基丙烯酸酯(TMPTMA)、二乙烯苯(DVB)和季戊四醇三丙烯酸酯(PETA)等,一些常见的交联剂的结构如图 9.6 所示。选择合适的致孔剂对非共价印迹聚合物的制备非常关键,为了使模板分子和功能单体之间形成的配合物在聚合过程中能稳定存在,就要尽量选择对氢键影响弱的低极性溶剂作为致孔剂,如苯、甲苯、氯仿、三氯甲烷、二甲苯、二氯甲烷、四氢呋喃、乙酸乙酯等。极性溶剂由于自身能与模板分子或功能单体形成氢键,会与配合物的形成产生竞争,从而影响聚合物的选择性。对于模板分子的去除,则通常使用水、乙腈、甲醇/乙酸、乙腈/乙酸等强极性溶剂作为洗脱液,采用超声、索氏提取,用层析等方法反复洗涤印迹聚合物,直到检测不到模板分子为止。

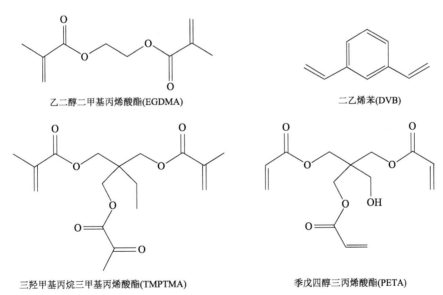

乙二醇二甲基丙烯酸酯(EGDMA)　　　　　　　二乙烯苯(DVB)

三羟甲基丙烷三甲基丙烯酸酯(TMPTMA)　　　　季戊四醇三丙烯酸酯(PETA)

图 9.6　常见的交联剂的结构

随着分子印迹技术的迅猛发展,分子印迹聚合物的制备方法越来越多。目前分子印迹聚合物的制备方法主要有本体聚合、原位聚合、沉淀聚合、悬浮聚合、表面印迹法和分散聚合等。

本体聚合也称为传统聚合,是将模板分子、功能单体、交联剂及引发剂按照一定的比例,在惰性气体环境中溶解在合适的溶剂中,通过光照或加热引发聚合反应形成块状固体,再经粉碎、研磨、过筛得到粒径合适的聚合物颗粒,最后除去模板分子,得到最终的分子印迹聚合物。该方法的优点是装置简单，操作方便，条件易于控制，一次聚合可得到大量产物。缺点是反复研磨耗时长、效率低，得到的聚合物颗粒没有规则的形状，粒径高度分散，分辨率低，合成的聚合物材料浪费大；粉碎时可能破坏印迹位点，降低其利用率；以及由于制备的是高度交联的聚合物网络，内部的模板分子不容易洗脱。

原位聚合是在色谱柱上或毛细管内直接加入模板分子、功能单体等物质，制备分子印迹聚合物固定相，因此又称为整体柱法。此法直接简便，无须进行研磨、过筛等烦琐程序，有较强的实用性。

沉淀聚合即非均相溶液聚合，是在合适的条件下能够得到微米级和纳米级的分子印迹聚合物的一种简单聚合方法。在聚合过程中单体、交联剂与引发剂均能溶于反应介质，而生成的聚合物不溶，因此反应结束后析出的沉淀即为分子印迹聚合物。该方法不需要加入稳定剂和乳化剂，反应过程中能够较好地控制颗粒尺寸，制得粒径均匀的分子印迹聚合物。

悬浮聚合是将模板分子、功能单体、交联剂、制孔剂预先溶解在有机溶剂中，再分散在水或者极性很强的溶剂中，在搅拌条件下经自由基聚合生成聚合物。该方法工艺简单、条件易于控制，适用于大规模生产，制得的聚合物表面积较大、微球粒径均一，但溶剂的强极性会干扰非共价键的作用，减弱印迹效果，且模板分子不易被洗脱。

表面印迹法是指功能单体与模板分子在硅胶等固体基质的表层发生聚合反应，使大部分的结合位点局限在可接近的聚合物表面，从而使模板分子的脱除和目标分子的结合变得更容易。此方法破解了经典方法中的模板分子包埋过深、洗脱困难、传质速度慢等难题，比较适合生物大分子的印迹，并能控制聚合物表面印迹孔穴的大小，从而达到较高的印迹效应和分离效率。结合位点位于聚合物表面，有利于提高聚合物对目标分子的识别度和结合位点的利用率。随着表面印迹技术的快速发展，固体基质的种类也逐渐增多，常用的有磁性纳米粒子、硅胶、聚合物及介孔材料等，进一步促进了表面印迹法制备的分子印迹聚合物在各个领域的广泛应用。

分散聚合主要用于球状聚合物的制备，是将模板分子、功能单体在分散剂的帮助下聚合形成颗粒稳定且悬浮于介质的聚合物。此法能够聚合生成不同粒径范围的单分散球状聚合物。该方法制备得到的聚合物尺寸均一、分散性较好，大多用于水相或极性溶剂中的吸附，但由于过程烦琐、耗时较长，其使用范围受限。

9.4　模板分子和功能单体之间相互作用的量子化学计算及谱学表征

分子印迹识别通常受多种因素的影响，如模板分子和功能单体的种类及两者的比例、溶剂和交联剂的种类与用量、聚合条件等，这导致印迹体系的筛选十分困难。以往对印迹识别中各组分的种类与用量的选择通常主要依据文献报道，具有很强的经验性，缺乏理论指导。随着计算机技术及量子化学理论的发展，利用计算机解决量子力学问题展现出了越来越广泛的应用。分子模拟的方法已被应用到分子印迹体系的研究中,使印迹体系的快速筛选成为可能。借助计算机模拟,不仅可以提高人们对分子印迹识别的认识,而且能够指导实验中各条件的建立与选择,从而极大地优化实验过程,减少实验盲目性,缩短研究周期,提高研究效率。

Piletsky 等最早大规模使用计算机模拟研究分子印迹识别,通过建立模板分子与多种常用功能单体的构象,组成虚拟功能单体库,经过电荷计算和方法优化后确认与模板分子具有最大相互作用能的功能单体,合成了具有高度分子识别性能的分子印迹聚合物。随后,量子计算逐渐被人们应用于分子印迹识别体系。目前,量子计算在分子印迹识别体系中的应用主要有三大方面:第一,通过量子力学方法对模板分子和功能单体的分子构型进行优化以及对每个原子的电荷进行计算,根据电荷分析计算结果,从而推测出模板分子与功能单体之间将如何结合以及结合位点存在于哪两个原子之间。第二,通过计算复合物体系的结合能,得出最稳定状态下功能单体的种类及其与模板分子之间的最佳比例。第三,通过量子化学计算的方法对聚合物体系存在于不同溶剂中的溶剂化能进行计算,比较溶剂化能,筛选出最合适的溶剂,该方法被广泛应用在非共价印迹识别当中。通常,功能单体与模板分子之间的相互作用可以通过核磁共振(nuclear magnetic resonance,NMR)表征,NMR 技术常用于表征以氢键为主要印迹作用力的分子印迹体系,研究模板分子与功能单体形成的主客体配合物的稳定性及其识别位点。分子间氢键的形成会导致电子云密度平均化,使质子移向低场,NMR 技术可用于判断分子间氢键的形成与强弱。通过对聚合液进行 NMR 表征,可以有效筛选出合适的功能单体,以提高分子印迹聚合物对目标分子的识别能力。

Liu 等采用量子化学计算中的密度泛函理论(DFT)对具有药理活性的金丝桃苷进行了理论计算,分析了金丝桃苷的稳定结构、核磁共振谱、紫外可见光谱、自然键轨道(NBO)、分子静电势(MEP)和热力学参数,预测了金丝桃苷作为模板分子,其结构和光谱特性对分子印迹识别能力的影响,获得了最稳定的骨架构象,结果如图 9.7 所示。在金丝桃苷最稳定的构象中,形成了 7 个分子内氢键,对印迹效果有重要的影响,该研究结果为金丝桃苷分子印迹聚合物合成及其在分离领域中的应用提供了理论依据。

Xie 等通过量子化学计算中的密度泛函理论(DFT)计算获得了溴氰菊酯(DM)的前沿分子轨道和分子静电势,以及溴氰菊酯分子与功能单体(AM)之间的福井函数等数据,阐明了溴氰菊酯模板分子与丙烯酰胺功能单体之间组成的聚合物中的识别位点,并通过实验数据进一步验证了 DFT 模型的可靠性。其中前沿分子轨道示意图如图 9.8 所示,该研究结果为了解溴氰菊酯与不同功能单体的分子间作用力的关系提供了理论基础,为合成高效的溴氰菊酯分子印迹聚合物指明了方向。

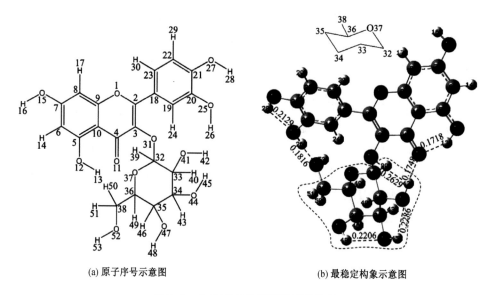

(a) 原子序号示意图　　　　　　(b) 最稳定构象示意图

图 9.7　金丝桃苷最稳定的骨架构象

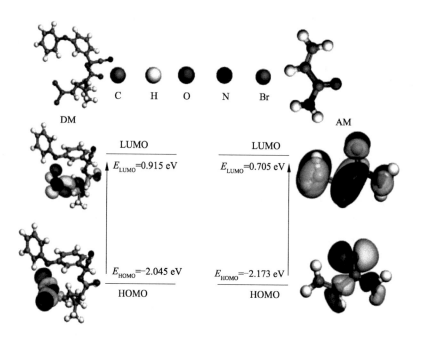

图 9.8　溴氰菊酯与丙烯酰胺的前沿分子轨道、最高已占轨道（HOMO）
及最低未占轨道（LUMO）的能级示意图

Samah 等以双氯芬酸（DCF）为模板分子，N -烯丙基硫脲（AT）为功能单体，乙二醇二甲基丙烯酸酯（EGDMA）为交联剂，偶氮二异丁腈（AIBN）为引发剂，通过本体聚合制备DCF 分子印迹聚合物（DCF - MIP）。在聚合物原液中，模板分子与功能单体的分子间相互作用通过[1]H - NMR 表征，结果如图 9.9 所示。研究结果表明，聚合物原液中含有多个功能活性位点，这和 DCF - MIP 在吸附过程中对 DCF 具有较高的亲和力有直接关联性。

在 AT 浓度为 0.1 mol/L 时，AT 分子中硫脲基团的氨基中质子的化学位移在 6.3 ppm 处；随着 AT 浓度的升高，该质子的化学位移移动到了 6.45 ppm 处，这主要是由于 DCF 中的羧基能够与该氨基发生氢键键合作用，导致化学位移发生改变。因此，化学位移的改变可以表征 DCF - AT 复合物的形成。

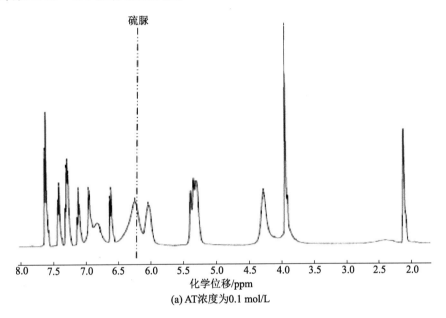

(a) AT浓度为0.1 mol/L

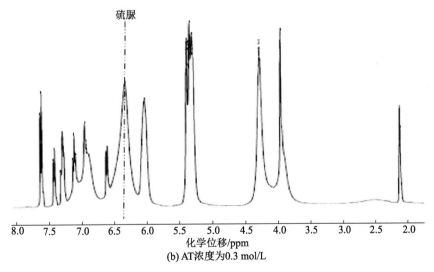

(b) AT浓度为0.3 mol/L

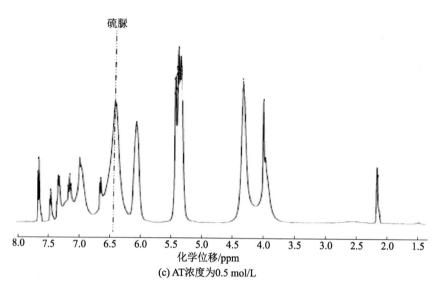

图 9.9　不同浓度下 DCF 与 AT 混合溶液的 ^{1}H–NMR 谱图

（400 MHz，乙腈–D3；DCF 浓度均为 0.05 mol/L）

Zhu 等以商品硅胶为载体，通过乙烯基修饰，以氯化-1-烯丙基-3-乙烯基咪唑为功能单体，以强极性溶剂甲醇为致孔剂，以乙二醇二甲基丙烯酸酯（EGDMA）为交联剂，通过偶氮二异丁腈（AIBN）于 60 ℃下引发聚合反应，制得磺胺间甲氧嘧啶的表面分子印迹聚合物。通过 ^{1}H–NMR 和 ^{35}Cl–NMR 表征研究功能单体与模板分子之间的相互作用以及 MIP 对磺胺间甲氧嘧啶的识别机制。在二甲基亚砜（DMSO）溶剂中，分别对磺胺间甲氧嘧啶、氯化 1-烯丙基-3-乙烯基咪唑以及二者的混合溶液进行 ^{1}H–NMR 探究，结果如图 9.10 所示；分别对氯化 1-烯丙基-3-乙烯基咪唑、磺胺间甲氧嘧啶以及二者的混合溶液进行 ^{35}Cl–NMR 探究，结果如图 9.11 所示。从图 9.10 中可以看出，在氯化 1-烯丙基-3-乙烯基咪唑的作用下，磺胺间甲氧嘧啶上的—NH$_2$ 中的质子由 5.404 ppm（谱线 a）移动至低电场 5.440 ppm（谱线 c），氯化 1-烯丙基-3-乙烯基咪唑上咪唑环的 C$_2$ 上的质子由 9.666 ppm（谱线 b）移动至低电场 9.689 ppm（谱线 c）。从图 9.11 中可以看出，在磺胺间甲氧嘧啶的作用下，氯化 1-烯丙基-3-乙烯基咪唑中的氯离子由 72.301 ppm（谱线 a）向高场 70.170 ppm（谱线 b）移动，这表明氯化 1-烯丙基-3-乙烯基咪唑中的氯离子具有很强的氢键结合能力，可以强烈吸引磺胺间甲氧嘧啶上的—NH$_2$ 中质子的电子云，导致氯化 1-烯丙基-3-乙烯基咪唑中阴阳离子之间的分子内氢键断裂。结合 ^{1}H–NMR 和 ^{35}Cl–NMR 的结果可以看出，氯化 1-烯丙基-3-乙烯基咪唑上咪唑环的 C$_2$ 质子和磺胺间甲氧嘧啶上—NH$_2$ 中的质子之间，以及氯化 1-烯丙基-3-乙烯基咪唑中的氯离子和磺胺间甲氧嘧啶上—NH$_2$ 中的质子之间都可以形成很强的氢键作用力，这说明功能单体与模板分子之间的氢键作用力在分子印迹聚合物识别磺胺间甲氧嘧啶的过程中占主导作用。

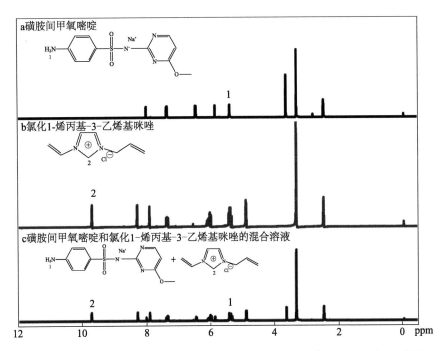

图 9.10　磺胺间甲氧嘧啶与氯化 1 -烯丙基- 3 -乙烯基咪唑作用的 ^{1}H - NMR 谱图（溶剂：DMSO）

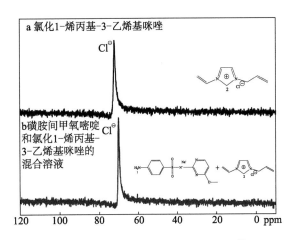

图 9.11　磺胺间甲氧嘧啶与氯化 1 -烯丙基- 3 -乙烯基咪唑作用的 ^{35}Cl - NMR 谱图（溶剂：DMSO）

9.5　分子印迹材料结构及形貌表征

9.5.1　光谱学表征

研究聚合液中各物质的性质有利于预测聚合过程中发生的相互作用,光谱学是表征分子印迹聚合物最常用的方法之一,通常采用红外光谱、紫外可见光谱和拉曼光谱测定聚合物中各分子的性质。此外,表面增强拉曼光谱(SERS)、能量色散 X 射线谱等现代技术也在某些特殊场合下用于测定分子印迹聚合物。

傅里叶变换红外光谱(FTIR)可以反映功能单体与模板分子之间的结构信息,通过观察官能团的特征峰可以检测官能团,通过检测氢键给体(N—H,O—H 等)和氢键受体(C=O 等)的伸缩振动峰可以确定氢键的强弱和大小。此外,FTIR 检测样品的化学环境,提供良好的解析峰,可以实现非共价相互作用的高精度检测。FTIR 还能够检测制备过程中功能单体和模板分子之间的相互作用以及识别过程中模板分子与分子印迹聚合物之间的相互作用,为印迹识别过程提供理论基础。因此,FTIR 被认为是分子印迹聚合物最常用的常规结构分析方法之一。

操江飞等以双酚 A(BPA)、苯胺(AN)为模板分子,以甲基丙烯酸(MAA)和 $Fe_3O_4@nSiO_2@-NH_2$ 为双功能单体,以乙二醇二甲基丙烯酸酯(EGDMA)为交联剂,以三氯甲烷为溶剂,通过表面印迹聚合法制备 BPA&AN 双模板分子印迹磁性聚合物(D-MIP),并利用 FTIR 研究了 BPA,AN,MAA,$Fe_3O_4@nSiO_2@-NH_2$ 分子间的相互作用(见图 9.12 和图 9.13)。由图 9.12 中的 c 谱线和图 9.13 可知,1 658 cm^{-1} 处为 $-NH_2$ 的特征吸收峰,相比于 $Fe_3O_4@nSiO_2@-NH_2$ 的红外光谱图,D-MIP 和非印迹聚合物(NIP)的 $-NH_2$ 的吸收峰发生移动并增强,NIP 中 $-NH_2$ 的吸收峰由 1 658 cm^{-1} 移至 1 676 cm^{-1},这是由 MAA 中的羧基伸缩振动导致的,而 D-MIP 中 $-NH_2$ 的吸收峰由 1 658 cm^{-1} 移至 1 627 cm^{-1},则归因于 MAA,$Fe_3O_4@nSiO_2@-NH_2$ 及模板分子之间的相互作用。

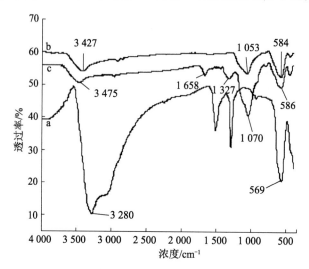

a—Fe_3O_4;b—$Fe_3O_4@nSiO_2$;c—$Fe_3O_4@nSiO_2@-NH_2$。

图 9.12 Fe_3O_4,$Fe_3O_4@nSiO_2$,$Fe_3O_4@nSiO_2@-NH_2$ 的红外光谱图

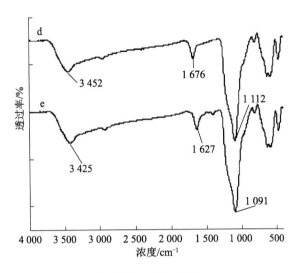

d—NIP；e—D - MIP。

图 9.13　NIP 和 D—MIP 的红外光谱图

Bi 等以双氯芬酸为模板分子，以氟钛酸铵为交联剂和钛源，以硼酸为水解剂，在 TiO$_2$ 颗粒表面合成了具有双氯芬酸印记的 TiO$_2$ 薄膜，并利用 FTIR 研究了双氯芬酸和 TiO$_2$ 分子间的相互作用，结果如图 9.14 所示。1 630 cm^{-1} 处的峰与羧基的 C=O 拉伸振动有关；1 412 cm^{-1} 处的峰由芳环的 C=C 振动引起；1 120 cm^{-1} 和 1 080 cm^{-1} 处的峰由芳环的 C—H 变形振动引起；1 192 cm^{-1} 处的峰由羧基的 C—O 振动引起；3 000～3 300 cm^{-1} 处的峰由双氯芬酸分子的 N—H 振动引起。吸收峰的偏差是由模板分子与 TiO$_2$ 之间的氢键和静电相互作用引起的。

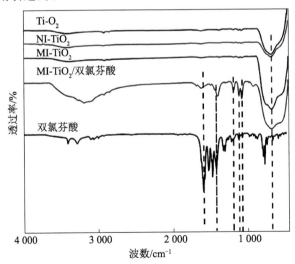

图 9.14　TiO$_2$、非印迹 TiO$_2$（NI - TiO$_2$）、印迹 TiO$_2$（MI - TiO$_2$）、

MI - TiO$_2$/双氯芬酸、双氯芬酸的 FTIR 光谱图

紫外光谱（UV）分析也是研究模板分子和功能单体之间相互作用的很重要的方法，尤其适用于具有显著的紫外吸收谱带的模板分子。同 FTIR 相比,UV 方法简单,易于操作,有利于研究水溶液中的模板分子和功能单体之间的相互作用。

Shi 等以甲基丙烯酸(MAA)为功能单体,以药物利血平(RES)为模板分子制得分子印迹聚合物。由于 RES 的生物分子识别主要发生在水相中,聚合物的特异性识别与功能键的空间排列以及结合空腔在形状和大小上与模板互补相关,因此可通过 UV 研究 RES 与功能单体在水溶液中的相互作用。MAA 浓度对 RES 紫外吸收光谱的影响如图 9.15 所示,在 RES 浓度不变的条件下,RES 的紫外吸收光谱随着水中 MAA 浓度的增加而红移,最大吸光度随 MAA 浓度的增加而降低,表明 MAA 和 RES 之间通过水中的离子相互作用形成了复合物。

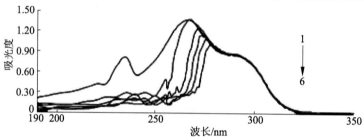

图 9.15　MAA 浓度对 RES 紫外吸收光谱的影响(RES 浓度为 75 mmol/L,MAA 的浓度从上至下依次增大)

拉曼光谱(Raman spectrum)是用于研究物质内分子振动和转动的光谱技术,它通过对与入射光频率不同的散射光谱进行分析可以得到分子振动、转动方面的信息,并应用于分子结构的研究,它还可以提供物质的指纹信息,因此也常用于分子印迹聚合物的表征。

Liu 等以 4-乙烯基吡啶为功能单体,采用微乳聚合法对氧化铝膜进行改性,制备了分子印迹聚苯乙烯纳米球复合氧化铝膜(MIPS/CAM4)。采用拉曼光谱对制得的 MIPS/CAM4 进行表征,结果如图 9.16 所示。585 cm^{-1} 和 551 cm^{-1} 处的强吸收峰由氧化铝膜的 Al—O—Al 的振动引起,1 597 cm^{-1} 处的吸收峰由 4-乙烯基吡啶的 C=N 伸缩振动引起。结果表明,所制备的复合膜由氧化铝和 4-乙烯基吡啶组成,即以 4-VP 为功能单体成功制备了 MIPS/CAM4。

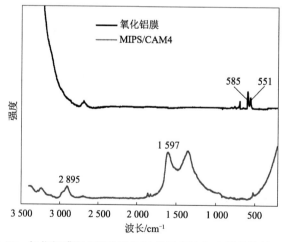

图 9.16　氧化铝膜和 MIPS/CAM4 分子印迹复合膜的拉曼光谱图

9.5.2 显微镜表征

分子印迹聚合物的吸附能力及吸附特异性主要取决于印迹空穴的形态特征,扫描电子显微镜(SEM)和原子力显微镜(AFM)能够较好地显示分子印迹聚合物的微观表面形貌及三维表面图,透射电子显微镜(TEM)可以很好地显示分子印迹聚合物诸如多孔、不规则和松散等内部形态。SEM 可直接利用样品表面材料的物质性能进行微观成像,目前常用的 SEM 主要是利用二次电子信号成像来展现样品表面形态的,分辨率可达到 0.8~3 nm。再者,SEM 有很大的景深,视野大,成像富有立体感,能清晰地显示分子印迹聚合物与非印迹聚合物之间的形貌差异,人眼可直接观察分子印迹聚合物表面凹凸不平的细微结构。目前,SEM 配有的 X 射线能谱仪(EDS)也可以同时进行显微组织形貌的观察和微区成分的分析。

Alveroglu 等采用超声辅助共沉淀聚合制备了磁性 $Fe_3O_4@SiO_2@NH_2$ - Que - MIP 分子印迹聚合物。其先在超声作用下依次用硅烷和氨基将 Fe_3O_4 改性制得 $Fe_3O_4@SiO_2@NH_2$ 纳米微球,再以槲皮苷为模板分子、甲基丙烯酸为功能单体、偶氮二异丁腈为引发剂、乙二醇二甲基丙烯酸酯为交联剂,制得对槲皮苷具有特异性识别作用的分子印迹聚合物。对所制得的分子印迹聚合物和非印迹聚合物分别进行 SEM 表征,结果如图 9.17 所示。非印迹聚合物表面光滑,而印迹聚合物表面粗糙;洗脱模板分子后,印迹聚合物表面变得更加粗糙,这表明印迹聚合物表面具有大量的识别位点,使得其表面的粗糙度远高于非印迹聚合物;洗脱模板分子后在聚合物表面仍然可看到大量的具有特殊形状和尺寸的印迹空穴。

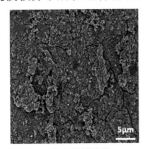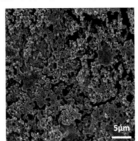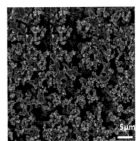

(a) 非印迹聚合物　　　(b) 印迹聚合物(洗脱模板分子前)　　　(c) 印迹聚合物(洗脱模板分子后)

图 9.17　分子印迹聚合物和非印迹聚合物的 SEM 图

Fan 等以染料木黄酮为模板分子与丙烯酰氯(AC)反应制备出印迹分子前驱体(GENP)。其以丙烯酰胺(AM)为非共价功能单体,乙二醇二甲基丙烯酸酯(EGDMA)为交联剂,聚乙二醇(PEG)-2000 为致孔剂,过硫酸铵(APS)为引发剂,N,N,N',N'-四甲基乙二胺(TEMED)为催化剂,二甲基亚砜(DMSO)为溶剂,采取冷冻聚合法制备出具有多层次孔结构的木黄酮分子印迹膜。对所制得的木黄酮分子印迹膜和非印迹膜进行 SEM 表征,如图 9.18 所示。结果表明,制备的木黄酮分子印迹膜的表面具有大量尺寸为几微米的孔,而横截面的 SEM 图像则显示在横截面上也存在许多尺寸为数微米的超级大孔。这表明,制备的木黄酮分子印迹膜存在很多的印迹空穴,而印迹空穴的存在可以增加吸附面积,同时增加结合位点的数量,从而提高木黄酮分子印迹膜的吸附能力。

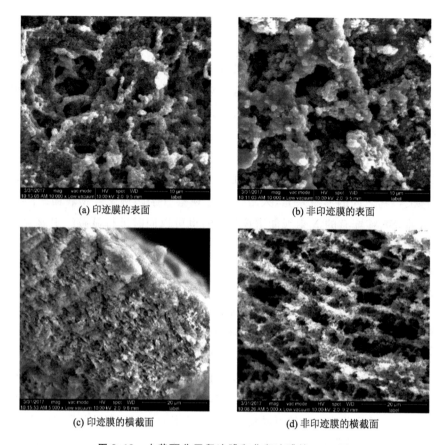

(a) 印迹膜的表面　　　(b) 非印迹膜的表面

(c) 印迹膜的横截面　　　(d) 非印迹膜的横截面

图 9.18　木黄酮分子印迹膜和非印迹膜的 SEM 图

Fan 等还以 Fe_3O_4 磁性微球为载体,以牛血清白蛋白(BSA)为模板分子,以氯化 1-乙烯基-3-氨基甲酰基咪唑([VAFMIM]Cl)离子液体、N-异丙基丙烯酰胺(NIPAm)和甲基丙烯酸(MAA)为多功能单体,以三羟甲基氨基甲烷缓冲溶液(10 mmol/L,pH＝7.0)为溶剂,以 N,N'-亚甲基双丙烯酰胺(MBA)为交联剂,以过硫酸铵为引发剂,以 N,N,N',N'-四甲基乙二胺为催化剂,制备出具有磁效应、温度响应、离子响应、pH 响应等多重响应的 BSA 分子印迹磁性空心微球(Fe_3O_4@void@PILMIP),其制备过程如图 9.19 所示。对所制得的分子印迹磁性空心微球分别进行 SEM 和 TEM 表征,结果如图 9.20 和图 9.21 所示。在图 9.20a 中,Fe_3O_4 磁性微球是通过水热合成法制备得到的,微球的尺寸较为均一,但是表面粗糙;在包裹 SiO_2 后得到的 Fe_3O_4@SiO_2 磁性微球(见图 9.20b)尺寸也均一,但表面变得光滑,且粒径较 Fe_3O_4 磁性微球大,表明在 Fe_3O_4 磁性微球表面成功包裹了一层 SiO_2。图 9.20c 中使用乙烯基三甲氧基硅烷对 Fe_3O_4@SiO_2 磁性微球进行双键改性,微球表面重新变得粗糙,表明双键成功地添加到了微球上。图 9.20d 中微球的粒径大小比图 9.20c 中的微球大,表明在改性后的微球上包裹了一层聚合物。图 9.20e 是聚合微球通过 HF 除 SiO_2 后具有中空结构的微球,表明微球中的硅层被除去,还可以看出有一层较厚的聚合物包裹在外面。在图 9.21 中,A0 是 Fe_3O_4@SiO_2 微球的 TEM 图,A1 是 A0 方框中的放大图;B0 是 Fe_3O_4@SiO_2@PILMIP 的 TEM 图,B1 是 B0 方框中的放大图;

C0 是 Fe$_3$O$_4$@void@PILMIP 的 TEM 图，C1 是 C0 方框中的放大图。从图 9.21A 中可以明显地看出，在磁性微球 Fe$_3$O$_4$ 表面有一层 SiO$_2$，厚度约为 100 nm；图 9.21B 所示为在包裹 SiO$_2$ 的基础上覆上一层分子印迹聚合物的磁性微球，聚合物的厚度约为 150 nm；图 9.21C 是经过 HF 除去 SiO$_2$ 的中空磁性微球，可以明显看出其中间的空腔结构，在外层有一层分子印迹聚合物。

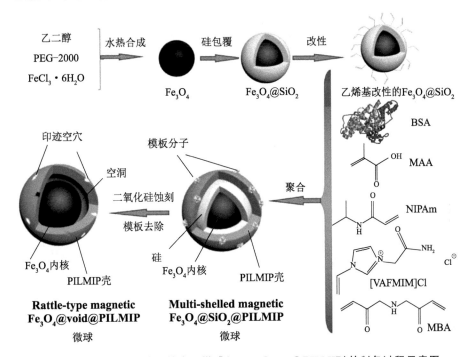

图 9.19　BSA 分子印迹磁性空心微球（Fe$_3$O$_4$@void@PILMIP）的制备过程示意图

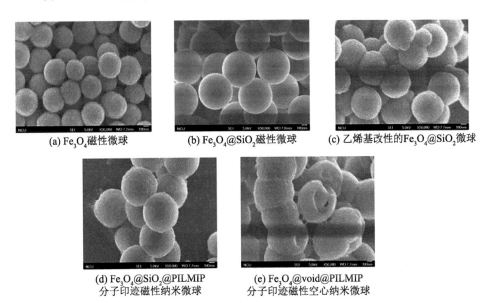

(a) Fe$_3$O$_4$ 磁性微球　　(b) Fe$_3$O$_4$@SiO$_2$ 磁性微球　　(c) 乙烯基改性的 Fe$_3$O$_4$@SiO$_2$ 微球

(d) Fe$_3$O$_4$@SiO$_2$@PILMIP
分子印迹磁性纳米微球

(e) Fe$_3$O$_4$@void@PILMIP
分子印迹磁性空心纳米微球

图 9.20　制备分子印迹磁性空心微球不同阶段的 SEM 图

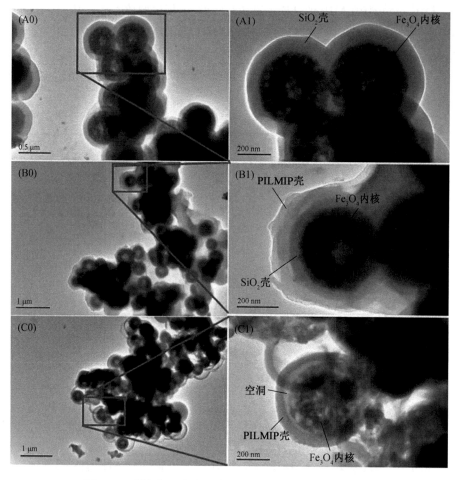

图 9.21 制备分子印迹磁性空心微球不同阶段的 TEM 图

原子力显微镜（AFM）是在原子级平整基底上观察聚合物单分子链的一种强有力的工具，能够达到很高的分辨率，并被广泛用于不同聚合物链等多种大分子链构象的分析研究中，可提供真正的三维表面图像。Gandarilla 等以 BSA 为模板分子，在氧化铟锡载体上通过电化学沉积的方法分别制得分子印迹聚合物（MIP）和非分子印迹聚合物（NIP）。通过 AFM 表征对比了 NIP、MIP 和洗脱后的 MIP 的表面粗糙度，以及测量了聚合物薄膜厚度，结果如图 9.22 所示。洗脱后的 MIP 的表面粗糙度下降，表明洗脱过程有效地从印迹空穴中去除了模板分子 BSA；MIP 的厚度（799±40.9 nm）明显大于 NIP 的厚度（704±83.3 nm），表明 MIP 的空间结构复杂度高于 NIP，MIP 相对于 NIP 具有更多的结合位点。

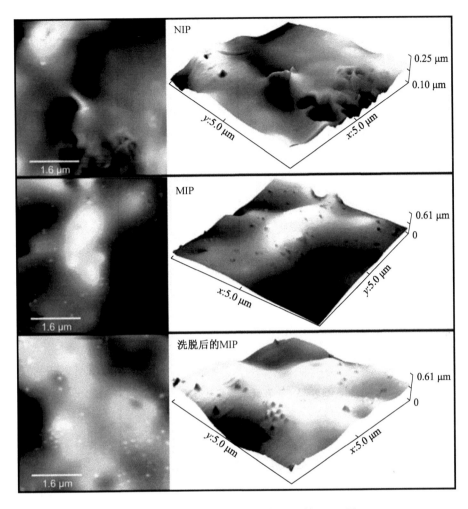

图 9.22　NIP、MIP 和洗脱后的 MIP 的 AFM 图

9.5.3　热分析

热分析(thermal analysis,TA)是指利用热力学参数或物理参数随温度变化的关系进行分析的方法。国际热分析协会于 1977 年将热分析定义为:"热分析是测量在程序控制温度下,物质的物理性质与温度依赖关系的一类技术。"最常用的热分析方法有差示热分析(DTA)、热重法(TG)、导数热重法(DTG)、差示扫描量热法(DSC)、热机械分析(TMA)和动态热机械分析(DMA)等。

Wu 等以多孔纤维素微球(CMMs)为载体制备了一种对槲皮素具有高选择性的分子印迹聚合物(CMMs@MPS@MIPs),采用热重法分析研究该分子印迹聚合物的热稳定性,结果如图 9.23 所示。结果表明,所有材料在 250 ℃开始失重,这是由失水导致的,在这一阶段,各材料的化学结构依旧保持稳定。在 250～450 ℃时,CMMs 的质量随着温度的升高而线性下降,这主要归因于纤维素环的开环和分解。在 250～385 ℃,硅烷化多孔纤维素微球(CMMs@MPS)的质量变化趋势与 CMMs 基本相同,这也是由纤维素环的开环和分解引起的。在温度高于 385 ℃时,CMMs@MPS 的失重逐渐减缓,这一阶段的失重主要是由于硅烷化试剂的嫁接带来了大量的硅原子,减缓了聚合物的分解。在 250～385 ℃之间,CMMs@MPS@MIPs 和 CMMs@MPS@NIPs 的失重情况与 CMM 基本一致,且温度在达到 385 ℃时质量已经趋于稳定,表明 CMMs@MPS@MIPs 和 CMMs@MPS@NIPs 的热稳定性优于 CMMs,聚合过程增强了化学键的强度,从而提高了聚合物的热稳定性能。

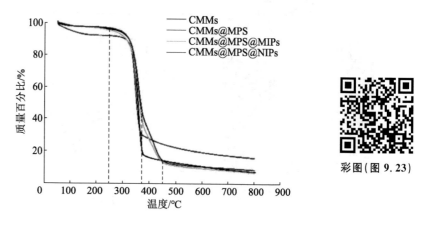

彩图(图 9.23)

图 9.23　多孔纤维素基材料的 TG 曲线

9.5.4　其他重要的表征

对分子印迹材料结构及形貌的表征除了光谱学表征、显微镜表征和热分析外,常用的还有 X 射线衍射(X-ray diffraction,XRD)表征和 X 射线光电子能谱(X-ray photoelectron spectroscopy,XPS)表征。XRD 是研究物质的物相和晶体结构的主要方法,是指利用 X 射线在晶体中的衍射现象来获得衍射后的 X 射线信号特征,经过处理得到衍射图谱,通过分析其衍射图谱获得材料的成分、材料内部原子(或分子)结构或形态等信息的研究手段。XPS 作为典型的表面分析手段,是一种使用电子谱仪测量 X 射线光子辐照时样品表面所发射出的光电子和俄歇电子能量分布的方法,可用于定性分析及半定量分析。一般从 XPS 图谱的峰位和峰形可以获得样品表面元素成分、化学态和分子结构等信息,从峰强度可获得样品表面元素含量或浓度。

Bi 等以双氯芬酸为模板分子,以六氟钛酸铵为交联剂,以硼酸为水解剂,在 TiO_2 颗粒表面制备了双氯芬酸分子印迹 TiO_2 薄膜,通过 XRD 分别对 TiO_2 原料、印迹 TiO_2 薄膜(MI-TiO_2)和非印迹 TiO_2 薄膜(NI-TiO_2)的相结构进行了表征,结果如图 9.24 所示。根据 TiO_2 的标准锐钛矿图案,25.47°,37.98°,48.23°,54.08°,62.89°和 75.27°处的 6 个衍射峰与 TiO_2 的(101),(004),(200),(105),(204)和(215)晶相相互匹配,通过峰位和峰形可以看出,在制备过程中,TiO_2 锐钛矿的晶形没有发生改变。

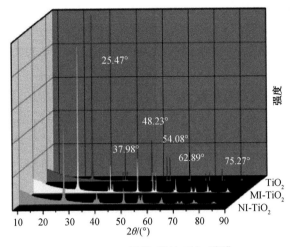

彩图（图 9.24）

图 9.24　TiO₂ 原料、印迹 TiO₂ 薄膜

（MI－TiO₂）和非印迹 TiO₂ 薄膜（NI－TiO₂）的 XRD 谱图

Zhou 等结合掺杂锰的硫化锌量子点（ZnS QDs）的荧光性质和分子印迹聚合物的选择性，以邻苯二甲酸二丁酯（DBP）为模板分子，以 3－氨丙基－3－乙氧基硅烷（APTES）为功能单体，以四乙氧基硅烷（TEOS）为交联剂，以甲基丙烯酰氧基丙基三甲氧基硅烷（MPS）为双键结构改性剂，通过沉淀聚合的方法制备了分子印迹聚合物（SiO₂@QDs@MIPs），用于对 DBP 选择性吸附分离。通过 XRD 对聚合物的结构和形貌进行研究，结果如图 9.25所示。曲线 1 与曲线 2 的峰形相似，曲线 3 与曲线 4 的峰形相似，表明 MPS 对样品表面双键结构的修饰过程是温和的，不会改变样品的晶体结构。曲线 1,2,5 的（111），（220），（311）峰位置表明聚合物层没有改变锰掺杂 ZnS QDs 的晶体结构。SiO₂@QDs@MIPs 衍射峰的强度有所减弱，表明在载体物质的表面有聚合物层形成。

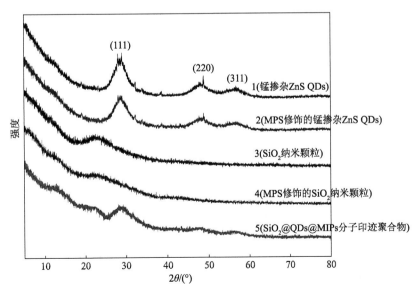

图 9.25　制备 SiO₂@QDs@MIPs 分子印迹聚合物的不同物质的 XRD 图谱

Fan 等以功能化离子液体氯化 1 - 乙烯基 - 3 - 氨基甲酰甲基咪唑（[VAFMIM]Cl）为功能单体，以磷酸缓冲溶液（PBS，pH7.2）为溶剂，以 N,N' - 亚甲基双丙烯酰胺（MBA）为交联剂，以过硫酸铵（APS）为引发剂，以 N,N,N',N' - 四甲基乙二胺（TEMED）为催化剂，采用冷冻聚合法合成了具有超大孔结构的牛血清白蛋白分子印迹膜（CP - MIM）。用 XPS 对 CP - MIM 表面的元素进行定性分析，结果如图 9.26 所示，在 CP - MIM 表面有 O，N，C，Cl，Si 等元素的吸收峰，其中 O 元素在 537.08 eV 处峰最强，N 元素在 404.58 eV 处峰最强，C 元素在 290.58 eV 处峰最强，Cl 元素在 203.58 eV 处峰最强，表明功能单体 [VAFMIM]Cl 和 MBA 成功地聚合成 CP - MIM，其表面存在的 Si 元素可能来自聚合过程中的玻璃板。

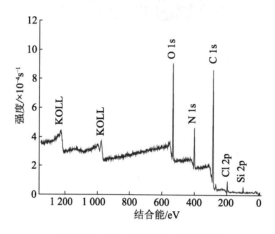

图 9.26　CP - MIM 的 XPS 谱图

9.6　分子印迹识别技术在分离领域的应用

9.6.1　生物小分子的识别与分离

随着多年来的发展，分子印迹技术在生物小分子印迹方面取得了长足的发展。通常，生物小分子包括葡萄糖、多巴胺（DA）、抗坏血酸（AA）、尿酸（UA）等生物体内的小分子，它们与人类的健康息息相关，在人体新陈代谢及生命过程中起重要作用。

葡萄糖作为细胞的能量来源和新陈代谢的中间产物，在生物体内的重要性不言而喻。对于糖尿病患者来说，识别尿液中的葡萄糖非常重要。Kajisa 等利用分子印迹聚合物开发了一种用无酶的方式对生物液体样品中的低浓度葡萄糖进行检测。其原理是，将以 2 - 甲基丙烯酸羟乙酯（HEMA）为主链单体，以 4 - 乙烯基苯基硼酸（VPBA）为糖识别单体的单体溶液直接放在 Au 表面，在惰性气体环境中进行共聚反应，其聚合过程如图 9.27 所示，MIP 的结构如图 9.28 所示。在聚合之前，VPBA 与葡萄糖结合时带有负电荷；聚合完成后，葡萄糖分子被酸性溶液洗去，在分子印迹聚合物中形成印迹空穴。制成的 MIP 能够与生物液体样品中的葡萄糖进行选择性(比果糖高约 200 倍)结合,从而达到识别生物液体样品中葡萄糖的目的。

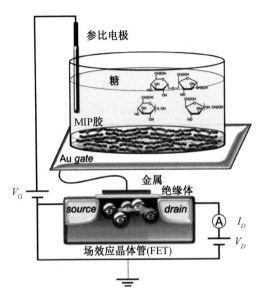

图 9.27　葡萄糖分子印迹聚合物涂覆栅场效应晶体管的制备示意图
(表面涂覆有葡萄糖分子印迹聚合物金电极从栅场效应晶体管伸出到外面)

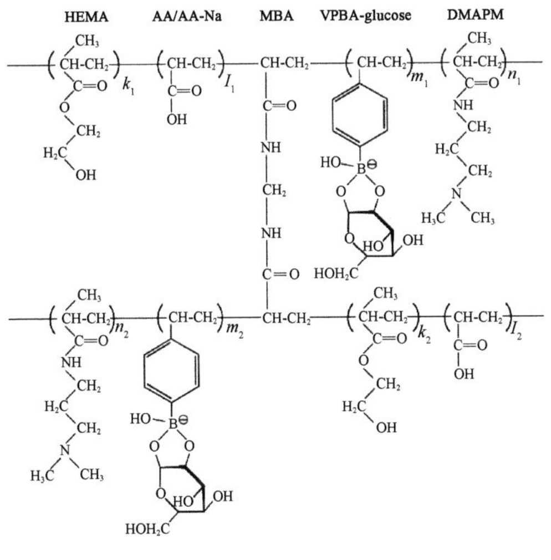

图 9.28　所制得的共聚葡萄糖分子印迹聚合物水凝胶的化学结构

维生素 C 是一种水溶性维生素,因其能够治疗坏血病并且具有酸性而被称为抗坏血酸(AA),可辅助治疗多种疾病。AA 不仅能减轻感冒症状,还能增强免疫力、预防心脏病等的发生。Rafael 等以 AA 为模板分,以丙烯酰胺(AM)为功能单体,以偶氮二异丁腈(AIBN)为引发剂,以乙二醇二甲基丙烯酸酯(EGDMA)为交联剂,以经氨基改性的 SiO₂ 微球(AFSM)为载体,采用共聚法制得具有核-壳结构的分子印迹聚合物(AFSM@MIP),其可高效、可靠和选择性地提取抗坏血酸。其制备过程如图 9.29 所示。结果表明,制备的 MIP 对抗坏血酸有较高的吸附能力(高达 5.08 mg/g),印迹因子达到 3.05、选择因子达到 2.3(对于柠檬酸 CA),且具有良好的可重复利用性(重复使用 5 次吸附量依旧能维持在初始吸附量的 90%)。

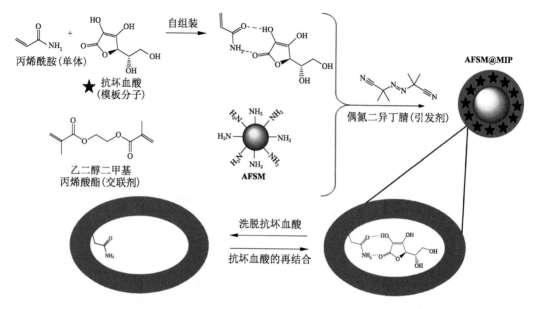

图 9.29 AFSM@MIP 的制备过程

9.6.2 生物大分子的识别与分离

分子印迹技术在生物小分子识别方面发展良好。但由于多肽、蛋白质等生物大分子体积大、结构复杂,难以溶于有机溶剂,分子印迹技术在生物大分子的识别与分离方面仍然面临很多困难和挑战。多肽、蛋白质分子构象灵活、结构复杂,在印迹聚合过程中容易导致结构发生变化,尤其是在高温制备条件下,易发生多肽、蛋白质分子变性和凝聚现象,难以实现有效的分子印迹,因此生物大分子的印迹聚合物需要在温和的条件下制备。生物大分子不易溶于有机溶剂,且体积大,导致传质阻力大,在制备分子印迹聚合物的过程中,如何更好地促进模板分子与功能单体、交联剂的互溶,也是面临的挑战之一。

Wang 等在血红素-石墨烯纳米片(H-GNs)表面印迹制备了一种新型的可用于识别人甲状腺球蛋白(Tg,660 ku)的分子印迹聚合物。H-GNs 由于具有类似于过氧化酶的活性,能够有效地将模板蛋白固定在其表面,从而增加单位表面积上的印迹位点数量。此外,H-GNs 还能够直接引发自由基聚合反应,促使 MIP 形成。研究结果表明,所制得的 MIP 对 Tg 具有较强的吸附能力,平衡吸附量可达 400 mg/g。通过形状印迹以及其他多种分子间的相互作用,所制得的 MIP 对 Tg 具有良好的选择性,对 Tg 的识别灵敏度高达 1.0 ng/mL,为临床诊断提供了良好的理论基础。

Ratautaite 等使用吡咯和 SARS-CoV-2-S 纤突糖蛋白制备了聚吡咯电化学传感器(MIP-Ppy),结果表明,MIP-Ppy 修饰的 Pt 电极有很强的电流变化,可用于选择性测定印迹的 SARS－CoV－2－S 纤突糖蛋白,导电聚合物的分子印迹电化学传感器在检测 SARS－CoV－2－S 纤突糖蛋白方面具有良好的应用前景。Raziq 等以 SARS－CoV－2 核蛋白抗原(nCovNP)为模板分子、间苯二胺为功能单体,在金(Au)薄膜电极上聚合得到分子印迹聚合物(nCovNP－MIP),该分子印迹聚合物对裂解缓冲液中的 nCovNP 在浓度 2.22～111 fmol/L 范围内具有线性响应功能,能够在新冠病毒感染阳性患者的鼻咽拭子样本中检测出 nCovNP 的存在。Tabrizi 等以 SARS－CoV－2 受体结合域(SARS－CoV－2－RBD)为模板分子,以邻苯二胺为功能单体,在大孔金丝网格栅电极(MP－Au－SPE)通过电引发聚合制得分子印迹聚合物薄膜电化学传感器,对 SARS－CoV－2－RBD 在 2.0～40.0 pg/mL 的浓度范围内响应良好,检测限达到 0.7 pg/mL,表现出高选择性、高灵敏度和良好的稳定性。

Fan 等以牛血清白蛋白(BSA)为模板分子,以功能化离子液体氯化 1－乙烯基－3－氨基甲酰甲基咪唑([VAFMIM]Cl)为功能单体,分别制备了 BSA 分子印迹磁性空心微球 (Fe₃O₄@void@PILMIP)和具有超大孔结构的 BSA 分子印迹膜(CP－MIM),对 BSA 具有良好的识别能力和吸附能力,在实现从小牛血清中分离 BSA 方面具有良好的应用潜能。

9.6.3　离子的识别与分离

离子的识别与分离,尤其是重金属、稀贵金属、放射性金属等离子的识别与分离对节约资源、环境保护和人类生命健康具有重要意义。首先,我国重金属污染的来源主要是采矿、冶炼等工矿企业排放的废气、废水和废渣,煤和石油等矿物燃料的燃烧,农药化肥的过量使用以及汞、镉、铅、六价铬、锌、铜、镍、砷等重金属污染,这些重金属污染的治理一直是个难题。其次,对稀有与贵重金属进行有效的回收利用,不仅可以减少我国金属资源的消耗,还可以降低对环境的危害,具有显著的经济和环境效益。再次,我国作为一个基建大国,建筑原材料中的黏土、矿石等很多无机非金属材料中都含有放射性物质,当建筑材料的放射性物质含量超过一定的标准时,就会对人体的免疫系统造成不同程度的损害,威胁人体健康。此外,核能的快速发展导致大量含铀放射性废液的产生和累积,而且铀的半衰期长达数亿年,具有高放射性和化学毒性,如果不能妥善处理,将会对环境安全和人类健康造成很大威胁。这些金属离子的识别与分离对环境安全、人类健康及核工业的可持续发展具有重要的现实意义。

Xue 等以茜素红 S(ARS)为模板分子,以 4－乙烯基苯硼酸为功能单体,通过沉淀聚合合成 ARS 分子印迹聚合物颗粒。由于模板分子与功能单体之间形成的复合物能够产生强烈的荧光,因此该分子印迹聚合物可以用于 ARS 识别过程中的实时监测。此外,由于铜离子能够与 ARS 形成稳定的络合物,会促使 ARS 与 MIP 纳米颗粒分离,导致有效的荧光猝灭。基于此,该分子印迹聚合物还可以用于铜离子的检测。Xue 等在研究中将 MIP 颗粒制备成可回收的荧光探针,研究结果表明,该探针可以有效检测水体中的铜离子。

Andac 等先将 N－甲基丙烯酰－L－组氨酸甲酯(MAH)与硝酸镍(Ni(NO₃)₂)溶液反应,制得 MAH－Ni 功能单体－模板分子复合物,再加入 N－异丙基丙烯酰胺(NIPAm)功能单体,以 N,N'-亚甲基双丙烯酰胺为交联剂,以过硫酸铵为引发剂,N,N,N,N-四甲基乙二胺(TEMED)为催化剂,通过冷冻聚合制备了 Ni 离子印迹聚 NIPAm 冷冻凝胶(Ni^{2+}-MIP),其具有 pH 响应和温度响应功能,对 Ni^{2+} 具有良好的吸附能力,且吸附量随着 pH 和温度的改变而变化,具有良好的吸附-解析调控功能。

Zeng 等以聚甲基丙烯酸-b-4-乙烯吡啶(PMMA-b-P4VP)为功能聚合物,将 Pt^{4+} 与 PMMA-b-P4VP 结合制备金属-有机复合物(PMMA-b-P4VP-Pt^{4+});接着采用非溶剂诱导相分离法,以聚偏二氟乙烯膜(PVDF)为膜材料,PMMA-b-P4VP-Pt^{4+} 为添加剂,通过共混的方式制得 Pt^{4+} 印迹共混膜(Pt^{4+}-IIM),Pt^{4+}-IIM 能够用于从水溶液中选择性地分离 Pt^{4+},且具有很高的可重复使用性,对于自然界含量稀少且价格昂贵的铂资源的回收利用具有重要的指导意义。

Chen 等以钇离子(Y^{3+})为模板,以亚甲基丁二酸为功能单体,以 N,N'-亚甲基双丙烯酰胺(MBA)为交联剂,以亚硫酸氢钠和过硫酸铵为引发剂,在纯水相中通过氧化还原聚合在聚偏氟乙烯-聚乙烯醇/乙烯复合物-双(2,4,4-三甲基戊基)膦酸聚合物包合膜(PIM)载体表面印迹制得 Y^{3+} 印迹膜(Y^{3+}-IIM),该膜对 Y^{3+} 具有高选择性、优异的亲水性和特异性识别亲和力。

Yang 等铀酰离子以(UO_2^{2+})为模板离子,以四乙氧基硅烷(TEOS)为硅源,以三嵌段共聚物(P123)为多孔模板,以二乙基磷酰乙基三乙氧基硅烷(DPTS)为功能配体,采用共缩合的方法制备了一种新型膦酸酯配体功能化的离子印迹介孔二氧化硅吸附剂。研究结果表明,介孔二氧化硅表面形成了与 UO_2^{2+} 的尺寸、形貌和化学性质一致的特异性的孔洞。表面离子印迹的介孔二氧化硅吸附材料对于强酸性和强放射性介质中的铀酰离子具有良好的选择性吸附分离效果。

9.6.4 环境中有机污染物的识别与分离

有机污染物是指以碳水化合物、蛋白质、氨基酸及脂肪等形式存在的有机物质。例如,水体中含有的大量有机污染物会使水具有毒性且溶氧量降低,从而对生态系统产生影响,危害人体健康。环境污染物,特别是低浓度有机微污染物以及由人类活动造成的危害生活和生态环境的新型环境有机污染物,如染料、内分泌干扰物(EDCs)、药品与个人护理用品(PPCPs)、全氟化合物(PFCs)、溴代阻燃剂(BRPs)、饮用水消毒副产物(DBPs)等,越来越受到关注。分子印迹材料的印迹空穴可以方便地从溶液中捕获污染物,有利于污染物到催化活性位点中进一步催化降解,在有机污染物的分离方面表现出优异的性能。

Li 等以石墨化介孔碳-TiO_2 为载体,以环丙沙星(CIP)为模板分子,以甲基丙烯酸为功能单体,以三羟甲基丙烷三甲基丙烯酸酯为交联剂,以偶氮二异丁腈为引发剂,制备表面分子印迹光催化剂,并考察分子印迹光催化剂对 CIP 的选择性和降解性能,结果表明,印迹后催化剂表面含有与 CIP 空间结构互补的空穴,可以特异性结合 CIP 并快速传质给活性物种,对 CIP 吸附和光催化表现出较强的选择性,对 CIP 的吸附量是竞争污染物的 7.2 倍,光催化性能提升 3 倍多,该分子印迹光催化剂对于选择性降解环境中的特定污染物具有较大的应用潜能。

Zhou 等将 3-巯丙基-三甲氧基硅烷(MPTMS)与甲苯混合后对二氧化钛进行活化,制得二氧化钛-硫醇(TiO₂-SH),并在水相中将二氧化钛-硫醇(TiO₂-SH)、2,4-二硝基苯酚(2,4-DNP)和邻苯二胺(OPDA)混合,在过硫酸铵的作用下形成分子印迹聚合物(CMIP-coated TiO₂)。考察 CMIP-coated TiO₂ 对水体环境中物质的选择性吸附效果,结果表明,合成的印迹材料能够选择性吸附 2,4-DNP,并对其进行高效率的光催化降解,实现对混合溶液中高危害物质的优先降解,在环境修复领域具有良好的应用前景。

Gao 等以经表面羧基化的 Fe₃O₄ 为载体,以四环素为模板分子,以甲基丙烯酸为功能单体,以乙二醇二甲基丙烯酸酯为交联剂,通过对制备条件的优化,制备出对四环素有特异性识别能力的磁性分子印迹纳米粒子,该分子印迹纳米粒子兼具磁性快速分离和分子识别特性,可以有效地富集四环素。通过耦合双通道表面等离子体共振传感器实现了样品前处理和检测技术的有机结合,不仅操作简单,有效缩短了检测时间,提高了检测的准确度和灵敏度,而且特异性强、重现性和再生性好,可直接用于环境中四环素的检测,具有良好的实际应用价值。

9.6.5　毒性和爆炸性物质的识别与分离

有毒有害物品通常是指某些生产过程,如清洁、消毒、设施运作、害虫防治、化验等过程中用到的清洁剂、消毒剂、杀虫剂、机器润滑油、化学试剂等化学品。凡能引起中毒的物质统称为毒物,它包括化学性毒物和生物性毒物两大类,前者为化学物质如药物、工业毒物、军用毒物等,后者又分为动物性毒物(蛇毒、河鲀毒素等)和植物性毒物(如苦杏仁、毒蘑菇等)。爆炸性物质泛指能够引起爆炸现象的物质,如炸药、雷管、黑火药等。粉尘、可燃气体、燃油、锯末等在特定条件下可引起爆炸,广义上也属于爆炸物。我国对爆炸物实施严格管制并规定严禁携带爆炸物出入公共场所。快速灵敏地识别毒性和爆炸性物质对于保护人民的生命财产安全和国防安全具有重要意义。分子印迹聚合物作为一类性质稳定、成本低且对模板分子具有特异性识别能力的新型材料,在爆炸物检测方面具有显著的优势。

戴俊岩等以单质炸药 CL-20 为模板分子,以丙烯酰胺(AM)为功能单体,采用乳液聚合法制备了分子印迹聚合物(CL-20-MIPs)。结果表明,CL-20-MIPs 表面分布有大量的印迹位点,对 CL-20 表现出优异的吸附性能。选择性吸附实验表明,在以 TNT、RDX 为竞争底物的体系中,CL-20-MIPs 始终对 CL-20 表现出很好的特异性吸附性能,为分子印迹技术应用于高能量密度爆炸物 CL-20 的快速痕量检测提供了理论基础。

Chen 等以一种对可见光具有响应功能的偶氮苯衍生物 3,5-二氯-4-((2,6-二氯-4-(甲基丙烯酰氧基)苯基)二氮烯基)苯甲酸(DDMPDBA)为功能单体,以三羟甲基丙烷三丙烯酸酯(TMPTA)为交联剂,在羧基封端的聚苯乙烯微球(PS-co-PMAA)表面自组装聚合制备了分子印迹聚合物(HVSMIP),用于检测水果和蔬菜等实际样品中的痕量有机磷农药毒死蜱(CPF),该分子印迹聚合物形貌规整、单分散、尺寸均一,对 CPF 具有特异性识别的绿光和蓝光响应。

Chen 等以三氮唑核苷（利巴韦林，RBV）为模板分子，以甲基丙烯酸和丙烯酰胺为双功能单体，以经季铵化合物改性和乙烯基改性的 $\gamma-Fe_2O_3$/聚偏二氟乙烯复合膜（KH570@$\gamma-Fe_2O_3$/PDQ）为载体，经紫外光引发后合成了 RBV 分子印迹聚合物膜（RBV-MIMs），用于从工业废水中选择性分离 RBV。该分子印迹膜对 RBV 具有良好的选择渗透性，对结构类似物的选择因子超过 10。此外，该分子印迹膜还具有良好的防污和抗菌能力，表面具有高效的自清洁能力。

9.7　小　结

分子印迹识别方法简单、易于操作，既没有复杂的有机合成过程，也不需要复杂的分子设计过程。在制备分子印迹聚合物的过程中所需要的原料主要有功能单体、模板分子、溶剂及交联剂等，在体系中引入模板分子后进行聚合反应即可。分子印迹识别目前正处于迅速发展时期，其应用虽越来越广泛，但仍存在很多局限性，具体如下。

第一，功能单体和交联剂的可选择范围受到了一定的限制，尤其是功能单体的种类太少，不能满足所有分子识别的要求，在实际应用中很难达到具体要求，使得在交联剂和聚合方法的选择上存在较大的局限性；新型功能单体及制备技术有待开发，以提高分子印迹聚合物的识别能力和结合容量，扩大分子印迹识别技术的应用范围。

第二，在模板分子选择上的限制性太大，多数分子印迹聚合物中识别位点与模板分子之间的作用力以氢键为主，极性溶剂尤其是有水存在时，功能单体对模板分子的识别被严重干扰，导致大多数分子印迹聚合物的合成及应用只能在低极性或非极性有机溶剂中进行；在低极性溶剂中有些模板分子无法溶解，从而影响分子印迹聚合物的合成与应用。尤其是当以多肽、蛋白质等生物大分子为模板分子时，由于模板分子构象灵活、结构复杂，难以溶于低极性有机溶剂，因此在制备过程中模板分子容易发生构象改变甚至变性等，目前这些印迹识别仍然面临很多困难和挑战。

第三，分子印迹聚合物的制备条件仍需继续优化，对其渗透性质、识别机理需要进行更深入的研究，分子印迹识别技术与其他技术的耦合有待进一步开发。

随着分子印迹识别技术的不断发展，这些局限性问题都将逐步解决，分子印迹识别技术在分离纯化领域及其他诸如仿生传感、模拟酶催化、模拟抗体受体等领域将得到更广泛的应用。

参考文献

[1]　Raziq A，Kidakova A，Boroznjak R，et al. Development of a portable MIP-based electrochemical sensor for detection of SARS-CoV-2 antigen[J]. Biosensors and Bioelectronics，2021，178：113029.

［ 2 ］ Pauling L. A theory of the structure and process of formation of antibodies［J］. Journal of the American Chemical Society,1940,62(10)：2643－2657.

［ 3 ］ Wulff G,Sarhan A. The use of polymers with enzyme-analogous structures for the resolution of racemates［J］. Angewandte Chemie-International Edition,1972,11 (4)：341.

［ 4 ］ Vlatakis G,Andersson L I,Müller R,et al. Drug assay using antibody mimics made by molecular imprinting［J］. Nature,1993,361(6413)：645－647.

［ 5 ］ Wulff G. Molecular recognition in polymers prepared by imprinting with templates ［J］. ACS Symposium Series,1986,308:186－230.

［ 6 ］ Norrlöw O, Glad M, Mosbach K. Acrylic polymer preparations containing recognition sites obtained by imprinting with substrates ［J］. Journal of Chromatography A,1984,299：29－41.

［ 7 ］ Ekberg B,Mosbach K. Molecular imprinting：A technique for producing specific separation materials［J］. Trends in Biotechnology,1989,7(4)：92－96.

［ 8 ］ Fan J P,Cheng Y T,Zhang X H,et al. Preparation of a novel mixed non-covalent and semi-covalent molecularly imprinted membrane with hierarchical pores for separation of genistein in Radix Puerariae Lobatae［J］. Reactive and Functional Polymers,2020,146：104439.

［ 9 ］ Du J J,Gao R X,Mu H. A novel molecularly imprinted polymer based on carbon nanotubes for selective determination of dioctyl phthalate from beverage samples coupled with GC/MS［J］. Food Analytical Methods,2016,9(7)：2026－2035.

［10］ Orowitz T E, Ana Sombo P P A A, Rahayu D, et al. Microsphere polymers in molecular imprinting：Current and future perspectives［J］. Molecules,2020,25(14)：3256.

［11］ Vasapollo G,Del Sole R,Mergola L,et al. Molecularly imprinted polymers：Present and future prospective［J］. International Journal of Molecular Sciences,2011,12(9)：5908－5945.

［12］ Piletsky S A,Karim K,Piletska E V,et al. Recognition of ephedrine enantiomers by molecularly imprinted polymers designed using a computational approach［J］. The Analyst,2001,126(10)：1826－1830.

［13］ Liu J,Zhang Z T,Yang L W,et al. Molecular structure and spectral characteristics of hyperoside and analysis of its molecular imprinting adsorption properties based on density functional theory［J］. Journal of Molecular Graphics and Modelling,2019,88：228－236.

［14］ Xie L,Xiao N,Li L,et al. An investigation of the intermolecular interactions and recognition properties of molecular imprinted polymers for deltamethrin through computational strategies[J]. Polymers,2019,11(11): 1872.

[15] Abu Samah N,Sánchez - Martín M J,Sebastián R M,et al. Molecularly imprinted polymer for the removal of diclofenac from water: Synthesis and characterization [J]. Science of the Total Environment,2018,631/632: 1534—1543.

[16] Zhu G F,Li W W,Wang L,et al. Using ionic liquid monomer to improve the selective recognition performance of surface imprinted polymer for sulfamonomethoxine in strong polar medium[J]. Journal of Chromatography A, 2019,1592: 38—46.

[17] 操江飞,朱东湖,韦寿莲,等. 双酚 A & 苯胺双分子印迹聚合物的合成及性能研究 [J]. 化学研究与应用,2022,34(4):770—777.

[18] Bi L B,Chen Z L,Li L H,et al. Selective adsorption and enhanced photodegradation of diclofenac in water by molecularly imprinted TiO_2 [J]. Journal of Hazardous Materials,2021,407: 124759.

[19] Shi X Z,Wu A B,Qu G R,et al. Development and characterisation of molecularly imprinted polymers based on methacrylic acid for selective recognition of drugs[J]. Biomaterials,2007,28(25): 3741—3749.

[20] Liu Y,Meng M J,Yao J T,et al. Selective separation of phenol from salicylic acid effluent over molecularly imprinted polystyrene nanospheres composite alumina membranes[J]. Chemical Engineering Journal,2016,286: 622—631.

[21] González G P, Hernando P F, Durand Alegría J S. A morphological study of molecularly imprinted polymers using the scanning electron microscope [J]. Analytica Chimica Acta,2006,557(1/2): 179—183.

[22] Abdullan,Alveroglu E,Balouch A,et al. Evaluation of the performance of a selective magnetite molecularly imprinted polymer for extraction of quercetin from onion samples[J]. Microchemical Journal,2021,162: 105849.

[23] Fan J P,Yu J X,Yang X M,et al. Preparation,characterization,and application of multiple stimuli-responsive rattle-type magnetic hollow molecular imprinted poly (ionic liquids) nanospheres (Fe_3O_4 @ void @ PILMIP) for specific recognition of protein[J]. Chemical Engineering Journal,2018,337: 722—732.

[24] Gandarilla A M D,Matos R S,Barcelay Y R,et al. Molecularly imprinted polymer on indium tin oxide substrate for bovine serum albumin determination[J]. Journal of Polymer Research,2022,29(5): 1—11.

[25] Wu X D,Zhu Y W,Bao S S,et al. A novel and specific molecular imprinted polymer using cellulose as a carrier for the targeted separation of quercetin from Sophora Japonica[J]. Materials Today Communications,2022,32: 104168.

[26] Zhou Z P,Li T,Xu W Z,et al. Synthesis and characterization of fluorescence

molecularly imprinted polymers as sensor for highly sensitive detection of dibutyl phthalate from tap water samples[J]. Sensors and Actuators B: Chemical,2017, 240: 1114—1122.

[27] Fan J P,Zhang F Y,Yang X M,et al. Preparation of a novel supermacroporous molecularly imprinted cryogel membrane with a specific ionic liquid for protein recognition and permselectivity[J]. Journal of Applied Polymer Science,2018,135 (41): 46740.

[28] Kajisa T,Sakata T. Molecularly imprinted artificial biointerface for an enzyme-free glucose transistor [J]. ACS Applied Materials and Interfaces,2018, 10 (41): 34983—34990.

[29] Fernandes R S,Dinc M,Raimundo I M,et al. Synthesis and characterization of porous surface molecularly imprinted silica microsphere for selective extraction of ascorbic acid[J]. Microporous and Mesoporous Materials,2018,264(1):28—34.

[30] Wang X,Huang K,Zhang H X,et al. Preparation of molecularly imprinted polymers on hemin-graphene surface for recognition of high molecular weight protein[J]. Materials Science and Engineering: C,2019,105: 110141.

[31] Ratautaite V,Boguzaite R,Brazys E,et al. Molecularly imprinted polypyrrole based sensor for the detection of SARS–CoV–2 spike glycoprotein[J]. Electrochimica Acta,2022,403: 139581.

[32] Amouzadeh T M,Fernández–Blázquez J P,Medina D M,et al. An ultrasensitive molecularly imprinted polymer-based electrochemical sensor for the determination of SARS–CoV–2–RBD by using macroporous gold screen-printed electrode[J]. Biosensors and Bioelectronics,2022,196: 113729.

[33] Xue X T,Zhang M,Gong H Y,et al. Recyclable nanoparticles based on a boronic acid-diol complex for the real-time monitoring of imprinting,molecular recognition and copper ion detection[J]. Journal of Materials Chemistry B,2022,10(35):6698—6706.

[34] Andaç M,Tamahkar E,Denizli A. Molecularly imprinted smart cryogels for selective nickel recognition in aqueous solutions[J]. Journal of Applied Polymer Science,2021,138(4):49746.

[35] Zeng J X,Lv C Q,Liu G Q,et al. A novel ion-imprinted membrane induced by amphiphilic block copolymer for selective separation of Pt（Ⅳ）from aqueous solutions[J]. Journal of Membrane Science,2019,572: 428—441.

[36] Yang S,Xu M Y,Yin J,et al. Thermal-responsive Ion-imprinted magnetic microspheres for selective separation and controllable release of uranium from highly saline radioactive effluents [J]. Separation and Purification Technology,

2020,246：116917.

[37] Li L L, Zheng X Y, Chi Y H, et al. Molecularly imprinted carbon nanosheets supported TiO$_2$: Strong selectivity and synergic adsorption-photocatalysis for antibiotics removal[J]. Journal of Hazardous Materials,2020,383:121211.

[38] Zhou X X, Lai C, Huang D L, et al. Preparation of water-compatible molecularly imprinted thiol-functionalized activated titanium dioxide: Selective adsorption and efficient photodegradation of 2,4 - dinitrophenol in aqueous solution[J]. Journal of Hazardous Materials,2018,346：113—123.

[39] Gao W R, Li P, Qin S, et al. A highly sensitive tetracycline sensor based on a combination of magnetic molecularly imprinted polymer nanoparticles and surface plasmon resonance detection[J]. Microchimica Acta,2019,186(9)：1—8.

[40] 戴俊岩,饶国宁,杭祖圣,等. CL - 20 分子印迹聚合物的构建及吸附特性分析[J]. 安全与环境工程,2022,29(5)：183—195.

[41] Chen M J, Yang H L, Si Y M, et al. A hollow visible-light-responsive surface molecularly imprinted polymer for the detection of chlorpyrifos in vegetables and fruits[J]. Food Chemistry,2021,355：129656.

[42] Chen M N, Lu J, Gao J, et al. Design of self-cleaning molecularly imprinted membrane with antibacterial ability for high-selectively separation of ribavirin[J]. Journal of Membrane Science,2022,642：119994.